锂离子电池失效机理
——物理力学理论分析

马增胜　蒋文娟　孙立忠　著

科学出版社
北京

内 容 简 介

本书分为三个部分。第一部分为基础理论（1~4 章）。主要介绍锂离子电池及材料力学的基础知识，包括锂离子电池的结构、工作原理和失效行为，以及弹塑性理论基础、破坏力学基础和基于小变形及大变形的力-化耦合基本理论。第二部分为失效机理（5~7 章）。主要介绍高容量电极材料的力学失效机理，包括应变梯度塑性理论下电极材料的损伤和断裂机理，以及辐射环境下高容量电极材料的失效机理等内容。第三部分为锂离子电池热管理（8~12 章）。主要介绍柱式和方形锂离子电池器件在力-热-电-化多场耦合条件下的物理场，包括温度场、应力场、应变场等方面，特别是对锂离子电池器件在极寒和高温条件下的力学行为进行了系统阐述，并针对锂离子电池单体电池和电堆散热性能进行结构优化设计。

本书适用于高等学校新能源专业本科生及研究生教材，同时也可作为锂离子电池领域科研工作者的参考用书。

图书在版编目（CIP）数据

锂离子电池失效机理：物理力学理论分析 / 马增胜，蒋文娟，孙立忠著.
—北京：科学出版社，2023.2
ISBN 978-7-03-074786-0

Ⅰ.①锂… Ⅱ.①马… ②蒋… ③孙… Ⅲ.①锂离子电池–失效机理
Ⅳ.①TM912

中国国家版本馆 CIP 数据核字（2023）第 018356 号

责任编辑：刘凤娟　田轶静 / 责任校对：杨聪敏
责任印制：赵　博 / 封面设计：无极书装

科学出版社 出版
北京东黄城根北街 16 号
邮政编码：100717
http://www.sciencep.com

北京中石油彩色印刷有限责任公司印刷
科学出版社发行　各地新华书店经销
*
2023 年 2 月第 一 版　开本：720×1000　1/16
2025 年 2 月第三次印刷　印张：26 1/4
字数：515 000
定价：179.00 元
（如有印装质量问题，我社负责调换）

序

我国提出 2030 年前碳达峰、2060 年前碳中和的"双碳"目标愿景，可再生能源、新能源汽车成为助推经济发展的两大新兴产业。2022 年 8 月 1 日，工业和信息化部、国家发展改革委、生态环境部联合印发《工业领域碳达峰实施方案》提出"要大力推广节能与新能源汽车，强化整车集成技术创新，提高新能源汽车产业集中度"。锂离子电池作为电动汽车储能电池的典型代表，承担着动力输出、电源管理、安全预警等方面的重要角色，对锂离子电池关键材料及其器件的设计、制备、性能分析是领域内科研人员和研发工程师的必备素质之一。

锂离子电池电极材料会发生体积变形造成电极粉化失效，进而引起电化学性能的衰退，高比容量电极材料尤其突出，这是一个涉及力学、物理、化学、材料等多学科交叉的科学问题！2010 年前后国内外许多力学家针对锂离子电池电极材料的层裂机理、表面及界面效应等力学问题，提出了一些多变量耦合力学模型，在理论建模、材料设计、微观机理等方面作出了杰出贡献。这些研究为开展锂离子电池关键材料失效行为与器件安全可靠性研究提供了重要基础。

在此背景下，该书从弹塑性基本理论、热管理、微观物理机制等出发，系统探讨锂离子电池关键材料及其器件的失效机理。在编写过程中注重科学理论与工程应用、宏观与微观、实验与计算的结合，融进了国内外前沿的研究成果，如大变形力化耦合、应变梯度塑性、辐射环境、热失控等。该书理论体系完备，视野独特，既涵盖锂离子电池电极材料的变形机理和失效预测，又涉及锂离子电池单体和电堆的多场耦合理论与结构设计，可以为锂离子电池关键电极材料及器件领域的科研人员、工程技术人员和学生以及该领域的其他相关人员提供很好的参考。

虽然目前锂离子电池材料制备与集成工艺方面的著作已有一些，但专门介绍锂离子电池关键材料及其器件的失效分析方面的著述尚不多见。相信该书的出版将在锂离子电池领域人才培养、推动力学与物理、材料、化学等学科的交叉融合等方面发挥良好的作用。

中国科学院力学研究所

2022 年 10 月 1 日

前　言

随着现代科学技术的进步，能源、信息和环境成为 21 世纪人类社会发展最为重要的三大领域。由于自然环境的不断恶化以及矿物能源的逐渐枯竭，可再生能源的开发成为人类社会可持续发展的重要基础。2010 年，国务院常务会议审议并通过《国务院关于加快培育和发展战略性新兴产业的决定》（国发〔2010〕32 号），把节能环保、新一代信息技术、生物、高端装备制造、新能源、新材料、新能源汽车等作为重点发展的战略性新兴产业。2020 年，国务院办公厅正式印发《新能源汽车产业发展规划（2021—2035 年）》。文件指出，到 2025 年，我国新能源汽车市场竞争力明显增强，动力电池、驱动电机、车用操作系统等关键技术取得重大突破，安全水平全面提升。文件明确提出重点支持电池技术突破，开展正负极材料、电解液、隔膜、膜电极等关键核心技术研究，加强高强度、轻量化、高安全、低成本、长寿命的动力电池和燃料电池系统短板技术攻关，加快固态动力电池技术研发及产业化。作为电动汽车的核心储能器件，锂离子电池由于具有高电压、高能量密度、循环寿命长、自放电小、无污染和无记忆效应等优点，已广泛应用于电动汽车、移动通信、笔记本电脑、小型摄像机等电器设备上，在航空航天、卫星等空间军事领域也显示出了良好的应用前景和巨大的经济效益。

锂离子电池需求的爆发式增长使得人们对其性能要求也越来越高，特别是动力电池需要同时满足长循环（跑得久）、大倍率（跑得快）、高容量（跑得远）的要求。当今世界各大著名锂离子电池制造厂商和材料、化学等领域的专家，都倾尽全力来提升其电化学性能。早期（20 世纪 90 年代至今）的锂离子电池活性材料主要集中于材料修饰与设计，包括微纳米化、中空结构、纳米管、核壳结构、包覆结构等，这些研究对于寻求新材料、新工艺等方面作出了很多努力，主要涉及化学领域和材料领域学家关心的问题。2000 年以后，锂离子电池活性材料电化学性能的提升依然有限，且很多物理机理不清楚，如离子输运、固态电解质界面（SEI）膜形成等，这些重要的科学问题引起了物理学家的兴趣。他们从第一性原理、分子动力学、蒙特卡罗计算等方面，对活性材料脱嵌锂过程的物理机理进行了系统研究，并对材料结构设计和筛选提出了很多重要参考。与此同时，在新型高容量电极材料的开发上也取得了重大进展。如在负极材料领域研发出了硅负极、合金负极、金属氧化物负极等一系列高比容量的负极材料。以硅负极为例，其具有最高的理论比容量（4200 $mA \cdot h \cdot g^{-1}$），是商业化石墨负极理论比容量的 10 倍。但是，高比容量硅负极材料在充放电过程中会发生高达 300%～400%的体积变形。如此巨大的体积变形使得活性材料发生粉化、剥落，与集流体失去电接触，导致容量迅速衰减，最终缩短全电池的使用寿命。高比容量正极材料也存在同样的问题，例如，高镍三元材料在循环过程中易形成微裂纹，造成活性材料的开裂、粉化，最终导致电化学性能衰退。

　　显而易见，锂离子电池高比容量电极材料在充放电过程中的力学失效（如微裂纹、粉化、剥离等）直接造成了锂离子电池电化学性能的衰退，严重制约了高比容量电极材料在锂离子电池，特别是动力电池中的广泛应用。因此，高性能锂离子电池面临的挑战并不是一个单纯的化学问题（容量、倍率、效率等），还是一个重要的力学问题（层裂、粉化、剥落等）！从 2010 年前后开始，在美国学术界，以锁志刚、曲建民、高华建、郑仰泽、Bower、Nix 等为代表的一大批力学家率先关注这个领域，在理论建模、材料设计、微观机理等方面作出了杰出贡献。他们结合电化学动力学和固体力学，首次在电极材料失效预测研究中提出力化耦合的核心思想，而之前的这类框架主要应用于腐蚀与防护领域。之后，我国力学工作者也相继开展了相关研究，如北京理工大学、中国科学院力学研究所、中国科学院物理研究所、上海大学、中国科学技术大学、北京航空航天大学、同济大学、天津大学、湘潭大学等单位，针对锂离子电池电极材料的层裂机理、表面及界面效应等力学问题，进行了理论分析与数值模拟计算，提出了一些多变量耦合力学模型。这些研究为开展锂离子电池关键材料失效行为与器件安全可靠性研究提供了重要基础。

　　锂离子电池的失效主要分为两类：一类为性能失效，另一类为安全性失效。性能失效指的是锂离子电池的性能达不到使用要求和相关指标，主要有容量衰减或跳水、循环寿命短、倍率性能差、一致性差、易自放电、高低温性能衰减等；安全性失效指的是锂离子电池由于使用不当或者滥用，出现的具有一定安全风险的失效，主要有热失控、胀气、漏液、析锂、短路、膨胀形变等。目前锂离子电池的研究已不局限于现有材料本身、热力学、动力学、界面反应等基础科学，正朝新材料、新结构的设计，全电池的安全性，服役和失效分析等关键技术迈进。近年来，越来越多的力学工作者以电化学和力学交叉这一新兴学科为研究主线，对锂离子电池电化学-力-热耦合失效行为进行研究，涌现出大量研究文献，成果异彩纷呈。国际上对锂离子电池电极材料的变形、SEI 膜、各向异性、循环损伤、析锂等力学行为进行了比较细致的研究，但令人遗憾的是，迄今仍没有一本专著从弹塑性基本理论、热管理、微观物理机理等出发，系统探讨锂离子电池关键材料及其器件的失效机理。

　　本书重点介绍锂离子电池关键材料及其器件在服役过程中失效表征的基本理

论和数值模拟方法。实际上，在这一全新研究领域，已经涌现出了很多推陈出新的实验表征方法，如原位透射电镜、原位 X 射线、原位拉伸、原子力探针、同步辐射、压痕反分析、键弛豫理论等，鉴于该部分内容的丰富性，著者计划单独成书。

本书如能起到抛砖引玉、管窥锂离子电池关键材料及其器件微宏观失效机理的效果，吸引更多的学者、研究生、工程师进入这个激动人心、正在形成中的全新交叉领域，著者便如愿以偿了。著者团队所领导的湘潭大学"能源材料及其器件物理力学"课题组十余年来一直从事微纳能源材料的失效表征研究，尤其在锂离子电池关键材料及其全器件的失效机理方面，投入了大量精力，主要包括锂离子电池外壳材料失效与结构设计、电极材料锂化/脱锂的锂化耦合过程、锂离子电池单体与电堆的热管理控制及其结构设计、电极材料失效机理的微观数值模拟等方面。该研究领域属于典型的交叉学科，涵盖了力学、化学、材料学、物理学等多个学科的基本理论知识，深切体现了化学和材料学的千变万化、物理学的严谨精密、力学的精妙实用。锂离子电池电化学退化与热失控等关键问题蕴含着重要的基础力学问题，力学将在锂离子电池材料设计和失效机理方面的研究中扮演愈来愈重要的角色。

本书的问世离不开很多前辈和同行的指导、鼓励和帮助，也离不开课题组学生们十余年来和著者日夜坚守、废寝忘食的团结奋斗与努力拼搏。十余年来的研究得到了科技部、国家自然科学基金委员会、教育部、霍英东基金会和湖南省科技厅等的项目支持，如国家 863 专项（2013AA031001）、国家自然科学基金重点项目（U20A20336）、国家自然科学基金面上项目（11872054，11972157，11372267）、湖湘高层次人才聚集工程创新团队—顶尖团队（2018RS3091）、湖南省科技重大专项（2009FJ1002）、教育部新世纪优秀人才支持计划（NCET-10-0169）、霍英东基金会青年教师奖等，在此一并深表感谢。

我们非常荣幸地将研究成果分享给业界同仁，若可为相关领域研究起到些许作用，我们将深受鼓舞。本书所讨论的问题范围广泛，涉及多个学科的交叉，而著者水平有限，本书无论是内容的选择，还是科学问题的提炼等都是很不完善的，难免出现欠妥之处，敬祈学界同仁不吝赐教。

马增胜

2022 年 9 月于湘潭

目　　录

第 1 章   绪   论

1.1   锂离子电池工作原理及结构

1.1.1   锂离子电池结构与原理

锂离子电池作为一种绿色高效、无污染的新一代能源，是继铅酸、镍镉电池之后发展起来的新一代蓄电池。与其他电池相比，锂离子电池由于具有高电压、高能量密度、循环寿命长、自放电小、无污染等优点，在便携式电子产品、储能、电动汽车、军事、航天等众多领域显示出了良好的应用前景和巨大的经济效益[1, 2]。

锂离子电池是一种常见的二次电池。根据不同的应用领域，锂离子电池具有各种不同的类型。目前商业上锂离子电池主要有圆柱、方形等类型。这些锂离子电池一般拥有五个主要组成部分：电解液、隔膜、正极片、负极片和外壳。锂离子电池的充放电过程是通过锂离子（Li^+）在正负极之间循环脱嵌来实现的，其工作原理如图1.1所示。充电时，外部电源使得锂离子经由正极固液界面从正极材料脱出进入电解液，通过隔膜传输到达负极，并最终经由负极固液界面进入负极材料。同时电子通过外接电路从正极材料迁移到负极材料，以形成充电电子流，此时电能得以储存为化学能；放电时，过程则相反，负极同时逸出相同数量的Li^+和电子，分别通过内部通道和外部通道迁移回到正极，化学能得以释放成电能[3]。

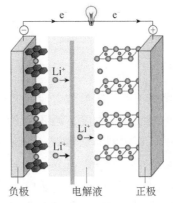

图1.1   锂离子电池原理示意图[2]（彩图见封底二维码）

1.1.2 电解液

电解液是锂离子电池中离子传输的载体，在正、负极之间起到传导离子的作用，很大程度上影响着锂离子电池的性能。锂电池电解液一般由锂盐和有机溶剂组成。作为电解液溶剂，必须满足以下两点：①熔点低、沸点高、蒸气压低，从而使工作温度范围宽；②较高的介电常数与较低的黏度，增加电导率。为了满足这两点，通常采用混合溶剂，即采用极性高、相对介电常数大的环状碳酸酯和极性小、黏度低、相对介电常数小的链状碳酸酯，二者的混合可以在一定程度上取长补短。常见的溶剂有碳酸乙烯酯（EC）、碳酸二甲酯（DMC）、碳酸二乙酯（DEC）等。电解质锂盐作为锂离子的来源，应有以下特点：热稳定性好，不易分解；电导率高；不与溶剂、电极材料发生反应；具有较宽的电化学窗口；嵌入量高；可逆性好；等等。目前研究过的锂盐有 $LiClO_4$、$LiBF_4$、$LiPF_6$、$LiAsF_6$ 等无机锂盐以及 $LiSO_3CF_3$、$LiN(CF_3SO_2)_2$、$LiC(SO_2CF_3)_3$ 等有机锂盐[4]。其中，$LiPF_6$ 因电导率高、综合性能好，成为目前最常用的锂盐[5]。

1.1.3 隔膜

隔膜是一种经特殊成型的高分子薄膜，薄膜有微孔结构，可以让锂离子自由通过，而电子不能通过。因此既可以防止电池内部发生短路，同时又可以形成电池内部的通电回路。虽然隔膜在电池中是非活性的组成部分，然而，锂离子电池的电化学性能和安全性与隔膜的原材料、制备工艺、孔结构和厚度等密切相关。从基本性质上讲，隔膜需要具有相对于电解液和电极材料的化学和电化学稳定性。同时，为了提高锂离子电池的电化学性能和安全性，其还需要具有高强度，合适的孔隙率和孔径尺寸，合理的厚度，最好具有热关闭功能，在短路时能够关闭电池，防止热量进一步集聚，避免热失控[6]。根据结构和组成，锂电池隔膜可以划分为三种类型：①微孔聚合物隔膜；②无纺布隔膜；③无机复合隔膜。其中，微孔聚烯烃隔膜因其具有性能、安全性和成本的综合优势，是目前液态电解质锂电池中应用范围最广的隔膜，如聚乙烯、聚丙烯微孔膜[6]。

1.1.4 锂离子电池正极材料

在锂离子电池中，正负极材料直接参与电池的内部反应。因此，电极材料的相关电化学性能和成本对电池的能量密度、循环稳定性和成本等都起到了关键性作用。目前，市场上常用的正极材料有钴酸锂（$LiCoO_2$）、锰酸锂（$LiMn_2O_4$）、磷酸铁锂（$LiFePO_4$）和镍钴锰/镍钴铝三元层状材料（NCM/NCA）等[7, 8]。$LiCoO_2$ 因具有较高的理论比容量（$274 \text{ mA} \cdot \text{h} \cdot \text{g}^{-1}$）、工作电压高、稳定性好、生产简易等优势已成功地用作正极材料，是第一个商用锂离子电池正极材料[9]。然而，其成本高且钴的供应有限，不能满足日益增长的能源需求。另一种广泛使用的正极材料是由 Thackeray 等开发的 LiMn$_2$O$_4$，Tarascon 等[10]对其进行了广泛的研究。LiMn$_2$O$_4$含量丰富，易于获取，且具有较低的生产成本和良好的电化学性能。因此 LiMn$_2$O$_4$在商业应用中得到了广泛的应用，特别是在需要稳定结构的器件中。然而，该正极材料仍然存在一些问题[11]。例如，锰在高温下会显著溶解于电解液中而导致比容量下降。许多研究者尝试在 LiMn$_2$O$_4$表面涂覆无机材料、电化学活性材料等涂层，有效防止了电解液与 LiMn$_2$O$_4$直接接触，使其可在恶劣的环境下使用。1996 年，Goodenough 等[12]提出使用磷酸铁锂（LiFePO$_4$）作为电池的正极材料。LiFePO$_4$是橄榄石晶体结构，在放电过程中变形较小，结构稳定安全，理论比容量大，倍率性能高，环境友好，还具有优良的耐温性[13, 14]。但其导电性差、能量密度较低、充电电压低[15]限制了其在动力电池中的应用。镍钴锰三元正极材料由于其较高的理论比容量和热稳定性而备受关注。其难点主要在于钴的价格昂贵，合成和储存困难，且随镍含量的增加，其热稳定性变差，在高温或撞击情况下存在安全隐患。目前，商业上应用的动力电池正极材料主要为三元材料和 LiFePO$_4$。

1.1.5　锂离子电池负极材料

常用的锂离子电池负极材料有碳、钛酸锂、合金，以及过渡金属氧化物等。

1. 碳负极材料

最早实现产业化的锂离子电池负极材料即为碳负极材料，且至今仍在市场上占据主流地位。它有效解决了锂金属负极材料的安全性问题，价格便宜，理论比容量为 372 mA·h·g^{-1}。碳负极材料主要包括石墨类材料（如天然石墨、人造石墨）和非石墨类材料（如软碳、硬碳）。

石墨类材料拥有稳定的电压平台和良好的导电性能，层状石墨结构可嵌入锂离子形成 Li-C 层间化合物，嵌锂前后体积变化小，结构稳定性强，实际比容量可达 327 mA·h·g^{-1}，且充放电库仑效率在 90% 以上[16, 17]。但石墨类材料与电解液兼容差，且锂离子的扩散系数较小，通过掺杂金属或非金属元素、表面包覆、表面氧化处理等方法可提高其电化学循环性能[18]。非石墨类材料具有晶面间距大、晶粒尺寸小、在电解质中比较稳定等优点，并且非石墨类材料存在大量微孔结构，可为锂离子的嵌入提供更多位置，其实际比容量在合适的热处理条件下可超过 372 mA·h·g^{-1}[16]。但是因为缺少稳定的电压平台且首次不可逆比容量较大，非石墨类材料的应用受到了一定限制。总地来说，碳负极材料具有安全可靠、电化学性能好等优点，得到了广泛应用，但其理论比容量较低，可提升空间有限，难以符合人们对动力电池等更高容量锂离子电池的要求，因此高能量密度的新型负极材料成为目前研究的热点[19, 20]。

2. 钛酸锂负极材料

钛酸锂是一种金属氧化物负极材料，其完全锂化后的体积变化小于1%，是最为理想的"零应变材料"。锂离子在其内部也能轻易地嵌入与脱出，而且整个工作过程对它的晶体结构与对称性没有明显的影响，首次充放电过程对可逆比容量的衰减低，保证其具有优异的结构稳定性和电化学循环性能。它的工作电压为1.55 V，相对稳定；充放电时的高电势使其在整个充放电工作过程中不与电解液反应，能有效遏制固态电解质界面（SEI）膜的形成，从源头上抑制锂枝晶的产生。

3. 合金负极材料

合金负极材料指的是能够以较低的电势与Li形成合金系统的金属、金属化合物或类金属材料，这类材料来源广且充足[21, 22]。图1.2为各种合金负极材料的体积比容量和质量比容量统计图。由于其独特的储锂机理，合金材料通常都具有较高的理论比容量，例如，$Li_{4.4}Sn$约为780 mA·h·g^{-1}，Li_3Sb为665 mA·h·g^{-1}，LiAl为990 mA·h·g^{-1}。遗憾的是，合金负极材料在电池充放电循环过程中均会导致剧烈的体积变形，严重影响自身的结构稳定与工作性能。

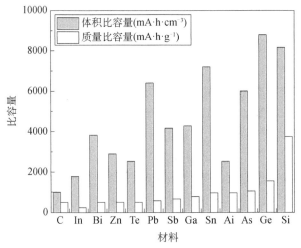

图1.2　各种合金负极材料的体积比容量和质量比容量

4. 过渡金属氧化物负极材料

过渡金属氧化物负极材料通过与锂发生转换反应来存储电荷。嵌锂时，锂与氧形成Li—O键，纳米级的金属团簇分散在Li_2O基体中，由于金属团簇尺寸很小，此反应显示出良好的可逆性。

根据嵌锂机理的不同，可以将过渡金属氧化物负极材料分为两大类：一类是锂离子的嵌入只引起活性材料结构的改变，并没有Li_2O的形成。这类过渡金属氧化物称为嵌锂氧化物，包括 TiO_2、MoO_3、V_2O_5、Fe_2O_3、Nb_2O_5 等，它们都具有较高的可逆比容量；另一类是在锂离子的嵌入过程中发生了转化反应，产生纳米级金属，散布在第一次嵌锂时形成的 Li_2O 内部，在之后的循环中氧化还原反应伴随着 Li_2O 的生成和分解。该类材料电化学活性较高，反应可逆性好，主要为 MO（M = Co、Ni、Fe、Cu、Mn 等），其理论比容量较高，一般可以达到 $600\sim1000\,mA\cdot h\cdot g^{-1}$，而且可以进行大倍率充放电[23, 24]。过渡金属氧化物负极材料的主要缺点是在充放电过程中会出现较大的体积效应，比容量衰减较快，循环稳定性较差，并且其导电性较差，工作电势较高，充放电电压滞后现象严重。针对这些问题，目前人们主要从颗粒尺寸、材料纯度、结构组成等方面入手加以改进，提高过渡金属氧化物负极材料的电化学性能[24]。

1.1.6　锂离子电池钢壳材料

早期方形锂离子电池外壳大多为钢壳，多用于手机电池，后由于钢壳重量比能量低，且安全性差，逐步被铝壳和软包装锂离子电池所替代。但在柱式锂离子电池当中有另外一种景象，绝大部分厂商都以钢材作为电池外壳材质。因为钢质材料的物理稳定性、抗压力远高于铝壳材质，在各个厂家的结构设计优化后，安全装置已经放置在电池芯内部，钢壳柱式电池的安全性已经达到了一个新的高度。

钢壳是电池能量来源的载体，正负极材料和电解液都储存在这个壳体内部。如果壳体保存不好，有很大风险，正常的能量就无法发挥出来。稳定、耐腐蚀、导电导热，以及可焊接性，都是钢壳必须具备的。在使用钢壳材料的过程中，假如产品的防腐蚀能力不高，或者对高温环境没有抵抗能力，都会降低钢壳材料的应用情况。

电池钢壳分为不锈钢外壳和低碳钢外壳（钢壳镀有保护层）。不锈钢成本较高，且不利于深冲，常用于扣式电池，如 430 型不锈钢。目前碱性电池、镍氢电池、圆柱形锂离子电池（如 18650、26650 型）等主要采用镀镍钢材作为电池外壳材质，其原因是这类钢壳的物理性能稳定，抗压能力优于铝外壳材料和塑料外壳材料。总体而言，低碳钢电池外壳（钢壳镀有保护层）主要特点有[25-28]：

（1）钢壳内外镀层可以不等厚，满足防腐要求，同时利于控制成本。

（2）材料表面符合冲压二次电池的性能要求。

（3）具有较高的强度和刚度，能更好地保护电池内部的结构。

（4）与不锈钢外壳相比，生产成本低。

（5）具有卓越的拉伸性能，镀镍层在拉伸过程中不脱落。

（6）镀镍钢带采用特殊热处理扩散工艺，使镍层与基带之间形成镍铁扩散层，保证了镀镍的致密性、附着力和同步延伸性。

（7）钢壳一致性好，尺寸精度高。

锂离子电池钢壳材料也存在以下一些缺点。

（1）拉丝。在钢壳上呈现一条或多条贯穿整个钢壳的肉眼可见的线状缺陷。

（2）擦伤。在锂离子电池钢壳上呈现"U"形不开口状，这种擦伤缺陷由电池钢带表面擦伤引起，能在对应的钢带表面找到擦伤痕迹。按照程度区分可分为浅度擦伤和深度划伤。其中，深度划伤有时会导致电池壳开裂，而这种缺陷往往会被判为砂眼缺陷。

（3）点状凹坑。在钢壳上呈现不规则状点状凹坑，往往被误判为砂眼缺陷。

电池钢壳是一种专用于电池内钢壳冲压的冷轧产品，是一种典型的冲压用材料。电池钢壳对材质性能、内质、厚度精度及表面等方面具有严苛的要求。同时，个性化极强，主要体现在以下几方面。

（1）对单个钢壳而言，表面质量要求很高，"砂眼""拉丝"等缺陷都是不可接受的。

（2）由于电池钢壳行业以稳定批量产出取胜，所以用户评价产品质量的好坏很重要的一个指标就是冲压效率，频繁换修模，频繁停机都是不满意项。

（3）电池壳冲压出来后不可能逐个检测检查，封装电解液后若发生腐蚀穿孔，将会产生批量退货，损失的不仅仅是钢材的成本，还有制作电池的成本。这种精品化的产品与钢铁大规模的生产组织，比汽车外板要求还高，因此批量稳定的生产对一贯制质量管理的要求是一种挑战。

1.2 锂离子电池关键材料与器件的失效行为

1.2.1 锂离子电池器件的宏观性能退化

1. 容量衰减

锂离子电池容量衰减主要分为两类：可逆衰减和不可逆衰减。可逆容量衰减可以通过调整电池充放电制度和改善电池使用环境等措施使损失的容量恢复。而不可逆容量衰减是电池内部发生不可逆改变产生的不可恢复的容量损失。从材料角度看，造成失效的原因主要有正极材料的结构失效、负极表面 SEI 膜过度生长、电解液分解与变质、集流体腐蚀、体系微量杂质等[29]。

（1）正极材料结构失效包括正极材料颗粒破碎、不可逆相转变、材料无序化等[30]。例如，$LiMn_2O_4$ 在充放电过程中会因扬-特勒（Jahn-Teller）效应导致结构发生畸变，甚至会发生颗粒破碎，造成颗粒之间的电接触失效[31, 32]。$LiMn_{1.5}Ni_{0.5}O_4$ 材料在充放电过程中会发生"四方晶系-立方晶系"相转变[33]，$LiCoO_2$ 材料在充放电过程中由于 Li 的过度脱出而导致 Co 进入 Li 层，造成层状结构混乱化，制约其容量发挥[34]。

（2）石墨类负极材料失效主要发生于石墨的表面。裸露在电解液中的石墨表面会与电解液发生电化学反应，生成SEI膜。如果SEI膜过度生长，会使电池内部体系中Li^+含量降低，导致容量衰减，尤其在沉积于其表面的过渡金属催化下[35]。硅类负极材料的失效主要在于其巨大的体积膨胀带来的问题。尽管硅类负极已发展到纳米化硅负极、SiO_x、硅碳负极，其体积膨胀的问题一直是制约其循环性能的关键问题[36, 37]。

（3）电解液中锂盐$LiPF_6$化学稳定性差，容易分解，使电解液中可迁移Li^+含量降低。同时，电解液溶剂中含有的痕量水会与锂盐反应生成HF，对电池内部材料造成腐蚀[38, 39]。此外，电池的气密性差也会导致电解液变质，使电解液黏度和色度都发生明显变化，其传输离子性能会急剧下滑。

（4）集流体的失效主要表现为集流体腐蚀、集流体附着力下降。集流体腐蚀分为化学腐蚀和电化学腐蚀两类[40]。化学腐蚀指的是电解液及其副反应生成的微量HF对集流体的腐蚀，腐蚀后生成导电性差的化合物，导致欧姆接触增大或活性物质失效。电化学腐蚀指的是充放电过程中铜箔在低电势下被溶解后，沉积在正极表面，这就是所谓的"析铜"。此外，集流体失效常见的形式为集流体与活性物之间的结合力不够，导致活性物质剥离，不能为电池提供容量。

图1.3是多次循环后电极材料产生的裂纹及扫描电镜（SEM）图[41-44]。

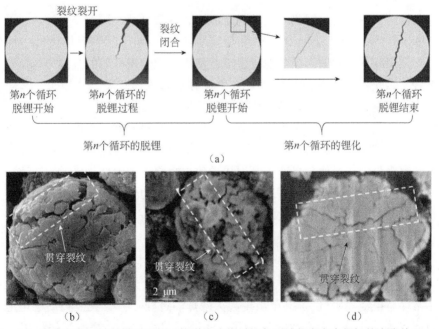

图1.3　（a）锂离子电极材料循环运行下的裂纹演化（红色区域代表完全损坏的内聚单元，n代表裂纹产生时的循环次数）[41]；（b）[42]、（c）[43]和（d）[44]NMC正极颗粒在一定数量的循环后的扫描电镜图像（彩图见封底二维码）

2. 内阻增大

锂离子电池在使用过程中，其内阻会随不同的充放电状态（SOC）、不同的工作环境、不同的循环周次产生不同的变化，常用于电池性能检测、寿命评估、健康状态（SOH）估算[45]。锂离子电池的内阻与电池体系内部电子传输和离子传输过程有关，主要分为欧姆内阻和极化内阻，其中极化内阻主要由电化学极化导致，包括电化学极化和浓差极化两种。影响该过程的动力学参数则包括电荷传递电阻、活性材料的电子电阻、扩散以及锂离子扩散迁移通过SEI膜的电阻等。锂离子电池内阻增大会伴随有能量密度下降、电压和功率下降、电池产热等失效问题。导致锂离子电池内阻增大的主要因素分为电池关键材料和电池使用环境。从电池关键材料变化角度分析，包括正极材料的微裂纹与破碎、负极材料的破坏与表面SEI过厚、电解液老化、活性物质与集流体脱离、活性物质与导电添加剂的接触变差（包括导电添加剂的流失）、隔膜缩孔堵塞、电池极耳焊接异常等；从电池使用环境异常角度分析，包括环境温度过高/低、过充过放、高倍率充放、制造工艺和电池设计结构等。中国科学技术大学阚永春等[46]利用同步辐射技术提出，过渡元素的跳跃机理是电势滞后和电压衰减的原因。这说明，在电池体系内部，关键材料的异常是内阻增大和电池极化的根本影响因素。

3. 内短路

内短路往往会引起锂离子电池的自放电、容量衰减、局部热失控，以及引起安全事故[47-49]。锂离子电池内短路可分为以下几种。①铜/铝集流体之间的短路。此类短路产生的原因是电池在生产或使用过程中未修剪的金属异物刺穿隔膜或电极，或电池在封装过程中极片发生位移引起正、负集流体接触。②隔膜失效。这类短路主要是由于隔膜老化、隔膜塌缩、隔膜腐蚀等，失效隔膜失去电子绝缘性或孔隙变大使正、负极微接触，出现局部发热严重，在进一步充放电过程中，可能向四周扩散，形成热失控[50]。③正极浆料中过渡金属杂质未去除干净，刺穿隔膜，或促使负极锂枝晶生成导致内短路。④锂枝晶导致的短路。电池在长循环过程中，局部电荷不均匀处会出现锂枝晶的生长，枝晶透过隔膜会导致内短路的发生[51-53]。图1.4是过放条件下出现内短路的示意图[54]。

4. 热失控

热失控是指锂离子电池内部局部或整体的温度急速上升，热量不能及时散去，大量积聚在内部，并诱发进一步的副反应[55-57]。热失控是一种剧烈、危害性高，常伴有电池"胀气"，甚至出现起火爆炸的过程[58, 59]。诱发锂离子电池热失控的因素为非正常运行条件，即滥用、短路、倍率过高、高温、挤压以及针刺等。在高温的作用下，电池内部的隔膜、电解液等有机物都处于不稳定的状态，

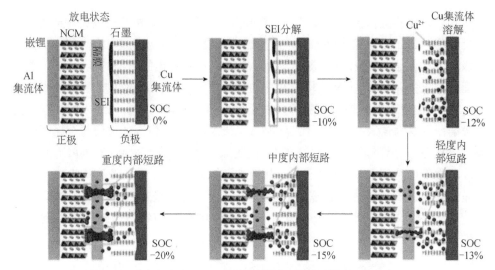

图1.4 过放诱导下出现的内短路[54]（彩图见封底二维码）

加之电池正极附近释出的氧气，燃烧的三要素都已满足，所以热失控的结果常常伴随着迅猛的燃烧，如图1.5所示。为了防止锂离子电池热失控造成严重的安全问题，常采用正温度系数热敏电阻（PTC）、安全阀、导热膜等措施，同时在电池的设计、电池制造过程、电池管理系统、电池使用环境等方面都需要进行系统性的考虑[60-62]。

图1.5 汽车在高速路发生碰撞后起火[63]

5. 析锂

析锂是一种比较常见的锂离子电池老化失效现象。表现形式主要是负极极片表面出现一层灰色、灰白色或者灰蓝色物质，这些物质是在负极表面析出的金属锂所形成的氧化物，如图1.6所示。电池内部的锂源主要来自正极，且在密闭体系中其总量是不变的，析锂会使电池内部活性锂离子的数量减少，出现容量衰减。此外，锂的沉积会形成枝晶，刺穿隔膜，使局部电流和产热过大，造成电池安全性问题。在电池充电过程中，活性锂离子没有正常地进入电池负极，而是在负极表面达到了还原电势，被还原为单质锂。原始石墨的电势约为3.0 V，整个嵌锂过程电势在0.25～0 V变化，其平均电势约为0.1 V，其他负极材料的电势见表1.1[64]。由于石墨的嵌锂电势和锂的还原电势比较接近，所以造成析锂现象的电势偏差主要因素为：①负极比容量不够，嵌满锂后的LiC_6的电势与金属锂的电势十分接近，导致继续迁移过来的Li^+被还原；②极化过程导致的电势下降，使极片表面的电势达到Li^+还原电势，从而被还原。清华大学张强等[65]指出，影响枝晶生长的主要因素为电流密度、温度和电量，可通过加入电解液添加剂、人造 SEI、高盐浓度电解液、结构化负极、优化电池构型设计等措施来抑制枝晶的生长。

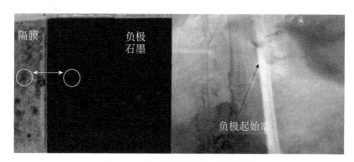

图1.6　失效电池常见析锂[66]

表1.1　常见负极材料的平均电势[64]

负极	金属锂	石墨	焦炭	硅	锡
平均电势/V	0	约0.1	约0.15	约0.16	约0.4

1.2.2　锂离子电池关键材料的失效行为

1. 电池的体积变形

在锂离子电池充放电过程中，锂在活性材料内的扩散会引起材料的膨胀或收缩[67]。锂化或脱锂化导致的变形程度视材料而定，例如，石墨完全锂化后的体积膨胀大约是10%，而硅全锂化后则有高达300%左右的体积变形。究其原因，一方面，在锂离子电池的充放电循环过程中，大量的锂离子嵌入/脱出活性材料，使活性材料产生晶体结构和晶格大小的变化以及晶相和非晶相之间的相变，从而导致活性材料发生膨胀或收缩，进而在相邻颗粒、集流体和外部封装等结构的约束作用下产生扩散应力[68]；另一方面，锂离子在活性材料内部的扩散会导致浓度梯度，不同位置的不均匀锂浓度会造成活性材料的不均匀变形，从而也在相应位置产生扩散应力[69, 70]。不同尺度下产生的扩散应力会诱导对应尺度下的失效形式，可能导致电极材料的开裂，并最终导致电池的整体性能降低和寿命缩短。在锂离子电池中同时拥有电子通路和离子通路，电化学反应才能发生，充放电才能进行，而裂纹的生成直接阻碍了多种电子通路和离子通路。例如，活性材料内的电子/离子通路会被其内部的裂纹影响；活性颗粒粉碎或脱黏后，游离的活性材料将丧失电子通路；活性层与集流体的分层也会导致电子通路的改变。事实上，由于 SEI 的电导性不佳，由裂纹诱发的 SEI 膜的生成也会进一步导致电池总体的阻抗增加。总地来说，电极材料的断裂会直接导致电池阻抗上升、容量下降。

2. 锂枝晶及表面失效

枝晶沉积是活性金属在大电流条件下进行电镀时常见的现象[71, 72]。在电池充放电过程中，锂离子在负极表面不均匀沉积，形成锂枝晶，如图 1.7 所示。随着充放电过程的循环进行，锂枝晶逐渐延伸，刺破隔膜，导致电池短路，带来严重的安全隐患。此外，如果锂枝晶发生缠绕或断裂，就会形成"死锂"，造成电池容量的严重衰减。虽然一般认为高机械强度的无机固态电解质能抑制锂枝晶的生长，但是锂枝晶仍然可以沿着固态电解质的缺陷、孔洞及晶界生长，导致电池失效[73]。

图1.7 枝晶形貌[74]（彩图见封底二维码）

外壳表界面失效。由于在充放电过程中电极颗粒反复膨胀与收缩，电极面内断裂以及电极与集流体之间的脱粘，其本质是电极颗粒与导电网络之间的失联，使部分活性物质成为"孤岛"，无法正常充放电，电池容量就会降低。而未完全脱粘区域也会导致电极的导电性变差，显著影响电池的倍率性能。就圆柱电池而言，由于极片变形的积累，电芯整体膨胀，在电池中会表现出卷芯在内孔处的失稳变形，电池结构稳定性的下降，进一步影响电池的整体性能。

Chon 等[75]观察了锂离子电池电极材料在锂化和脱锂过程中微观结构的变化，发现晶体 c-Si 材料在锂化后，能够转变成非晶结构的 a-Li$_x$Si，明确了 c-Si 材料锂化过程中的相变、锂化前期的应力和损伤演化的过程。如图1.8（a），该图表明了材料上表面的裂纹形状。为了研究裂纹扩展到样品中的程度，使用聚焦离子束切割在裂纹上创建了一条沟槽，如图1.8（b）所示。可以看到，裂纹扩展到了下面的晶体衬底，比它们形成的非晶层更深。因此，晶体硅的初始锂化和脱锂分别在非晶化层中产生高的压应力和拉应力，导致材料的断裂和损伤。

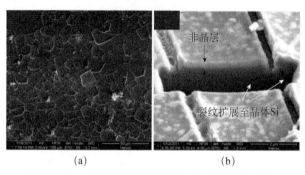

（a）　　　　　　　　　　　（b）

图1.8　（a）非晶化层脱硅过程中形成的裂纹网络；
（b）裂纹的纤维截面图，裂纹向晶体硅层深处扩展，暴露出新的硅表面[75]

3. 球（壳）的应力演化

图1.9为空心Si纳米球/纳米管外包覆Al_2O_3薄膜负极材料示意图，研究了该空心核壳结构电极在锂化和脱锂过程中径向应力的演化情况[76]。如图1.10（a）所示，在锂化初期，空心球颗粒最先发生弹性变形，然后随着锂离子的集中，部分区域发生塑性变形，最终整个活性材料全部为塑性区。随着SOC的增加，核壳之间的内应力σ_{r1}^b达到最大。脱锂时，活性材料首先发生弹性卸载，压应力逐渐减小为0，随后转为拉应力。最终，在拉应力作用下电极发生塑性变形直至屈服。从图可知，锂化和脱锂过程的内应力曲线形成闭环。当整个活性材料全部发生塑性变形时，径向和环向应力之差$\sigma_r - \sigma_\theta$等于屈服强度。此外，最大内应力随内外半径比的增大而增加。空心纳米管的应力变化趋势与空心球类似，但最大应力与空心球不同。如图1.10（b）所示，在相同的内外半径比下，空心球的最大应力为空心纳米管的2倍。在此基础上，我们进一步得到了临界断裂尺寸

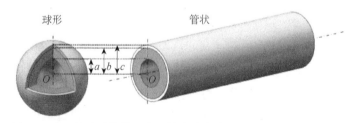

图1.9　空心核壳球结构和空心核壳纳米管结构 $Si@Al_2O_3$ 负极材料

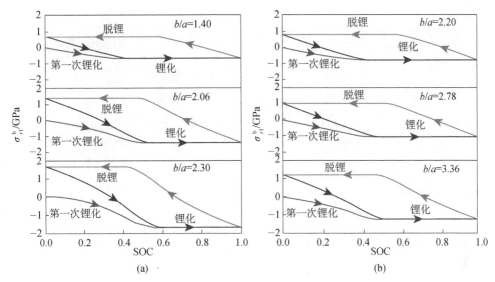

图 1.10　在不同内外半径比率下，锂化和脱锂过程中负极材料径向应力随 SOC 演化情况

(a) 空心核壳纳米球；(b) 空心核壳纳米管

和临界剥离尺寸与SOC、内外半径比以及壳厚的关系，绘制出空心球和空心纳米管的失效机理如图1.11。

在应力演化分析的基础之上，很多学者采用透射电镜（TEM）原位观察了纳米Si材料在充电过程中的失效行为。Liu等[77]通过透射电镜原位观察了Si纳米颗粒电极材料在充电过程中的锂化破坏，如图1.12所示。由透射电镜图可以看出，对于直径为620 nm的Si颗粒，充电前纳米颗粒呈完整的球形结构，且颗粒外部包覆着一层SEI膜，如图1.12（a）所示；当充电时间为3 s时，颗粒外部的SEI膜出现裂纹，如图1.12（b）所示；随着锂化的继续进行，裂纹逐渐扩展到颗粒内部，当充电时间达到24 s时，颗粒中裂纹增多增大，材料发生了明显的开裂，如图1.12（c）所示；而当充电时间为31 s时，颗粒已完全断裂，出现了粉化破碎现象，如图1.12（d）所示。对不同尺寸的Si颗粒进行多次观测实验后发现，实心Si颗粒的临界破坏直径约为150 nm，如图1.12（e）所示，即直径小于150 nm的Si颗粒在嵌锂过程中是安全的。

1.2.3　锂离子电池关键材料力学失效与器件失效的关联

锂离子电池在使用或者储存过程中常出现一些失效现象，主要分为三个大类：热失控、电池体积变形和容量衰减。这些失效现象是由电池内部一系列复杂的化学和物理机理相互作用引起的[78]。对相关力学失效现象及失效的微观机理进行研究和分析，对提高锂离子电池的性能和技术起着重要作用。

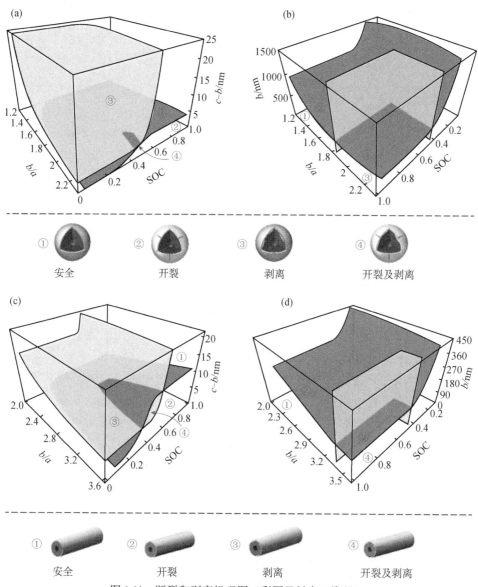

图 1.11　断裂和剥离机理图（彩图见封底二维码）

（a）、（b）空心核壳纳米球；（c）、（d）空心核壳纳米管。

其中，绿色表示锂化导致的表面断裂，黄色表示脱锂导致的界面剥离

锂离子电池热失控的主要原因有：电池在充放电过程中，经过反复的电化学剥离与沉积，这些锂枝晶可能持续生长而刺穿电池，导致电池内部发生短路，使电池内部温度升高至热失控；高温下内部材料不稳定、过充和过放等也会引发热失控。此外，电池内部不均匀的局部热点也极可能触发内部短路并引发热失控。

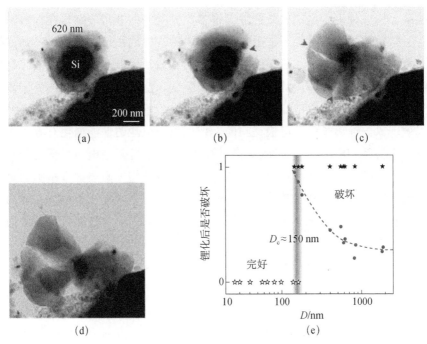

图 1.12　直径 D=620 nm 的 Si 纳米颗粒在不同锂化时间下的原位观察图片

(a) 0 s，(b) 3 s，(c) 24 s，(d) 31 s，(e) 临界尺寸

电池体积变形失效的主要原因是，在电池的充放电过程中，由锂离子扩散过程产生的浓度梯度和活性材料锂化膨胀产生的变形会导致扩散应力。过大的扩散应力会造成活性颗粒的破裂、活性颗粒之间的分离、活性层的断裂以及活性层与集流体的分层等多种力学失效形式，使得电池体积发生变形，并最终导致电池失效。此外，枝晶的生长也会导致电池体积发生膨胀。

电池容量衰减的主要原因是当电池单体受到外壳（如圆柱电池和方形电池）和装配（如软包电池）约束时，会在电池单体尺度下产生扩散应力。循环变化的高水平扩散应力会造成电池中各组分的变形甚至损伤，最终导致电池出现容量衰减、阻抗上升等现象。实验发现[79]，电芯内部压力的不均匀分布会引起负极上的局部快速析锂，从而导致锂的不可逆损失，也在一定程度上造成电池容量的急剧衰减。因而在设计电池外包装或模组结构时应尽量保证电池表面压力的均匀分布。

1.3　锂离子电池关键材料与器件失效给固体力学提出的巨大挑战

锂离子电池复杂多变的系统组成、制备流程、应用环境，都给其失效分析带来了挑战。造成锂离子电池失效的原因很多，并且有些非常复杂。在锂离子电池的各种失效现象中，有相当一部分是由电池内部产生的扩散诱导应力（简称扩散应力）直接或间接导致的。过大的扩散应力会造成活性颗粒的开裂、破碎甚至粉化，活性颗粒之间的分离，活性层的开裂和断裂，活性层与集流体的分层剥离等多种失效形式，从而导致电池出现容量衰减、内阻增加、倍率下降和寿命缩短等多种失效现象。锂离子电池电极材料的断裂现象与电池的性能退化有着较为密切的联系，它关系到电池的安全性、可靠性、耐久性以及新型电池材料的开发和利用，但由于问题的复杂性，目前还无法对电池失效的相关问题进行精确的定量描述和预测。同时，还欠缺有效的手段将锂离子电池的力学损伤与电池性能的老化过程联系起来。因此，以下方面的问题存在着较大的价值，给锂离子电池力学方面的研究提出了一些挑战。

1. 力学损伤的发展演化及其对电池长期循环寿命的影响

服役寿命是电池使用性能的指标之一。如何有效地分析锂离子电池在长期服役过程中的力学损伤及其对电池长期循环寿命的影响仍是电池发展过程中非常重要的课题。若电池内部的应力超过材料的强度，则会在电池内部发生不同规模的机械力学失效，从而严重恶化电池的电化学性能。

2. SEI膜的力学性能对电池性能的影响

良好的SEI膜能够有效提高电极的循环性、稳定性和安全性，是决定锂离子电池性能的关键因素之一。但SEI本身的断裂以及其与活性材料界面的分层均会导致电池的性能衰退。然而，由于其电化学边界的复杂性，以及其自身存在组分随厚度变化的现象，SEI膜的断裂-生长机理还尚待研究。

3. 电-热-力-电化学耦合的断裂模型

锂离子电池本身存在多场高度耦合的问题，包括电、温度、应力和浓度等，还涉及复杂的边界（或界面）条件，如电化学反应边界。目前，针对耦合电场和温度场的工作还很缺乏。而断裂面的生成与扩展原理应与电场和温度场耦合。因此，要建立起更复杂和全面的电-热-力-电化学耦合的断裂模型，以便更精确地描述锂离子电场中的断裂失效问题。

4. 外部压力或者约束对电池循环寿命的影响

外部压力水平或约束形式会显著影响电池单体的循环寿命，然而，目前对外部压力水平和分布与电池循环寿命及失效形式之间的关系尚未完全摸清，与扩散应力有关的电池单体的失效机理仍不十分明确，有必要进一步研究并明确上述关系，为电池单体的压力设计和电池模组的约束设计提供参考依据。

5. 研究电极材料在电化学循环中的失效判据

基于热力学的基本理论和方法，建立并完善电极材料充放电过程中的力–化耦合理论模型，从力学的角度出发，找到电极材料在电池循环充放电过程中由体积变形或者粉化所引起的电池失效的判据，能为提高电池的机械性能优化提供合理的理论指导。

参 考 文 献

[1] Smart M C，Ratnakumar B V，Whitcanack L D，et al. Life verification of large capacity Yardney Li-ion cells and batteries in support of NASA missions[J]. International Journal of Energy Research，2010，34（2）：116-132.

[2] Goodenough J B. How we made the Li-ion rechargeable battery[J]. Nature Electronics，2018，1（3）：204-204.

[3] Goriparti S，Miele E，De Angelis F，et al. Review on recent progress of nanostructured anode materials for Li-ion batteries[J]. Journal of Power Sources，2014，257：421-443.

[4] 吴宇平，戴晓兵，马军旗，等. 锂离子电池应用与实践[M]. 北京：化学工业出版社，2004.

[5] Aurbach D，Talyosef Y，Markovsky B，et al. Design of electrolyte solutions for Li and Li-ion batteries：A review[J]. Electrochimica Acta，2004，50（2）：247-254.

[6] 张天文. 几丁质纳米纤维基锂离子电池隔膜的制备及其性能研究[D]. 北京：中国科学技术大学，2019.

[7] Martins R，Gonalves R，Costa C M，et al. Mild hydrothermal synthesis and crystal morphology control of LiFePO4 by lithium nitrate[J]. Nano Structures Nano Objects，2017，11：82-87.

[8] Chen S，Gordin M L，Yi R，et al. Silicon core-hollow carbon shell nanocomposites with tunable buffer voids for high capacity anodes of lithium-ion batteries[J]. Physical Chemistry Chemical Physics，2012，14（37）：12741-12745.

[9] Deng D. Li-ion batteries：basics，progress，and challenges[J]. Energy Science Engineering，2015，3（5）：385-418.

[10] Tarascon J M，Wang E，Shokoohi F K，et al. The spinel phase of $LiMn_2O_4$ as a cathode in secondary lithium cells[J]. Journal of the Electrochemical Society，1991，138（10）：2859-2864.

[11] Tarascon J M，Recham N，Armand M，et al. Hunting for better Li-based electrode materials *via* low temperature inorganic synthesis[J]. Chemistry of Materials，2010，22（3）：724-739.

[12] PadhiA K，Nanjundaswamy K S，Goodenough J B. LiFePO4：A novel cathode material for rechargeable batteries[C]. Electrochemical Society Meeting，1996，96（1）：73-74.

[13] Wang J, Sun Z, Wei X. Performance and characteristic research in LiFePO4 battery for electric vehicle applications[C]. IEEE Vehicle Power and Propulsion Conference, 2009: 1657-1661.

[14] He W, Chen Q, Zhang T, et al. Solvothermal synthesis of uniform $Li_3V_2(PO_4)_3$/C nanoparticles as cathode materials for lithium ion batteries[J]. Micro and Nano Letters, 2015, 10 (2): 67-70.

[15] Shukla A K, Kumar T P. Materials for next generation lithium batteries[J]. Current Science, 2008, 94 (3): 314-331.

[16] Flandrois S, Simon B. Carbon materials for lithium-ion rechargeable batteries[J]. Carbon, 1999, 37 (2): 165-180.

[17] Mcmillan R, Slegr H, Shu Z X, et al. Fluoroethylene carbonate electrolyte and its use in lithium ion batteries with graphite anodes sciencedirect[J]. Journal of Power Sources, 1999, 81 (9): 20-26.

[18] Yoo E J, Kim J, Hosono E, et al. Large reversible Li storage of graphene nanosheet families for use in rechargeable lithium ion batteries[J]. Nano Letters, 2008, 8 (8): 2277-2282.

[19] Wu Y P, Rahm E, Holze R. Carbon anode materials for lithium ion batteries[J]. Journal of Power Sources, 2003, 114 (2): 228-236.

[20] Scrosati B, Garche J. Lithium batteries: Status, prospects and future[J]. Journal of Power Sources, 2010, 195 (9): 2419-2430.

[21] Liang B, Liu Y, Xu Y. Silicon based materials as high capacity anodes for next generation lithium ion batteries[J]. Journal of Power Sources, 2014, 267: 469-490.

[22] Chan C K, Zhang X F, Cui Y. High capacity Li ion battery anodes using Ge nanowires[J]. Nano Letters, 2008, 8 (1): 307-309.

[23] Poizot P, Laruelle S, Grugeon S. Nano-sized transition-metal oxides as negative-electrode materials for lithium-ion batteries[J]. Nature, 2000, 407 (6803): 496-499.

[24] Ohzuku T, Ueda A. Why transition metal (di) oxides are the most attractive materials for batteries[J]. Solid State Ionics, 1994, 69 (3): 201-211.

[25] 吴宇平, 万春荣, 姜长印. 锂离子二次电池[M]. 北京: 化学工业出版社, 2002.

[26] 马增胜. 纳米压痕法表征金属薄膜材料的力学性能[D]. 湘潭: 湘潭大学, 2011.

[27] Seffer O, Springer A, Kaierle S. Investigations on remote laser beam welding of dissimilar joints of austenitic chromium-nickel steel (X5CrNi18-10) and aluminum alloy (AA6082-T6) for battery housings[J]. Journal of Laser Applications, 2018, 30: 032404.

[28] Wu Y, Zhu S, Wang Z, et al. *In-situ* investigations of the inhomogeneous strain on the steel case of 18650 silicon/graphite lithium-ion cells[J]. Electrochimica Acta, 2021, 367: 137516.

[29] Zheng L Q, Li S J, Zhang D F, et al. Study on capacity fading of 18650 type $LiCoO_2$-based

lithium ion batteries during storage[J]. Russian Journal of Physical Chemistry A, 2015, 89 (5): 894-897.

[30] Wohlfahrt-Mehrens M, Vogler C, Garche J. Aging mechanisms of lithium cathode materials[J]. Journal of Power Sources, 2004, 127 (1): 58-64.

[31] Gummow R J, Kock A D, Thackeray M M. Improved capacity retention in rechargeable 4 V lithium/lithium-manganese oxide (spinel) cells[J]. Solid State Ionics, 1994, 69 (1): 59-67.

[32] Thackeray M M, Yang S, Kahaian A J. Structural fatigue in spinel electrodes in high voltage (4 V) Li / Li$_x$Mn$_2$O$_4$ cells[J]. Electrochemical and Solid State Letters, 1998, 1 (1): 7-9.

[33] Lee E S, Nam K W, Hu E, et al. Influence of cation ordering and lattice distortion on the charge discharge behavior of LiMn$_{1.5}$Ni$_{0.5}$O$_4$ Spinel between 5.0 and 2.0 V[J]. Chemistry of Materials, 2012, 24 (18): 3610-3620.

[34] Wang H, Jang Y, Huang B Y. TEM study of electrochemical cycling-induced damage and disorder in LiCoO$_2$ cathodes for rechargeable lithium batteries[J]. Journal of the Electrochemical Society, 1999, 146 (2): 473-480.

[35] Arora P, White R E, Doyle M. Capacity fade mechanisms and side reactions in lithium-ion batteries[J]. Journal of the Electrochemical Society, 1998, 145 (10): 3647-3667.

[36] Boukamp B A, Lesh G C, Huggins R A. All solid lithium electrodes with mixed-conductor matrix[J]. Journal of the Electrochemical Society, 1981, 128 (4): 725-729.

[37] 罗飞, 褚赓, 黄杰. 锂电池基础科学问题（Ⅷ）-负极材料[J]. 储能科学与技术, 2014, 2 (2): 146-146.

[38] Sloop S E, Pugh J K, Wang S, et al. Chemical reactivity of PF$_5$ and LiPF$_6$ in ethylene carbonate/dimethyl carbonate solutions[J]. Electrochemical and Solid State Letters, 2001, 4 (4): 357-364.

[39] 刘亚利, 吴娇杨, 李泓. 锂离子电池基础科学问题（Ⅸ）——非水液体电解质材料[J]. 储能科学与技术, 2014, 3 (3): 262-282.

[40] Braithwaite J W, Gonzales A, Nagasubramanian G. Corrosion of lithium-ion battery current collectors[J]. Journal of the Electrochemical Society, 1999, 146 (2): 448-456.

[41] Zhang Y, Zhao C, Guo Z. Simulation of crack behavior of secondary particles in Li-ion battery electrodes during lithiation/de-lithiation cycles[J]. International Journal of Mechanical Sciences, 2019, 155: 178-186.

[42] Sun G, Sui T, Song B. On the fragmentation of active material secondary particles in lithium ion battery cathodes induced by charge cycling[J]. Extreme Mechanics Letters, 2016, 9: 449-458.

[43] Xu R, Zhao K. Corrosive fracture of electrodes in Li-ion batteries[J]. Journal of the Mechanics

and Physics of Solids, 2018, 121: 258-280.

[44] Ishidzu K, Oka Y, Nakamura T. Lattice volume change during charge/discharge reaction and cycle performance of Li [Ni$_x$Co$_y$Mn$_z$] O$_2$[J]. Solid State Ionics, 2016, 288: 176-179.

[45] Xing Y, Williard N, TsuiK L. A comparative review of prognostics-based reliability methods for lithium batteries[C]. Prognostics and System Health Managment Confernece, 2011: 1-6.

[46] 阚永春. 富锂锰基镍锰钴氧化物正极材料电压衰减机理的研究[D]. 合肥: 中国科学技术大学, 2015.

[47] Santhanagopalan S, Ramadass P, Zhang J Z. Analysis of internal short-circuit in a lithium ion cell[J]. Journal of Power Sources, 2009, 194（1）: 550-557.

[48] Wu M S, Chiang P, Lin J C. Correlation between electrochemical characteristics and thermal stability of advanced lithium-ion batteries in abuse tests-short-circuit tests[J]. Electrochimica Acta, 2004, 49（11）: 1803-1812.

[49] Greve L, Fehrenbach C. Mechanical testing and macro-mechanical finite element simulation of the deformation, fracture, and short circuit initiation of cylindrical lithium ion battery cells[J]. Journal of Power Sources, 2012, 214（15）: 377-385.

[50] Peabody C, Arnold C B. The role of mechanically induced separator creep in lithium-ion battery capacity fade[J]. Journal of Power Sources, 2011, 196（19）: 8147-8153.

[51] Rosso M, Brissot C, Teyssot A. Dendrite short-circuit and fuse effect on Li/polymer/Li cells[J]. Electrochimica Acta, 2006, 51（25）: 5334-5340.

[52] Kim S, Choi K H, Cho S J. Mechanically compliant and lithium dendrite growth-suppressing composite polymer electrolytes for flexible lithium-ion batteries[J]. Journal of Materials Chemistry A, 2013, 1（16）: 4949.

[53] Aurbach D, Zinigrad E, Cohen Y, et al. A short review of failure mechanisms of lithium metal and lithiated graphite anodes in liquid electrolyte solutions[J]. Solid State Ionics, 2002, 148（3）: 405-416.

[54] Guo R, Lu L, Ouyang M. Mechanism of the entire overdischarge process and overdischarge-induced internal short circuit in lithium-ion batteries[J]. Scientific Reports, 2016, 6（1）: 1-9.

[55] Kumai K, Miyashiro H, Kobayashi Y. Gas generation mechanism due to electrolyte decomposition in commercial lithium-ion cell[J]. Journal of Power Sources, 1999, 81: 715-719.

[56] Wang Q, Ping P, Zhao X. Thermal runaway caused fire and explosion of lithium ion battery[J]. Journal of Power Sources, 2012, 208: 210-224.

[57] Jhu C Y, Wang Y W, Wen C Y. Thermal runaway potential of LiCoO$_2$ and Li（Ni$_{1/3}$Co$_{1/3}$Mn$_{1/3}$）O$_2$ batteries determined with adiabatic calorimetry methodology[J]. Applied Energy,

2012，100：127-131.

[58] Spotnitz R，Franklin J. Abuse behavior of high-power，lithium-ion cells[J]. Journal of Power Sources，2003，113（1）：81-100.

[59] Thackeray M M，Wolverton C，Isaacs E D. Electrical energy storage for transportation-approaching the limits of，and going beyond，lithium-ion batteries[J]. Energy & Environmental Science，2012，5（7）：7854-7863.

[60] Chung Y，Kim M S. Thermal analysis and pack level design of battery thermal management system with liquid cooling for electric vehicles[J]. Energy Conversion and Management，2019，196（15）：105-116.

[61] Mcshane S J，Hlavac M，Bertness K. Method and apparatus for detection and control of thermal runaway in a battery under charge：US5574355[P]. 1996-11-12.

[62] 平平. 锂离子电池热失控与火灾危险性分析及高安全性电池体系研究[D]. 合肥：中国科学技术大学，2014.

[63] 石威，杰西·罗曼. 看美国如何应对新能源汽车火灾事故[J]. 中国消防，2020，531（2）：68-70.

[64] Park J K. Principles and Applications of Lithium Secondary Batteries[M]. New York：John Wiley and Sons，2012.

[65] Cheng X B，Zhang R，Zhao C Z，et al. Toward safe lithium metal anode in rechargeable batteries：A review[J]. Chemical Reviews，2017，117（15）：10403-10473.

[66] 王其钰，王朔，张杰男. 锂离子电池失效分析概述[J]. 储能科学与技术，2017，6（5）：1008-1025.

[67] 张俊乾，吕涔，宋亦诚. 锂离子电池电极材料的断裂现象及其研究进展[J]. 力学季刊，2017，38（1）：14-33.

[68] Zhao Y，Stein P，Bai Y，et al. A review on modeling of electro-chemo-mechanics in lithium-ion batteries[J]. Journal of Power Sources，2019，413：259-283.

[69] Wang Q Y，Wang S，Zheng J N，et al. Overview of the failure analysis of lithium ion batteries[J]. Energy Storage Science and Technology，2017，6（5）：1008-1025.

[70] Zhao Y，Stein P，Bai Y. A review on modeling of electro-chemo-mechanics in lithium-ion batteries[J]. Journal of Power Sources，2019，413：259-283.

[71] Zhang X，Sun C. Recent advances in dendrite-free lithium metal anodes for high-performance batteries[J]. Physical Chemistry Chemical Physics，2022，24：19996-20011.

[72] Golozar M，Hovington P，Paolella A. *In situ* scanning electron microscopy detection of carbide nature of dendrites in Li-polymer batteries[J]. Nano Letters，2018，18（12）：7583-7589.

[73] Ren Y，Shen Y，Lin Y. Direct observation of lithium dendrites inside garnet-type lithium-ion

solid electrolyte[J]. Electrochemistry Communications，2015，57：27-30.

[74] Lepage W S C Y，Kazyak E. Lithium mechanics：Roles of strain rate and temperature and implications for lithium metal batteries[J]. Journal of the Electrochemical Society，2019，166（2）：A89-A97.

[75] Chon M J，Sethuraman V A，Mccormick A. Real-time measurement of stress and damage evolution during initial lithiation of crystalline silicon[J]. Physical Review Letters，2011，107（4）：045503.

[76] Ma Z S，Xie Z C，Wang Y，et al. Failure modes of hollow core-shell structural active materials during the lithiation-delithiation process[J]. Journal of Power Sources，2015，290：114-122.

[77] Liu X H，Zhong L，Huang S，et al. Size-dependent fracture of silicon nanoparticles during lithiation[J]. ACS Nano，2012，6（2）：1522-1531.

[78] Mukhopadhyay A，Sheldon B W. Deformation and stress in electrode materials for Li-ion batteries[J]. Progress in Materials Science，2014，63：58-116.

[79] Mussa A S，Klett M，Lindbergh G. Effects of external pressure on the performance and ageing of single-layer lithium-ion pouch cells[J]. Journal of Power Sources，2018，385：18-26.

第 2 章 弹塑性力学基础

任何材料或者构件都不是孤立存在的，它一定受到其他物体的作用，而这个作用就是"载荷"。如何用数学的语言来表示这个载荷？这个载荷即"力"作用于材料上时它在物体内部是如何体现的？这种"力"又会产生什么效果呢？这里所说的"效果"不是物体的总体移动，而是材料内部的效果，即变形，也就是说，关注点是可以变形的物体，而非刚体即不能够发生变形的物体。因此，本章就是在一定的假设，即连续介质的假设下，借助于数学的语言——张量来阐述应力、位移、变形、应变、应力与应变之间的关系——本构关系等基本的概念和物理思想。

2.1 预 备 知 识

2.1.1 弹塑性力学的研究对象和任务

弹塑性力学是固体力学的一个分支学科，它是研究可变形固体在受到外加载荷的作用时发生的弹塑性变形及其应力和应变状态的科学。弹性力学讨论固体材料中的理想弹性体及固体材料在弹性变形阶段的力学问题；塑性力学讨论固体材料在塑性变形阶段的力学问题。

作为固体力学的一个独立分支学科，弹塑性力学有一套较完善的经典理论和方法，在工程技术的许多领域得到了应用。目前，由于现代科学技术的进一步发展，弹塑性力学面临一系列新课题和任务。

弹塑性力学所要研究的问题往往就是材料力学和结构力学所要研究的对象及问题。不过，在材料力学和结构力学中主要采用简化的初等理论就可以描述的数学模型，而在弹塑性力学中，则采用较精确的数学模型。有些工程问题（如非圆形断面柱体的扭转，孔边缘的应力集中等问题）用材料力学和结构力学的理论是无法求解的，而在弹塑性力学中则是可以解决的；又如，有些问题虽然用材料力学和结构力学的方法可以求解，但无法给出精确可靠的结论，理论本身也存在一定的误差，而弹塑性力学则可以对这种初等理论的可靠性与结果的精确度进行评价。因而，弹塑性力学的任务有二：一是建立并给出用材料力学和结构力学无法求解的问题的理论和方法，二是给出初等理论可靠性与精确度的度量。

2.1.2 弹塑性力学的基本假设

弹塑性力学和材料力学一样，都属于固体力学的分支，对其研究的对象——变形固体，也都采用同样的基本假设[1-4]。

（1）连续性假设。认为组成固体的物质不留空隙地充满了固体的体积。实际上，组成固体的粒子之间存在空隙，并不连续。但这种空隙与构件的尺寸相比是极其微小的，可以忽略不计，于是就认为固体在其整个体积内是连续的。从而，当把所有的物理量表示为固体的点的坐标函数时，就可以对这些量进行坐标增量为无限小的极限分析。

（2）均匀性假设。认为在固体内任何位置处的力学性能都相同。就金属而言，组成金属的各晶粒的力学性能并不完全相同。但因构件或它的任意一部分中都包含很多的晶粒，并且无规则地排列，固体每一部分的力学性能都是为数极多的晶粒力学性能的统计平均值，所以可以认为各部分的力学性能是均匀的。这样，如从固体中任意地取出一部分，不论从何处取出，也不论大小，性能总是一样的。

（3）各向同性假设。认为沿任何方向固体的力学性能都是相同的。就单一的金属晶粒来说，沿不同方向性能并不完全相同。因金属构件包含数量极多的晶粒，且又无序地排列，这样沿各个方向的性能就接近相同了。具有这种属性的材料称为各向同性材料。

此外，还对物体的变形提出了几何假设——小变形条件，即认为物体在外力作用下所产生的变形，与其本身几何尺寸相比很小，可以不考虑因变形引起的尺寸变化。这样，就可以用变形以前的几何尺寸来代替变形以后的尺寸。另外，物体的变形和各点的位移公式中的二阶小量可以略去不计，从而使得几何变形可线性表示。

2.1.3 弹性与塑性

固体材料在受力以后就要产生变形，从变形开始到破坏一般可能要经历两个阶段，即弹性变形阶段和塑性变形阶段。根据材料特性的不同，有的弹性变形阶段较明显，而塑性阶段很不明显，像一般的脆性材料那样，往往弹性阶段后就紧跟着破坏；而有的则弹性阶段很不明显，变形一开始就伴随着塑性变形，弹塑性变形总是耦合产生，如混凝土材料。不过大部分固体材料都呈现出明显的弹性变形和塑性变形阶段。今后主要是讨论这种有弹性与塑性变形阶段的固体，并统称为弹塑性材料。

由材料力学知道，弹性变形是物体卸载以后就完全消失的那种变形，而塑性变形则是指卸载后不能消失而残留下来的那部分变形。固体材料的弹性与塑性性质可以用简单的拉伸实验来说明。图 2.1 是熟知的低碳钢试件简单拉伸实验应力应变曲线。其中 A 点所对应的应力 σ_A 称为比例极限，A 点以下 OA 段为直线。B 点所对应的应力 σ_0 为弹性极限，标志着弹性变形阶段的终止及塑性变形阶段的开始，亦称为屈服极限。当应力超过 σ_A 时，应力应变关系不再是直线关系，但仍属弹性阶段。在 B 点之前，即 $\sigma < \sigma_0$，如卸载，则应力应变关系按原路径恢复到原始状态。σ_0 称为屈服应力。可见，应力在达到屈服应力以前经历了线弹性阶段（OA 段）和非线性弹性阶段（AB 段）。应力超过屈服应力以后，如卸载，则应力应变关系就不再按原路径回到原始状态，而有塑性应变保留下来。BC 段称为塑性平台，在应力不变的情况下可继续发生变形，通常称为塑性流动。

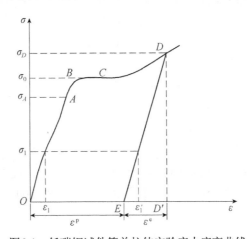

图2.1　低碳钢试件简单拉伸实验应力应变曲线

当应力达到 σ_D 时，如卸载，则应力应变关系自 D 点沿 DE 到达 E 点，OE 为塑性应变部分，ED' 为弹性应变部分。就是说，总应变 ε 可分为弹性部分 ε^e 和塑性部分 ε^p：

$$\varepsilon = \varepsilon^e + \varepsilon^p \tag{2.1}$$

若在 D 点卸载后重新加载，则在 $\sigma < \sigma_D$ 以前，材料呈弹性性质；当 $\sigma > \sigma_D$ 以后才重新进入塑性阶段，这就相当于提高了屈服应力。当应力超出了弹性极限以后，就相当于增加了材料内部对变形的抵抗能力，材料的这种性质叫作强化。

综上所述，弹性变形是可逆的，物体在变形过程中所储存起来的能量在卸载过程中将全部释放出来，物体的变形可完全恢复到原始状态，而且应力与应变一一对应。而在弹塑性阶段，材料除了应变不可恢复之外，应力与应变也不再一一对应，即应变的大小与加载的历史有关。

鉴于问题的复杂性，通常在塑性理论中要采用简化措施，图 2.2 是几种简化模型，其中，（a）为理想弹塑性模型；（b）为理想刚塑性模型；（c）为理想弹塑性线性强化模型；（d）为理想刚塑性模型强化模型。

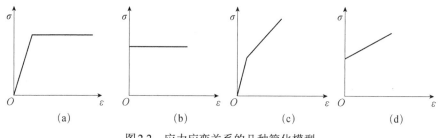

图2.2　应力应变关系的几种简化模型

　　这些模型是根据具体问题的特点对应力应变图形（图2.1）所进行的简化。对于低碳钢材料来说，当总应变超过弹性应变10～20倍时也不会发生强化，故一般可当作理想塑性材料处理。另一种情况是，虽然弹塑性阶段的弹性变形和塑性变形差不多是同量级的，但当研究极限平衡问题时，仍可采用简化模型。例如受内压作用的厚壁筒，塑性区由内壁开始向外扩展，形成一个内层为塑性区、外层为弹性区的弹塑性体，由于外层弹性区的约束，内层塑性区的变形仍与弹性变形为同一量级，一旦全截面均进入塑性状态，无限制的塑性流动便成为可能，在这种情况下取理想弹塑性模型（图2.2（a））来分析。如果塑性变形的发展不受约束，弹性变形与塑性变形相比可以忽略不计，则这种情况下取理想刚塑性模型（图2.2（b））是合适的。图2.2（c）和图2.2（d）所给的两种简化模型，是对前两种情况计入线性强化效应而忽略塑性流动的结果。

2.1.4　张量概念和求和约定[1, 2, 5]

　　1. 张量概念

　　爱因斯坦（Einstein）说，不能用数学语言来描述的还不能称为"科学"。非孤立存在的材料其状态就必须用数学的语言来表达，即用一系列的物理量来描述。此"物理量"有许许多多，五花八门。但如果按照数学语言来表达的话，那就非常简单了：经过仔细分析发现，有些物理量如物体的质量、密度、体积、动能，人体的身高、体重等，用一个数值就可以完全来表示它，这些只有大小而没有方向的物理量称为标量。但有些物理量如速度、加速度、力等，用一个数值是不能表达的，它们既有大小又有方向，必须建立一个坐标系，借助于这个坐标系才能描述。如图2.3所示，空间中某点 A 的几何位置需用参照坐标系中3个独立的坐标 (x, y, z) 表示；又如，在力的作用下，点 A 移动到点 A'，此位移在 x, y, z 方向上的分量分别为 u, v, w，即 A 点移动的情况需要3个独立的物理量 (u, v, w) 才能表示，即 $\boldsymbol{u} = \sum_{i=1}^{3} u_i \boldsymbol{e}_i = u\boldsymbol{e}_1 + v\boldsymbol{e}_2 + w\boldsymbol{e}_3$。此类物理量是由3个独立的量组成的集合，称为矢量或向量，亦称为一阶张量。简单地说，一阶张量是指既有大小又有方向的物理量。

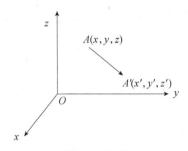

图 2.3　矢量

有些物理量用三个量都还不能表示，需要用更多的量才能表达。经过数学家和物理学家的努力后发现，这更多的量不是随随便便几个都可以的，而是具有一定的规律，这个规律是：物理量的个数刚好是 3^n 个（为什么是 3 的 n 次方个，而不是 4 的 n 次方个，或者 5 的 n 次方个，或者其他什么数值的 n 次方个？）。例如，在弹塑性力学中，有些物理量，如应力（将在本书 2.2 节中讨论）、应变（将在本书 2.3 节中讨论）等，是由 9 个独立的物理量组成的集合，如

$$\begin{bmatrix} \sigma_{11} & \sigma_{12} & \sigma_{13} \\ \sigma_{21} & \sigma_{22} & \sigma_{23} \\ \sigma_{31} & \sigma_{32} & \sigma_{33} \end{bmatrix}$$

这类物理量称为二阶张量，二阶张量与对称的 3×3 阶矩阵相对应。依次类推，n 阶张量应是由 3^n 个分量组成的集合。

这些张量常用下标记号法来表示。A 点的坐标 (x, y, z) 可表示为 $x_i\,(i = 1, 2, 3)$，应力张量 $\begin{bmatrix} \sigma_{11} & \sigma_{12} & \sigma_{13} \\ \sigma_{21} & \sigma_{22} & \sigma_{23} \\ \sigma_{31} & \sigma_{32} & \sigma_{33} \end{bmatrix}$ 可表示为 $\sigma_{ij}\,(i = 1, 2, 3; j = 1, 2, 3)$。可见，一阶张量的下标应是 1 个，二阶张量的下标应是 2 个。依次类推，n 阶张量的下标应是 n 个。n 阶张量可以表示为 $a_{i_1 i_2 \cdots i_n}\,(i_1 = 1, 2, 3; i_2 = 1, 2, 3, \cdots; i_n = 1, 2, 3)$。张量统统用黑体表示，当然也可以用其分量来表示。

2. Einstein 求和约定

类似于线性代数中矩阵的加减运算，只有同阶的张量才可以进行加减运算。设有两个相同的一阶张量 $\boldsymbol{a} = \sum\limits_{i=1}^{3} a_i \boldsymbol{e}_i$ 和 $\boldsymbol{b} = \sum\limits_{i=1}^{3} b_i \boldsymbol{e}_i$，它们之和为 $\boldsymbol{c} = \sum\limits_{i=1}^{3} c_i \boldsymbol{e}_i = \boldsymbol{a} + \boldsymbol{b}$，

即 $c = \sum_{i=1}^{3}(a_i e_i + b_i e_i) = \sum_{i=1}^{3}(a_i + b_i)e_i$ 。又假设有两个相同的二阶张量

$A = \sum_{i=1}^{3}\sum_{j=1}^{3}A_{ij}e_i e_j$ 与 $B = \sum_{i=1}^{3}\sum_{j=1}^{3}B_{ij}e_i e_j$，它们的和或差是另一个同阶张量

$T = \sum_{i=1}^{3}\sum_{j=1}^{3}T_{ij}e_i e_j$，即

$$T = A \pm B \qquad (2.2a)$$

且分量关系为

$$T_{ij} = A_{ij} \pm B_{ij} \qquad (2.2b)$$

类似于矢量 $a = \sum_{i=1}^{3}a_i e_i$ 中的基矢量 e_i，在式（2.2）的二阶张量中，$e_i e_j$ 称为基张量或者张量元素，它就是把两个沿坐标线方向的基矢量简单地并写在一起，不作任何运算，起"单位"的作用。

这里引进Einstein求和约定：在用下标记号法表示张量的某一项时，如有两个下标相同，则表示对此下标从1～3求和，重复出现的下标称为求和标号，而将求和的符号Σ省略，例如，$a = \sum_{i=1}^{3}a_i e_i$ 可以简写为 $a = a_i e_i$，$T = \sum_{i=1}^{3}\sum_{j=1}^{3}T_{ij}e_i e_j$ 可以简写为 $T = T_{ij}e_i e_j$。再例如，$\varepsilon_{ii} = \varepsilon_{11} + \varepsilon_{22} + \varepsilon_{33}$，$a_i b_i = a_1 b_1 + a_2 b_2 + a_3 b_3$。

在某一项中不重复出现的下标称为自由标号，可取从1～3的任意值，例如，σ_{ij}，ε_{ij} 分别表示九个应力及应变张量中的任何一个分量。

还应注意张量分析中的两个基本符号：克罗内克（Kronecker）符号 δ_{ij} 与排列符号（或置换符号）e_{rst}。符号 δ_{ij} 的定义为

$$\delta_{ij} = \begin{cases}1, & i = j \\ 0, & i \neq j\end{cases}$$

它表示了九个量，但只有三个量不等于零。利用这种性质对一些计算是很有帮助的，如 $a_i \delta_{ij} = a_1 \delta_{1j} + a_2 \delta_{2j} + a_3 \delta_{3j} = a_j$（即 a_1，或 a_2，或 a_3）。符号 e_{rst} 的定义为

$$e_{rst} = \begin{cases}1, & 当(r,s,t)=(1,2,3)或(2,3,1)或(3,1,2)时 \\ -1, & 当(r,s,t)=(3,2,1)或(2,1,3)或(1,3,2)时 \\ 0, & 当r,s,t中任意两个指标相同时\end{cases}$$

或

$$e_{rst} = \frac{1}{2}(r-s)(s-t)(t-r) \qquad (r,s,t=1,2,3)$$

该定义表明 e_{rst} 含有27个元素。其中指标按正序排列的三个元素为1，按逆序排

列的三个元素为 -1，其他带有重指标的元素都是 0。

　　最后讨论一下张量导数。张量的每个分量都是坐标参数 x_i 的函数，张量导数就是把每个分量对坐标参数求导数。在笛卡儿直角坐标系中，张量的导数仍然是张量，张量导数的阶数比原张量高一阶，如一阶张量即矢量 V_i 的导数 $\dfrac{\partial V_i}{\partial x_j}$ 是二阶张量。求张量分量的导数跟普通微分的求导方法相同。

　　一般规则是：一阶、二阶及二阶以上的张量都用黑体表示。本书也采用这个规则。虽然用张量来描述材料受到外载荷后的状态非常方便，但对初学者确实还有点困难，所以在本书中二阶及二阶以上的张量不仅用黑体表示，而且还全部写成分量，这样便于读者将黑体和分量对照着学习。

2.2　应　　力

2.2.1　外力和应力

1. 外力的表示

　　作用于物体的外载荷可以分为体积力和表面力，它们分别称为体力和面力。体力是分布在物体体积内的力，如重力、磁力及运动物体的惯性力等。体力的特点就是它与物体的质量成正比。物体内各点受力的情况一般是不相同的。为了表明该物体在某一点 P 所受的体力，在这一点取物体的一小部分，它包含着 P 点，而它的体积为 ΔV，如图2.4（a）所示。

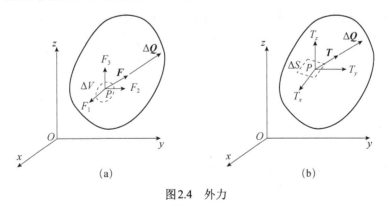

图2.4　外力

　　设作用于 ΔV 的体力为 $\Delta \boldsymbol{Q}$，则体力的平均集度为 $\Delta \boldsymbol{Q} / \Delta V$。如果把所取的那一小部分物体不断减小，即 ΔV 不断减小，则 $\Delta \boldsymbol{Q}$ 和 $\Delta \boldsymbol{Q} / \Delta V$ 都将不断地改变（包括方向和大小），而且作用点也不断改变。现在，令 ΔV 无限减小到趋近于 P 点，假定体力为连续分布，则 $\Delta \boldsymbol{Q} / \Delta V$ 将趋近于一定的极限 $\boldsymbol{F}$，即

$$\lim_{\Delta V \to 0} \frac{\Delta \boldsymbol{Q}}{\Delta V} = \boldsymbol{F} \tag{2.3}$$

这个极限矢量 $\boldsymbol{F} = F_i \boldsymbol{e}_i$ 就是该物体在 P 点所受体力的集度。因为 ΔV 是标量，所以 $\boldsymbol{F}$ 的方向就是 $\Delta \boldsymbol{Q}$ 的极限方向。矢量 $\boldsymbol{F}$ 在坐标轴 x、y 和 z 上的投影 F_1、F_2 和 F_3 称为该物体在 P 点的体力分量，以沿坐标轴正方向为正，沿坐标轴负方向为负。它们的量纲为[力][长度]$^{-3}$。

面力是分布在物体表面上的力，如流体压力和接触力。物体在其表面上各点受面力的情况一般也是不相同的。为了表明该物体在其表面上某一点 P 所受的面力，在这一点取该物体表面的一小部分，它包含着 P 点，而它的面积为 ΔS，如图2.4（b）所示。设作用于 ΔS 的面力为 $\Delta \boldsymbol{Q}$，则面力的平均集度为 $\Delta \boldsymbol{Q}/\Delta S$。与上相似，命 ΔS 无限减小而趋近 P 点，假定面力为连续分布，则 $\Delta \boldsymbol{Q}/\Delta S$ 将趋近于一定的极限 $\boldsymbol{T}$，即

$$\lim_{\Delta S \to 0} \frac{\Delta \boldsymbol{Q}}{\Delta S} = \boldsymbol{T} \tag{2.4}$$

这个极限矢量 $\boldsymbol{T} = T_i \boldsymbol{e}_i$ 就是该物体在 P 点所受面力的集度。因为 ΔS 是标量，所以 $\boldsymbol{T}$ 的方向就是 $\Delta \boldsymbol{Q}$ 的极限方向。矢量 $\boldsymbol{T}$ 在坐标轴 x、y 和 z 上的投影 T_x、T_y 和 T_z 称为该物体在 P 点的面力分量，以沿坐标轴正方向为正，沿坐标轴负方向为负。它们的量纲为[力][长度]$^{-2}$。

2. 应力

在外力作用下物体发生变形，变形改变了分子间距，在物体内形成一个附加的内力场。当这个内力场足以和外力相平衡时，变形不再继续，物体达到稳定平衡状态。现在讨论这个由外载引起的附加内力场。

为了精确描述内力场，柯西（Cauchy）引进了应力的重要概念。考虑图2.5中处于平衡状态的物体 B。用一个假想的闭合曲面 S 把物体分成内、外两部分，简称内域和外域。P 是曲面 S 上的任意点，以 P 为形心在 S 上取出一个面积为 ΔS 的面元。$\boldsymbol{v}$ 是 P 点处沿内域外向法线的单位矢量（沿外域外法线的单位矢量为 $-\boldsymbol{v}$）。$\Delta \boldsymbol{F}$ 为外域通过面元 ΔS 对内域的作用力之合力，一般说与法向矢量 $\boldsymbol{v}$ 不同向。假设当面元趋于 P 点，$\Delta S \to 0$ 时，比值 $\Delta \boldsymbol{F}/\Delta S$ 的极限存在，且面元上作用力的合力矩与 ΔS 的比值趋于零，则可定义

$$\boldsymbol{\sigma}_v = \lim_{\Delta S \to 0} \frac{\Delta \boldsymbol{F}}{\Delta S} \tag{2.5}$$

是外域作用在内域为 P 点处法线为 $\boldsymbol{v}$ 的面元上的应力矢量，也可以说内域在 P 点处法线为 $\boldsymbol{v}$ 的面元受到外域作用的应力矢量。若取式中的 ΔS 为变形前面元的初始面积，则上式给出的是工程应力，或称名义应力，常用于小变形情况。对于大变形问题，应取 ΔS 为变形后面元的实际面积，这样的应力是真实应力，简称真

应力。本书只讨论小变形情况，即认为变形前后物体的形状变化比较少。对于大变形情形，读者可参考有关教材[6]。

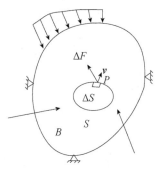

图 2.5　应力矢量

比较式（2.4）和式（2.5）可见，应力矢量和面力矢量的数学定义和物理量纲都相同，二者的区别仅在于：应力是作用在物体内截面上的未知内力，而面力是作用在物体外表面上的已知外力。当内截面无限趋近于外表面时，应力也趋近于外加面力的值。矢量 $\sigma_{(v)}$ 的大小和方向不仅和 P 点的位置有关，而且和面元法线方向 v 有关。作用在同一点不同法向面元上的应力矢量各不相同，如图2.6（a）所示。反之，不同曲面上的面元，只要通过同一点且法线方向相同，则应力矢量也相同，如图2.6（b）所示。因此，应力矢量 $\sigma_{(v)}$ 是位置 r 和过点 P 的某一个面的位向 v 的函数，即

$$\sigma_{(v)} = \sigma_{(v)}(r, v) \tag{2.6}$$

显然，只要知道了过点 P 的任意位向的截面上的应力矢量，就能够确定点 P 的应力状态。而过点 P 的不同位向的截面有无限多个，要逐个加以考虑是不可能的。那么，怎样才能确定一点的应力状态呢？

3. 应力分量

理论上，对应力的描述用式（2.6）就可以了。但如果只有式（2.6）显然是不方便的，即"过点 P 的不同位向的截面有无限多个，要逐个加以考虑是不可能的"。如 2.1 节所阐述的，需要借助于一个坐标系（如笛卡儿坐标系）来讨论物体内任意一点 P 的应力状态。在笛卡儿坐标系中，用六个平行于坐标面的截面（简称正截面）在 P 点的邻域内取出一个正六面体元，如图2.7所示。其中，外法线与坐标轴 $x_i\,(i=1,2,3)$ 同向的三个面元称为正面，记为 $\mathrm{d}S_i$，它们的单位法线矢量为 $v_i = e_i$，e_i 是沿坐标轴的单位矢量。另三个外法线与坐标轴反向的面元称为负面，它们的法线单位矢量为 $-e_i$。把作用在正面 $\mathrm{d}S_i$ 上的应力矢量 $\sigma_{(i)}\,(i=1,2,3)$ 沿坐标轴正向分解得

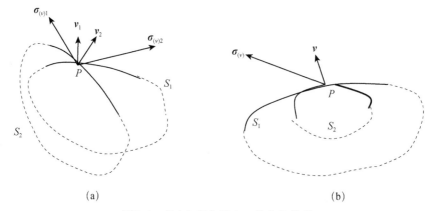

$$(a)\qquad\qquad\qquad\qquad\qquad (b)$$

图2.6　应力矢量与法向 $\boldsymbol{v}$ 的依赖关系

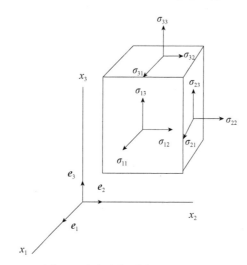

图2.7　直角坐标系中的应力分量

$$\begin{cases} \boldsymbol{\sigma}_{(1)} = \sigma_{11}\boldsymbol{e}_1 + \sigma_{12}\boldsymbol{e}_2 + \sigma_{13}\boldsymbol{e}_3 = \sigma_{1j}\boldsymbol{e}_j \\ \boldsymbol{\sigma}_{(2)} = \sigma_{21}\boldsymbol{e}_1 + \sigma_{22}\boldsymbol{e}_2 + \sigma_{23}\boldsymbol{e}_3 = \sigma_{2j}\boldsymbol{e}_j \\ \boldsymbol{\sigma}_{(3)} = \sigma_{31}\boldsymbol{e}_1 + \sigma_{32}\boldsymbol{e}_2 + \sigma_{33}\boldsymbol{e}_3 = \sigma_{3j}\boldsymbol{e}_j \end{cases} \tag{2.7a}$$

即

$$\boldsymbol{\sigma}_{(i)} = \sigma_{ij}\boldsymbol{e}_j \tag{2.7b}$$

上式中的重复下标 j 表示 Einstein 求和约定。上式中共出现了九个应力分量，它们可以用矩阵表示为

$$(\sigma_{ij}) = \begin{bmatrix} \sigma_{11} & \sigma_{12} & \sigma_{13} \\ \sigma_{21} & \sigma_{22} & \sigma_{23} \\ \sigma_{31} & \sigma_{32} & \sigma_{33} \end{bmatrix} \tag{2.8}$$

其中，第一个指标 i 表示面元的法线方向，称为面元指标；第二指标 j 表示应力的分解方向，称为方向指标；当 $i=j$ 时，应力分量垂直于面元，称为正应力；当 $i \neq j$ 时，应力分量作用在面元平面内，称为剪应力。在笛卡儿坐标系中九个应力分量记为

$$(\sigma_{ij}) = \begin{bmatrix} \sigma_x & \tau_{xy} & \tau_{xz} \\ \tau_{yx} & \sigma_y & \tau_{yz} \\ \tau_{zx} & \tau_{zy} & \sigma_z \end{bmatrix} \tag{2.9}$$

弹性理论规定：作用在负面上的应力矢量 $\boldsymbol{\sigma}_{(-i)}$ $(i=1,2,3)$ 应沿坐标轴反向分解，当微元向其形心收缩成一点时，负面应力和正面应力大小相等、方向相反，即

$$\boldsymbol{\sigma}_{(-i)} = -\boldsymbol{\sigma}_{(i)} = \sigma_{ij}\left(-\boldsymbol{e}_j\right) \tag{2.10}$$

式中，九个应力分量 σ_{ij} 的正向规定是：正面上与坐标轴同向为正；负面上与坐标轴反向为正。这个规定正确地反映了作用与反作用原理和"受拉为正、受压为负"的传统观念，数学处理也比较统一。但应注意，剪应力正向不同于材料力学的规定。过 P 点任意斜面上的应力都可用 σ_{ij} 来表示。所以，一点的应力状态用一个量即标量无法描述，用 3 个量即矢量也无法描述，必须要用 9 个量即 9 个应力分量 σ_{ij} 才能全面描述。根据 2.1 节关于张量的概念，可以用二阶张量 $\boldsymbol{\sigma} = \sigma_{ij}\boldsymbol{e}_i\boldsymbol{e}_j$ 来描述一点的应力状态。读者特别注意，不要将式（2.5）一个法向方向为 $\boldsymbol{\nu}$ 的斜面上的应力矢量与应力二阶张量 $\boldsymbol{\sigma} = \sigma_{ij}\boldsymbol{e}_i\boldsymbol{e}_j$ 混淆。

2.2.2   平衡方程和应力边界条件

1. 平衡方程

由于本书只关心外载荷作用下材料内部的效果即变形状态，所以材料受到外载荷作用时整个物体应该处于平衡状态。现在讨论单元体的静力平衡问题。在所取的单元体上，除了各个面上的应力分量外，同时还有体力 $\boldsymbol{F}$。讨论单元体的静力平衡问题，就是要得到单元体沿三个坐标轴方向的力的平衡条件和对三个坐标轴力矩的平衡条件。

选笛卡儿坐标作参考坐标，在任意点 P 的邻域内取出边长为 $\mathrm{d}x_1$，$\mathrm{d}x_2$，$\mathrm{d}x_3$ 的无限小正六面体（图2.8），简称微元。体力 $F_i(i=1,2,3)$ 作用在微元体的形心 C 处。设 σ_{ij} 为三个负面形心处的应力分量，正面形心处的应力分量相对于负面有一增量，按泰勒（Taylor）级数展开并略去高阶小量后可化为负面应力及其一阶导数的表达式。例如，负面正应力 σ_{11} 到相距 $\mathrm{d}x_1$ 的正面上变为 $\sigma_{11} + \dfrac{\partial \sigma_{11}}{\partial x_1}\mathrm{d}x_1 + \cdots$。因

此，这个微元体的受力状态如图2.8所示，微元体沿 x_1 方向的力的平衡条件为

$$\left(\sigma_{11}+\frac{\partial\sigma_{11}}{\partial x_1}dx_1\right)dx_2dx_3-\sigma_{11}dx_2dx_3+\left(\sigma_{21}+\frac{\partial\sigma_{21}}{\partial x_2}dx_2\right)dx_3dx_1-\sigma_{21}dx_3dx_1$$

$$+\left(\sigma_{31}+\frac{\partial\sigma_{31}}{\partial x_3}dx_3\right)dx_1dx_2-\sigma_{31}dx_1dx_2+F_1dx_1dx_2dx_3=0$$

并项后除以微元面积，取微元趋近于点（x_1,x_2,x_3）时的极限得

$$\frac{\partial\sigma_{11}}{\partial x_1}+\frac{\partial\sigma_{21}}{\partial x_2}+\frac{\partial\sigma_{31}}{\partial x_3}+F_1=0 \qquad (2.11a)$$

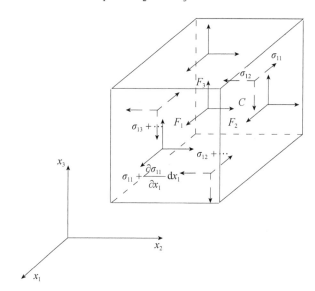

图2.8　力的平衡条件

同理，沿 x_2 和 x_3 方向的力平衡条件为

$$\frac{\partial\sigma_{12}}{\partial x_1}+\frac{\partial\sigma_{22}}{\partial x_2}+\frac{\partial\sigma_{32}}{\partial x_3}+F_2=0 \qquad (2.11b)$$

$$\frac{\partial\sigma_{13}}{\partial x_1}+\frac{\partial\sigma_{23}}{\partial x_2}+\frac{\partial\sigma_{33}}{\partial x_3}+F_3=0 \qquad (2.11c)$$

用指标符号可以将上述三个方程式缩写成

$$\sigma_{ji,j}+F_i=0 \qquad (2.12)$$

上式称为平衡微分方程，简称平衡方程，它给出了应力分量一阶导数和体力分量之间应满足的关系式。平衡方程的常用形式是

$$
\begin{cases}
\dfrac{\partial \sigma_x}{\partial x} + \dfrac{\partial \tau_{yx}}{\partial y} + \dfrac{\partial \tau_{zx}}{\partial z} + F_x = 0 \\[3mm]
\dfrac{\partial \tau_{xy}}{\partial x} + \dfrac{\partial \sigma_y}{\partial y} + \dfrac{\partial \tau_{zy}}{\partial z} + F_y = 0 \\[3mm]
\dfrac{\partial \tau_{xz}}{\partial x} + \dfrac{\partial \tau_{yz}}{\partial y} + \dfrac{\partial \sigma_z}{\partial z} + F_z = 0
\end{cases}
\tag{2.13a}
$$

下面考虑微元体的力矩平衡。对通过形心 C，沿 x_3 方向的轴取矩。作用线通过点 C 或方向与该轴平行的应力和体力分量对该轴的合力矩为零，于是力矩平衡方程为

$$
\left(\sigma_{12} + \frac{\partial \sigma_{12}}{\partial x_1} \mathrm{d}x_1 \right) \mathrm{d}x_2 \mathrm{d}x_3 \cdot \frac{\mathrm{d}x_1}{2} + \sigma_{12} \mathrm{d}x_2 \mathrm{d}x_3 \cdot \frac{\mathrm{d}x_1}{2}
$$

$$
- \left(\sigma_{21} + \frac{\partial \sigma_{21}}{\partial x_2} \mathrm{d}x_2 \right) \mathrm{d}x_1 \mathrm{d}x_3 \cdot \frac{\mathrm{d}x_2}{2} - \sigma_{21} \mathrm{d}x_1 \mathrm{d}x_3 \cdot \frac{\mathrm{d}x_2}{2} = 0
\tag{2.13b}
$$

忽略高阶项后只剩两项：

$$
\sigma_{12} \mathrm{d}x_2 \mathrm{d}x_3 \cdot \mathrm{d}x_1 - \sigma_{21} \mathrm{d}x_3 \mathrm{d}x_1 \cdot \mathrm{d}x_2 = 0
\tag{2.13c}
$$

由此得

$$
\sigma_{12} = \sigma_{21}
\tag{2.14a}
$$

同理，对沿 x_1 和 x_2 方向的形心轴取合力矩为零得

$$
\sigma_{23} = \sigma_{32}, \qquad \sigma_{31} = \sigma_{13}
\tag{2.14b}
$$

或合写成

$$
\sigma_{ij} = \sigma_{ji}
\tag{2.15}
$$

这就是剪应力互等定理，或称应力张量的对称性。

由式（2.8）或者式（2.9）得到，任意一点的应力状态需要九个应力分量才能完整地描述。但由式（2.15）的对称性知道，九个应力分量中只有六个是独立的。因此，描述一点的应力状态需要六个应力分量。

2. 应力边界条件

2.2.1 节已经阐述作用于物体的外载荷有两种，即体力和面力，体力已经通过式（2.12）表示其对物体内部力的平衡状态，那么面力又是如何引起物体内部的力的状态呢？这里就分析这种应力边界条件。首先用平衡原理导出任意斜面上的应力计算公式。考虑图 2.9 中的四面体 $PABC$，它由三个负面和一个法向矢量为

$$
\boldsymbol{v} = v_1 \boldsymbol{e}_1 + v_2 \boldsymbol{e}_2 + v_3 \boldsymbol{e}_3 = v_i \boldsymbol{e}_i
\tag{2.16a}
$$

的斜截面组成，其中

$$
v_i = \cos(\boldsymbol{v}, \boldsymbol{e}_i)
\tag{2.16b}
$$

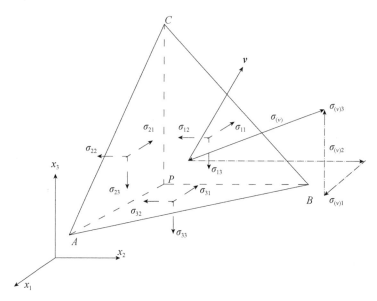

图2.9　任意斜面上的应力

为斜面的法向方向 v 与坐标轴单位矢量 e_i 之间夹角的余弦，简称方向余弦。设斜面 $\triangle ABC$ 的面积为 dS，则三个负面的面积分别为

$$\begin{cases} dS_1 = \triangle PBC = v_1 dS \\ dS_2 = \triangle PCA = v_2 dS \\ dS_3 = \triangle PAB = v_3 dS \end{cases} \tag{2.17}$$

四面体的体积为

$$V = \frac{1}{3} dh dS \tag{2.18}$$

其中，dh 为顶点 P 到斜面的垂直距离。

根据式（2.5），法向方向为 v 的斜面上的应力是一个矢量，即 $\boldsymbol{\sigma}_{(v)} = \sigma_{(v)j} \boldsymbol{e}_j$。现在讨论如何由四面体上三个负面上的应力矢量即 $\boldsymbol{\sigma}_{(i)}$ 来表示 $\boldsymbol{\sigma}_{(v)} = \sigma_{(v)j} \boldsymbol{e}_j$。作用力的平衡条件是

$$-\boldsymbol{\sigma}_{(1)} dS_1 - \boldsymbol{\sigma}_{(2)} dS_2 - \boldsymbol{\sigma}_{(3)} dS_3 + \boldsymbol{\sigma}_{(v)} dS + \boldsymbol{F}\left(\frac{1}{3} dh dS\right) = \boldsymbol{0} \tag{2.19}$$

其中，$\boldsymbol{\sigma}_{(i)}$ 是第 i 面上的应力矢量，见式（2.7b）。上式的前四项分别是负面和斜面上的作用力，第五项是体力的合力，由于 dh 是随 $dS \to 0$ 而趋于零的小量，所以和前四项相比，体力项可以略去。

将式（2.17）代入式（2.19），并除以公因子 dS 后得

$$\boldsymbol{\sigma}_{(v)} = v_1 \boldsymbol{\sigma}_{(1)} + v_2 \boldsymbol{\sigma}_{(2)} + v_3 \boldsymbol{\sigma}_{(3)} = v_i \boldsymbol{\sigma}_{(i)}$$

利用式（2.7a）有

$$\boldsymbol{\sigma}_{(\nu)} = \nu_i \sigma_{ij} \boldsymbol{e}_j = \sigma_{(\nu)j} \boldsymbol{e}_j$$

所以，法向方向为 $\boldsymbol{\nu}$ 的斜面上的应力矢量的分量为

$$\sigma_{(\nu)j} = \nu_i \sigma_{ij} \tag{2.20}$$

即

$$\begin{cases} \sigma_{(\nu)1} = \nu_1 \sigma_{11} + \nu_2 \sigma_{21} + \nu_3 \sigma_{31} \\ \sigma_{(\nu)2} = \nu_1 \sigma_{12} + \nu_2 \sigma_{22} + \nu_3 \sigma_{32} \\ \sigma_{(\nu)3} = \nu_1 \sigma_{13} + \nu_2 \sigma_{23} + \nu_3 \sigma_{33} \end{cases} \tag{2.21}$$

其中，$\sigma_{(\nu)1}$、$\sigma_{(\nu)2}$ 和 $\sigma_{(\nu)3}$ 是 $\boldsymbol{\sigma}_{(\nu)}$ 沿坐标轴 x_1、x_2 和 x_3 方向的分量，一般不是斜面上的正应力或剪应力。这就是著名的 Cauchy 公式，又称斜面应力公式，其实质是四面体微元的平衡条件。

Cauchy 公式有两个重要应用。

（1）求斜面上的各种应力。根据斜面的方向余弦 ν_i 和正截面上的应力分量 σ_{ij} 可由式（2.21）算出斜面应力沿坐标轴方向的三个分量 $\sigma_{(\nu)j}$，并进一步求得斜面应力的大小（又称全应力）

$$\sigma_\nu \equiv \left| \boldsymbol{\sigma}_{(\nu)} \right| = \sqrt{\sigma^2_{(\nu)1} + \sigma^2_{(\nu)2} + \sigma^2_{(\nu)3}} \tag{2.22}$$

和方向

$$\cos\left(\boldsymbol{\sigma}_{(\nu)}, x_1\right) = \frac{\sigma_{(\nu)1}}{\sigma_\nu}, \quad \cos\left(\boldsymbol{\sigma}_{(\nu)}, x_2\right) = \frac{\sigma_{(\nu)2}}{\sigma_\nu}, \quad \cos\left(\boldsymbol{\sigma}_{(\nu)}, x_3\right) = \frac{\sigma_{(\nu)3}}{\sigma_\nu} \tag{2.23}$$

斜面正应力 $\boldsymbol{\sigma}_{\mathrm{n}}$ 是 $\boldsymbol{\sigma}_{(\nu)}$ 在斜面法线方向上的分量：

$$\boldsymbol{\sigma}_{\mathrm{n}} = \sigma_{\mathrm{n}} \boldsymbol{\nu}$$

$$\sigma_{\mathrm{n}} \equiv \left| \boldsymbol{\sigma}_{\mathrm{n}} \right| = \boldsymbol{\sigma}_{(\nu)} \cdot \boldsymbol{\nu} = \sigma_{ij} \nu_i \nu_j = \sigma_x l^2 + \sigma_y m^2 + \sigma_z n^2 + 2\tau_{xy} lm + 2\tau_{yz} mn + 2\tau_{zx} nl \tag{2.24}$$

其中，$l = \nu_1$，$m = \nu_2$，$n = \nu_3$ 为方向余弦；$\sigma_x, \sigma_y, \sigma_z$ 分别表示垂直 x, y, z 轴的正面上的正应力，它们分别是 $\sigma_{xx}, \sigma_{yy}, \sigma_{zz}$ 的简写。

斜面剪应力 $\boldsymbol{\tau}$ 是 $\boldsymbol{\sigma}_{(\nu)}$ 在斜面内的分量：

$$\boldsymbol{\tau} = \boldsymbol{\sigma}_{(\nu)} - \boldsymbol{\sigma}_{\mathrm{n}}, \quad \tau \equiv \left| \boldsymbol{\tau} \right| = \sqrt{\sigma_\nu^2 - \sigma_{\mathrm{n}}^2} \tag{2.25}$$

注意，$\boldsymbol{\tau}$ 沿坐标轴方向分解的结果并不是斜面上的剪应力分量。

（2）给定力边界条件。若斜面是物体的边界面，且给定面力 $\boldsymbol{T}$，则 Cauchy 公式可用作未知应力场的力边界条件：

$$\boldsymbol{T} = \boldsymbol{\sigma}_{(\nu)} = \nu_i \sigma_{ij} \boldsymbol{e}_j \quad \text{或者} \quad T_j = \nu_i \sigma_{ij} \tag{2.26}$$

其中，T_j 是面力 $\boldsymbol{T}$ 沿坐标轴方向的分量。力边界条件式（2.26）的分量形式为

$$T_x = \sigma_x l + \tau_{yx} m + \tau_{zx} n, \quad T_y = \tau_{xy} l + \sigma_y m + \tau_{zy} n, \quad T_z = \tau_{xz} l + \tau_{yz} m + \sigma_z n \quad (2.27)$$

2.2.3 主应力和主方向

在过受力物体内一点的微小面元上，一般都有正应力与剪应力，不同方向的面元上这些应力有不同的数值。当此微小面元转动时，它的法线方向 $\boldsymbol{\nu}$ 随之改变，面元上的正应力 σ_ν 与剪应力 τ_ν 的方向和它们的值也都要发生变化。在 $\boldsymbol{\nu}$ 方向不断改变的过程中，会出现这样的情况，即面元上只有正应力，而剪应力等于零。这时的面元法线方向 $\boldsymbol{\nu}$ 称为主方向，相应的正应力 σ_ν 称为主应力，σ_ν 所在的面称为主平面。

下面用数学语言来描述这个问题。求某个法线方向 $\boldsymbol{\nu}$，使其满足方程

$$\boldsymbol{\sigma}_{(\nu)} = \nu_i \sigma_{ij} \boldsymbol{e}_j = \sigma_\nu \boldsymbol{\nu} = \sigma_\nu \nu_j \boldsymbol{e}_j \quad (2.28)$$

令上式对应的分量相等得

$$\nu_i \sigma_{ij} - \sigma_\nu \nu_j = 0 \quad (2.29)$$

用 δ_{ij} 进行换标

$$\nu_i \left(\sigma_{ij} - \sigma_\nu \delta_{ij} \right) = 0 \quad (j = 1,2,3) \quad (2.30)$$

这是对 ν_i 的线性代数方程组，存在非零解的必要条件是系数行列式为零，即

$$\begin{vmatrix} \sigma_{11} - \sigma_\nu & \sigma_{12} & \sigma_{13} \\ \sigma_{21} & \sigma_{22} - \sigma_\nu & \sigma_{23} \\ \sigma_{31} & \sigma_{32} & \sigma_{33} - \sigma_\nu \end{vmatrix} = 0$$

展开后得 σ_ν 的三次代数方程，称为特征方程：

$$\sigma_\nu^3 - J_1 \sigma_\nu^2 + J_2 \sigma_\nu - J_3 = 0 \quad (2.31)$$

其中，

$$J_1 = \sigma_{11} + \sigma_{22} + \sigma_{33} = \sigma_{ii} = \sigma_x + \sigma_y + \sigma_z \quad (2.31a)$$

是应力矩阵主对角分量之和，称为应力张量 $\boldsymbol{\sigma}$ 的迹，记作 $\mathrm{tr}\boldsymbol{\sigma}$；

$$J_2 = \begin{vmatrix} \sigma_{22} & \sigma_{23} \\ \sigma_{32} & \sigma_{33} \end{vmatrix} + \begin{vmatrix} \sigma_{11} & \sigma_{13} \\ \sigma_{31} & \sigma_{33} \end{vmatrix} + \begin{vmatrix} \sigma_{11} & \sigma_{12} \\ \sigma_{21} & \sigma_{22} \end{vmatrix}$$

$$= \frac{1}{2} \left(\sigma_{ii} \sigma_{jj} - \sigma_{ij} \sigma_{ij} \right) = \frac{1}{2} \left(J_1^2 - \sigma_{ij} \sigma_{ij} \right)$$

$$= \sigma_x \sigma_y + \sigma_y \sigma_z + \sigma_z \sigma_x - \tau_{xy}^2 - \tau_{yz}^2 - \tau_{zx}^2 \quad (2.31b)$$

是应力矩阵的二阶主子式之和；

$$J_3 = \begin{vmatrix} \sigma_{11} & \sigma_{12} & \sigma_{13} \\ \sigma_{21} & \sigma_{22} & \sigma_{23} \\ \sigma_{31} & \sigma_{32} & \sigma_{33} \end{vmatrix} = e_{ijk}\sigma_{1i}\sigma_{2j}\sigma_{3k}$$

$$= \frac{1}{3}\sigma_{ij}\sigma_{jk}\sigma_{ki} + J_1\left(J_2 - \frac{1}{3}J_1^2\right)$$

$$= \sigma_x\sigma_y\sigma_z + 2\tau_{xy}\tau_{yz}\tau_{zx} - \sigma_x\tau_{yz}^2 - \sigma_y\tau_{zx}^2 - \sigma_z\tau_{xy}^2 \tag{2.31c}$$

是应力矩阵的行列式，记作 $\det\boldsymbol{\sigma}$。

J_1，J_2，J_3 的大小与坐标轴的选取无关，因此它们分别称为应力张量的第一、第二和第三不变量；特征方程（2.31）的三个特征根就是主应力，按其代数值的大小排列，称为第一主应力 σ_1，第二主应力 σ_2 和第三主应力 σ_3。

将三个主应力 σ_k 代入方程（2.30），可解出三个特征方向 $\boldsymbol{v}_k$，即为主方向。以 $\boldsymbol{v}_k$ 为法线的三个截面就是主平面，可以证明这三个主平面是两两垂直的[1,2]。在主平面上只有正应力而无剪应力。主应力的大小和主方向与坐标轴的选取无关。

2.2.4　球形应力张量和应力偏量张量

一般情况下，某一点处的应力状态可以分解为两部分，一部分是各向相等的拉（或压）应力 $\sigma_m\boldsymbol{I}$，另一部分记为 $\boldsymbol{S}$，即

$$\boldsymbol{\sigma} = \sigma_m\boldsymbol{I} + \boldsymbol{S} \quad\text{或者}\quad \sigma_{ij} = \sigma_m\delta_{ij} + S_{ij} \tag{2.32}$$

其中，

$$\sigma_m\boldsymbol{I} = \begin{bmatrix} \sigma_m & 0 & 0 \\ 0 & \sigma_m & 0 \\ 0 & 0 & \sigma_m \end{bmatrix} \tag{2.32a}$$

$$\boldsymbol{S} = \begin{bmatrix} \sigma_x - \sigma_m & \tau_{xy} & \tau_{xz} \\ \tau_{yx} & \sigma_y - \sigma_m & \tau_{yz} \\ \tau_{zx} & \tau_{zy} & \sigma_z - \sigma_m \end{bmatrix} \tag{2.32b}$$

$$\sigma_m = \frac{1}{3}(\sigma_x + \sigma_y + \sigma_z) = \frac{1}{3}(\sigma_1 + \sigma_2 + \sigma_3) \tag{2.32c}$$

式（2.32）右边第一部分 $\sigma_m\boldsymbol{I}$ 为球形应力张量，第二部分 $\boldsymbol{S}$ 为应力偏量张量。

应力偏量张量与应力张量类似，它也有三个不变量，这三个应力偏量张量不变量的求法与式（2.31a）～式（2.31c）类似。应力偏量张量的三个不变量为

$$I_1' = S_{kk} = 0 \tag{2.33a}$$

$$I_2' = \frac{1}{2}(I_1' - S_{ij}S_{ij}) = -\frac{1}{2}S_{ij}S_{ij} \tag{2.33b}$$

$$I_3' = \frac{1}{3}S_{ij}S_{jk}S_{ki} + I_1'\left(I_2' - \frac{1}{3}I_1'^2\right) = \frac{1}{3}S_{ij}S_{jk}S_{ki} \qquad (2.33\mathrm{c})$$

因 I_2' 恒负，通常改用如下定义的量：

$$J_2' = -I_2' = \frac{1}{2}S_{ij}S_{ij}$$

$$J_3' = I_3' = \frac{1}{3}S_{ij}S_{jk}S_{ki} \qquad (2.33)$$

也可以将 J_2' 用应力分量表示为

$$J_2' = \frac{1}{6}\left[(\sigma_{11} - \sigma_{22})^2 + (\sigma_{22} - \sigma_{33})^2 + (\sigma_{33} - \sigma_{11})^2\right] + \sigma_{12}^2 + \sigma_{23}^2 + \sigma_{31}^2$$

$$= \frac{1}{6}\left[(\sigma_1 - \sigma_2)^2 + (\sigma_2 - \sigma_3)^2 + (\sigma_3 - \sigma_1)^2\right] \qquad (2.34)$$

这里，J_2' 是与第四强度理论有关的参数，在塑性力学中有重要应用。

<h2 style="text-align:center">2.3 应 变</h2>

2.3.1 变形和应变

1. 位移的描述

在载荷作用下，物体内各质点的位置将发生变化，即发生位移。如果物体各点发生位移后仍保持各点间初始状态的相对位置，则物体实际上只产生了刚体移动和转动，称这种位移为刚体位移。如果物体各点发生位移后改变了各点间初始状态的相对位置，则物体同时也产生了形状的变化，称该物体发生了变形，包括体积改变和形状畸变。应变分析研究的是受力物体的变形情况，也就是应变状态，而不讨论物体的刚性位移。

物体内任意一点的位移可以用其 x，y，z 方向的位移分量 u，v，w 表示。因而只要确定了物体各点的位移，物体的变形状态就确定了。物体各点的位移一般是不同的，故位移分量 u，v，w 应为坐标的函数，即

$$u = u(x, y, z)，\quad v = v(x, y, z)，\quad w = w(x, y, z)$$

2. 应变的描述

为了描述物体内任意一点 P 的变形情况，过点 P 沿坐标轴方向取三个互相垂直的微线段 PA、PB、PC，其长度分别为 $\mathrm{d}x$、$\mathrm{d}y$、$\mathrm{d}z$，如图 2.10 所示。当物体在外力作用下发生变形后，过点 P 的这三个微线段的长度和它们之间的夹角将发生改变。这些微线段相对长度的改变称为点 P 的正应变，用 ε 表示。微线段 PA、PB、PC 沿坐标轴 x、y、z 方向的正应变分别用 ε_x、ε_y、ε_z 表示，并规定正应变以伸长为正，缩短为负。微线段间夹角的改变量称为点 P 的剪应变，

用 γ 表示。沿坐标轴 x 与 y 方向的微线段 PA 与 PB 间夹角的改变量用 γ_{xy} 表示；同样，沿坐标轴 y 与 z 方向的微线段 PB 与 PC 间夹角的改变量用 γ_{yz} 表示；沿坐标轴 z 与 x 方向的微线段 PC 与 PA 间夹角的改变量用 γ_{zx} 表示。规定剪应变以微线段间夹角减少为正，增大为负。

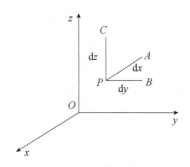

图2.10　应变的描述

3. 几何方程

用笛卡儿坐标系描述来阐述变形的程度，如图2.11中变形前的几何状态用 B 表示，变形后的几何状态用 B' 表示，为了叙述的方便，将变形前后的几何状态分别称为构形 B 和构形 B'。在变形前的任意线元 $\overrightarrow{PQ}$，其端点 $P(a_1,a_2,a_3)$ 及 $Q(a_1+\mathrm{d}a_1, a_2+\mathrm{d}a_2, a_3+\mathrm{d}a_3)$ 的矢径分别为

$$\overrightarrow{OP}=\boldsymbol{a}=a_i\boldsymbol{e}_i , \qquad \overrightarrow{OQ}=\boldsymbol{a}+\mathrm{d}\boldsymbol{a}=(a_i+\mathrm{d}a_i)\boldsymbol{e}_i$$

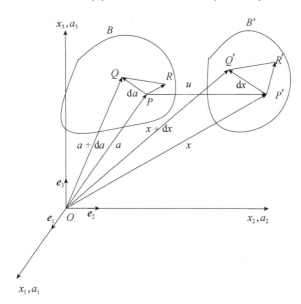

图2.11　构形 B 和 B'

因而线元 $\overrightarrow{PQ}$ 表示为

$$\overrightarrow{PQ} = \overrightarrow{OQ} - \overrightarrow{OP} = \mathrm{d}\boldsymbol{a} = \mathrm{d}a_i\boldsymbol{e}_i = \mathrm{d}a_1\boldsymbol{e}_1 + \mathrm{d}a_2\boldsymbol{e}_2 + \mathrm{d}a_3\boldsymbol{e}_3$$

变形后，P、Q 两点分别位移至 P' 和 Q'，相应矢径为

$$\overrightarrow{OP'} = \boldsymbol{x} = x_i\boldsymbol{e}_i，\quad \overrightarrow{OQ'} = \boldsymbol{x} + \mathrm{d}\boldsymbol{x} = (x_i + \mathrm{d}x_i)\boldsymbol{e}_i$$

这里，$\boldsymbol{x}$ 应该是 a_i 的函数，即 $x_m = x_m(a_i)$。因而变形后的线元可以表示为

$$\overrightarrow{P'Q'} = \overrightarrow{OQ'} - \overrightarrow{OP'} = \mathrm{d}\boldsymbol{x} = \mathrm{d}x_i\boldsymbol{e}_i = \mathrm{d}x_1\boldsymbol{e}_1 + \mathrm{d}x_2\boldsymbol{e}_2 + \mathrm{d}x_3\boldsymbol{e}_3$$

变形前后，线元 $\overrightarrow{PQ}$ 和 $\overrightarrow{P'Q'}$ 的长度平方分别为

$$\mathrm{d}s_0^2 = \mathrm{d}\boldsymbol{a} \cdot \mathrm{d}\boldsymbol{a} = \mathrm{d}a_i\mathrm{d}a_i = \delta_{ij}\mathrm{d}a_i\mathrm{d}a_j = \mathrm{d}a_1^2 + \mathrm{d}a_2^2 + \mathrm{d}a_3^2 \tag{2.35a}$$

$$\mathrm{d}s^2 = \mathrm{d}\boldsymbol{x} \cdot \mathrm{d}\boldsymbol{x} = \mathrm{d}x_m\mathrm{d}x_m = \mathrm{d}x_1^2 + \mathrm{d}x_2^3 + \mathrm{d}x_3^2 \tag{2.35b}$$

由于 $\boldsymbol{x}$ 是 a_i 的函数，即 $x_m = x_m(a_i)$，则

$$\mathrm{d}x_m = \frac{\partial x_m}{\partial a_i}\mathrm{d}a_i = \frac{\partial x_m}{\partial a_1}\mathrm{d}a_1 + \frac{\partial x_m}{\partial a_2}\mathrm{d}a_2 + \frac{\partial x_m}{\partial a_3}\mathrm{d}a_3 \tag{2.36}$$

代入式（2.35b）有

$$\mathrm{d}s^2 = \frac{\partial x_m}{\partial a_i}\frac{\partial x_m}{\partial a_j}\mathrm{d}a_i\mathrm{d}a_j \tag{2.37}$$

由上式减去式（2.35a）可得到变形后线元长度平方的变化为

$$\mathrm{d}s^2 - \mathrm{d}s_0^2 = 2E_{ij}\mathrm{d}a_i\mathrm{d}a_j \tag{2.38}$$

其中，

$$E_{ij} = \frac{1}{2}\left(\frac{\partial x_m}{\partial a_i}\frac{\partial x_m}{\partial a_j} - \delta_{ij}\right) \tag{2.39}$$

由图2.11显然可以看出，$x_m(a_i) = a_m + u_m(a_i)$，求导得

$$\frac{\partial x_m}{\partial a_i} = \delta_{mi} + \frac{\partial u_m}{\partial a_i} \tag{2.40}$$

本书的研究对象是位移比物体最小尺寸小得多的小变形情况，这时位移分量的一阶导数远小于1，即

$$\left|\frac{\partial u_i}{\partial a_j}\right| \ll 1,\quad \left|\frac{\partial u_j}{\partial x_j}\right| \ll 1$$

略去高阶小量后

$$\frac{\partial u_i}{\partial a_j} = \frac{\partial u_i}{\partial x_k}\frac{\partial x_k}{\partial a_j} = \frac{\partial u_i}{\partial x_k}\left(\delta_{kj} + \frac{\partial u_k}{\partial a_j}\right) \approx \frac{\partial u_i}{\partial x_k}\delta_{kj} = \frac{\partial u_i}{\partial x_j}$$

再次提醒读者，上式中的重复下标 k 是要求和的，而且上式中用到了式（2.40）。因而在描述物体变形时，对坐标 a_i 和 x_i 可以不加区别。因此，在小变形情况

下，公式（2.39）简化为

$$E_{ij} \approx \varepsilon_{ij} = \frac{1}{2}\left(\frac{\partial u_i}{\partial x_j} + \frac{\partial u_j}{\partial x_i}\right) \tag{2.41}$$

这里，ε_{ij} 称为 Cauchy 应变张量或小应变张量分量；$\boldsymbol{\varepsilon}$ 是二阶对称张量，只有六个独立分量。在笛卡儿坐标系中，其常用形式为

$$\begin{cases} \varepsilon_{11} = \dfrac{\partial u_1}{\partial x_1}, \quad \varepsilon_{12} = \varepsilon_{21} = \dfrac{1}{2}\left(\dfrac{\partial u_1}{\partial x_2} + \dfrac{\partial u_2}{\partial x_1}\right) \\[2mm] \varepsilon_{22} = \dfrac{\partial u_2}{\partial x_2}, \quad \varepsilon_{23} = \varepsilon_{32} = \dfrac{1}{2}\left(\dfrac{\partial u_2}{\partial x_3} + \dfrac{\partial u_3}{\partial x_2}\right) \\[2mm] \varepsilon_{33} = \dfrac{\partial u_3}{\partial x_3}, \quad \varepsilon_{31} = \varepsilon_{13} = \dfrac{1}{2}\left(\dfrac{\partial u_3}{\partial x_1} + \dfrac{\partial u_1}{\partial x_3}\right) \end{cases} \tag{2.42}$$

这是一组线性微分方程，称为应变位移公式或几何方程。根据式（2.42），可以从位移公式求导得应变分量，或由应变分量积分得位移分量。

现用应变张量 $\boldsymbol{\varepsilon}$ 确定变形前后线元长度的变化和线元间夹角的改变。首先分析长度变化。变形前，线元 $\overrightarrow{PQ}$ 方向的单位矢量为

$$\boldsymbol{v} = \frac{\mathrm{d}\boldsymbol{a}}{\mathrm{d}s_0} = \frac{\mathrm{d}a_i}{\mathrm{d}s_0}\boldsymbol{e}_i = v_i\boldsymbol{e}_i \tag{2.43}$$

其中，$v_i = \dfrac{\mathrm{d}a_i}{\mathrm{d}s_0}$ 为线元 $\overrightarrow{PQ}$ 的方向余弦。引入定义

$$\lambda_v = \frac{\mathrm{d}s}{\mathrm{d}s_0}$$

表示变形前后线元的长度变化，称为长度比。则由式（2.38）、式（2.41）和式（2.43）可得

$$\lambda_v = \frac{\mathrm{d}s}{\mathrm{d}s_0} = \left(1 + 2\varepsilon_{ij}v_iv_j\right)^{1/2} \approx 1 + \varepsilon_{ij}v_iv_j \tag{2.44}$$

这里用到 $2\varepsilon_{ij}v_iv_j \ll 1$ 的近似条件。通常定义 $\boldsymbol{v}$ 方向线元的工程正应变 ε_v 为变形前后线元长度的相对变化，即

$$\varepsilon_v = \frac{\mathrm{d}s - \mathrm{d}s_0}{\mathrm{d}s_0} = \lambda_v - 1$$

将式（2.44）代入后有

$$\varepsilon_v = \varepsilon_{ij}v_iv_j \tag{2.45}$$

其展开式为

$$\varepsilon_v = \varepsilon_{11}v_1v_1 + \varepsilon_{22}v_2v_2 + \varepsilon_{33}v_3v_3 + 2\varepsilon_{12}v_1v_2 + 2\varepsilon_{23}v_2v_3 + 2\varepsilon_{31}v_3v_1 \tag{2.45a}$$

当取 v 分别为 e_i（$i=1,2,3$）时，由式（2.45）得

$$\varepsilon_x = \varepsilon_{11}, \quad \varepsilon_y = \varepsilon_{22}, \quad \varepsilon_z = \varepsilon_{33} \tag{2.45b}$$

所以，应变张量 ε_{ij} 的三个对角分量分别等于坐标轴方向三个线元的工程正应变。以伸长为正，缩短为负。

现在讨论线元的方向。变形后，线元 $\overline{P'Q'}$ 方向的单位矢量为

$$v' = \frac{\mathrm{d}x}{\mathrm{d}s} = \frac{\mathrm{d}x_i}{\mathrm{d}s}e_i = v'_i e_i \tag{2.46}$$

其中方向余弦

$$v'_i = \frac{\mathrm{d}x_i}{\mathrm{d}s} = \frac{\partial x_i}{\partial a_j}\frac{\mathrm{d}a_j}{\mathrm{d}s_0}\frac{\mathrm{d}s_0}{\mathrm{d}s} = \frac{\partial x_i}{\partial a_j}v_j\frac{1}{\lambda_v}$$

利用式（2.40），任意线元变形后的方向余弦可用位移表示成

$$v'_i = \left(\delta_{ji} + \frac{\partial u_i}{\partial a_j}\right)v_j\frac{1}{\lambda_v} \tag{2.47a}$$

利用式（2.44）和式（2.45），忽略二阶小量后可得

$$\frac{1}{\lambda_v} = \frac{1}{1+\varepsilon_v} \approx 1-\varepsilon_v \tag{2.47b}$$

将上式代入式（2.47a），忽略二阶小量，得到变形后线元的方向余弦为

$$v'_i = v_i + \frac{\partial u_i}{\partial a_j}v_j - v_i\varepsilon_v \tag{2.48a}$$

根据上式，可由位移梯度分量 $\dfrac{\partial u_i}{\partial a_j}$ 和线元正应变 ε_v 计算线元变形后的方向余弦。

例如，考虑变形前与坐标轴 a_1 平行的线元，其单位矢量和方向余弦为

$$v = e_1 \quad \text{或者} \quad v_1 = 1, \quad v_2 = v_3 = 0$$

将上式代入式（2.45）有

$$\varepsilon_v = \varepsilon_{ij}v_iv_j = \varepsilon_{11}$$

由式（2.48），变形后的方向余弦为

$$v'_1 = 1 + \frac{\partial u_1}{\partial a_1} - \varepsilon_{11} \approx 1, \quad v'_2 = \frac{\partial u_2}{\partial a_1}, \quad v'_3 = \frac{\partial u_3}{\partial a_1} \tag{2.48b}$$

这三个分量的平方和并不严格等于 1，但在小变形情况下相差仅为二阶小量，这是允许的。因此，变形后的单位矢量为

$$e'_1 = e_1 + \frac{\partial u_2}{\partial a_1}e_2 + \frac{\partial u_3}{\partial a_1}e_3$$

设 e'_1 与 e_2 间的夹角为 $\dfrac{\pi}{2} - \theta_2$，则

$$\cos\left(\frac{\pi}{2}-\theta_2\right) = \boldsymbol{e}_1' \cdot \boldsymbol{e}_2 = \frac{\partial u_2}{\partial a_1}$$

当 θ_2 很小时

$$\cos\left(\frac{\pi}{2}-\theta_2\right) = \sin\theta_2 \approx \theta_2 \approx \frac{\partial u_2}{\partial a_1} \tag{2.48c}$$

同理

$$\cos\left(\frac{\pi}{2}-\theta_3\right) = \boldsymbol{e}_1' \cdot \boldsymbol{e}_3 = \frac{\partial u_3}{\partial a_1} \approx \theta_3 \tag{2.48d}$$

式（2.48c）和式（2.48d）说明，变形前与 a_2 和 a_3 轴垂直的线元，变形后分别向 a_2 和 a_3 轴旋转了 $\dfrac{\partial u_2}{\partial a_1}$ 和 $\dfrac{\partial u_3}{\partial a_1}$ 角。同理，沿 a_2 和 a_3 轴的线元变形后也将发生转动，其转角大小及方向如图2.12所示。该图直观地表达了沿坐标轴方向的三个线元在变形后的转动情况。

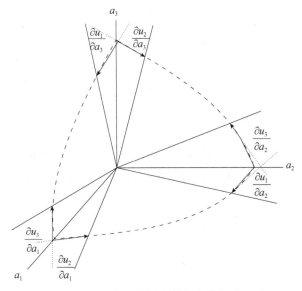

图2.12　线元变形前后发生的转动

最后讨论线元间的角度变化。考虑图2.11中变形前的两个任意线元 $\overrightarrow{PQ}$ 和 $\overrightarrow{PR}$，其单位矢量分别为 $\boldsymbol{v}$ 和 $\boldsymbol{t}$，方向余弦分别为 v_i 和 t_i。$\overrightarrow{PQ}$ 和 $\overrightarrow{PR}$ 的夹角余弦为

$$\cos(\boldsymbol{v}, \boldsymbol{t}) = \boldsymbol{v} \cdot \boldsymbol{t} = v_i t_i$$

变形后，两线元变为 $\overrightarrow{P'Q'}$ 和 $\overrightarrow{P'R'}$，其单位矢量分别为 $\boldsymbol{v}'$ 和 $\boldsymbol{t}'$，方向余弦分别为 v_i' 和 t_i'。利用式（2.47），$\overrightarrow{P'Q'}$ 和 $\overrightarrow{P'R'}$ 的夹角余弦为

$$\cos\left(\boldsymbol{v}',\boldsymbol{t}'\right)=\boldsymbol{v}'\cdot\boldsymbol{t}'=v_i't_i'=\left(\delta_{mn}+\frac{\partial u_n}{\partial a_m}+\frac{\partial u_m}{\partial a_n}+\frac{\partial u_i}{\partial a_m}\frac{\partial u_i}{\partial a_n}\right)v_mt_n\frac{1}{\lambda_v}\frac{1}{\lambda_t}$$

利用式（2.39）和式（2.41），上式可化为

$$\cos\left(\boldsymbol{v}',\boldsymbol{t}'\right)=\left(v_mt_m+2\varepsilon_{mn}v_mt_n\right)\frac{1}{\lambda_v\lambda_t} \tag{2.49}$$

由此式可求得线元变形后的夹角变化。将式（2.47b）和式（2.41）代入式（2.49），略去二阶小量后，式（2.49）简化为

$$\boldsymbol{v}'\cdot\boldsymbol{t}'=\cos\left(\boldsymbol{v}',\boldsymbol{t}'\right)=\left(1-\varepsilon_v-\varepsilon_t\right)\boldsymbol{v}\cdot\boldsymbol{t}+2v_i\varepsilon_{ij}t_j$$

若变形前线元 $\overline{PQ}$ 和 $\overline{PR}$ 相互垂直，则 $\boldsymbol{v}\cdot\boldsymbol{t}=0$，并令 θ 为变形后线元间直角的减少量，则由上式可得

$$\theta\approx\cos\left(\frac{\pi}{2}-\theta\right)=\cos\left(\boldsymbol{v}',\boldsymbol{t}'\right)=2\varepsilon_{ij}v_it_j=2\varepsilon_{vt} \tag{2.50}$$

通常定义两正交线元间的直角减小量为工程剪应变 γ_{vt}，即

$$\gamma_{vt}=2\varepsilon_{vt}=2\varepsilon_{ij}v_it_j \tag{2.51}$$

若 $\boldsymbol{v},\boldsymbol{t}$ 为坐标轴方向的单位矢量，例如 $v_i=1,t_j=1\left(i\neq j\right)$，其余的方向余弦均为零，则由上式得

$$\gamma_{ij}=2\varepsilon_{ij},\quad i\neq j \tag{2.52}$$

由于 $\boldsymbol{v}$ 与 $\boldsymbol{t}$ 的夹角和 $\boldsymbol{t}$ 与 $\boldsymbol{v}$ 的夹角是一回事，所以有

$$\varepsilon_{ij}=\varepsilon_{ji} \tag{2.53}$$

即与应力张量一样，应变张量也是对称张量，它们只有六个独立的分量。

由上面的讨论可以看到，应变张量的六个分量 ε_{ij} 的几何意义是：当指标 $i=j$ 时，ε_{ij} 表示沿坐标轴 i 方向线元的正应变。以伸长为正，缩短为负；当指标 $i\neq j$ 时，ε_{ij} 的两倍表示坐标轴 i 与 j 方向两个正交线元间的剪应变。以锐化（直角减小）为正，钝化（直角增加）为负。

由式（2.45）、式（2.46）；式（2.49）、式（2.50）；式（2.51）、式（2.52）可见，应变张量 $\boldsymbol{\varepsilon}$ 给出了物体变形状态的全部信息。

2.3.2　主应变和主方向

在讨论一点的应力状态时，我们找到了主平面、主应力和主方向。现在讨论应变状态的主应变和主方向。把剪应变等于零的面叫作主平面，主平面的法线方向叫作主应变方向，主平面上的正应变就是主应变。单位法线方向为 $\boldsymbol{v}$ 的线元变形后成为线元 $\boldsymbol{v}'$，而 $\boldsymbol{v}$ 方向的正应变由式（2.45）确定，即 $\varepsilon_v=\varepsilon_{ij}v_iv_j$。仔细分析式（2.45）发现，$\boldsymbol{v}'$ 可以写为 $\boldsymbol{v}'=\boldsymbol{v}+\varepsilon_{ij}v_j\boldsymbol{e}_i$。现在为了求主应变，假设单位法

线方向为 $\boldsymbol{v}$ 的线元变形后的方向 $\boldsymbol{v}'$ 与 $\boldsymbol{v}$ 的方向一致，即只有正应变，这时可以写为 $\boldsymbol{v}' = \boldsymbol{v} + \varepsilon_v \boldsymbol{v}$。比较 $\boldsymbol{v}' = \boldsymbol{v} + \varepsilon_{ij} v_j \boldsymbol{e}_i$ 和 $\boldsymbol{v}' = \boldsymbol{v} + \varepsilon_v \boldsymbol{v}$ 有

$$\varepsilon_{ij} v_j \boldsymbol{e}_i = \varepsilon_v v_i \boldsymbol{e}_i \quad \text{或者} \quad \varepsilon_{ij} v_i v_j = \varepsilon_v v_i \tag{2.54}$$

即

$$\left(\varepsilon_{ij} - \varepsilon_v \delta_{ij} \right) v_j = 0 \tag{2.55}$$

令上式的系数行列式为零，就得到确定主应变的特征方程：

$$\varepsilon_v^3 - I_1 \varepsilon_v^2 + I_2 \varepsilon_v + I_3 = 0 \tag{2.56}$$

其中，系数

$$I_1 = \varepsilon_{ii} = \varepsilon_{11} + \varepsilon_{22} + \varepsilon_{33} \tag{2.57a}$$

$$I_2 = \frac{1}{2} \left(\varepsilon_{ii} \varepsilon_{jj} - \varepsilon_{ij} \varepsilon_{ij} \right) = \left(\varepsilon_{11} \varepsilon_{22} + \varepsilon_{22} \varepsilon_{33} + \varepsilon_{33} \varepsilon_{11} \right) - \left(\varepsilon_{12}^2 + \varepsilon_{23}^2 + \varepsilon_{31}^2 \right) \tag{2.57b}$$

$$I_3 = e_{ijk} \varepsilon_{1i} \varepsilon_{2j} \varepsilon_{3k} = \varepsilon_{11} \varepsilon_{22} \varepsilon_{33} + 2 \varepsilon_{12} \varepsilon_{23} \varepsilon_{31} - \left(\varepsilon_{11} \varepsilon_{23}^2 + \varepsilon_{22} \varepsilon_{31}^2 + \varepsilon_{33} \varepsilon_{12}^2 \right) \tag{2.57c}$$

这三个量与坐标轴的选取无关，因此它们分别称为第一、第二和第三应变不变量。

沿主方向取出边长为 $\mathrm{d}x_1$、$\mathrm{d}x_2$、$\mathrm{d}x_3$ 的正六面体，变形后其相对体积变化为（略去高阶小量）

$$\begin{aligned}
\varepsilon_v &= \frac{\mathrm{d}V' - \mathrm{d}V}{\mathrm{d}V} \\
&= \frac{\left(1 + \varepsilon_{11}\right) \mathrm{d}x_1 \left(1 + \varepsilon_{22}\right) \mathrm{d}x_2 \left(1 + \varepsilon_{33}\right) \mathrm{d}x_3 - \mathrm{d}x_1 \mathrm{d}x_2 \mathrm{d}x_3}{\mathrm{d}x_1 \mathrm{d}x_2 \mathrm{d}x_3} \\
&\approx \varepsilon_{11} + \varepsilon_{22} + \varepsilon_{33} = I_1
\end{aligned} \tag{2.58}$$

因此第一应变不变量 I_1 表示每单位体积变形前后的体积变化，又称体积应变。

和应力张量一样，应变张量也可分解为球形应变张量和应变偏量张量之和：

$$\boldsymbol{\varepsilon} = \frac{1}{3} \varepsilon_{kk} \boldsymbol{I} + \boldsymbol{\varepsilon}' \quad \text{或者} \quad \varepsilon_{ij} = \frac{1}{3} \varepsilon_{kk} \delta_{ij} + \varepsilon_{ij}' \tag{2.59}$$

其中，

$$\left(\frac{1}{3} \varepsilon_{kk} \delta_{ij} \right) = \left(\varepsilon_{\mathrm{m}} \delta_{ij} \right) = \begin{bmatrix} \varepsilon_{\mathrm{m}} & 0 & 0 \\ 0 & \varepsilon_{\mathrm{m}} & 0 \\ 0 & 0 & \varepsilon_{\mathrm{m}} \end{bmatrix}$$

称为球形应变张量，表示等向体积膨胀或收缩，它不产生形状畸变。ε_{m} 为平均正应变。

由式（2.59）

$$\left(\varepsilon_{ij}' \right) = \left(\varepsilon_{ij} - \frac{1}{3} \varepsilon_{kk} \delta_{ij} \right) = \begin{bmatrix} \varepsilon_{11} - \varepsilon_{\mathrm{m}} & \varepsilon_{12} & \varepsilon_{13} \\ \varepsilon_{21} & \varepsilon_{22} - \varepsilon_{\mathrm{m}} & \varepsilon_{23} \\ \varepsilon_{31} & \varepsilon_{32} & \varepsilon_{33} - \varepsilon_{\mathrm{m}} \end{bmatrix}$$

称为应变偏量张量，容易看出

$$\varepsilon_{ii}' = 0$$

即应变偏量张量不产生体积变化，仅表示形状畸变。

2.4   应力应变关系

前面已经建立了描述变形体内任意一点应力的概念，各应力分量之间关系的平衡微分方程，以及描述变形体内任意一点的应变分量与位移分量之间关系的几何方程和协调方程。这些方程都与物体的材料性质无关，适用于任何连续介质。物体内部的应力产生的效果就是物体的变形，而变形的程度又是由应变来具体描述的。因此，应力和应变之间应该存在某种关系，这种关系又称为本构关系或本构方程。对于具体的材料，其本构关系是由这个给定材料的性质所确定，即材料的本构关系是材料所固有的，不以人的意志为转移。本构关系的英文 constitutive relationship 正是代表这个意思。

2.4.1   各向同性弹性体的胡克定律

材料假设是各向同性的，即材料沿各个方向的性质是一样的。现在讨论各向同性的弹性体在线弹性条件下任意一点的应力分量与应变分量之间的关系。取一个微小正六面体，它的六个面均平行于坐标轴，若在 x 轴方向加正应力 σ_{xx}，则它在 x 轴方向的正应变为

$$\varepsilon_{xx} = \frac{\sigma_{xx}}{E}$$

式中，E 为材料的弹性模量。

在拉伸过程中，随着试件沿拉伸方向的不断伸长，试件的横截面积将不断减小；而在压缩过程中，随着试件沿压缩轴方向的不断缩短，试件的横截面积将不断增大。这种侧面面积减少或者增大的程度显然与单向拉伸或者单向压缩的程度有关，在变形很小即线弹性阶段假设这种关系是线性关系。也就是说，在轴向拉（或者压）应变为 ε_{xx} 时，y 方向和 z 方向的压缩（或者拉伸）的程度应该相同，这样试件的侧面应变 ε_{yy} 和 ε_{zz} 为

$$\varepsilon_{yy} = \varepsilon_{zz} = -\nu\varepsilon_{xx} = -\nu\frac{\sigma_{xx}}{E}$$

式中用 ν 来表示线性关系的比例，称为横向变形系数，又称为泊松（Poisson）比。

同理，若只在 y 轴方向加正应力 σ_{yy}，则有

$$\varepsilon_{yy} = \frac{\sigma_{yy}}{E}, \quad \varepsilon_{zz} = \varepsilon_{xx} = -\nu\frac{\sigma_{yy}}{E}$$

若只在 z 轴方向加正应力 σ_{zz}，则有

$$\varepsilon_{zz} = \frac{\sigma_{zz}}{E} , \qquad \varepsilon_{xx} = \varepsilon_{yy} = -\nu \frac{\sigma_{zz}}{E}$$

在线弹性条件下，可应用叠加原理。如果在三个坐标轴方向同时加上三个正应力 σ_{xx}、σ_{yy}、σ_{zz}，其产生的总应变是这三个应力中每一个单独施加时所产生的应变的线性叠加，即

$$\begin{cases} \varepsilon_{xx} = \dfrac{1}{E}\left[\sigma_{xx} - \nu\left(\sigma_{yy} + \sigma_{zz}\right) \right] \\[2mm] \varepsilon_{yy} = \dfrac{1}{E}\left[\sigma_{yy} - \nu\left(\sigma_{xx} + \sigma_{zz}\right) \right] \\[2mm] \varepsilon_{zz} = \dfrac{1}{E}\left[\sigma_{zz} - \nu\left(\sigma_{xx} + \sigma_{yy}\right) \right] \end{cases} \tag{2.60a}$$

在纯剪切的应力状态，剪应力 τ_{xy} 与剪应变 γ_{xy} 呈线性关系，由拉伸的胡克定律可以推导出来：

$$\tau_{xy} = G\gamma_{xy} \tag{2.60b}$$

其中，$G = \dfrac{E}{2(1+\nu)}$ 为剪切模量。事实上，在纯剪切的应力状态，如图 2.13 所示的边长为 $\sqrt{2}a$ 的正方形 $ABCD$ 变形为平行四边形 $A'B'C'D'$，其主应力为 $\sigma_1 = \tau, \sigma_2 = 0, \sigma_3 = -\tau$。由式（2.60a）可知，图 2.13 所示的水平对角线的相对伸长为

$$\varepsilon_1 = \frac{1}{E}(\sigma_1 - \nu\sigma_3) = \frac{1+\nu}{E}\tau$$

竖直对角线相对缩短为

$$\varepsilon_3 = \frac{1}{E}(\sigma_3 - \nu\sigma_1) = -\frac{1+\nu}{E}\tau$$

在三角形 $A'OB'$ 里

$$OB' = a(1+\varepsilon_1) , \qquad OA' = a(1+\varepsilon_3)$$

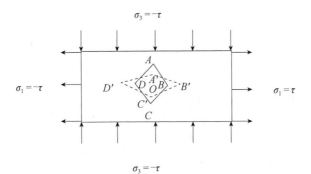

图2.13　纯剪切应力状态引起的变形

所以

$$A'B' = \sqrt{a^2\left(1+\varepsilon_1\right)^2 + \left(1+\varepsilon_3\right)^2 a^2} = a\sqrt{2\left(1+\varepsilon_1+\varepsilon_3+\cdots\right)}$$

而由 $\varepsilon_1 + \varepsilon_3 = 0$ 有

$$A'B' = \sqrt{2}a = AB$$

如果直角的改变量为 γ ，则

$$\angle OA'B' = \frac{\pi}{4} + \frac{\gamma}{2}, \quad \tan\left(\frac{\pi}{4}+\frac{\gamma}{2}\right) = \frac{OB'}{OA'} = \frac{a(1+\varepsilon_1)}{a(1+\varepsilon_3)}$$

而

$$\tan\left(\frac{\pi}{4}+\frac{\gamma}{2}\right) = \frac{1+\dfrac{\gamma}{2}}{1-\dfrac{\gamma}{2}} \approx 1+\gamma, \quad \frac{1+\varepsilon_1}{1+\varepsilon_3} \approx 1+\varepsilon_1-\varepsilon_3$$

所以

$$\gamma = \frac{2(1+\nu)}{E}\tau \tag{2.60c}$$

此即为式（2.60b）。类似地有

$$\varepsilon_{xy} = \frac{1}{2G}\sigma_{xy}, \quad \varepsilon_{yz} = \frac{1}{2G}\sigma_{yz}, \quad \varepsilon_{zx} = \frac{1}{2G}\sigma_{zx} \tag{2.61}$$

将式（2.60）和式（2.61）写成统一形式为

$$\varepsilon_{ij} = \frac{1+\nu}{E}\sigma_{ij} - \frac{\nu}{E}\delta_{ij}\Theta \quad \text{或者} \quad \boldsymbol{\varepsilon} = \frac{1+\nu}{E}\boldsymbol{\sigma} - \frac{\nu}{E}\Theta\boldsymbol{I} \tag{2.62}$$

其中，$\Theta = \sigma_{xx}+\sigma_{yy}+\sigma_{zz} = \sigma_{kk}$ 为第一应力不变量。式（2.62）称为各向同性弹性体的胡克定律。把式（2.60）中的三式相加，得

$$e = \frac{1-2\nu}{E}\Theta \tag{2.63a}$$

其中，$e = \varepsilon_{xx}+\varepsilon_{yy}+\varepsilon_{zz} = \varepsilon_{ii}$ 为体积应变，式（2.63a）可以写成

$$\sigma_{\mathrm{m}} = Ke \tag{2.63b}$$

式中，$K = \dfrac{E}{3(1-2\nu)}$ 称为体积弹性模量；$\sigma_{\mathrm{m}} = \dfrac{1}{3}\sigma_{kk}$ 是平均应力。式（2.63b）表明，体积应变与平均正应力成正比。这就是各向同性弹性材料的体积胡克定律。应力偏量张量 $\boldsymbol{S}$ 和应变偏量张量 $\boldsymbol{\varepsilon}'$ 间的关系为

$$\boldsymbol{S} = 2G\boldsymbol{\varepsilon}' \quad \text{或者} \quad S_{ij} = 2G\varepsilon_{ij}' \tag{2.63c}$$

如果令 $\lambda = \dfrac{E\nu}{(1+\nu)(1-2\nu)}$，$\mu = \dfrac{E}{2(1+\nu)} = G$，则式（2.62）可写成

$$\boldsymbol{\sigma} = \lambda e\boldsymbol{I} + 2\mu\boldsymbol{\varepsilon} \quad \text{或者} \quad \sigma_{ij} = \lambda e\delta_{ij} + 2\mu\varepsilon_{ij} \tag{2.64}$$

在上述各向同性体的弹性关系中出现了 E, ν, G, λ, K 五个弹性常数，其中独立的只有两个，通常取 E, ν 或 λ, G 或 K, G。它们的互换关系可参考文献[1]。对于给定的工程材料，可以用单向拉伸实验来测定 E 和 ν；用薄壁筒扭转实验来测定 G；用静水压实验来测定 K。作为理想化的极限情况，若设 $\nu = 1/2$，则体积模量 $K = \infty$，称为不可压缩材料，相应的剪切模量为 $G = E/3$。在塑性力学中，经常采用不可压缩假设。一般工程材料的泊松比 ν 的实际测量值都在 $0 < \nu < 1/2$ 的范围内。金属材料泊松比的取值对应力、应变等的影响不是很大，因此对金属材料 ν 常取值为0.3左右。

许多工程构件，如水坝、隧道、厚壁圆筒、滚柱以及承受面内载荷的薄板等，都可以简化为二维平面问题，即平面应力问题和平面应变问题。

在平面应力问题中，研究的对象是薄板一类的弹性体。设有一等厚度薄板，板的厚度 h 远小于板的其他两个方向的尺寸，在板的侧面上受有平行于板面且不沿厚度方向变化的面力，而且体力也平行于板面且不沿厚度变化，现取板的 $z = 0$ 的中面为 xOy 面，以垂直于中面的直线为 z 轴。由于板的 $z = \pm\dfrac{h}{2}$ 的两个表面为自由表面，其上没有外力作用，因而有 $\sigma_z = \sigma_{zy} = \sigma_{zx} = 0$。这样，平面应力状态的应力应变关系为

$$\varepsilon_x = \frac{1}{E}\left(\sigma_x - \nu\sigma_y\right), \quad \varepsilon_y = \frac{1}{E}\left(\sigma_y - \nu\sigma_x\right), \quad \varepsilon_z = -\frac{\nu}{E}\left(\sigma_x + \sigma_y\right) \quad (2.65)$$

$$\varepsilon_{xy} = \frac{1}{2G}\sigma_{xy} = \frac{1+\nu}{E}\sigma_{xy}, \quad \varepsilon_{yz} = \varepsilon_{xz} = 0$$

在平面应变问题中，设有一个等截面的长柱体，柱体的轴线与 z 轴平行，柱体的轴向尺寸远大于另外两个方向的尺寸。柱体的侧面承受着垂直于 z 轴且沿 z 方向不变的面力，若柱体为无限长，或虽是有限长但其轴向两端有刚性约束，即柱体的轴向位移受到限制，这样柱体的任何一个截面均可看作对称面，因而柱体内各点都只能沿 x 和 y 方向移动，而不能沿 z 方向移动，即位移分量 u 和 v 与坐标 z 无关，它们只是 x 和 y 的函数，而位移分量 w 为零。因此，应变为

$$\varepsilon_x = \frac{\partial u}{\partial x}, \quad \varepsilon_y = \frac{\partial v}{\partial y}, \quad \varepsilon_{xy} = \frac{1}{2}\left(\frac{\partial v}{\partial x} + \frac{\partial u}{\partial y}\right), \quad \varepsilon_z = \varepsilon_{yz} = \varepsilon_{zx} = 0 \quad (2.66)$$

由 $\varepsilon_z = 0$ 有 $\sigma_z = \nu\left(\sigma_x + \sigma_y\right)$。这样，由式（2.62）得到平面应变状态的应力应变关系为

$$\varepsilon_x = \frac{1}{E}\left[\left(1-\nu^2\right)\sigma_x - \nu\left(1+\nu\right)\sigma_y\right], \quad \varepsilon_y = \frac{1}{E}\left[\left(1-\nu^2\right)\sigma_y - \nu\left(1+\nu\right)\sigma_x\right], \quad \varepsilon_{xy} = \frac{1}{2G}\sigma_{xy}$$

$$(2.67)$$

现引入符号

$$E' = \frac{E}{1-v^2}, \quad v' = \frac{v}{1-v}$$

则平面应变状态的本构方程可写为

$$\varepsilon_x = \frac{1}{E'}\left(\sigma_x - v'\sigma_y\right), \quad \varepsilon_y = \frac{1}{E'}\left(\sigma_y - v'\sigma_x\right), \quad \varepsilon_{xy} = \frac{1}{2G}\sigma_{xy} \qquad (2.68)$$

因此，平面问题的本构关系可以统一写成式（2.68），其中，

$$E' = \begin{cases} E, & \text{平面应力} \\ \dfrac{E}{1-v^2}, & \text{平面应变} \end{cases}$$

$$v' = \begin{cases} v, & \text{平面应力} \\ \dfrac{v}{1-v}, & \text{平面应变} \end{cases}$$

这样，这两类平面问题在数学处理上是一样的。

2.4.2 弹性应变能函数

弹性体受外力作用后，不可避免地要产生变形，同时外力的势能也要发生变化。当外力缓慢地加到物体上时，便可忽略系统的动能，如同时也略去其他能量（如热能等）的消耗，则外力势能的变化就全部转化为应变能（一种势能）储存于物体的内部[1, 2]。

从物体中取出图2.14所示的微元。对微元来说，应力是作用在其表面上的外力。下面来计算各表面上的应力合力对微元所做的外力功。考虑材料的应力应变关系为非线性的一般情况，如图2.14（a）所示。

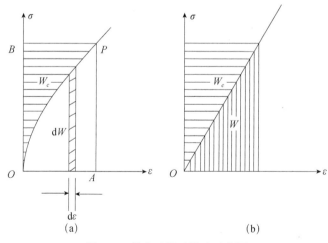

图2.14　外力对微元做功示意图

　　作用在微元两侧的一对正应力 σ_{11} 仅在正应变 ε_{11} 所引起的微元伸长上做功，其值为

$$\mathrm{d}A_1 = \int_0^{\varepsilon_{11}} \sigma_{11} \mathrm{d}x_2 \mathrm{d}x_3 \cdot \mathrm{d}\varepsilon_{11} \mathrm{d}x_1 = \int_0^{\varepsilon_{11}} \sigma_{11} \mathrm{d}\varepsilon_{11} \mathrm{d}V$$

　　同样，其他正应力分量也有类似的结果。因此，正应力引起的微元伸长做的功之和为

$$\int_0^{\varepsilon_{11}} \left(\sigma_{11} \mathrm{d}\varepsilon_{11} \right) \mathrm{d}V + \int_0^{\varepsilon_{22}} \sigma_{22} \mathrm{d}\varepsilon_{22} \mathrm{d}V + \int_0^{\varepsilon_{33}} \sigma_{33} \mathrm{d}\varepsilon_{33} \mathrm{d}V$$

　　现在讨论剪应力引起微元畸变而做的功。如图 2.15 所示，考虑一个正六面体在 3 面上的剪应力 σ_{32} 的作用，σ_{32} 作用的效果是引起 y 轴和 z 轴之间夹角减少的增量，即产生微小剪应变 $\mathrm{d}\gamma_{32}$。简单分析发现，在力 $\sigma_{32} \mathrm{d}x_1 \mathrm{d}x_2$ 的作用下，由于 y 轴和 z 之间夹角微小减少而产生的微位移为 $\mathrm{d}\gamma_{32} \cdot \mathrm{d}x_3$，因此力 $\sigma_{32} \mathrm{d}x_1 \mathrm{d}x_2$ 做的功为

$$\mathrm{d}A_2 = \int_0^{\gamma_{32}} \sigma_{32} \mathrm{d}x_1 \mathrm{d}x_2 \cdot \mathrm{d}\gamma_{32} \mathrm{d}x_3 = \int_0^{\gamma_{32}} \sigma_{32} \mathrm{d}\gamma_{32} \mathrm{d}V$$

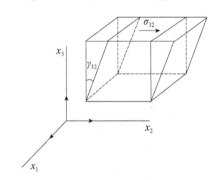

图 2.15　剪应力 σ_{32} 引起微元畸变而做的功

　　同样，其他剪应力分量也有类似的结果。因此，剪应力引起的微元畸变做的功之和为

$$\int_0^{\gamma_{12}} \sigma_{12} \mathrm{d}\gamma_{12} \mathrm{d}V + \int_0^{\gamma_{32}} \sigma_{32} \mathrm{d}\gamma_{32} \mathrm{d}V + \int_0^{\gamma_{13}} \sigma_{13} \mathrm{d}\gamma_{13} \mathrm{d}V$$

上式也可以写为

$$\int_0^{\varepsilon_{12}} \sigma_{12} \mathrm{d}\varepsilon_{12} \mathrm{d}V + \int_0^{\varepsilon_{21}} \sigma_{21} \mathrm{d}\varepsilon_{21} \mathrm{d}V + \int_0^{\varepsilon_{32}} \sigma_{32} \mathrm{d}\varepsilon_{32} \mathrm{d}V + \int_0^{\varepsilon_{23}} \sigma_{23} \mathrm{d}\varepsilon_{23} \mathrm{d}V$$

$$+ \int_0^{\varepsilon_{13}} \sigma_{13} \mathrm{d}\varepsilon_{13} \mathrm{d}V + \int_0^{\varepsilon_{31}} \sigma_{31} \mathrm{d}\varepsilon_{31} \mathrm{d}V$$

这里用到了式（2.52）。上面的结果表明，σ_{ij} 只在指标与它相同的应变分量 ε_{ij} 所引起的微元变形上做功。把这些功叠加起来，并除以微元体积 $\mathrm{d}V$ 后得到

$$\frac{\mathrm{d}A}{\mathrm{d}V} = \int_0^{\varepsilon_{ij}} \sigma_{ij} \mathrm{d}\varepsilon_{ij} \tag{2.69}$$

引进应变能密度函数 $W(\varepsilon_{ij})$，且使

$$\frac{\partial W}{\partial \varepsilon_{ij}} = \sigma_{ij} \tag{2.70}$$

则式（2.69）右端的被积函数成为全微分

$$\sigma_{ij}\mathrm{d}\varepsilon_{ij} = \frac{\partial W}{\partial \varepsilon_{ij}}\mathrm{d}\varepsilon_{ij} = \mathrm{d}W \tag{2.71}$$

式（2.69）成为

$$\frac{\mathrm{d}A}{\mathrm{d}V} = \int_0^{\varepsilon_{ij}} \mathrm{d}W = W(\varepsilon_{ij}) - W(0) \tag{2.72}$$

其中，$W(0)$ 和 $W(\varepsilon_{ij})$ 分别为物体变形前后的应变能密度。一般取变形前的初始状态为参考状态，因而 $W(0) = 0$。上式表明：①变形过程中物体内储存起来的应变能密度等于单位体积的外力功；②变形后物体内的应变能密度只与物体的初始状态和最终变形状态有关，而与物体达到最终变形状态前的变形历史无关。这类只取决于状态而与历史无关的函数在热力学中称为状态函数。

式（2.70）称为格林（Green）公式。它说明：应变能是弹性材料本构关系的另一种表达形式，当 $W(\varepsilon_{ij})$ 的具体函数形式给定后，应力应变关系将由式（2.70）完全确定。

当 W 对 ε_{ij} 有二阶以上连续偏导数时，由

$$\frac{\partial}{\partial \varepsilon_{kl}}\left(\frac{\partial W}{\partial \varepsilon_{ij}}\right) = \frac{\partial}{\partial \varepsilon_{ij}}\left(\frac{\partial W}{\partial \varepsilon_{kl}}\right)$$

及式（2.70）有

$$\frac{\partial \sigma_{ij}}{\partial \varepsilon_{kl}} = \frac{\partial \sigma_{kl}}{\partial \varepsilon_{ij}} \tag{2.73}$$

这称为广义格林公式。

前已叙及，物体的变形可以分解为两部分，一部分为体积的变化，一部分为形状的变化。因而应变能也可以分解为相应的两部分。容易理解，引起体积变化的各向同性的平均正应力（即静水应力）为 $\sigma_{\mathrm{m}} = \frac{1}{3}\left(\sigma_x + \sigma_y + \sigma_z\right)$，与之相应的平均正应变为 $\varepsilon_{\mathrm{m}} = \frac{1}{3}\left(\varepsilon_x + \varepsilon_y + \varepsilon_z\right)$。这就是说，下列应力状态不引起微小单元体的形状改变：

$$\sigma_{ij} = \begin{bmatrix} \sigma_{\mathrm{m}} & 0 & 0 \\ 0 & \sigma_{\mathrm{m}} & 0 \\ 0 & 0 & \sigma_{\mathrm{m}} \end{bmatrix}$$

因此，由于体积变化所储存在单位体积内的应变能（简称为体变能）为

$$u_V = \frac{3}{2}\sigma_m\varepsilon_m = \frac{\sigma_m^2}{2K} = \frac{1}{18K}\left(\sigma_x + \sigma_y + \sigma_z\right)^2 \tag{2.74}$$

引起形状改变的应力状态为应力偏量张量 S_{ij}：

$$S_{ij} = \begin{bmatrix} \sigma_x - \sigma_m & \tau_{xy} & \tau_{xz} \\ \tau_{yx} & \sigma_y - \sigma_m & \tau_{yz} \\ \tau_{zx} & \tau_{zy} & \sigma_z - \sigma_m \end{bmatrix}$$

则由于形状变化所储存在单位体积内的应变能（简称为畸变能）为

$$u_d = \frac{1}{2}S_{ij}\varepsilon_{ij}' = \frac{1}{2G}J_2 \tag{2.75}$$

所以，总应变能为

$$W = u_V + u_d = \frac{1}{18K}I_1^2 + \frac{1}{2G}J_2 \tag{2.76}$$

2.4.3 屈服函数和屈服曲面

1. 屈服函数

从材料的简单拉伸（或压缩）实验的应力应变曲线（图2.1）看到，当应力超过 σ_0 以后，应力应变关系不再服从胡克定律，σ_0 即为简单拉伸时的屈服应力。在这种简单应力状态下，屈服应力可由简单拉伸（压缩）的实验图明显看出。当弹塑性分界不明显时，则可根据某种规定来确定 σ_0，以供工程设计使用。对于复杂应力状态，2.2.1节的分析表明，需要六个应力分量才能完整地描述一点的应力状态，在弹性范围内应力应变关系服从胡克定律，如果这一点的应力比较大，应力应变关系就不再服从胡克定律。那么，如何判断这一点是否屈服，屈服后应力应变之间又是什么关系呢？在判断屈服时，六个应力分量是某一个达到一个临界值就屈服，还是所有的应力分量各自达到一个临界值就屈服，还是这六个应力分量都有贡献且其某个组合达到一个临界值就屈服？现在举两个例子来说明确定材料的屈服界限的复杂性。

例1 一个受内压力 p，轴向方向的拉力 q 和环向方向的扭矩 T 作用的薄管，管壁的应力状态可足够精确地认为处于平面应力状态。当外力改变时，内力的组合也要改变。当只有轴向拉力 q 和扭矩 T 作用时，其环向应力、轴向应力和剪应力分别为

$$\sigma_\varphi = 0, \quad \sigma_z = \frac{q}{2\pi ah}, \quad \tau_{\varphi z} = \frac{T}{2\pi a^2 h}$$

此处 a 为平均半径，h 为壁厚，而且 $h \ll a$。

例2 当只有轴向力 q 和内压力 p 时，相应的应力为

$$\sigma_\varphi = \frac{pa}{h}, \quad \sigma_z = \frac{q}{2\pi ah}, \quad \tau_{\varphi z} = 0$$

这两个例子说明，在环向应力、轴向应力和剪应力同时作用下，可使得管壁内某点的应力状态进入塑性状态，于是就可以得到一种应力状态下的屈服条件。而管壁的应力状态是否屈服应该由实验确定。由此说明，较复杂应力状态下的屈服条件，一般地说，要由实验确定。但也可看出，各种内力组合下的屈服条件如只能用实验来求，那么实验的次数将是非常可观的。同时，对于理论分析来说，则要求给出屈服条件的解析式。这就需要在实验基础上建立屈服条件的理论[1-3]。

在复杂应力状态下初始弹性状态的界限称为屈服条件。一般说来它可以是应力 σ_{ij}、应变 ε_{ij}、时间 t、温度 T 等的函数，因此可以将屈服条件写成如下的函数形式：

$$\Phi\left(\sigma_{ij}, \varepsilon_{ij}, t, T\right) = 0 \qquad (2.77)$$

但不考虑时间效应及接近常温的情形，时间 t 及温度 T 对屈服条件和屈服后的塑性状态没有什么影响，那么在 Φ 中将不包含 t 和 T；若材料在初始屈服之前是处于弹性状态的，应力和应变之间有一一对应关系，可将 Φ 中的 ε_{ij} 用 σ_{ij} 表示。这样，屈服条件就仅仅只是应力分量的函数了，将其表示成如下的函数形式：

$$F\left(\sigma_{ij}\right) = 0 \qquad (2.78)$$

借助高等数学中 n 维空间的概念来阐述屈服条件：以 σ_{ij} 的六个应力分量作坐标轴，则可以形成一个六维空间，将这个空间称为六维应力空间，在这个空间中方程 $F\left(\sigma_{ij}\right) = 0$ 是表示一个包围原点（因为原点就是无应力状态，而无应力状态就是初始状态）的曲面，将这个曲面称为屈服曲面。当应力点 σ_{ij} 位于此曲面之内时（即 $F\left(\sigma_{ij}\right) < 0$），材料处于弹性状态。当应力点位于此曲面上时即 $F\left(\sigma_{ij}\right) = 0$，材料开始屈服。

根据材料是初始各向同性的假设，屈服条件应与坐标轴方向的选取无关。虽然六个应力分量的大小与坐标的选取有关，但描述一点的应力状态的三个主应力与坐标轴的选取无关，这样可以将式（2.78）改写为

$$F\left(\sigma_1, \sigma_2, \sigma_3\right) = 0 \qquad (2.79)$$

因此它可以用主应力空间 $\sigma_1, \sigma_2, \sigma_3$ 的一个曲面来表示。

许多实验研究发现，静水应力对屈服条件和塑性状态没有影响，因此屈服条件只应和应力偏量的不变量有关，即式（2.79）又可以写成下面这种函数形式：

$$f\left(S_{ij}\right) = 0 \qquad (2.80)$$

这样一来，屈服函数化为应力偏量的函数，而且可以在主应力 σ_1、σ_2、σ_3

所构成的空间即主应力空间（正好是一个笛卡儿坐标系）内来讨论。主应力空间是一个三维空间，在这一空间内可以给出屈服函数的几何图像，而直观的几何图形将有助于我们对屈服面有更直观的认识。

2. π 空间

我们用几何方法来表示一点的应力状态，在主应力方向已知的情况下，就可以选取主应力 $\sigma_1, \sigma_2, \sigma_3$ 为坐标轴，将一点的应力状态用主应力空间上的点来表示。主应力空间是三维的，由此可以得到比较直观的几何图像。

在主应力空间中，一点的应力状态可由向量 $\overrightarrow{OP}$ 来描述（图 2.16）。设以 $\boldsymbol{i}, \boldsymbol{j}, \boldsymbol{k}$ 表示主应力空间中三个坐标轴方向的单位向量，则

$$\overrightarrow{OP} = \sigma_1 \boldsymbol{i} + \sigma_2 \boldsymbol{j} + \sigma_3 \boldsymbol{k} = \left(S_1 \boldsymbol{i} + S_2 \boldsymbol{j} + S_3 \boldsymbol{k}\right) + \left(\sigma_{\mathrm{m}} \boldsymbol{i} + \sigma_{\mathrm{m}} \boldsymbol{j} + \sigma_{\mathrm{m}} \boldsymbol{k}\right) = \overrightarrow{OQ} + \overrightarrow{ON}$$

$$(2.81)$$

这里，$\sigma_{\mathrm{m}} = \dfrac{1}{3}(\sigma_1 + \sigma_2 + \sigma_3)$ 是平均应力。从图 2.16 中看出，$\overrightarrow{OQ}$ 向量就是主应力偏向量，$\overrightarrow{ON}$ 向量与 $\sigma_1, \sigma_2, \sigma_3$ 轴的夹角相等（建议读者复习高等数学中解析几何的内容），因此它必正交于下列过原点的平面：

$$\sigma_1 + \sigma_2 + \sigma_3 = 0 \tag{2.82}$$

这是一个平均正应力等于零的平面，称为 π 平面。π 平面也是主应力空间中的等倾面。因为 $\overrightarrow{OQ}$ 的三个分量 S_1, S_2, S_3 满足下列关系：

$$S_1 + S_2 + S_3 = 0 \tag{2.83}$$

所以应力偏量向量 $\overrightarrow{OQ}$ 总是在 π 平面内。

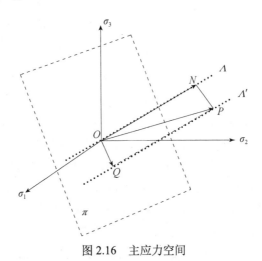

图 2.16　主应力空间

为了在主应力空间中讨论屈服面，现引进直线 $\varLambda$。直线 $\varLambda$ 是通过原点 O 并与

三个坐标轴成等倾角 $(54°44')$ 的直线，其方向余弦 $v_1 = v_2 = v_3 = \dfrac{1}{\sqrt{3}}$，即图2.16中的矢量 $\overrightarrow{ON}$。直线 Λ 上所有点表示的应力状态为只有球形应力张量，而无应力偏量张量。这种应力状态称为静水应力状态。它对材料的屈服无影响。由于矢量 $\overrightarrow{OQ}$ 代表点 P 应力状态的应力偏量张量部分，所以屈服就是由它引起的。

3. 屈服曲面

现过点 P 作一条与直线 Λ 相平行的直线 Λ'。显然，直线 Λ' 上所有点的应力矢量在平面 π 上的分矢量都与点 P 的应力矢量 $\overrightarrow{OP}$ 在平面 π 上的分矢量 $\overrightarrow{OQ}$ 相同，即它们都具有与点 P 相同的应力偏量张量；它们之间应力状态的差异只是在直线 Λ 上的分矢量不同，即它们的球形应力张量不同。既然影响材料屈服的只是应力偏量张量，如果点 P 是屈服点，那么直线 Λ' 上所有的点必然都是屈服点。因此，在主应力空间内，屈服面是一个以直线 Λ 为轴线且母线平行于直线 Λ（垂直于平面 π）的正圆柱面，见图2.17（a）。

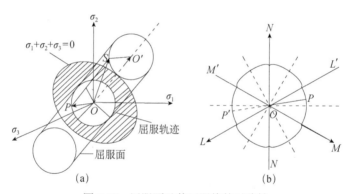

图 2.17　屈服面及其屈服线的对称性

一点的应力状态如果处于屈服面内，那么此点就处于弹性状态；一点的应力状态如果处于屈服面上，那么这点就要开始屈服。

由物理意义上考虑屈服可知，位于平面 π 内的屈服曲线具有如下重要特性。

（1）屈服曲线是一条封闭曲线，坐标原点被包围在内。这是因为坐标原点为无应力状态，显然材料不会在此状态下屈服，因此，屈服曲线不会通过坐标原点，只可能把它包围在内。屈服曲线内部是弹性应力状态，其外部则是塑性应力状态。如果曲线不封闭，就会出现在某些很高的应力值的应力状态下仍不屈服，而这显然是不可能的。

（2）屈服曲线与任意一条从坐标原点出发的向径必然相交一次，而且仅相交一次。

前者显然成立；至于后者，因为材料既然出现了初始屈服，就不可能又在比同一应力状态大的应力状态下再次达到屈服。也就是因为材料的初始屈服只可能有一次。

（3）屈服曲线对于三个坐标轴及其垂线均对称。

由于 π 平面与三个主应力轴等倾，故三个主应力 $(\sigma_1, \sigma_2, \sigma_3)$ 轴在平面 π 上的投影 OL ， OM ， ON 是互相成 $120°$ 夹角的三个轴，如图 2.17（b）所示。由于材料初始屈服是各向同性的，因而如果 $(\sigma_1, \sigma_2, \sigma_3)$ 是屈服应力，那么 $(\sigma_1, \sigma_3, \sigma_2)$ 也一定是屈服应力，因此屈服曲线一定对称于 σ_1 轴在平面 π 上的投影 LL' 。同理，屈服曲线也一定对称于 MM' 和 NN' 。对材料还有另一假定：正屈服应力和负屈服应力相等。因此，通过点 O 的直线一定和屈服曲线相交在等距离的地方，因此屈服曲线不但对称于 LL' 、 MM' 、 NN' 三个轴，而且也一定对称于这三个轴的分角线。

综上所述，屈服曲线有六条对称线，这六条直线把屈服曲线分割成十二个成 $30°$ 角的形状相同的扇形；只要求出这十二个中的任何一个，就可根据对称性作出整个屈服曲线。

2.4.4 两个常用屈服准则

上面讨论了屈服条件是主应力空间中的一个圆柱面，现在讨论两个常用屈服条件，也称为屈服准则。经过大量实践证明这两个屈服准则是比较符合实际工程金属材料的，而且使用起来也比较方便，一个是 Tresca 屈服准则，另一个是 von Mises 屈服准则[1, 3]。

1. Tresca 屈服准则

Tresca 屈服准则又称最大剪应力屈服条件[1, 3]。准则认为：当最大剪应力达到某个临界值，即

$$\tau_{\max} = \tau_Y \tag{2.84a}$$

时，材料将开始屈服。式中， τ_Y 是材料的剪切屈服应力，它可由实验确定。

当主应力的大小次序已知，即 $\sigma_1 > \sigma_2 > \sigma_3$ 时，最大剪应力为[1]

$$\tau_{\max} = \frac{\sigma_1 - \sigma_3}{2}$$

因此，Tresca 屈服准则可写成

$$\frac{\sigma_1 - \sigma_3}{2} = \tau_Y \tag{2.84b}$$

在简单拉伸情况下，由于 $\sigma_1 > 0$ ， $\sigma_2 = \sigma_3 = 0$ ，故最大剪应力为 $\tau_{\max} = \frac{\sigma_1}{2}$ 。当简单拉伸开始出现屈服时， $\sigma_1 = \sigma_s$ 。 σ_s 为简单拉伸屈服应力，此时最大剪应力

为：$\tau_{max} = \dfrac{\sigma_s}{2}$。与屈服准则相对照，因而有：$\tau_Y = \dfrac{\sigma_s}{2}$。由此可见，按照 Tresca 准则，材料的剪切屈服应力 τ_Y 应为其简单拉伸屈服应力 σ_s 的 1/2。

将 $\tau_Y = \dfrac{\sigma_s}{2}$ 代入 $\dfrac{\sigma_1 - \sigma_3}{2} = \tau_Y$ 得，$\sigma_1 - \sigma_3 = \sigma_s$。因而，当主应力的大小次序已知，即 $\sigma_1 > \sigma_2 > \sigma_3$ 时，Tresca 准则为

$$\frac{\sigma_1 - \sigma_3}{2} = \tau_Y = \frac{\sigma_s}{2} \tag{2.84c}$$

或 $\sigma_1 - \sigma_3 = \sigma_s$。

当主应力的大小次序未知时，准则可表为

$$|\sigma_1 - \sigma_2| = \sigma_s, \quad |\sigma_2 - \sigma_3| = \sigma_s, \quad |\sigma_3 - \sigma_1| = \sigma_s \tag{2.85a}$$

只要上述条件（2.85a）中的任何一式成立，材料将开始屈服。也可将上述条件写成统一形式，即

$$\tau_{max} = \frac{1}{2}\max\left\{|\sigma_1 - \sigma_2|, |\sigma_2 - \sigma_3|, |\sigma_3 - \sigma_1|\right\} = \tau_Y = \frac{\sigma_s}{2} \tag{2.85b}$$

只要式（2.85b）的 $\dfrac{1}{2}|\sigma_1 - \sigma_2|$、$\dfrac{1}{2}|\sigma_2 - \sigma_3|$、$\dfrac{1}{2}|\sigma_3 - \sigma_1|$ 这三项中任何一项达到 τ_Y，材料将开始屈服；如果这三项都小于 τ_Y，材料仍处于弹性状态。由准则的表达式可看出，式中只出现了最大主应力 σ_1 和最小主应力 σ_3，而中间主应力 σ_2 未包含在内，显然 Tresca 准则认为中间主应力不影响屈服，即未考虑到中间主应力对屈服的影响。

由 Tresca 准则的统一表达式（2.85b）可知，在主应力空间，表示 Tresca 准则的屈服曲面是一个垂直于平面 π 的正六角柱体面，如图 2.18（a）所示。通常称此正六角柱面为 Tresca 六角柱面。屈服曲面在平面 π 上的屈服曲线是一个正六边形，见图 2.18（b），通常称此正六边形为 Tresca 正六边形。

对于平面应力状态，$\sigma_3 = 0$，准则可简化为

$$|\sigma_1 - \sigma_2| = \sigma_s, \quad |\sigma_2| = \sigma_s, \quad |\sigma_1| = \sigma_s \tag{2.86}$$

此式在 $\sigma_1\text{-}\sigma_2$ 平面内的图形是一个斜六边形，见图 2.19。通常称此斜六边形为 Tresca 六边形，它就是 Tresca 六角柱体与 $\sigma_1\text{-}\sigma_2$ 平面的交线。

Tresca 屈服条件的数学表达式很简单，与实验结果也较符合。但在使用该条件时，需预先知道主应力的大小次序，这样才能求出最大剪应力 τ_{max}。而一般情况下，主应力的大小次序是未知的，而且主应力的大小次序还可能随加载的变化而改变，因而使用起来比较困难。

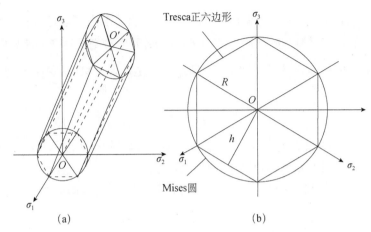

图 2.18 Tresca 屈服准则的正六角柱体面（a）和 π 平面上的正六边形（b）

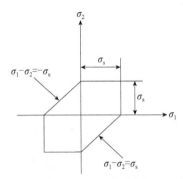

图 2.19 平面应力状态下 Tresca 屈服准则在 σ_1-σ_2 平面上的斜六边形

2. von Mises 屈服准则

von Mises 屈服准则的提出，其最初的出发点是为了简化计算。应该指出，平面 π 上的 Tresca 六边形的六个顶点是实验得到的，但是连接这六个顶点的直线都是假定的，而且六边形的不连续性会引起数学处理上的困难。于是，von Mises 认为[1, 3]，如果用一个圆将这六个顶点连接起来可能更合理，他提出的屈服条件的数学表达式为

$$\left(\sigma_1-\sigma_2\right)^2+\left(\sigma_2-\sigma_3\right)^2+\left(\sigma_3-\sigma_1\right)^2=6k^2 \tag{2.87a}$$

如果 $\left(\sigma_1-\sigma_2\right)^2+\left(\sigma_2-\sigma_3\right)^2+\left(\sigma_3-\sigma_1\right)^2<6k^2$，材料处于弹性状态；应力状态一旦满足屈服条件式（2.87a），材料就开始屈服。

Hencky 对此屈服条件的物理意义进行了解释[1, 3]。他指出，von Mises 方程式（2.87a）相当于认为弹性应变能 U 达到某个临界值时材料开始屈服。由于平均正应力 σ_m（即静水应力）对材料的屈服没有贡献，也就是说弹性应变能 U 中的体积应变能 U_v 对屈服不起作用，因而可认为决定屈服的只是弹性应变能 U 中的形

状变化应变能 U_d（又称畸变能）。所以，他提出屈服准则可表达为：当畸变能达到某个临界值时，材料开始屈服。故而 von Mises 屈服准则又称畸变能屈服条件。

由于畸变能 $U_d = \dfrac{1}{2G}J_2'$，即 $J_2' = 2GU_d$。于是，von Mises 屈服准则的表达式可写成

$$J_2' = k^2 \tag{2.87b}$$

式中，J_2' 为应力偏量张量的第二不变量，见式（2.34）；k 为表征材料屈服特性的参数，不同材料的 k 值可由简单拉伸实验确定。

式（2.87a）与式（2.87b）实际上是等价的，因为 $J_2' = k^2$，而

$$J_2' = \frac{1}{6}\left[\left(\sigma_1 - \sigma_2\right)^2 + \left(\sigma_2 - \sigma_3\right)^2 + \left(\sigma_3 - \sigma_1\right)^2\right]$$

故

$$\frac{1}{6}\left[\left(\sigma_1 - \sigma_2\right)^2 + \left(\sigma_2 - \sigma_3\right)^2 + \left(\sigma_3 - \sigma_1\right)^2\right] = k^2$$

即

$$\left(\sigma_1 - \sigma_2\right)^2 + \left(\sigma_2 - \sigma_3\right)^2 + \left(\sigma_3 - \sigma_1\right)^2 = 6k^2$$

简单拉伸屈服时，$\sigma_1 = \sigma_s, \sigma_2 = \sigma_3 = 0$，代入上式可得

$$k = \frac{1}{\sqrt{3}}\sigma_s$$

纯剪切屈服时，$\sigma_1 = -\sigma_3 = \tau_Y$，$\sigma_2 = 0$，同样代入上式可得

$$k = \tau_Y$$

将简单拉伸屈服时与纯剪切屈服时所得到的结果加以比较可得

$$\tau_Y = \frac{1}{\sqrt{3}}\sigma_s$$

由此可知，按照此准则，剪切屈服应力 τ_Y 应为简单拉伸屈服应力 σ_s 的 $1/\sqrt{3} \approx 0.577$。

将 $k = \dfrac{1}{\sqrt{3}}\sigma_s$ 代入准则，即

$$J_2' = \frac{1}{6}\left[\left(\sigma_1 - \sigma_2\right)^2 + \left(\sigma_2 - \sigma_3\right)^2 + \left(\sigma_3 - \sigma_1\right)^2\right] = k^2 = \frac{1}{3}\sigma_s^2$$

也即

$$\left(\sigma_1 - \sigma_2\right)^2 + \left(\sigma_2 - \sigma_3\right)^2 + \left(\sigma_3 - \sigma_1\right)^2 = 2\sigma_s^2 \tag{2.87c}$$

很明显，在主应力空间，方程式（2.87c）所表示的屈服面是一个垂直于平面 π 的圆柱面，如图 2.18（a）所示。通常称此圆柱面为 von Mises 圆柱面。它在平面 π 上的屈服曲线是一个圆，如图 2.18（b）所示。

可以证明，von Mises 圆柱面就是 Tresca 正六角柱面的外接圆柱面，在平面 π 上的 von Mises 圆就是 Tresca 正六边形的外接圆，而且此外接圆半径为：$r = \sqrt{\dfrac{2}{3}} \sigma_s$。

对于平面应力状态，$\sigma_3 = 0$，由式（2.87c）可知，准则这时可简化为

$$\sigma_1^2 - \sigma_1\sigma_2 + \sigma_2^2 = \sigma_s^2 \qquad (2.88)$$

即

$$\left(\frac{\sigma_1}{\sigma_s}\right)^2 - \left(\frac{\sigma_1}{\sigma_s}\right)\left(\frac{\sigma_2}{\sigma_s}\right) + \left(\frac{\sigma_2}{\sigma_s}\right)^2 = 1$$

此方程在 σ_1-σ_2 平面内的图形是一个椭圆，见图 2.20，通常称此椭圆为 von Mises 椭圆，它就是 von Mises 圆柱体与 σ_1-σ_2 平面的交线。实验结果表明[1,3]，von Mises 屈服条件比 Tresca 屈服条件也更接近于实验结果。

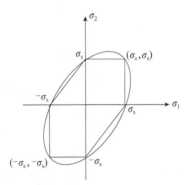

图 2.20　平面应力状态下 Tresca 屈服准则在 σ_1-σ_2 平面上的斜六边形和 von Mises 屈服准则在 σ_1-σ_2 平面上的椭圆

2.4.5　增量理论

当受力物体中一点的应力状态满足屈服条件而进入塑性阶段以后，弹性本构关系对该点就不再适用。因而需要建立塑性阶段的本构方程来描绘塑性应力与应变之间或应力增量与应变增量之间的关系。

从 2.1.3 节中对图 2.1 的分析可以看出，塑性应力应变关系的重要特点是它的非线性和不唯一性。所谓"非线性"是指应力应变关系不是线性关系；所谓"不唯一性"是指应变不能由应力唯一确定。当外载荷变化时，应力也要变化，在应力空间代表应力状态的应力点就要移动，应力点移动的轨迹称为应力路径，这一过程称为应力历史。在塑性阶段，应变状态不但与应力状态有关，而且依赖于整个应力历史，或者说，应变是应力和应力历史的函数。

　　由图2.1和式（2.1）可以看出，在单向拉伸时一点处应力状态进入塑性状态以后其总应变是弹性部分和塑性部分之和。对于三维应力状态，由于各应力分量之间互相不影响，所以相应的总应变 ε_{ij} 也可以分为弹性应变 ε_{ij}^{e} 和塑性应变 ε_{ij}^{p} 两部分：

$$\varepsilon_{ij} = \varepsilon_{ij}^{e} + \varepsilon_{ij}^{p} \tag{2.89}$$

其中弹性部分服从胡克定律，塑性部分为总应变与弹性应变之差，是卸载后不能消失的残留应变，当卸载发生时保持不变，而仅在继续加载时才发生变化。

　　以上说明，塑性应变与加载路径有关，所以必须考虑应力的变化特征和应变的变化特征，并且将进一步考虑无穷小项，计算其全部加载历史过程的增量，之后用积分或求和的方法求出总应变。这就是为什么塑性理论具有增量特征的原因。以下讨论增量理论（又称流动理论）。

　　当外载荷有微小增量时，应变要有微小增量 $\mathrm{d}\varepsilon_{ij}$。由式（2.89）有，$\mathrm{d}\varepsilon_{ij}$ 应为弹性应变增量 $\mathrm{d}\varepsilon_{ij}^{e}$ 与塑性应变增量 $\mathrm{d}\varepsilon_{ij}^{p}$ 之和：

$$\mathrm{d}\varepsilon_{ij}^{p} = \mathrm{d}\varepsilon_{ij} - \mathrm{d}\varepsilon_{ij}^{e} \tag{2.90}$$

　　在不是特别大的静水应力作用下，物体的体积变形只可能是弹性体积改变所引起的，而塑性变形不会产生体积改变，即塑性体应变为零。在应力偏量作用下，物体将产生畸变，而不发生体积改变。物体的畸变又可包括两部分，即弹性变形和塑性变形。这就是说，塑性变形仅由应力偏量所引起[1]。而且可以严格证明[1]，塑性应变增量 $\mathrm{d}\varepsilon_{ij}^{p}$ 与加载函数 $f = f\left(\sigma_{ij}, k\right)$（关于"加载函数"，其简单的理解就是与图2.1中超出屈服点 B 以后的曲线 BCD 在三维应力状态下的曲面，其详细概念的解释超出了本书的范围，有兴趣的读者可以参考文献[1]，这里的 k 是对强化程度的表示）之间的关系为

$$\mathrm{d}\varepsilon_{ij}^{p} = \mathrm{d}\lambda \frac{\partial f}{\partial \sigma_{ij}} \tag{2.91}$$

在塑性加载阶段，$\mathrm{d}\lambda > 0$；在卸载和弹性阶段，$\mathrm{d}\lambda = 0$，式（2.91）称为塑性流动法则。且在塑性状态，材料不可压缩，即塑性体积应变等于零：

$$\mathrm{d}\varepsilon_{x}^{p} + \mathrm{d}\varepsilon_{y}^{p} + \mathrm{d}\varepsilon_{z}^{p} = 0 \tag{2.92a}$$

或

$$\mathrm{d}\varepsilon_{ii}^{p} = 0 \tag{2.92b}$$

而

$$\mathrm{d}\varepsilon_{\mathrm{m}} = \frac{1}{3}\left(\mathrm{d}\varepsilon_{x} + \mathrm{d}\varepsilon_{y} + \mathrm{d}\varepsilon_{z}\right) = \frac{1}{3}\mathrm{d}\varepsilon_{ii}^{e} = \mathrm{d}\varepsilon_{\mathrm{m}}^{e} \tag{2.93}$$

于是，应变偏量增量的分量为

$$d\varepsilon_x' = d\varepsilon_x - d\varepsilon_m , \quad d\varepsilon_y' = d\varepsilon_y - d\varepsilon_m , \quad d\varepsilon_z' = d\varepsilon_z - d\varepsilon_m$$

或即

$$d\varepsilon_{ij}' = d\varepsilon_{ij} - d\varepsilon_m \delta_{ij} \tag{2.94}$$

相应的应力偏量的增量表示为

$$dS_{ij} = d\sigma_{ij} - \frac{1}{3}d\sigma_{kk}\delta_{ij} \tag{2.95}$$

在弹性阶段，根据广义胡克定律有

$$d\varepsilon_x'^e = \frac{1}{3}\left(2d\varepsilon_x^e - d\varepsilon_y^e - d\varepsilon_z^e\right) = \frac{1+\nu}{3E}\left(2d\sigma_x - d\sigma_y - d\sigma_z\right)$$

$$= \frac{1}{3}\cdot\frac{1}{2G}\left(2d\sigma_x - d\sigma_y - d\sigma_z\right) = \frac{1}{2G}dS_x$$

$$d\varepsilon_y'^e = \frac{1}{3}\cdot\frac{1}{2G}\left(2d\sigma_y - d\sigma_z - d\sigma_x\right) = \frac{1}{2G}dS_y$$

即

$$\left.\begin{array}{l} d\varepsilon_x'^e = \dfrac{1}{2G}dS_x \\[2mm] \cdots \\[2mm] d\gamma_{xy}^e = \dfrac{1}{G}d\tau_{xy} \\[2mm] \cdots \end{array}\right\} \tag{2.96a}$$

或

$$\frac{dS_x}{d\varepsilon_x'^e} = \frac{dS_y}{d\varepsilon_y'^e} = \frac{dS_z}{d\varepsilon_z'^e} = \frac{d\tau_{xy}}{d\varepsilon_{xy}^e} = \frac{d\tau_{yz}}{d\varepsilon_{yz}^e} = \frac{d\tau_{zx}}{d\varepsilon_{zx}^e} = 2G \tag{2.96b}$$

上式表明：在弹性阶段，应力偏量增量与应变偏量增量成比例，比例常数为 $2G$。

以下讨论塑性应变增量理论的表达式。它基于以下假定：在塑性变形过程中的任一微小时间增量内，塑性应变增量与瞬时应力偏量呈比例

$$\frac{d\varepsilon_x^p}{S_x} = \frac{d\varepsilon_y^p}{S_y} = \frac{d\varepsilon_z^p}{S_z} = \frac{d\varepsilon_{xy}^p}{\tau_{xy}} = \frac{d\varepsilon_{yz}^p}{\tau_{yz}} = \frac{d\varepsilon_{zx}^p}{\tau_{zx}} = d\lambda \tag{2.97a}$$

或

$$d\varepsilon_{ij}^p = d\lambda S_{ij} \tag{2.97b}$$

其中，$d\lambda$ 为非负的标量比例常数，可根据加载历史的不同而变化。如果加载函数 $f = f(\sigma_{ij}, k)$ 选为理想弹塑性 von Mises 屈服函数的话，由式（2.91）可以得到式（2.97a）[1, 3]。

结合式（2.96a）与式（2.97b），可以得到

$$\left.\begin{array}{lll} \mathrm{d}\varepsilon'_x = \dfrac{1}{2G}\mathrm{d}S_x + \mathrm{d}\lambda S_x, & \mathrm{d}\varepsilon'_y = \dfrac{1}{2G}\mathrm{d}S_y + \mathrm{d}\lambda S_y, & \mathrm{d}\varepsilon'_z = \dfrac{1}{2G}\mathrm{d}S_z + \mathrm{d}\lambda S_z \\[2mm] \mathrm{d}\gamma_{xy} = \dfrac{1}{G}\mathrm{d}\tau_{xy} + \mathrm{d}\lambda\tau_{xy}, & \mathrm{d}\gamma_{yz} = \dfrac{1}{G}\mathrm{d}\tau_{yz} + \mathrm{d}\lambda\tau_{yz}, & \mathrm{d}\gamma_{zx} = \dfrac{1}{G}\mathrm{d}\tau_{zx} + \mathrm{d}\lambda\tau_{zx} \end{array}\right\}$$

$$（2.98a）$$

或

$$\mathrm{d}\varepsilon'_{ij} = \frac{1}{2G}\mathrm{d}S_{ij} + \mathrm{d}\lambda S_{ij} \tag{2.98b}$$

式（2.98b）称为普朗特-罗伊斯（Prandtl-Reuss）关系。

从式（2.98a）看出，当给定了 σ_{ij} 与 $\mathrm{d}\sigma_{ij}$ 后，$\mathrm{d}\lambda$ 还是不能确定，因而 $\mathrm{d}\varepsilon'_{ij}$ 也不能确定。但反过来，如是给定 σ_{ij} 与 $\mathrm{d}\varepsilon_{ij}$，则 $\mathrm{d}\sigma_{ij}$ 可以求出。实际上由

$$\begin{aligned} \mathrm{d}W &= S_{ij}\mathrm{d}\varepsilon'_{ij} = S_{ij}\left(\frac{\mathrm{d}S_{ij}}{2G} + \mathrm{d}\lambda S_{ij}\right) \\ &= \frac{1}{2G}\mathrm{d}J'_2 + \mathrm{d}\lambda 2J'_2 = 2\tau_s^2\mathrm{d}\lambda \end{aligned}$$

可得

$$\mathrm{d}\lambda = \frac{\mathrm{d}W}{2\tau_s^2} \tag{2.99}$$

这里用到理想塑性材料 $\mathrm{d}J'_2 = 0$ 的关系。因此当 σ_{ij} 与 $\mathrm{d}\varepsilon_{ij}$ 给定后，S_{ij}，$\mathrm{d}\varepsilon'_{ij}$，$\mathrm{d}\lambda$ 等也都确定了，由式（2.98a）可以求出 $\mathrm{d}\sigma_{ij}$。

2.4.6 全量理论

在增量理论中阐述了塑性应变增量的分量与应力分量之间的关系。要得到总塑性应变分量与应力分量之间的关系，应将方程（2.98a）对全部加载路径积分，从而求出总应变分量与瞬时应力分量之间的关系式。由此可见，应力与应变的全量关系必然与加载的路径有关。而全量理论（或形变理论）则试图直接建立用全量形式表示的与加载路径无关的本构关系，但塑性应变一般与加载路径有关，所以，全量理论一般说来是不正确的。不过，从理论上讲，沿路径积分总是可能的。但要在积分结果中引出明确的应力应变的全量关系式，而又不包含应变历史的因素，则仅在某些特殊情况下方为可能。以下说明这种情况。

如果加载形式是比例加载的，即在加载过程中，任一点的各应力分量都按比例增加，即各应力分量与一个共同的参数成比例，则在这种情况下，增量理论便可简化为全量理论。实际上，如 σ_{ij}^0 为 t_0 时刻的任一非零的参考应力状态，则任意时刻 t 的瞬时应力状态为 $\sigma_{ij} = k\sigma_{ij}^0$，$k$ 为单调增长的时间函数，则

$$S_{ij} = kS_{ij}^0, \quad \bar{\sigma} = k\bar{\sigma}^0$$

其中，$\bar{\sigma}$ 和 $\bar{\sigma}^0$ 分别是 t 时刻和 t_0 时刻的等效应力，于是式（2.97a）可化为

$$d\varepsilon_{ij}^p = \frac{2}{3} \frac{d\bar{\varepsilon}}{\bar{\sigma}^0} S_{ij}^0 \tag{2.100}$$

其中，$\bar{\varepsilon}$ 是 t 时刻的等效应变，上式等号两边积分，得

$$\varepsilon_{ij}^p = \frac{3}{2} \frac{\bar{\varepsilon}}{\bar{\sigma}} S_{ij} \tag{2.101}$$

$$\bar{\varepsilon} = \bar{\varepsilon}(\bar{\sigma})$$

展开为

$$
\begin{cases}
\varepsilon_x^p = \dfrac{\bar{\varepsilon}}{\bar{\sigma}}\left[\sigma_x - \dfrac{1}{2}(\sigma_y + \sigma_z)\right], \quad \varepsilon_y^p = \dfrac{\bar{\varepsilon}}{\bar{\sigma}}\left[\sigma_y - \dfrac{1}{2}(\sigma_z + \sigma_x)\right], \quad \varepsilon_z^p = \dfrac{\bar{\varepsilon}}{\bar{\sigma}}\left[\sigma_z - \dfrac{1}{2}(\sigma_x + \sigma_y)\right] \\[3mm]
\gamma_{xy}^p = \dfrac{3\bar{\varepsilon}}{\bar{\sigma}}\tau_{xy}, \quad \gamma_{yz}^p = \dfrac{3\bar{\varepsilon}}{\bar{\sigma}}\tau_{yz}, \quad \gamma_{zx}^p = \dfrac{3\bar{\varepsilon}}{\bar{\sigma}}\tau_{zx}
\end{cases}
$$

$$\tag{2.102}$$

　　于是得到塑性应变 ε_{ij}^p 仅为瞬时应力状态的函数。上述全量理论的本构方程（2.102）称为汉基-伊留申方程。应注意到，式（2.101）实际上是物理非线性理论的本构方程，把它用于弹塑性过程时，必须在全部变形过程中保证物体内各点的应力都处于比例加载过程。当卸载发生时，本构关系不服从式（2.101），因为此时塑性应保持不变。所以在卸载过程，应变分量的改变量与应力分量的改变量之间服从广义胡克定律。卸载以后的应力与应变，可用外载荷的改变量作为假想载荷作用在物体上，按弹性理论求出应力与应变，再从卸载前相应的应力和应变中减去这些因卸载引起的应力与应变的改变量，从而得到卸载后的应力与应变状态。这就是卸载所应遵守的法则。显然，当外载荷全部卸去后，所得到的应变和应力称为残余应变和残余应力。从实用的观点来看，有大量的工程问题与比例加载相差不大，所以人们已用全量理论解决了不少实际问题，并可得到满意的结果。

参 考 文 献

[1] 周益春. 材料固体力学（上、下册）[M]. 北京：科学出版社，2005.

[2] 陆明万，罗学富. 弹性理论基础（上、下册）[M]. 北京：清华大学出版社，2001.

[3] 王仁，熊祝华，黄文彬. 塑性力学基础 [M]. 北京：科学出版社，1998.

[4] 徐芝纶. 弹性力学（上、下册）[M]. 北京：人民教育出版社，1982.

[5] 黄克智，薛明德，陆明万. 张量分析 [M]. 北京：清华大学出版社，1986.

[6] 黄克智. 非线性连续介质力学 [M]. 北京：科学出版社，1989.

第3章　宏微观破坏力学基础

在实际生产生活当中，有时可以看到材料或者构件"坏"了。比如，"5·12"四川汶川大地震时顷刻间那么多房屋倒塌；还会见到桥梁坍塌、列车出轨、飞机失事以及各种交通事故等。作为大学生或者科技工作者，有什么责任呢？为什么会有这么多破坏事件呢？如何才能防止这些破坏事件呢？材料或者构件为什么会坏呢？在这些毫无规律的破坏事件中是否可以总结出一些规律性的东西呢？本章的任务就是阐述如何从这些看似毫无规律性的事物中提取最核心的东西——裂纹的概念，通过裂纹的概念分析破坏的工程问题和科学问题。本章主要从宏观破坏力学、微观破坏力学和纳观破坏力学三方面阐述宏微观破坏力学的基本内容。

3.1　宏观破坏力学分析

在一系列的事故中，人们会问："材料或者构件为什么会坏？"从第2章已经知道，任何材料或者构件都不是孤立存在的，它一定是受到一定载荷的作用，而受到载荷的作用就会发生变形，变形或者应力达到一定程度以后就会发生破坏，这正是《材料力学》的理论基础。按《材料力学》中传统强度理论设计工程构件的要求是

$$\sigma \leqslant [\sigma], \quad [\sigma] = \begin{cases} \dfrac{\sigma_s}{k}, & \text{塑性材料} \\ \dfrac{\sigma_b}{k}, & \text{脆性材料} \end{cases} \tag{3.1}$$

即要求构件的工作应力 σ 必须小于或等于材料的许用应力 $[\sigma]$，这里，σ_s 是材料屈服强度；σ_b 是材料的抗拉强度；k 是安全系数，一般取为 $1.3 \sim 2.0$。如对外加载荷引起构件的应力 σ 计算准确，所选取试样测得的 σ_s（或 σ_b）能够准确地代表构件内部材料对破坏的抗力，则可适当降低 k 的取值。"使各种工程构件满足式（3.1）的要求"是传统设计所采用的方法。但是第二次世界大战以来，世界各国的生产实践表明：按传统强度理论设计的构件，有时会意外地发生低应力断裂事故。例如20世纪50年代，美国完全按照传统强度设计与验收的"北极星"导弹，其固体燃料发动机压力壳在发射时却出乎意料地发生低应力脆断，即

断裂时的应力远低于材料的许用应力$[\sigma]$。低应力脆断现象在日常生活中也经常遇到，像玻璃、陶瓷之类的制品，它们往往在很小的外力作用下就会断裂。无情的事实尖锐地揭示了上述传统强度设计理论的局限性，即在工程上，材料力学的理论基础站不住脚了。怎么办？

　　下面将从"科学"的角度来阐述材料力学中强度理论的局限性。普通物理中阐述了原子之间具有相互作用：原子间距很小时，它们相互排斥，而间距较大时就相互吸引。材料之所以被破坏是因为外力克服了原子间的结合力，如图 3.1 所示，原子间距随应力的增加而增大，在某点处应力克服了原子之间的作用力，达到一个最大值，这一最大值即为理论断裂强度 σ_t。假设原子间的作用力随原子间距离 x 的变化可以用一波长为 λ 的正弦波来近似表示，则

$$\sigma = \sigma_t \sin \frac{2\pi x}{\lambda} \tag{3.2}$$

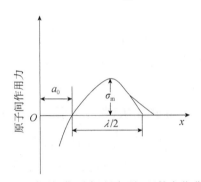

图 3.1　原子间作用力随原子间距的变化曲线

　　材料的断裂是在拉应力作用下，沿与拉应力垂直的原子被拉开的过程，在这一过程中，为使断裂发生，必须提供足够的能量以创造两个新表面。令表面能密度为 2γ，则意味着外力做功消耗在断口的形成上的能量至少等于 2γ，即外力功与断口的表面能相等：

$$\int_0^{\lambda/2} \sigma_t \sin \frac{2\pi x}{\lambda} \mathrm{d}x = \frac{\lambda \sigma_t}{\pi} = 2\gamma \tag{3.3}$$

假设材料是在小变形情况下，则 $\sin x \approx x$，而且服从胡克定律：

$$\sigma = E \frac{x}{b} \tag{3.4}$$

这里，b 为平衡状态时原子间距；E 为弹性模量。这样，由式（3.2）～式（3.4），材料的理论断裂强度 σ_t 可近似按下式估算：

$$\sigma_t = \left(\frac{E\gamma}{b} \right)^{1/2} \tag{3.5}$$

将材料的典型数据 $E=10^{10}$ Pa ， $\gamma=10^{-4}$ J·cm^{-2} 和 $b=3\times10^{-10}$ cm 代入，计算得到材料的理论断裂强度 $\sigma_t=3\times10^4$ MPa ，而目前强度最高的钢材其断裂强度值为4500 MPa。大量实验结果表明，材料实际断裂强度要比理论断裂强度值小 1～3 个数量级。原因到底何在？

　　无论在"工程"上还是"科学"上，关于"破坏"问题都遇到了严重的挑战：工程设计上没有错误，为什么载荷在设计标准以内时材料或者构件"坏"了？在理论上，明明是按照成熟的原子理论估算的，为什么理论和实际却相差那么远？唯一能够解释的是"传统强度理论基础有问题"，其问题在于思考问题的角度太"理想"了。Inglis 在 1913 年首先指出[1, 2]：这是因为实际材料中存在着不可避免的各种缺陷，如微观裂纹、空穴、切口、刻痕等，其尖端附近存在局部高应力（或高应变）集中区域，该区域应力数倍于远离尖端的应力，从而成为断裂的"裂源"，从而提出了"裂纹"的概念。宏观破坏力学学科的先导者是英国科学家 Griffith。他在 1920 年、1924 年相继发表的两篇论文中建立了脆断理论的基本框架[1, 2]。"裂纹"概念的提出是 20 世纪自然科学领域最伟大的贡献之一。

　　本节紧紧围绕"裂纹"的概念来阐述材料的宏观破坏问题，按线弹性断裂力学、弹塑性断裂力学的次序来概述宏观断裂力学的主要框架。

3.1.1　裂纹的分类及裂纹尖端附近的弹性应力场

　　裂纹的思想虽然是有了，但实际中破坏的情况各式各样，没有任何规律。只有掌握材料的破坏规律，才能生产出不易被破坏的材料，才能防止破坏。要知道材料的破坏规律，应该紧紧抓住"裂纹"这个关键词做文章。裂纹有什么规律呢？各式各样的裂纹能否分类呢？可以！经过科学家的不懈努力，发现：在平面问题的应力场中，按照裂纹的位置与应力方向之间的关系可将裂纹附近的应力、应变场分为三种基本类型。

　　1. 张开型裂纹（Ⅰ型）

　　裂纹面与应力 σ 垂直，且在 σ 作用下裂纹尖端张开，其扩展方向与 σ 垂直，这种裂纹称为张开型（Ⅰ型）裂纹，如图 3.2（a）所示。图 3.2（b）是它的左视图。图 3.2（c）所示的圆筒形容器的纵向裂纹及图 3.2（d）所示的受拉伸板的横向裂纹均属Ⅰ型裂纹。

　　2. 滑开型裂纹（Ⅱ型）

　　裂纹面与剪应力 τ 平行，且在 τ 的作用下裂纹滑开扩展，其扩展方向与 τ 成一定角度，这种裂纹称为滑开型（Ⅱ型）或面内剪切型裂纹，如图 3.3（a）所示。一般用图 3.3（b）所示的左视图表示。图 3.3（c）所示的螺栓，在板交界面存在的裂纹就是Ⅱ型裂纹，图 3.3（d）是它的受力图。

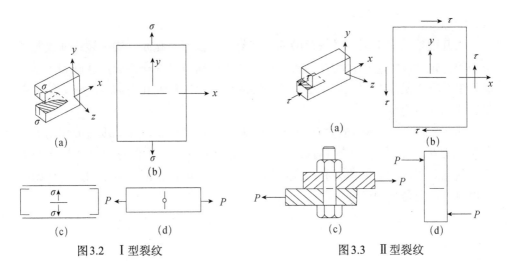

图3.2　Ⅰ型裂纹　　　　　　　　　图3.3　Ⅱ型裂纹

3．撕开型裂纹（Ⅲ型）

裂纹面与剪应力 τ 平行，且在 τ 的作用下裂纹沿原来裂纹面错开（而不是滑开），但裂纹扩展方向与 τ 垂直，这种裂纹称为撕开型（Ⅲ型）或反平面剪切型或扭转型裂纹，如图3.4（a）所示。一般可用图3.4（b）表示。例如，先用剪刀开口然后撕布，就是Ⅲ型裂纹扩展的情况；工程上受扭圆轴的径向裂纹也属于Ⅲ型裂纹，其受力情况如图3.4（c）、（d）所示。

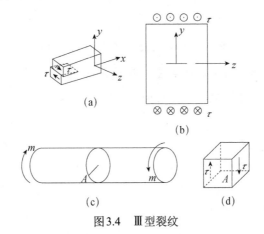

图3.4　Ⅲ型裂纹

材料变形时，各质点都要发生位移。Ⅰ型及Ⅱ型裂纹不会发生厚度方向的变形，即 $u\neq0$，$v\neq0$，$w=0$。但Ⅲ型裂纹则不然，变形时 $u=v=0$，$w\neq0$。这里，u、v、w 分别为 x、y、z 方向上的位移。

如果体内裂纹同时受到正应力和剪应力的作用或裂纹与正应力成一角度（如薄壁容器的斜裂纹），这时就同时存在Ⅰ型和Ⅱ型（或Ⅰ型和Ⅲ型）裂纹，称为复合型裂纹。

张开型裂纹（Ⅰ型）是最危险的，容易引起低应力脆断。实际裂纹即使是复合型的，也往往把它当作张开型来处理，这样既简单又安全。因此在断裂力学的研究中，重点是Ⅰ型裂纹。下面介绍Ⅰ型裂纹在双向拉伸和单向拉伸时裂纹尖端附近的弹性应力场。

如图3.5所示的无限板内有一长为 $2a$ 的中心贯穿裂纹，在无限远处作用着双向拉应力 σ。这是一个平面问题。因为裂纹贯穿板厚，所以每一个 xOy 平面的应力状态是相同的，即应力和应变不随厚度而变。如板很薄，是平面应力问题；如板很厚，则是平面应变问题。

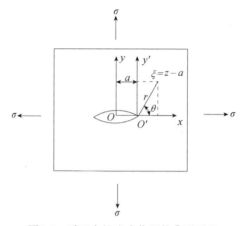

图3.5 受双向拉应力作用的Ⅰ型裂纹

对于受双向拉应力的Ⅰ型裂纹，其边界条件为：① $y=0$ ， $-a<x<a$ 处 $\sigma_y=0$ 。因为裂纹内部是空腔，没有应力，即在 $|x|<a$ 处，全部应力分量为零。② $y=0$ ， $|x|>a$ 处， $\sigma_y>\sigma$ ，且 x 愈接近 a ， σ_y 愈大。因为裂纹尖端有应力集中，且愈接近裂纹尖端，应力集中程度愈大。③ $x\to\pm\infty$ 处， $\sigma_y=\sigma,\sigma_x=\sigma$ 。因为离裂纹远处，由于裂纹产生的应力集中效应消失，应力便等于外加应力。

在上述边界条件下可得用极坐标表示在 (r,θ) 点处的应力为（详细推导过程超出本书的范围）[2]

$$
\sigma_x=\frac{\sigma\sqrt{\pi a}}{\sqrt{2\pi r}}\cos\frac{\theta}{2}\left(1-\sin\frac{\theta}{2}\sin\frac{3}{2}\theta\right)
$$

$$
\sigma_y=\frac{\sigma\sqrt{\pi a}}{\sqrt{2\pi r}}\cos\frac{\theta}{2}\left(1+\sin\frac{\theta}{2}\sin\frac{3}{2}\theta\right) \tag{3.6}
$$

$$
\tau_{xy}=\frac{\sigma\sqrt{\pi a}}{\sqrt{2\pi r}}\cos\frac{\theta}{2}\sin\frac{\theta}{2}\cos\frac{3}{2}\theta
$$

这里，坐标系的原点取在裂纹的右尖端，r 是表示离裂纹尖端的距离，θ 是表示坐标点处与 x 轴之间的夹角。建议读者仔细分析式（3.6），看能否发现有趣的东西。

式（3.6）中每个应力分量都有 $\sigma\sqrt{\pi a}$ 项，为了分析方便，令 $K_I = \sigma\sqrt{\pi a}$，则上式可改写为

$$
\begin{cases}
\sigma_x = \dfrac{K_I}{\sqrt{2\pi r}}\cos\dfrac{\theta}{2}\left(1 - \sin\dfrac{\theta}{2}\sin\dfrac{3\theta}{2}\right) \\[2mm]
\sigma_y = \dfrac{K_I}{\sqrt{2\pi r}}\cos\dfrac{\theta}{2}\left(1 + \sin\dfrac{\theta}{2}\sin\dfrac{3\theta}{2}\right) \\[2mm]
\tau_{xy} = \dfrac{K_I}{\sqrt{2\pi r}}\cos\dfrac{\theta}{2}\sin\dfrac{\theta}{2}\cos\dfrac{3\theta}{2}
\end{cases}
\tag{3.7a}
$$

相应的应变和位移的表达式如下：

$$
\begin{cases}
\varepsilon_x = \dfrac{1}{2G(1+v')}\dfrac{K_I}{\sqrt{2\pi r}}\cos\dfrac{\theta}{2}\left[(1-v') - (1+v')\sin\dfrac{\theta}{2}\sin\dfrac{3\theta}{2}\right] \\[3mm]
\varepsilon_y = \dfrac{1}{2G(1+v')}\dfrac{K_I}{\sqrt{2\pi r}}\cos\dfrac{\theta}{2}\left[(1-v') + (1+v')\sin\dfrac{\theta}{2}\sin\dfrac{3\theta}{2}\right] \\[3mm]
\gamma_{xy} = \dfrac{1}{G}\dfrac{K_I}{\sqrt{2\pi r}}\cos\dfrac{\theta}{2}\sin\dfrac{\theta}{2}\cos\dfrac{3\theta}{2} \\[3mm]
u = \dfrac{K_I}{G(1+v')}\cdot\sqrt{\dfrac{r}{2\pi}}\cos\dfrac{\theta}{2}\left[(1-v') + (1+v')\sin^2\dfrac{\theta}{2}\right] \\[3mm]
v = \dfrac{K_I}{G(1+v')}\cdot\sqrt{\dfrac{r}{2\pi}}\sin\dfrac{\theta}{2}\left[2 - (1+v')\cos^2\dfrac{\theta}{2}\right]
\end{cases}
\tag{3.7b}
$$

这里，v' 对应于平面应力和平面应变的定义（见第 2 章 2.4.1 节）。

现在来考察式（3.6）或者式（3.7a）：分析问题时其中重要而常用的方法就是看在极端情况下会如何。由式（3.6）知道，一点的应力状态随 (r,θ) 的变化而变化，而且对于应力分量 σ_x,σ_y，括号内总是正的。因此，σ_x,σ_y 的正负号取决于 $\cos\dfrac{\theta}{2}$，而当 $0\leqslant\theta\leqslant2\pi$ 时，$\cos\dfrac{\theta}{2}$ 总是正的，这就是说，在双向拉应力作用下，无论 x 方向还是 y 方向，其正应力都是拉应力。根据式（3.1），当拉应力达到一定值时材料就可能被拉开。现在再分析 σ_x,σ_y 随 r 的变化。当 r 较大时，σ_x,σ_y 都较小；当 r 减小时，σ_x,σ_y 都变大；当 $r\to0$ 时，σ_x,σ_y 趋于无限大（即含 $1/\sqrt{r}$ 的项，当 $r\to0$ 时，这一项趋于无限大，故称为奇异项）。这种情况称为裂纹尖端应力场具有奇异性。"趋于无限大"意味着什么？这意味着只要 $\sigma\neq0$，在裂纹尖端的拉应力就会超过材料的许用应力 $[\sigma]$，材料一定会被拉断。事实

上，材料不可能不受力，材料内部又不可能没有裂纹。这一推理的结论是"真实的材料或者构件不可能存在，世界不可能存在"。那么问题又出在哪里呢？似乎路子越走越窄了，走进了死胡同。这种"裂纹尖端应力场的奇异性"显然是不符合物理实际的，这个"奇异性"之所以出现，是由于人们将实际存在的而且有一定宽度的"裂纹"看作"数学概念"上宽度为零的裂纹了。因此，由于裂纹尖端的"奇异性"，传统强度理论式（3.1）显然无法应用，这样就必须提出新的概念和新的思想来代替传统强度理论。换一个角度思考，在传统强度理论中由于没有裂纹，即没有几何的因素而只有单一载荷的因素，但对于含裂纹体的构件，不仅有载荷的因素而且有裂纹即几何的因素。因此，是否可以认为存在一个既包括载荷又包括几何的"广义载荷"的东西呢？从裂纹尖端的应力场发现，$K_I = \sigma\sqrt{\pi a}$ 正是表明裂纹尖端附近区域应力场强弱程度的量。人们称 $K_I = \sigma\sqrt{\pi a}$ 为"应力强度因子"（stress intensity factor，SIF），它起到一个"广义载荷"的作用。

对于单向拉伸的情况，类似地也可以得到应力分量：

$$\begin{cases} \sigma_x = \dfrac{K_I}{\sqrt{2\pi r}}\cos\dfrac{\theta}{2}\left(1 - \sin\dfrac{\theta}{2}\sin\dfrac{3\theta}{2}\right) - \sigma \\[2mm] \sigma_y = \dfrac{K_I}{\sqrt{2\pi r}}\cos\dfrac{\theta}{2}\left(1 + \sin\dfrac{\theta}{2}\sin\dfrac{3\theta}{2}\right) \\[2mm] \tau_{xy} = \dfrac{K_I}{\sqrt{2\pi r}}\cos\dfrac{\theta}{2}\sin\dfrac{\theta}{2}\cos\dfrac{3\theta}{2} \end{cases} \tag{3.8}$$

比较式（3.6）和式（3.8）可知，单向拉伸时裂纹尖端附近的应力场和双向拉伸的应力场仅在 σ_x 上差一个常数项 $-\sigma$。应力场的奇异项完全一样。考虑到 r 很小时奇异项远大于附加项（$-\sigma$），因此，在通常情况下，亦可用式（3.6）作为单向拉伸时的应力场计算式。

对于 II、III 型裂纹，其应力分量在裂纹尖端也具有 $1/\sqrt{r}$ 的奇异性。

3.1.2 应力强度因子

对于 I、II、III 型裂纹应力分量的全解表达式，可以统一表示为[2]

$$\sigma_{ij} = \frac{K_m}{\sqrt{2\pi}}(r^{-1/2})\tilde{\sigma}_{ij}(\theta) + O(r^0) + \cdots \tag{3.9}$$

因为在裂尖区域 r 很小，所以上式的首项远大于后面诸项，略去 r 零次幂以后各项后有

$$\sigma_{ij} = \frac{K_m}{\sqrt{2\pi}}(r^{-1/2})\tilde{\sigma}_{ij}(\theta) \tag{3.10}$$

此式表示裂纹尖端附近区域的应力解（简称裂尖解或渐近解）。式中 $\tilde{\sigma}_{ij}(\theta)$ 是极

角 θ 的函数，称为角分布函数。K_m 表征了裂纹尖端附近区域应力场强弱的程度，下标 m 分别取 Ⅰ、Ⅱ、Ⅲ，即 K_{I}、K_{II}、K_{III}，分别代表 Ⅰ 型、Ⅱ 型、Ⅲ 型裂纹尖端应力场之强弱程度，简称应力强度因子或 K 因子。

在线弹性断裂力学中，由于裂纹尖端应力场的强弱程度主要由 K_m 这个参量来描述，故通过它可以建立 "广义载荷达到某一临界值" 即 $K_{\mathrm{I}}=K_{\mathrm{IC}}$ 或 $K_m=K_{mC}$ （ $m=\mathrm{I}$ 、 Ⅱ 、 Ⅲ）的断裂准则（亦称 K 准则），以解决工程实际的脆断问题。因此，人们更关心的是应力强度因子 K_m 的求解。

K_m 是与外载的性质、裂纹及裂纹弹性体几何形状等因素有关的一个量，写成通式为

$$\begin{cases} K_{\mathrm{I}} = \alpha\sigma\sqrt{\pi a} \\ K_{\mathrm{II}} = \beta\tau\sqrt{\pi a} \\ K_{\mathrm{III}} = \gamma\tau_l\sqrt{\pi a} \end{cases} \tag{3.11}$$

式中，α、β 和 γ 分别称为 Ⅰ 型、Ⅱ 型和 Ⅲ 型裂纹的几何因子；σ 为拉应力；τ 和 τ_l 分别为面内切应力和面外切应力。

确定应力强度因子是线弹性断裂力学的重要内容，对于 Ⅰ，Ⅱ，Ⅲ 型裂纹，确定应力强度因子的关键是确定裂纹几何形状因子。在一般情况下，裂纹几何形状因子的确定是相当复杂的。

确定应力强度因子的方法，大体可分为解析法、数值法和实验法。在几何形状比较简单的情况下，可用解析法。例如，对于单向拉伸 Ⅰ 型裂纹的无限大板，由前面的解析表达式就可以得到应力强度因子 $K_{\mathrm{I}}=\sigma\sqrt{\pi a}$ 。但在较复杂的情况下，往往难以得到严格的解析解，故常用数值法。在某些情况下，还可以用实验来测定应力强度因子[2]。

目前工程中已将各种构件在不同加载情况下的应力强度因子的计算公式汇编成手册[3]，可作为工程中使用参考。在选用这些公式时，可以采用叠加原理[2]。

关于材料是否破坏除确定 "广义载荷" 即应力强度因子外，还要确定临界值即 $K_m=K_{mC}$ （ $m=\mathrm{I}$ 、 Ⅱ 、 Ⅲ）的大小。关于断裂判据和临界值，将在本章 3.1.4 节详细讨论。

3.1.3　小范围屈服下的塑性修正

通过对裂纹尖端附近弹性应力场的讨论可知，在裂纹尖端存在着应力奇异性，即当 $(r\to 0)$ 无限接近裂纹尖端时，应力 σ_x 、 σ_y 、 τ_{xy} 就趋向于无限大。然而，由第 2 章的知识已经知道，对一般的金属材料来说，即使是超高强度的材料，当裂纹尖端附近的应力达到一定程度时，材料就发生塑性变形。这就意味

着，围绕裂纹尖端总有一个发生塑性变形的区域，如果不考虑材料的硬化作用，其中的应力将停止在一定的水平上。在裂纹尖端的塑性区内，材料不再遵从弹性定律。因此，前面在研究 I 型裂纹尖端应力强度因子 K_I 时，所假定的材料处于完全线弹性状态的线弹性断裂力学理论和方法，从原则上讲是不适用于塑性区的。但是，当塑性区尺寸远小于裂纹尺寸时，即所谓在"小范围屈服"的情况下，其塑性区周围的广大区域仍是弹性区。于是，经过适当的修正，线弹性断裂力学的结论仍可近似地推广使用。

由材料力学可知，在单向拉伸情况下，只要材料所受的应力达到屈服点 σ_s 时就要屈服，产生塑性变形。而在复杂应力状态下，对于塑性材料，通常用来建立屈服条件的有两种理论，即 Tresca 屈服准则和 von Mises 屈服准则（见第 2 章）。对于含有裂纹的构件，即使外加载荷是单向拉伸的情况，其裂纹尖端附近区域也是处于复杂应力状态。

1. 小范围屈服下裂纹尖端的塑性区

这里仍以 I 型裂纹问题为例来讨论裂纹尖端的塑性区。对于 I 型裂纹问题，裂纹尖端附近区域的应力分量由式（3.7a）确定。由第 2 章或者材料力学可知，主应力的计算公式为

$$
\begin{cases}
\left.\begin{matrix} \sigma_1 \\ \sigma_2 \end{matrix}\right\} = \dfrac{\sigma_x + \sigma_y}{2} \pm \sqrt{\left(\dfrac{\sigma_x - \sigma_y}{2}\right)^2 + \tau_{xy}^2} \\
\sigma_3 = \begin{cases} 0, & \text{平面应力} \\ v(\sigma_1 + \sigma_2), & \text{平面应变} \end{cases}
\end{cases}
\tag{3.12}
$$

将式（3.7a）代入式（3.12），便可得裂纹尖端附近区域的主应力为

$$
\begin{cases}
\sigma_1 = \dfrac{K_I}{\sqrt{2\pi r}} \cos\dfrac{\theta}{2}\left(1 + \sin\dfrac{\theta}{2}\right) \\
\sigma_2 = \dfrac{K_I}{\sqrt{2\pi r}} \cos\dfrac{\theta}{2}\left(1 - \sin\dfrac{\theta}{2}\right) \\
\sigma_3 = \begin{cases} 0, & \text{平面应力} \\ 2v\dfrac{K_I}{\sqrt{2\pi r}} \cos\dfrac{\theta}{2}, & \text{平面应变} \end{cases}
\end{cases}
\tag{3.13}
$$

知道了主应力表达式，就可以由屈服准则确定裂纹尖端塑性区的形状和尺寸。

（1）Tresca 屈服准则的塑性区形状。对于平面应力问题，$\sigma_3 = 0$，则

$$\sigma_1 = \sigma_s$$

由式（3.13）有

$$\frac{K_{\mathrm{I}}}{\sqrt{2\pi r}}\cos\frac{\theta}{2}\left(1+\sin\frac{\theta}{2}\right)=\sigma_{\mathrm{s}}$$

由此得

$$r(\theta)=\frac{1}{2\pi}\left(\frac{K_{\mathrm{I}}}{\sigma_{\mathrm{s}}}\right)^2\cos^2\frac{\theta}{2}\left(1+\sin\frac{\theta}{2}\right)^2 \tag{3.14}$$

这就是平面应力情况下，用极坐标表示的 I 型裂纹尖端塑性区的边界方程。在裂纹延长线上，$\theta=0$，则

$$r_0=\frac{1}{2\pi}\left(\frac{K_{\mathrm{I}}}{\sigma_{\mathrm{s}}}\right)^2 \tag{3.15}$$

用 r_0 除式（3.14）两边，得无量纲方程为

$$\frac{r(\theta)}{r_0}=\cos^2\frac{\theta}{2}\left(1+\sin\frac{\theta}{2}\right)^2 \tag{3.16}$$

图3.6中的实线是以无量纲方程式（3.16）绘出的塑性区的边界曲线。

对于平面应变问题，$\sigma_3=2v\dfrac{K_{\mathrm{I}}}{\sqrt{2\pi r}}\cos\dfrac{\theta}{2}$，则

$$\frac{K_{\mathrm{I}}}{\sqrt{2\pi r}}\cos\frac{\theta}{2}\left(1+\sin\frac{\theta}{2}\right)-2v\frac{K_{\mathrm{I}}}{\sqrt{2\pi r}}\cos\frac{\theta}{2}=\sigma_{\mathrm{s}}$$

由此解出

$$r(\theta)=\frac{1}{2\pi}\left(\frac{K_{\mathrm{I}}}{\sigma_{\mathrm{s}}}\right)^2\cos^2\frac{\theta}{2}\left(1-2v+\sin\frac{\theta}{2}\right)^2 \tag{3.17}$$

这就是平面应变情况下，用极坐标表示 I 型裂纹尖端塑性区的边界方程。与平面应力情况相同，用 r_0 除式（3.17）两边，得无量纲方程为

$$\frac{r(\theta)}{r_0}=\cos^2\frac{\theta}{2}\left(1-2v+\sin\frac{\theta}{2}\right)^2 \tag{3.18}$$

若取材料的 $v=0.33$，则由上式表示的无量纲塑性区的边界曲线如图3.6中的虚线所示。

（2）von Mises 屈服准则的塑性区形状。对于平面应力情况，有

$$\frac{K_{\mathrm{I}}^2}{2\pi r}\left[\cos^2\frac{\theta}{2}\left(1+3\sin^2\frac{\theta}{2}\right)\right]=\sigma_{\mathrm{s}}^2$$

或

$$r(\theta)=\frac{1}{2\pi}\left(\frac{K_{\mathrm{I}}}{\sigma_{\mathrm{s}}}\right)^2\left[\cos^2\frac{\theta}{2}\left(1+3\sin^2\frac{\theta}{2}\right)\right] \tag{3.19}$$

式（3.19）表示在平面应力情况下，裂纹尖端塑性区的边界曲线方程。在裂纹延

长线上，即 $\theta = 0$ 的 x 轴上，塑性区边界到裂纹的距离为

$$r_0 = \frac{1}{2\pi}\left(\frac{K_{\mathrm{I}}}{\sigma_{\mathrm{s}}}\right)^2 \tag{3.20}$$

用 r_0 除式（3.19）的两边，得无量纲方程为

$$\frac{r(\theta)}{r_0} = \cos^2\frac{\theta}{2}\left(1 + 3\sin^2\frac{\theta}{2}\right) \tag{3.21}$$

图3.7中的实线是以无量纲方程式（3.21）绘出的塑性边界曲线。

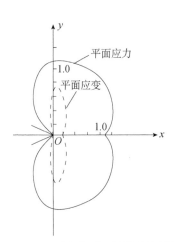
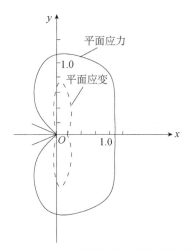

图3.6　Tresca屈服准则下的塑性边界曲线　　图3.7　von Mises屈服准则下的塑性边界曲线

对于平面应变情况，有

$$\frac{K_{\mathrm{I}}^2}{2\pi r}\left[\frac{3}{4}\sin^2\theta + (1-2v)^2\cos^2\frac{\theta}{2}\right] = \sigma_{\mathrm{s}}^2$$

或

$$r(\theta) = \frac{1}{2\pi}\left(\frac{K_{\mathrm{I}}}{\sigma_{\mathrm{s}}}\right)^2\cos^2\frac{\theta}{2}\left[(1-2v)^2 + 3\sin^2\frac{\theta}{2}\right] \tag{3.22}$$

式（3.22）表示在平面应变情况下，裂纹尖端塑性区的边界曲线方程。

与平面应力情况相同，用 r_0 除式（3.22）的两边，得无量纲方程为

$$\frac{r(\theta)}{r_0} = \cos^2\frac{\theta}{2}\left[(1-2v)^2 + 3\sin^2\frac{\theta}{2}\right] \tag{3.23}$$

若取材料的 $v = 0.33$，则由上式表示的无量纲塑性区的边界曲线如图3.7中的虚线所示。

裂纹尖端塑性区的大小，一般用塑性区在裂纹延长线上的尺寸 r_0 来表示，r_0 称为塑性区的尺寸。由上述分析可知

$$r_0 = \begin{cases} \dfrac{1}{2\pi}\left(\dfrac{K_{\mathrm{I}}}{\sigma_{\mathrm{s}}}\right)^2, & \text{平面应力} \\[3mm] \dfrac{1}{2\pi}\left(\dfrac{K_{\mathrm{I}}}{\sigma_{\mathrm{s}}}\right)^2 (1-2v)^2, & \text{平面应变} \end{cases} \tag{3.24}$$

可见，平面应变情况下的塑性区要比平面应力情况下的塑性区小得多。沿 x 轴 $(\theta=0)$，平面应变状态下的 $r(\theta)$ 值远小于平面应力状态下的 $r(\theta)$ 值。假设 $v=0.33$，则 $r(\theta)$（平面应变状态）$=0.12 r(\theta)$（平面应力状态）。这是因为，在平面应变状态下，沿板厚 z 方向的弹性约束使裂纹尖端材料处于三向拉应力的作用，此时不易发生塑性变形。

2. 应力状态与塑性区的相互影响

单纯的平面应力状态或平面应变状态，只有在理想情况下才会出现。对于一般常用的板材而言，在板厚中间部分的裂纹尖端处于平面应变状态，塑性区较小；当接近板的表面时，由于弹性约束减小，σ_3 降低，则逐渐过渡为平面应力状态，塑性区随之扩大，整个塑性区沿板厚的变化情况大体如图 3.8 所示。

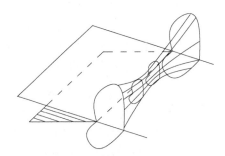

图 3.8　塑性区的空间形状

上面指出了应力状态对塑性区尺寸的影响，另一方面，塑性区的尺寸又影响应力状态。塑性区的材料发生了较大位移，这就要求别处的材料来填补。当塑性区的尺寸与板厚相当时（图 3.9（a）），在板厚方向就可以自由屈服。如果塑性区尺寸很小（图 3.9（b）），则厚度方向就不能自由屈服，由于周围材料的约束使 ε_z 保持为零，其结果是小塑性区处于平面应变状态，而大塑性区则促进平面应力状态的发展。

对应力状态而言，塑性尺寸 r_0 与板厚 B 之比是一个重要的参数。如果塑性区尺寸与板厚为同一数量级，即 r_0/B 趋近于 1，则平面应力得以发展。为了使厚度的绝大部分都处于平面应变状态，上述比值必须远小于 1（表面的平面应力区只占厚度比较小的部分）。实验证明，如果 $r_0/B=0.025$，则开裂特性属于典型的

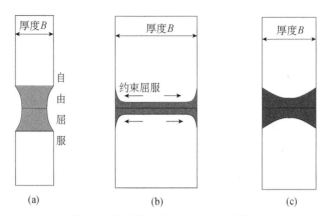

图 3.9　塑性区尺寸对应力状态的影响

平面应变型。由于塑性区尺寸 r_0 正比于 $(K_I/\sigma_s)^2$，因此，在对屈服应力低，韧性高的材料进行断裂韧性测试时，为了保证试样处于平面应变状态，就要求试样的厚度很大。相反，对屈服应力高，韧性低的材料，则需要较小的厚度。

3. 应力强度因子 K_I 的塑性修正

前面介绍的有关计算应力强度因子 K_I 的方法，都是建立在线弹性理论的基础之上，它假定裂纹尖端区域均处于理想的线弹性应力场中。实际上，在裂纹尖端附近存在塑性区时，应力一定会松弛，裂纹应力场就不完全是弹性应力场。那么，对于有塑性变形发生的材料，线弹性断裂理论还能不能应用？普遍认为，当裂尖塑性区很小即"小范围屈服"时，裂尖塑性区周围被广大弹性区包围，此时，只要对塑性区影响作出考虑，仍可用线弹性断裂理论来处理。对此，Irwin 提出了一个简便适用的"有效裂纹尺寸"法，用它对应力强度因子 K_I 进行修正，得到所谓的"有效应力强度因子"，作为考虑塑性区影响的修正[4-6]。

（1）Irwin 的有效裂纹尺寸。假设材料是理想的弹塑性材料（其应力应变关系见本书第 2 章的图 2.2（a）），发生应力松弛后，裂纹尖端附近的塑性区在 x 轴上的尺寸为 $R=AB$，实际的应力分布规律由图 3.10 中的实线 DEF 示出。可以证明，无论对于平面应力还是平面应变情况，都有：$R=2r_0$。建议读者自行完成，实在有困难时可以参考文献[2]。

为使线弹性理论解 $\sigma_y\big|_{\theta=0}=\dfrac{K_I}{\sqrt{2\pi r}}$ 仍然适用，人们则假想地将裂纹尖端向右移到 O 点，把实际的弹塑性应力场改用一个虚构的弹性应力场来代替：由虚线所代替的弹性应力 σ_y 的变化规律曲线，正好与塑性区边界 E 点处由实线所代表的弹塑性应力的变化规律曲线的弹性部分相重合。以 O 点为假想裂纹的尖点时，则在 $r=R-r_y$ 处，$\sigma_y(r)\big|_{\theta=0}=\sigma_{ys}$，由式（3.7a）得

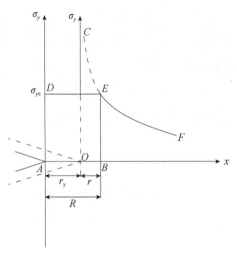

图3.10　裂纹长度的塑性修正

$$\sigma_y(r)\big|_{\theta=0} = \frac{K_{\mathrm{I}}}{\sqrt{2\pi r}} = \frac{K_{\mathrm{I}}}{\sqrt{2\pi\left(R-r_y\right)}} = \sigma_{ys} \tag{3.25}$$

由此解出

$$r_y = R - \frac{1}{2\pi}\left(\frac{K_{\mathrm{I}}}{\sigma_{ys}}\right)^2 \tag{3.26}$$

对于平面应力情况，由于 $R = \dfrac{1}{\pi}\left(\dfrac{K_{\mathrm{I}}}{\sigma_{ys}}\right)^2$，$\sigma_{ys} = \sigma_s$，故

$$r_y = \frac{1}{\pi}\left(\frac{K_{\mathrm{I}}}{\sigma_s}\right)^2 - \frac{1}{2\pi}\left(\frac{K_{\mathrm{I}}}{\sigma_s}\right)^2 = \frac{1}{2\pi}\left(\frac{K_{\mathrm{I}}}{\sigma_s}\right)^2 \tag{3.27}$$

对于平面应变情况，由于 $R = \dfrac{1}{2\sqrt{2}\pi}\left(\dfrac{K_{\mathrm{I}}}{\sigma_s}\right)^2$，$\sigma_{ys} = \sqrt{2\sqrt{2}}\sigma_s$，故

$$r_y = \frac{1}{2\sqrt{2}\pi}\left(\frac{K_{\mathrm{I}}}{\sigma_s}\right)^2 - \frac{1}{2\pi}\left(\frac{K_{\mathrm{I}}}{\sqrt{2\sqrt{2}}\sigma_s}\right)^2 = \frac{1}{4\sqrt{2}\pi}\left(\frac{K_{\mathrm{I}}}{\sigma_s}\right)^2 \tag{3.28}$$

由式（3.27）、式（3.28）可以看到，不论是平面应力还是平面应变问题，裂纹长度的修正值 r_y 都恰好等于塑性区尺寸 R 的一半，即修正裂纹（有效裂纹）的裂尖，正好位于 x 轴上塑性区的中心。

（2）K 因子的修正。r_y 求出后，即可算出有效裂纹长度 $a^* = a + r_y$，其中 a 为原始实际裂纹长度。在用弹性理论计算小范围屈服条件下的 K_{I} 时，用有效裂纹长度 a^* 代替原实际裂纹长度 a 即可。

由于应力强度因子 K_I 是 a^* 的函数（$K_I = \alpha\sigma\sqrt{\pi a^*}$），而 $a^* = a + r_y$，r_y 又是 K_I 的函数，所以，对裂尖应力强度因子 K_I 进行塑性修正是比较复杂的。

对于普遍形式的裂纹问题，当考虑塑性修正时，K_I 的表达式可写为

$$K_I = \alpha\sigma\sqrt{\pi a^*} = \alpha\sigma\sqrt{\pi(a + r_y)}$$

分别将平面应力及平面应变条件下 r_y 的表达式（3.27）、（3.28）代入上式，并化简后得：

平面应力条件：

$$K_I = \alpha\sigma\sqrt{\pi a}\,\frac{1}{\sqrt{1 - \dfrac{\alpha^2}{2}\left(\dfrac{\sigma}{\sigma_s}\right)^2}} \tag{3.29}$$

平面应变条件：

$$K_I = \alpha\sigma\sqrt{\pi a}\,\frac{1}{\sqrt{1 - \dfrac{\alpha^2}{4\sqrt{2}}\left(\dfrac{\sigma}{\sigma_s}\right)^2}} \tag{3.30}$$

可见，考虑塑性区的影响后，K_I 有所增大，其增大系数为

$$M_P = \frac{1}{\sqrt{1 - \dfrac{\alpha^2}{2}\left(\dfrac{\sigma}{\sigma_s}\right)^2}} \quad （平面应力） \tag{3.31}$$

$$M_P = \frac{1}{\sqrt{1 - \dfrac{\alpha^2}{4\sqrt{2}}\left(\dfrac{\sigma}{\sigma_s}\right)^2}} \quad （平面应变） \tag{3.32}$$

通常将 M_P 称为塑性修正系数。

需要指出，上面分析只适用于"小范围屈服"，即裂尖塑性尺寸相比于裂纹长度及构件尺寸小一个数量级以上时，才可在塑性修正后仍用线弹性断裂理论来处理。对于裂尖区域的"大范围屈服"或者全面屈服问题，则必须用弹塑性断裂理论来处理。

3.1.4 断裂判据和断裂韧性

1. 应力强度因子断裂准则

应力强度因子 K 是"广义载荷"，它是描述裂纹尖端附近应力场强弱程度的参量。裂纹是否会发生失稳扩展取决于 K 值的大小，因此可用 K 因子建立断裂准则（亦称 K 准则），即 $K = K_c$，其含义是：当含裂纹的弹性体在外载荷的作用下，裂纹尖端的 K 因子达到裂纹发生失稳扩展时材料的临界值 K_c 时，裂纹就发

生失稳扩展而导致裂纹体的断裂。

对于 I 型裂纹，在平面应变条件下，其裂纹准则为

$$K_{\mathrm{I}} = K_{\mathrm{IC}} \tag{3.33}$$

其中，K_{I} 是 I 型裂纹的应力强度因子，它是带裂纹构件所承受的载荷，以及裂纹几何形状和尺寸等因素的函数；K_{IC} 是平面应变情况下 K_{I} 的临界值，它是材料常数，称为材料平面应变断裂韧性，可以通过实验测定。

对于 II 型、III 型和复合型裂纹，原则上可仿照式（3.33）建立相应的断裂准则，但 K_{IIC} 和 K_{IIIC} 测试困难。目前一般都是通过复合型断裂准则来建立 K_{IIC}、K_{IIIC} 与 K_{IC} 之间的关系。

建立了断裂准则，就可以解决常规强度设计中不能解决的带裂纹构件的断裂问题。但必须指出，在应用"K 准则"作断裂分析时，首先要用无损探伤技术，如目前常用的超声波探伤、磁粉探伤和荧光探伤等技术，确定缺陷的位置、形状、尺寸，然后把缺陷简化成分析的裂纹模型。如果是设计构件，则应估计可能出现的最大裂纹尺寸，作为抗断裂的依据。另一方面还要准确地测出材料的断裂韧性 K_{IC} 值。

用"K 准则"可解决以下问题。

（1）确定带裂纹构件的临界载荷。若已知构件的几何因素、裂纹尺寸和材料断裂韧性值，运用"K 准则"可确定带裂纹构件的临界载荷。

（2）确定裂纹容限尺寸。当给定载荷、材料的断裂韧性值以及裂纹体的几何形状以后，运用"K 准则"可以确定裂纹的容限尺寸，即裂纹失稳扩展时对应的裂纹尺寸。

（3）确定带裂纹构件的安全度。

（4）选择与评定材料。按照传统的设计思想，选择与评定材料只需要依据屈服极限 σ_{s} 或强度极限 σ_{b}，对于交变应力作用则为持久极限。但按抗断裂观点，应选用 K_{IC} 高的材料。一般情况下，材料的 σ_{s} 越高，K_{IC} 反而越低，所以选择与评定材料应该两者兼顾，全面考虑。

2. 裂纹扩展的能量准则

1）裂纹扩展阻力 R

现在来研究裂纹扩展过程中的能量关系，由此可以更清楚地揭示断裂韧性的物理含义。很明显，裂纹扩展中要消耗能量。如裂纹扩展，裂纹表面积就增加，若裂纹表面能密度为 γ，裂纹扩展时形成上下两个新表面，故裂纹扩展单位面积所需要消耗的表面能为 2γ。对金属材料来说，裂纹扩展前都要产生塑性变形，这也要消耗能量，称为塑性变形功。设裂纹扩展单位面积所消耗的塑性变形功为

γ_p，对金属材料，γ_p 远大于 γ，$\gamma_p = 10^2 \gamma \sim 10^4 \gamma$。因此，若裂纹扩展单位面积所需要消耗的能量用 R 表示，则

$$R = 2\gamma + \gamma_p \tag{3.34}$$

很明显，R 就是裂纹扩展的阻力。随裂纹扩展，γ 保持不变（它是单位面积能量），但 γ_p 却有可能升高，这可能和裂尖塑性区大小及其中的变形量有关。因此，随裂纹扩展，R 也不断升高并很快达到稳态。阻力曲线（R-Δa 曲线）如图 3.11 所示。它不仅和 K_{IC} / σ_s 以及材料的本质有关，也和试样的尺寸有关。一般来说，在平面应力条件下（试样厚度 B 远比 $(K_{IC} / \sigma_s)^2$ 要小），随着裂纹的扩展，R 明显升高，如图3.11曲线 $ABCD$ 所示。在平面应变条件下，即 $B \geqslant 2.5(K_{IC} / \sigma_s)^2$（为什么有这个要求？请读者自行分析，实在难以理解的话请参考文献[2]），裂纹少量扩展后 R 也就趋于饱和，如曲线 AEF 所示，它也是大多数脆性材料的阻力曲线（从平面应力和平面应变的阻力曲线能否看出测量断裂韧性时对试样有什么要求？）。但对于 TiAl 和 Ti₃Al+Nb 这样的金属间化合物，其平面应变曲线如 $ABCD$ 所示，即类似韧性材料的阻力曲线[7]。

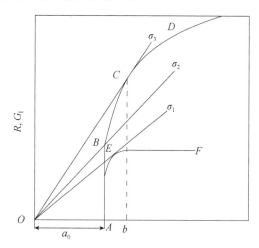

图 3.11　裂纹扩展的阻力曲线和动力曲线

2）裂纹扩展动力 G_I

要使裂纹扩展，必须提供动力。设裂纹扩展单位面积系统提供的动力为 G_I，则在裂纹扩展过程中，$G_I \geqslant R$。设整个系统（试样和实验机一起构成一个系统）的能量（即势能）用 U 表示，则裂纹扩展 ΔA 面积需要消耗的能量刚好为系统提供的动力，即 $R\Delta A = G_I \Delta A$。这就相当于系统势能下降 $-\Delta U$（因为裂纹扩展所需的能量由系统势能来提供，裂纹扩展，系统势能下降），即 $G_I \Delta A = -\Delta U$。在极限条件下就有

$$G_{\mathrm{I}} = -\frac{\partial U}{\partial A} \tag{3.35}$$

G_{I} 就是裂纹扩展单位面积系统能量的下降率（或称系统能量释放率），它是裂纹扩展的动力，下标 I 表示 I 型裂纹。对长为 a 的贯穿裂纹，$\mathrm{d}A = B\mathrm{d}a$，这里 B 是试样厚度，对单位厚试样 $B = 1$，因此

$$G_{\mathrm{I}} = -\frac{\partial U}{\partial a} \tag{3.36}$$

即 G_{I} 是裂纹扩展单位长度系统势能的下降率，称为裂纹扩展力。

含裂纹试样在外力 P 作用下试样伸长 $\mathrm{d}\delta$，外力做功 $\mathrm{d}W = P\mathrm{d}\delta$。由本书第 2 章式（2.69）得，在试样单向拉伸伸长的同时，弹性应变能增加为

$$\mathrm{d}E = \sigma \cdot \varepsilon \cdot \frac{V}{2} = \frac{P}{A} \cdot \frac{\mathrm{d}\delta}{L} \cdot \frac{V}{2} = P\frac{\mathrm{d}\delta}{2} \tag{3.37}$$

这里，L 是试样的长度；A 是试样的截面积。裂纹扩展过程中所消耗的能量就是系统应当提供的能量，即为 $G_{\mathrm{I}}\mathrm{d}A$（裂纹扩展单位面积应当提供的能量为 G_{I}）。很显然，在裂纹扩展过程中，外力做功的增量 $\mathrm{d}W$ 一方面使体内应变能增加 $\mathrm{d}\Omega$，另一方面用来使裂纹扩展，即 $\mathrm{d}W = \mathrm{d}\Omega + G_{\mathrm{I}}\mathrm{d}A$，则

$$G_{\mathrm{I}} = -\frac{\partial(\Omega - W)}{\partial A} \tag{3.38}$$

与式（3.35）相比可知

$$U = \Omega - W \tag{3.39}$$

对恒位移试样，$\delta = $ 常数，$\mathrm{d}\delta = 0$，$\mathrm{d}W = 0$，从而就有

$$G_{\mathrm{I}} = -\frac{\partial\Omega}{\partial A} = -\frac{\partial\Omega}{\partial a} \quad (B = 1) \tag{3.40}$$

上式表明，随着裂纹的扩展，原来储存的弹性应变能要释放。当释放出来的弹性应变能 $-\mathrm{d}\Omega$ 等于或大于裂纹扩展所消耗的能量 $R\mathrm{d}a$ 时，裂纹就能自动扩展，即在恒位移条件下，G_{I} 可以叫做裂纹扩展应变能释放率。但在恒载荷或拉伸条件下，随着裂纹的扩展，储存的弹性应变能不是释放而是增加，外力做功的增量 $\mathrm{d}W$ 在扣除应变能增加量 $\mathrm{d}E$ 之后，用于裂纹扩展。这时 G_{I} 就不能叫做应变能释放率。当 $\mathrm{d}W - \mathrm{d}E \geqslant G_{\mathrm{I}}\mathrm{d}a$ 时，裂纹就能扩展。

3）G_{I} 和 K_{I} 的关系

G_{I} 是裂纹扩展的动力，K_{I} 是广义载荷，它们都是使裂纹扩展的"载荷"，因此它们之间就应该存在某种联系。下面讨论 G_{I} 与 K_{I} 之间的关系。考虑如图 3.12 所示的裂纹模型[8]，假设板两端固定。

当裂纹发生扩展时，板的应变能就会降低。显然，裂纹扩展时所释放出来的应变能在数值上应该等于迫使已扩展的裂纹重新闭合到原来状态所应给予的功。

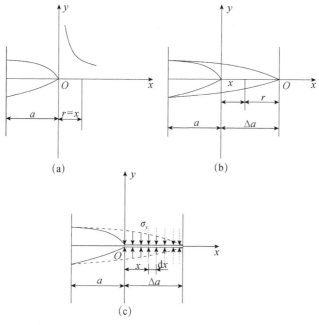

图3.12　求裂纹闭合施加的分布力的示意图

这样一来，就可以把计算应变能的降低量问题转化为计算此项功的问题。由图3.12（c）的分析得到迫使裂纹闭合的功 $\Delta \overline{W}$ 为

$$\Delta \overline{W} = 4B\int_0^{\Delta a} \frac{1}{2}\sigma_y(r,0)v(r,\pi)\mathrm{d}x \tag{3.41}$$

其中，$\sigma_y(r,0) = \dfrac{K_{\mathrm{I}}}{\sqrt{2\pi x}}$；$v(r,\pi)$ 则为裂纹在闭合过程中裂纹面上各点的位移量，其值可以用 $\theta = \pi$，$r = \Delta a - x$ 代入式（3.7b）中求得

$$v(r,\pi) = \frac{(\kappa+1)K_{\mathrm{I}}}{2G}\sqrt{\frac{\Delta a - x}{2\pi}} \tag{3.42}$$

这里，在平面应变时 $\kappa = 3 - 4v$，平面应力时 $\kappa = \dfrac{3-v}{4+v}$。将 $\sigma_y(r,0)$ 和 $v(r,\pi)$ 代入式（3.41）有

$$\Delta \overline{W} = \frac{(\kappa+1)(1+v)}{4E}\Delta A K_{\mathrm{I}}^2 \tag{3.43}$$

其中，$\Delta A = 2B\Delta a$。

由于裂纹在扩展过程中系统所释放的应变能在数值上应等于迫使裂纹闭合回原来状态所应给予的功，故有

$$-\Delta \Omega = \Delta \overline{W} = \frac{(\kappa+1)(1+v)}{4E}\Delta A K_{\mathrm{I}}^2 \tag{3.44}$$

将式（3.44）代入式（3.40），即可得到裂纹的扩展力 G_{I} 和应力强度因子 K_{I} 之间的关系：

$$G_{\mathrm{I}} = \frac{(\kappa+1)(1+\nu)}{4E} K_{\mathrm{I}}^2 \quad (B=1) \tag{3.45}$$

上式也可以写成

$$G_{\mathrm{I}} = \frac{K_{\mathrm{I}}^2}{H} \tag{3.46}$$

其中，

$$H = \begin{cases} E, & \text{平面应力} \\ \dfrac{E}{1-\nu^2}, & \text{平面应变} \end{cases}$$

可以证明，对于Ⅱ型和Ⅲ型裂纹，也有类似的关系：

$$G_{\mathrm{II}} = \frac{K_{\mathrm{II}}^2}{H}, \quad G_{\mathrm{III}} = \frac{(1+\nu)K_{\mathrm{III}}^2}{E} \tag{3.47}$$

利用式（3.7a），对中心贯穿裂纹，$K_{\mathrm{I}}^2 = \sigma^2 \pi a$，即 $G_{\mathrm{I}} = \sigma^2 \pi a / H$。不同外加应力 σ 下的动力曲线（G_{I}-a 曲线）是过原点的直线，如图 3.11 的直线 OE、OB、OC 所示。

3. 断裂韧性和临界断裂应力

很显然，只有当 $G_{\mathrm{I}} \geqslant R$ 时裂纹才能扩展。图 3.11 表明，随着裂纹扩展，R 和 G_{I} 均增大。但是如果 $\mathrm{d}R/\mathrm{d}a$ 大于 $\mathrm{d}G_{\mathrm{I}}/\mathrm{d}a$，裂纹扩展一段距离后 $G_{\mathrm{I}} < R$，那么就会停止扩展，构件不会断裂。如外加恒应力 σ_2，则动力曲线为 OB，它和韧性材料（或平面应力）阻力曲线 $ABCD$ 相交于 B 点。在 B 点以下，$G_{\mathrm{I}} > R$，故裂纹能扩展；但超过 B 之后 $G_{\mathrm{I}} < R$ 裂纹停止扩展。如果外加恒应力为 σ_3，则动力曲线为 OC，它和阻力曲线相切。随着裂纹扩展，G_{I} 永远大于（或等于）R，即裂纹能一直扩展直至试样断裂。动力曲线和阻力曲线的切点 C 就对应裂纹失稳扩展的临界状态。让动力曲线的斜率 $\mathrm{d}G_{\mathrm{I}}/\mathrm{d}a$ 和阻力曲线的斜率 $\mathrm{d}R/\mathrm{d}a$ 相等，就可求出临界点（切点）C 的坐标，即令 $\mathrm{d}G_{\mathrm{I}}/\mathrm{d}a = \mathrm{d}R/\mathrm{d}a$，可求出临界点 C 所对应的裂纹长度 a_c（即 Ob）和外加应力 σ_3。代入式（3.46），就可获得导致裂纹失稳扩展的临界动力 $G_{\mathrm{IC}} = \sigma_3^2 a_c / H$，它等于裂纹失稳扩展的临界阻力 $R_{\mathrm{C}} = 2\gamma + \gamma_{\mathrm{PC}}$。

当试样不满足平面应变条件时，其阻力曲线的形状和试样厚度 B 有关，从而临界阻力 $R_{\mathrm{C}} = G_{\mathrm{IC}}$ 也和厚度有关。一旦试样满足平面应变条件，例如 $B > 2.5(K_{\mathrm{IC}}/\sigma_s)^2$，则阻力曲线就不再随试样厚度而改变，其形状如图 3.11 曲线 AEF 所示。大量实验表明，在平面应变条件下，临界点 C（阻力曲线和动力曲线的切点）所对应的临界裂纹长度为 $a_c = 1.02a_0$（a_0 为原始裂纹长度）。在临界点，裂纹相对扩展量 $\Delta a / a_0$ 为2%。这就是说，在平面应变条件下，裂纹相对扩展2%以后就将失稳扩展，导致断裂。这时的临界裂纹扩展阻力 $R_C = G_{IC}$ 就是一个最低的稳定值，它是材料常数，也称为材料的断裂韧性，因为它是材料抵抗裂纹失稳扩展能力的度量，即

$$G_{IC} = R_C = 2\gamma + \gamma_{PC} \tag{3.48}$$

平面应变条件下的 G_{IC} 和 K_{IC} 都是材料抵抗裂纹失稳扩展能力的度量，都称为断裂韧性。通过式（3.46），可把两者联系起来，即平面应变条件下

$$G_{IC} = (1-v^2)K_{IC}^2 / E = 2\gamma + \gamma_P \tag{3.49}$$

这里的 γ_P 就是式（3.48）的 γ_{PC}。在平面应力条件下所测出的 $G_{IC} = R_C$ 不是材料常数（它和试样厚度有关）。因此，只有在平面应变条件下测出的 $G_{IC} = R_C$ 以及 K_{IC} 才和试样厚度无关，是材料常数，称为材料的断裂韧性。

由图3.11可知，一旦裂纹扩展动力 $G_I \geqslant R_C = G_{IC}$（临界点的阻力），则随裂纹扩展，动力远大于阻力，不用增大外应力，裂纹就能自动扩展直至试样（构件）断裂。因为 $G_I = (1-v^2)K_I^2 / E$，所以 $G_I \geqslant G_{IC}$ 等价于 $K_I \geqslant K_{IC}$。这就是说，裂纹失稳扩展即试样断裂的力学判据为

$$G_I \geqslant G_{IC} = R_C, \quad K_I \geqslant K_{IC} \tag{3.50}$$

3.1.5　弹塑性断裂力学

线弹性断裂力学受小范围屈服条件的限制，对高韧性和一般能承受大塑性变形且其裂纹尖端在起裂前已钝化的低强度材料，实际上不可能满足小范围屈服的条件。这时裂纹端部的塑性区尺度已接近甚至超过裂纹尺寸，这类断裂属于大范围屈服断裂问题；另一类问题是，由于存在很高的局部应力，所以这一区域的材料处于全面屈服状态。在这种高应变的塑性区中，较短的裂纹也可能扩展而引起断裂，这类问题属于全面屈服断裂问题。大范围屈服断裂与全面屈服断裂均属于弹塑性断裂力学范畴。

1. 裂纹尖端张开位移

1961年，Wells提出COD理论[9]。COD是英文"crack opening displacement"的缩写，其意是"裂纹张开位移"。实验与分析表明，裂纹体受载后，裂纹尖端附近存在的塑性区将导致裂纹尖端的表面张开，这个张开量就称为裂纹尖端张开位移，通常用 δ 表示。Wells认为：当裂纹张开位移 δ 达到材料的临界值 δ_c 时，裂纹即发生失稳扩展，这就是弹塑性断裂力学的COD准则，表示为 $\delta = \delta_c$。

Dugdale[10]和Barenblatt[11]各自独立地提出裂纹尖端塑性区呈现尖劈带状特征

的假设。该模型称为 D-B 带状塑性区模型，这是一个对小范围屈服和大范围屈服都适用的模型，可以用来处理含中心穿透裂纹的无限大薄板在均匀拉伸应力作用下的弹塑性断裂问题。D-B 模型假设：在远场均匀拉应力 σ 作用下，裂纹长度为 $2a$ 的裂纹尖端区沿裂纹线两边延伸呈尖劈带状，带状长度为 $2R$，如图 3.13（a）所示。塑性区的材料为理想塑性材料，整个裂纹和塑性区周围仍为广大的弹性区所包围。塑性区与弹性区交界面上作用的均匀分布的连接力为屈服应力 σ_s，Barenblatt 称该连接力为内聚力[11]，其内聚力与张开位移的关系如图 3.13（b）所示。当 $\delta = \delta_c$ 时连接破坏，内聚力衰减为零。

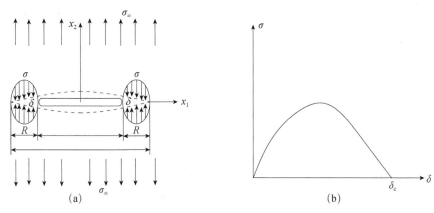

图 3.13　内聚力模型

设将条状塑性区切开，则裂纹长度为 $2L = 2(a + R)$。由于除条状屈服区外的其他介质呈线弹性，所以可运用叠加原理。这样，裂纹尖端的应力强度因子 K_I 由两部分组成。一是由远场均匀拉应力 σ 产生的解，另一部分是由内聚力产生的解。通过推导得到裂纹张开位移 $\delta(a)$ 和塑性区的长度 R 为[2]

$$\delta(a) = \frac{8\sigma_s a}{\pi E}\ln\left[\sec\left(\frac{\pi}{2}\frac{\sigma}{\sigma_s}\right)\right], \quad R = a\left[\sec\left(\frac{\pi}{2}\frac{\sigma}{\sigma_s}\right) - 1\right] \quad (3.51)$$

在小范围屈服条件（SSY）下可取 $\frac{\sigma}{\sigma_s}$ 为小量。对上两式以 $\left(\frac{\pi}{2}\frac{\sigma}{\sigma_s}\right)$ 为小量作展开可得到 SSY 解：

$$R_{SSY} = \frac{\pi^2}{8}\left(\frac{\sigma}{\sigma_s}\right)^2 a = \frac{\pi^2}{8}\left(\frac{K_I}{\sigma_s}\right)^2 \quad (3.52)$$

$$\delta_{SSY} = \frac{\pi a}{E\sigma_s}\sigma^2 = \frac{G}{\sigma_s} \quad (3.53)$$

式中，$K_I = \sigma\sqrt{\pi a}$ 为不考虑条状塑性区的应力强度因子；G 为不考虑条状塑性

区的能量释放率。对比式（3.51）与式（3.53）有

$$\frac{\delta}{\delta_{SSY}} = \frac{8}{\pi^2}\left(\frac{\sigma_s}{\sigma}\right)^2 \ln\left[\sec\left(\frac{\pi}{2}\frac{\sigma}{\sigma_s}\right)\right] \tag{3.54}$$

上式可用来鉴定小范围屈服解的精度。

2. J 积分理论

Rice 于 1968 年提出了 J 积分理论[12, 13]，给弹塑性断裂力学的研究增添了活力。考虑如图 3.14 所示的二维问题，定义 J 积分为

$$J = J_1 = \int_\Gamma \left(\omega n_1 - n_\alpha \sigma_{\alpha\beta} u_{\beta,1}\right)\mathrm{d}\Gamma \tag{3.55}$$

Γ 为 x_1-x_2 平面内的一围道，其中 Γ_1 和 Γ_2 以逆时针转动为正向，l_- 和 l_+ 以从左至右为正向。这里 $\omega = \int_0^{\varepsilon_{ij}} \sigma_{ij}\mathrm{d}\varepsilon_{ij}$ 为回路 Γ 上任一点的应变能密度。

$$J_i = \int_\Gamma \left(\omega n_i - n_j \sigma_{jk} u_{k,i}\right)\mathrm{d}\Gamma = 0 \quad (i,j=1,2,3) \tag{3.56}$$

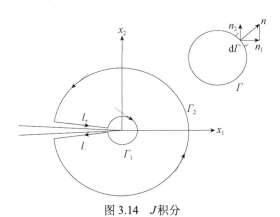

图 3.14　J 积分

可以证明[1]，在下述假设下关系式（3.56）成立：①超弹性本构关系 $\sigma_{ij} = \dfrac{\partial\omega}{\partial\varepsilon_{ij}}$ 成立，且材料沿 x_i 走向为均匀；②无体力作用；③准静态；④Γ 域内无奇点；⑤小变形。这样 J 作为 J_i 的特例有

$$\int_{-\Gamma_1-l_-+\Gamma_2+l_+} \left(\omega n_1 - n_\alpha \sigma_{\alpha\beta} u_{\beta,1}\right)\mathrm{d}\Gamma = 0 \quad (\alpha,\beta=1,2) \tag{3.57}$$

对沿上下裂纹岸的围道段 l_-、l_+ 有 $n_1=0$。若进一步假设裂纹面为自由，即在 l_+ 与 l_- 上有 $\sigma_{\alpha\beta} n_\alpha = 0$，则 l_-、l_+ 段对 J 积分没有贡献。于是可得

$$J = \int_{\Gamma_1} \left(\omega n_1 - n_\alpha \sigma_{\alpha\beta} u_{\beta,1}\right)\mathrm{d}\Gamma = \int_{\Gamma_2} \left(\omega n_1 - n_\alpha \sigma_{\alpha\beta} u_{\beta,1}\right)\mathrm{d}\Gamma \tag{3.58}$$

即 J 积分值与积分路径无关。

现在分析线弹性体的 J 积分。对于线弹性体，J 积分守恒成立的几个前提条

件都是自然具备的。因此，J 积分理论也可以用来分析线弹性平面裂纹问题。将平面应变条件下 Ⅰ 型裂纹尖端区域的应力应变场代入应变能密度有

$$\omega = \frac{1}{2}\sigma_{ij}\varepsilon_{ij} = \frac{K_I^2(1+\nu)}{2\pi rE}\left[\cos^2\frac{\theta}{2}\left(1-2\nu+\sin^2\frac{\theta}{2}\right)\right] \tag{3.59}$$

若取裂纹尖端为中心，r 为半径的圆周作为积分回路 Γ，则有

$$\int_{\Gamma}\omega\mathrm{d}y = \int_{-\pi}^{\pi}\omega r\cos\theta\mathrm{d}\theta = \frac{K_I^2(1+\nu)(1-2\nu)}{4E} \tag{3.60}$$

再将裂纹尖端的应力场和位移场代入 J 积分的另一部分有

$$\int_{\Gamma}T_i\frac{\partial u_i}{\partial x_1}\mathrm{d}s = \int_{-\pi}^{\pi}\left(T_1\frac{\partial u_1}{\partial x_1}+T_2\frac{\partial u_2}{\partial x_1}\right)r\mathrm{d}\theta = -\frac{K_I^2(1+\nu)(3-2\nu)}{4E} \tag{3.61}$$

最后有

$$J = \frac{1-\nu^2}{E}K_I^2 = \frac{K_I^2}{H} = G_I \tag{3.62}$$

上式表示线弹性状态下 J 积分与应力强度因子 K_I 以及裂纹扩展能量释放率 G_I 之间的关系。另外，通过分析，还可得到 J 积分与 COD 之间的关系。因此，对断裂力学来说，J 是一个普遍适应的参量。在线弹性状态下，$J = J_{IC}$ 仍然适用，且与应力强度因子准则和能量准则完全等效。人们将 J_{IC} 称为断裂韧度，其需要通过实验来具体确定。

3.2 微观破坏力学分析

微观破坏力学包括细观断裂力学和纳观断裂力学。细观力学的应用尺度一般在微米量级，这时英文"微米"（micron）与"细观力学"（micromechanics）有很好的关联，其主要理论框架又称为损伤力学（damage mechanics）。而纳观力学（nanomechanics）则深入更微细的纳米层次（nanoscopic）。纳观力学的研究对象可能是纳米晶体、纳米材料，但更通常的是对一般固体材料在纳观尺度下力学行为的研究[1]。

损伤力学研究的是由原始材料或构件存在的微观缺陷发展到出现宏观裂纹的一段过程，而断裂力学处理的是由宏观裂纹直到断裂的下一段破坏过程。损伤力学经历了一个从萌芽到壮大的过程，20 世纪中叶，Kachanov 于 1958 年最初提出了用连续变量描述材料受损的连续性能变化过程[14]，他的学生 Rabotnov 后来作了推广，为损伤力学奠定了基础[15]，1977 年 Janson 和 Hult 提出损伤力学的新名词[16]。现在损伤力学已成为固体力学、材料科学和凝聚态物理前沿研究学科[17-22]。

本节按损伤的概念与分类、各向同性损伤、各向异性损伤来介绍微观破坏力

学的主要框架。虽然纳观断裂力学已经得到许多学者的高度关注，并取得了许多成果，但由于其理论还不是很成熟，本书不作系统介绍，有兴趣的读者请参考有关文献[1, 23-27]。

3.2.1 损伤的基本概念及损伤的分类[18]

损伤力学就是研究含有连续地分布于材料内部的各类微缺陷的变形固体在载荷等外在因素的作用下，其微缺陷（或者称为损伤场）的演化规律及其对材料的力学性能的影响。如果以定量尺度来描述，损伤力学的起点是微观尺度上的裂纹、空洞等缺陷；损伤力学的终点是材料的体元发生了断裂，即产生了宏观裂纹。由于各种材料的组分及其最小尺寸（粒径）有很大的差异，其微观尺度和体元尺度也各有差异。

从一维损伤状态的描述来看待损伤，考虑一均匀受拉的直杆，如图3.15所示，认为材料损伤的主要机理是微缺陷导致的有效面积的减小。设其无损状态时的横截面积为 A，损伤后的有效承载面积减小为 $\tilde{A}$，则连续度 ψ 的物理意义为有效承载面积与无损状态的横截面面积之比，即

$$\psi = \frac{\tilde{A}}{A} \tag{3.63}$$

显然，连续度 ψ 是一个无量纲的标量场变量。$\psi = 1$ 对应于完全没有缺陷的理想材料状态，$\psi = 0$ 对应于完全破坏的没有任何承载能力的材料状态。

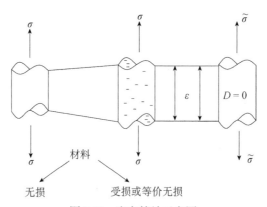

图 3.15 应变等效示意图

将外加载荷 P 与有效承载面积 $\tilde{A}$ 之比定义为有效应力 $\tilde{\sigma}$，即

$$\tilde{\sigma} = \frac{P}{\tilde{A}} = \frac{\sigma}{\psi} \tag{3.64}$$

式中，$\sigma = \dfrac{P}{A}$ 为Cauchy应力。连续度是单调减小的，假设当 ψ 达到某一临界值

ψ_c 时材料发生断裂，于是材料的破坏条件表示为

$$\psi = \psi_c \tag{3.65}$$

实验表明，对于大部分金属材料，$0.2 \leqslant \psi_c \leqslant 0.8$。而且，即使是同一材料，$\psi_c$ 也不是常数，它还与载荷有关[28, 29]。

1963 年，著名力学家 Rabotnov 同样在研究金属的蠕变本构方程问题时建议用损伤变量 D 的概念来描述损伤[15]。D 的定义如下：

$$D = 1 - \psi = 1 - \frac{\tilde{A}}{A} \tag{3.66}$$

对于完全无损状态，$D = 0$；对于完全丧失承载能力的状态，$D = 1$。由式（3.63）和式（3.66），可得

$$D = \frac{A - \tilde{A}}{A} \tag{3.67}$$

于是，有效应力 $\tilde{\sigma}$ 与损伤变量 D 的关系为

$$\tilde{\sigma} = \frac{\sigma}{\psi} = \frac{\sigma}{1 - D} \tag{3.68}$$

损伤变量的物理意义为，由于损伤而丧失承载能力的面积与初始无损伤时的原面积之比。

损伤类型有很多种，在不同的载荷状况下，会产生不同类型、不同表现形式的损伤。如果以产生损伤的加载过程来区分，可分为以下几种。

（1）韧性、塑性损伤。微孔洞和微裂纹的形成和扩展，使材料或构件产生大塑性应变，最后导致塑性断裂。与这类损伤相伴发生的是不可恢复的塑性变形。这类损伤的表现形式主要是微孔洞、微裂纹的萌生、成长和聚合。主要发生于金属等塑性材料。

（2）蠕变损伤。在长期载荷作用或高温环境下，伴随着蠕变变形会发生蠕变损伤，其宏观表现形式为微裂纹、微孔洞的扩展使得材料的耐久性下降。蠕变损伤使蠕变变形增加，最后导致蠕变断裂。

（3）疲劳损伤。在循环载荷作用下，材料性能逐渐劣化。在每一步载荷循环中的延性（低周疲劳：$N_R < 10000$ 次）或脆性（高周疲劳：$N_R > 10000$ 次）损伤累积起来，使材料的寿命减少，导致疲劳破坏。

（4）动态损伤。在动态载荷如冲击载荷作用下，材料内部会有大量的微裂纹形成并扩展。这些微裂纹的数目非常多，但一般得不到很大的扩展（因为载荷时间非常短，常常是几个微秒）。但当某一截面上布满微裂纹时，断裂就发生了。

3.2.2 一维蠕变损伤

为了加深对损伤概念的理解，作为一个例题，分析由 Kachanov 提出的一维蠕变损伤模型[14, 18]。对于高温下的金属，在载荷较大和较小的情况下，其断裂行为是不同的。当载荷较大时，试件伸长，横截面面积减小，从而引起应力的单调增长，直至材料发生延性断裂，对应的细观机理为金属晶粒中微孔洞长大引起的穿晶断裂。当载荷较小时，试件的伸长很小，横截面面积基本上保持不变，但材料内部的晶界上仍然产生微裂纹和微孔洞，其尺寸随时间长大，最终汇合成宏观裂纹，导致材料的晶间脆性断裂。

设试件在加载之前的初始横截面面积为 A_0，加载后外观横截面面积减小为 A，有效的承载面积为 $\tilde{A} = A(1-D)$，则名义应力 σ_0、Cauchy 应力 σ、有效应力 $\tilde{\sigma}$ 分别定义为

$$\sigma_0 = \frac{P}{A_0}, \quad \sigma = \frac{P}{A}, \quad \tilde{\sigma} = \frac{P}{\tilde{A}} = \frac{P}{A(1-D)} = \frac{\sigma}{1-D} \tag{3.69}$$

忽略弹性变形，在考虑损伤情况下蠕变率假设为

$$\frac{\mathrm{d}\varepsilon}{\mathrm{d}t} = B\tilde{\sigma}^n \tag{3.70}$$

式中，ε 为总应变；B 和 n 为材料常数。在无损情况下，$\tilde{\sigma} = \sigma$，式（3.70）常称为 Norton 律。在研究蠕变损伤时，还必须建立损伤的演化过程，即建立损伤演化率 $\frac{\mathrm{d}D}{\mathrm{d}t}$ 与哪些力学量相关联的关系。对于一些简单的情形，可以假设演化率方程也具有指数函数的形式：

$$\frac{\mathrm{d}D}{\mathrm{d}t} = C\tilde{\sigma}^\nu = C\left(\frac{\sigma}{1-D}\right)^\nu \tag{3.71}$$

式中，C 和 ν 为材料常数。设名义应力 σ_0 保持不变，则由材料的体积不可压缩条件 $AL = A_0 L_0$ 可知，有效应力表示为

$$\tilde{\sigma} = \frac{\sigma}{1-D} = \frac{\sigma_0 A_0}{A(1-D)} = \frac{\sigma_0 L}{L_0(1-D)} = \frac{\sigma_0}{1-D}\exp\varepsilon \tag{3.72}$$

这里用到 $\varepsilon = \ln\frac{L}{L_0}$，而且 L_0 和 L 分别是损伤前和损伤后试样的长度。下面分三种情况讨论金属材料的蠕变断裂。

1. 无损延性断裂

不考虑损伤（即 $D \equiv 0$）的情况下，式（3.72）简化为

$$\tilde{\sigma} = \sigma_0 \exp\varepsilon \tag{3.73}$$

代入式（3.70）得

$$\frac{\mathrm{d}\varepsilon}{\mathrm{d}t} = B\sigma_0^n \exp(n\varepsilon) \tag{3.74}$$

对此式积分，并利用初始条件 $\varepsilon(0) = 0$ ，得

$$\varepsilon(t) = -\frac{1}{n}\ln\left(1 - nB\sigma_0^n t\right) \tag{3.75}$$

延性蠕变断裂的条件为 $\varepsilon \to \infty$ ，于是得到延性蠕变断裂的时间为

$$t_{\mathrm{RH}} = \frac{1}{nB\sigma_0^n} \tag{3.76}$$

2. 有损伤无变形的脆性断裂

不考虑变形（即 $\varepsilon \equiv 0$）的情况下， $A = A_0$ ，式（3.72）中的有效应力简化为

$$\tilde{\sigma} = \frac{\sigma_0}{1 - D} \tag{3.77}$$

代入式（3.71）中的损伤演化方程，得

$$\frac{\mathrm{d}D}{\mathrm{d}t} = C\sigma_0^v (1 - D)^v \tag{3.78}$$

对此积分，并利用初始条件 $D(0) = 0$ ，得

$$D = 1 - \left[1 - (1 + v) C\sigma_0^v t\right]^{\frac{1}{v+1}} \tag{3.79}$$

设损伤脆性断裂的条件为 $D = D_{\mathrm{c}} = 1$ ，于是得脆性断裂的时间为

$$t_{\mathrm{RK}} = \frac{1}{(1 + v)C\sigma_0^v} \tag{3.80}$$

这个表达式是 Kachanov 于 1958 年导出的[14]。

3. 同时考虑损伤和变形

类似于对数应变的定义

$$\mathrm{d}\varepsilon = \frac{\mathrm{d}L}{L} = -\frac{\mathrm{d}A}{A} \tag{3.81}$$

采用如下形式的损伤定义[30]：

$$\mathrm{d}D = -\frac{\mathrm{d}A_n}{A_n} \tag{3.82}$$

式中， A_n 为假想的有效承载面积，其定义为

$$\tilde{\sigma} = \frac{P}{A_n} \tag{3.83}$$

于是式（3.72）中的有效应力改写为

$$\tilde{\sigma} = \sigma_0 \exp(\varepsilon + D) \tag{3.84}$$

由式（3.70）、式（3.71）和式（3.84），得到如下关于有效应力 $\tilde{\sigma}$ 的控制方程：

$$\frac{d\tilde{\sigma}}{\tilde{\sigma}dt} - B\tilde{\sigma}^n - C\tilde{\sigma}^v = \frac{d\sigma_0}{\sigma_0 dt} \tag{3.85}$$

任意给定加载历史 $\sigma_0(t)$，即可由上式得到有效应力的变化过程 $\tilde{\sigma}(t)$。例如，对于如图3.16所示的赫维赛德（Heaviside）型加载历史，在 $O\sim1$ 段，有

$$\frac{1}{\tilde{\sigma}}d\tilde{\sigma} = \frac{1}{\sigma_0}d\sigma_0 \tag{3.86}$$

由此得到

$$\tilde{\sigma}_0 = \bar{\sigma}_0 \tag{3.87}$$

此式表明，在瞬态加载的过程中，既没有蠕变变形，也没有损伤发展。在 $1\sim2$ 段，式（3.85）简化为

$$\frac{d\tilde{\sigma}}{\tilde{\sigma}dt} - B\tilde{\sigma}^n - C\tilde{\sigma}^v = 0 \tag{3.88}$$

对此式积分，并利用初始条件式（3.87），得

$$t = \int_{\bar{\sigma}_0}^{\tilde{\sigma}} \left(B\tilde{\sigma}^{n+1} + C\tilde{\sigma}^{v+1}\right)^{-1} d\tilde{\sigma} \tag{3.89}$$

由上式及 $\tilde{\sigma} \to \infty$ 的条件，得到同时考虑损伤演化和蠕变变形的断裂时间为

$$t_R = \int_{\bar{\sigma}_0}^{\infty} \left(B\tilde{\sigma}^{n+1} + C\tilde{\sigma}^{v+1}\right)^{-1} d\tilde{\sigma} \tag{3.90}$$

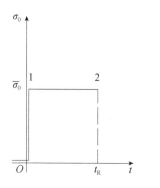 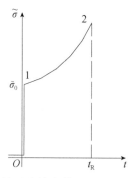

图3.16　Heaviside型加载历史 $\sigma_0(t)$ 及有效应力 $\tilde{\sigma}(t)$

令 $C = 0$，即得到不考虑损伤的断裂时间，与式（3.76）中的 t_{RH} 相同。令 $B = 0$，得到不考虑蠕变变形的断裂时间：

$$t_R = \frac{1}{vC\bar{\sigma}_0^v} \tag{3.91}$$

由于所采用的损伤定义不同，式（3.91）与式（3.80）中的 t_{RK} 略有差别。当 $B > 0$，$C > 0$ 时，可以得到断裂时间的数值积分结果，如图3.17所示。由此图可以看出，应力较大时，可以采用忽略损伤的式（3.76）；应力较小时，可以采用

忽略蠕变变形的式（3.91）；在中等应力水平时，应同时考虑损伤和蠕变变形。

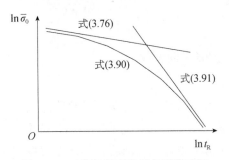

图 3.17　三种情况下的蠕变断裂时间

3.2.3　各向同性损伤

1. 各向同性损伤的定义

根据上面一维损伤状态的描述，分析损伤场的问题，首先分析各向同性损伤问题。在许多问题中，损伤的分布及其对材料性能的影响在各个方向上的差异不大，对于这类问题就可以假设损伤在各个方向的影响都相同，这类问题就是各向同性损伤问题。在这类问题中，损伤变量可以用一个标量来描述，一般用变量 D 来表示[17]：

$$D = \frac{\delta S_D}{\delta S} \qquad (3.92)$$

其中，δS 表示微团中的一个截面面积；δS_D 表示所考虑的截面上已经受损（缺陷）的面积，如图 3.18 所示。

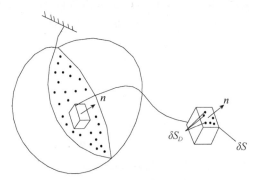

图 3.18　损伤变量定义示意图

由式（3.92）可见，损伤变量 D 的变化范围是 $0 \leqslant D \leqslant 1$。当 $D=0$ 时，$\delta S_D = 0$，截面未受损伤；当 $D=1$ 时，$\delta S_D = \delta S$，截面上遍布损伤（缺陷），材料完全破坏。事实上，往往当 $D<1$ 时，断裂或者破坏就已经发生。

对于一般的复杂应力状态，当损伤用标量表示时，有效应力 $\tilde{\sigma}_{ij}$ 按照式

（3.68）也可以定义为

$$\tilde{\sigma}_{ij} = \frac{\sigma_{ij}}{1-D} = \sigma_{ij}\frac{\delta S}{\delta S - \delta S_D} \tag{3.93}$$

式中，σ_{ij} 为 Cauchy 应力张量的分量。

2. 应变等效原理

在含损伤介质中，若要从细观上对每一种缺陷形式和损伤机理进行分析以确定有效承载面积，是很困难的。为了能够间接地测定损伤，Lemaitre[31]于1971年提出了有重要意义的应变等效假设，或者称为应变等效原理。应变等效原理可以这样来表述：损伤材料（$D \neq 0$）的变形行为可以只通过有效应力来体现。换言之，受损材料（$D \neq 0$）的本构关系可以采用无损材料（$D \neq 0$）的本构关系，只要用损伤后的有效应力 $\tilde{\sigma}_{ij}$ 来取代无损材料本构关系中的名义应力，即通常所谓的 Cauchy 应力 σ_{ij} 即可，如图3.15所示。例如，一维弹性本构方程在无损时可以表示为 $\varepsilon_e = \frac{\sigma}{E}$，用有效应力代替式中的名义应力即可得损伤后的一维弹性本构方程：

$$\varepsilon_e = \frac{\tilde{\sigma}}{E} = \frac{\sigma}{E(1-D)} \tag{3.94}$$

3. 有效应力概念的推广

以上有效应力概念都是建立在损伤是各向同性的基础上的。但是很多实验显示出，受拉和受压时的损伤往往有很大区别。在循环载荷作用下，材料往往表现出不同的拉、压弹性模量等。这些现象都是和裂纹的闭合效应有关的。当垂直于裂纹的应力是压应力时，裂纹面仍然有一定的承载能力。考虑到这些，应当对有效应力作一些修正，使得它对于拉伸和压缩有不同的性能。

在一维问题中，有效应力可修正为

$$\begin{cases} \tilde{\sigma} = \dfrac{\sigma}{1-D}, & \sigma \geqslant 0 \\[2mm] \tilde{\sigma} = \dfrac{\sigma}{1-hD}, & \sigma < 0 \end{cases} \tag{3.95}$$

其中，h 是裂纹闭合系数，一般地，$0 \leqslant h < 1$。

对于三维问题，如何才能判断是拉应力还是压应力呢？回顾本书第2章关于主应力的问题，借用主应力可以解决这个问题。如果在主应力空间，有

$$\sigma_{ij} = \begin{bmatrix} \sigma_1 & 0 & 0 \\ 0 & \sigma_2 & 0 \\ 0 & 0 & \sigma_3 \end{bmatrix} \tag{3.96}$$

这样就可以看出主应力 $\sigma_1, \sigma_2, \sigma_3$ 是拉应力还是压应力。如果定义

$$\left\langle \sigma_{ij} \right\rangle = \begin{bmatrix} \left\langle \sigma_1 \right\rangle & 0 & 0 \\ 0 & \left\langle \sigma_2 \right\rangle & 0 \\ 0 & 0 & \left\langle \sigma_3 \right\rangle \end{bmatrix}, \quad \left\langle -\sigma_{ij} \right\rangle = \begin{bmatrix} \left\langle -\sigma_1 \right\rangle & 0 & 0 \\ 0 & \left\langle -\sigma_2 \right\rangle & 0 \\ 0 & 0 & \left\langle -\sigma_3 \right\rangle \end{bmatrix} \quad (3.97)$$

就可以得到

$$\sigma_{ij} = \left\langle \sigma_{ij} \right\rangle - \left\langle -\sigma_{ij} \right\rangle$$

这里，符号 $\langle \ \rangle$ 表示：$\langle x \rangle = x \ (x \geqslant 0)$；$\langle x \rangle = 0 \ (x < 0)$。这时借助式（3.95）的思想就可以得到有效应力为

$$\tilde{\sigma}_{ij} = \frac{\left\langle \sigma_{ij} \right\rangle}{1 - D} - \frac{\left\langle -\sigma_{ij} \right\rangle}{1 - hD} \quad (3.98)$$

其中，系数 h 表示微裂纹和微孔洞的闭合效应，取决于微缺陷的形状和密度，可以认为是个材料常数。

在一维问题中，当材料服从弹性本构关系时，有

$$\begin{aligned} \sigma &= (1 - D)E\varepsilon_e, \quad \sigma \geqslant 0 \\ \sigma &= (1 - hD)E\varepsilon_e, \quad \sigma < 0 \end{aligned} \quad (3.99)$$

假设杨氏模量 E 已知，那么测量拉伸损伤后的弹性模量 $\tilde{E}_t$ 和压缩损伤后的弹性模量 $\tilde{E}_c$，并根据 $\tilde{E}_t = E(1-D)$ 和 $\tilde{E}_c = E(1-hD)$，可得

$$\frac{\tilde{E}_c}{\tilde{E}_t} = \frac{1 - hD}{1 - D} \quad (3.100)$$

假设损伤可由瞬时拉伸模量 $D = 1 - \dfrac{\tilde{E}_t}{E}$ 决定，那么参数 h 的数值可以用下式确定：

$$h = \frac{E - \tilde{E}_c}{E - \tilde{E}_t} \quad (3.101)$$

4. 韧性损伤的测量

韧性损伤又叫塑性损伤。在金属中一般是指在大变形过程中引起的损伤。在金属成型加工过程中，必须考虑这种损伤。并且在成型后，损伤还会继续影响材料的性能。

在物理现象上，韧性损伤表现为孔洞的形成、扩展和聚结。测量塑性损伤的方法是间接测量受损后的弹性模量。因为受损伤后材料的弹性模量下降，所以用不断卸载的方法来测量卸载模量，再计算得到损伤变量，如图3.19所示。

用应变等效原理，有

$$\tilde{\sigma} = \frac{\sigma}{1 - D} = E\varepsilon_e \quad (3.102)$$

$$\sigma = E(1-D)\varepsilon_e = \tilde{E}\varepsilon_e \tag{3.103}$$

其中，$\tilde{E}$ 是受损后的弹性模量：

$$\tilde{E} = \frac{\sigma}{\varepsilon_e} \tag{3.104}$$

$$D = 1 - \frac{\tilde{E}}{E} \tag{3.105}$$

但是，测量 $\tilde{E}$ 往往比较困难：①损伤是局部性的，因此需要用很小的应变计来测量；②即使在弹性区卸载时也有很小的非线性。

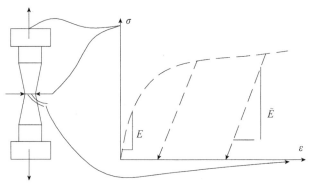

图 3.19　塑性损伤测量示意图

3.2.4　各向异性损伤

各向同性损伤理论是建立在材料是均匀的、各向同性的以及损伤也是各向同性的基础之上。有些工程材料如按上述理论分析就会与实际相差甚远。这些材料往往具有初始各向异性、多相性及不均匀性，或者损伤演化呈明显的各向异性特征。对这一类材料，则需要进一步发展相应的各向异性损伤理论。

损伤的物理机理主要是微孔洞和微裂纹，而这些微孔洞和微裂纹都是有方向性的，并非在各个方向都有相同的性能。因此，准确地描述这些各向异性损伤性能，用一个标量是不够的，有必要引入向量或张量来作为损伤变量。材料的各向异性损伤特征是材料中分布的微孔洞发展，以及由此导致材料在各个方向不同程度的力学性能劣化。用力学变量定义材料损伤状况，会遇到以下两个问题：①损伤变量的定义，这些损伤变量应具有明确的数学和物理意义以反映材料的损伤特性；②损伤变量的量化。下面将重点讨论如何基于孔洞形成导致材料净承载面积减小的概念来定义损伤变量。

Murakami 定义损伤变量为一个二阶张量[32]。为了定义损伤状态量，Murakami 提出了"虚拟（参考）无损构形"的概念，如图 3.20 所示。考虑一个在"当前（真实）损伤构形"中的任意面元 PQR，其中线元 PQ，PR 和面元

PQR 分别用向量 dx，dy 和 dA 来表示。由于损伤的影响，作用在面元 d$A = \nu$dA 上的载荷降低，假设这等效于无损伤（虚拟）的情况下，面元 dA 减小了，成为在虚拟无损构形中的 d$A^* = \nu^*$dA^*。当然，线元 dx，dy 亦随之变化为 dx^* 和 dy^*（图3.20（b））。定义张量 $(\delta_{ij} - D_{ij})$ 为由损伤而造成的面元 dA^* 的缩减，则

$$\mathrm{d}A_i^* = (\delta_{ij} - D_{ij})\mathrm{d}A_j \qquad (3.106)$$

二阶张量 D_{ij} 是代表材料的各向异性损伤状态的内变量，称为损伤张量。

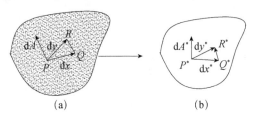

图 3.20　虚拟（参考）无损构形中的损伤状态

(a) 当前（真实）损伤构形；(b) 虚拟（参考）无损构形

　　进一步考察式（3.106）中张量 $(\delta_{ij} - D_{ij})$ 的性质[18]。可以假设张量 D_{ij} 是对称的，即 $D_{ij} = D_{ji}$，并且总是具有 3 个正交的主方向 n_i（$i = 1, 2, 3$），其主值 D_i 为实变量量，因此，损伤张量可以由 (D_1, D_2, D_3) 来表示。在当前（真实）损伤构形 B_t 和虚拟（参考）无损构形 B_f 中，各取张量 D_{ij} 的一组主坐标系 $Ox_1x_2x_3$ 和 $O^*x_1x_2x_3$，坐标轴分别通过点 P，Q，R 和 P^*，Q^*，R^*，如图3.21所示。从而得到两个四面体 $OPQR$ 和 $O^*P^*Q^*R^*$，分别由面元 PQR，$P^*Q^*R^*$ 以及与 x_1，x_2，x_3 轴相垂直的侧面组成，而且容易得到[17, 18]

$$\mathrm{d}A^* = n_1\mathrm{d}A_1^* + n_2\mathrm{d}A_2^* + n_3\mathrm{d}A_3^* \qquad (3.107)$$

其中，

$$\mathrm{d}A_1^* = (1 - D_1)\mathrm{d}A_1, \quad \mathrm{d}A_2^* = (1 - D_2)\mathrm{d}A_2, \quad \mathrm{d}A_3^* = (1 - D_3)\mathrm{d}A_3 \qquad (3.108)$$

dA_i ($i = 1, 2, 3$) 和 dA_i^* ($i = 1, 2, 3$) 分别表示 B_t 和 B_f 中四面体的三个侧面面积，如图3.21所示。损伤变量 (D_1, D_2, D_3) 表示 B_t 和 B_f 中 D_{ij} 的三个主平面上有效承载面积的减小，如图3.22所示。

　　综上所述，微裂纹和微孔洞引起的材料损伤可以用净承载面积的减小来表征。无论微缺陷的分布如何，损伤状态可以用二阶对称张量 D_{ij} 表示，损伤张量的主值 D_i 表示在损伤的主平面内空隙或裂纹的面密度。

　　为了建立净应力张量（或者称为有效应力张量）$\tilde{\sigma}_{ij}$ 与 Cauchy 应力张量 σ_{ij} 的关系，仍然分析四面体 $OPQR$ 和 $O^*P^*Q^*R^*$，如图3.23所示。

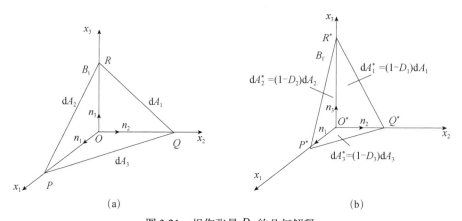

图 3.21　损伤张量 D_{ij} 的几何解释

（a）即时损伤构形；（b）虚拟无损构形

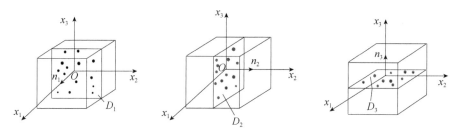

图 3.22　损伤张量主平面上的面积减缩

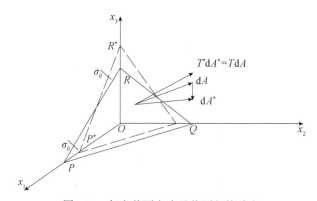

图 3.23　任意截面上净承载面积的减小

在当前（真实）损伤构形 B_{t} 中，PQR 斜面上的面力矢量由本书第 2 章的式（2.20）或者式（2.26）有

$$T_i \mathrm{d}A = \sigma_{ij} \mathrm{d}A_j \qquad (3.109)$$

这里，$\mathrm{d}A$ 是 ΔPQR 的面积；T_i 是 ΔPQR 上面力矢量的分量。同样，虚拟（参考）无损构形 B_{f} 中 $P^*Q^*R^*$ 以斜面上的面力矢量为

$$T_i^* \mathrm{d}A^* = \tilde{\sigma}_{ij} \mathrm{d}A_j^* \tag{3.110}$$

这里，$\mathrm{d}A^*$ 是 $\Delta P^* Q^* R^*$ 的面积；T_i^* 是 $\Delta P^* Q^* R^*$ 上面力矢量的分量。根据 $\boldsymbol{T}^* \mathrm{d}A^* = \boldsymbol{T} \mathrm{d}A$ 和式（3.106）有

$$\sigma_{ij} v_j = \tilde{\sigma}_{ij} \left(v_j - D_{jk} v_k \right) \tag{3.111}$$

由式（3.111）可以得到有效应力张量的分量。但上述定义的有效应力张量是非对称张量，由于用非对称张量形成损伤演化方程以及损伤本构方程会有一些困难，所以需要对这些有效应力进行对称化处理。一种途径是取 $\tilde{\sigma}_{ij}$ 的对称部分，即取 $\tilde{\sigma}_{ij}$ 的对称部分 $\tilde{\sigma}_{ij}^*$ 代替 $\tilde{\sigma}_{ij}$[17, 18]。这样，当应力张量和主损伤张量的主方向重合时，容易得到其主坐标系下的分量，可表示为

$$\tilde{\sigma}_1^* = \frac{\sigma_1}{1 - D_1}, \quad \tilde{\sigma}_2^* = \frac{\sigma_2}{1 - D_2}, \quad \tilde{\sigma}_3^* = \frac{\sigma_3}{1 - D_3} \tag{3.112}$$

上述方程其实分别就是经典 Kachanov-Rabotnov 理论中三维有效应力描述[17, 18]。

3.2.5　损伤与断裂的交互作用[1]

宏观裂纹的断裂过程区中嵌含着一个细观损伤区，在该区内的损伤发展和物质分离过程分别受损伤演化方程和临界损伤条件控制。细观损伤力学用连续介质力学的方法研究具有细观损伤结构的固体材料，并运用均匀化的方法提炼出含损伤宏观本构方程与损伤演化方程。

人们通常假定处于临界状态的裂纹沿一条平直的途径向前扩展，而很少注重裂纹尖端断裂过程区内由损伤所引致的形貌变化。对预制裂纹试件的实验观察，却时常表现出非线型的裂纹扩展形貌，如裂尖分叉、裂尖超钝化。在裂尖过程区形成的多种损伤形貌，反映了裂尖区变形的高度非均匀性，同时与基于材料微结构的细观损伤规律密切相关。

损伤引致断裂过程区的建模可分为两类：①线型或条带型损伤区，②扩散型损伤区。条带型损伤区的主要特点如下。

（1）该模型使裂纹的线型缺陷几何特征在损伤引致的断裂过程中得以保持。

（2）它刻画了具有局部化（localization）特点的塑性失稳和损伤集中过程。由于这一局部化行为，所以可认为变形与损伤主要发生于同一条带之中。

（3）该模型易于建模和解析求解。可以利用桥联力学的模型来研究裂纹扩展问题，并进行强韧性估算。

可在断裂过程区中引入一损伤场变量 D 来刻画材料单元对应力承载能力的丧失，D 的变化范围为从 0（无损伤）至 1（完全损伤）。对微孔洞损伤的情况，可将 D 取为孔洞体积百分比。在许多实际情况下，材料损伤失稳可在 $D = D_c \ll 1$ 时

发生。

作为一种最简单的损伤演化律，可由下式来描述由塑性流动引起的剪切屈服损伤：

$$\dot{D} = A\dot{\bar{\varepsilon}}^{\mathrm{p}}$$ （3.113）

即损伤率$\dot{D}$与等效塑性应变率$\dot{\bar{\varepsilon}}^{\mathrm{p}}$成正比。幅值因子$A$可大致表达为$D_{\mathrm{C}}/\bar{\varepsilon}_C^{\mathrm{p}}$，其中，$\bar{\varepsilon}_C^{\mathrm{p}}$为单拉试件破断时的对数塑性应变。

损伤演化律式（3.113）只在各向同性损伤且无静水应力的极端条件下成立。然而，静水应力通常是制约多种损伤机理（如二相粒子处的损伤形核、微孔洞的长大）的主要参量。Rice与Tracey[33]给出了静水应力对损伤演化影响的定量规律，他们论证，损伤演化率应正比于$\exp\left(\dfrac{3\sigma_{\mathrm{m}}}{2\bar{\sigma}}\right)$，式中$\sigma_{\mathrm{m}}$为平均静水应力，$\bar{\sigma}$为$J_2$流动应力。若同时考虑静水应力对损伤各向异性的影响，可将式（3.113）推广为

$$\dot{D} = Af(\theta)\exp\left(\frac{3\sigma_{\mathrm{m}}}{2\bar{\sigma}}\right)$$ （3.114）

上式中除了Rice-Tracey因子$\exp\left(\dfrac{3\sigma_{\mathrm{m}}}{2\bar{\sigma}}\right)$以外，还包括了一个取向函数$f(\theta)$。$\theta$表征材料细观结构取向（如高分子材料的初拉伸方向、复合材料的纤维方向等）与最大变形率主方向的夹角；$f(\theta)$表示损伤各向异性的影响。对$f(\theta)$应进行归一化，使其在损伤各向同性的特例下为单位值。

可以利用上述损伤模型对裂尖的损伤过程进行数值模拟，在计算中加入可容纳损伤演化的修正，并按单元平均的显示格式来模拟损伤演化：

$$\dot{\Omega} = \frac{1}{V^{\mathrm{e}}}\int_{V^{\mathrm{e}}}\dot{D}\mathrm{d}v$$ （3.115）

式中，V^{e}为参照构形中的单元体积；$\dot{D}$由式（3.114）给出。式（3.115）中的积分可对单元中所有高斯积分点的$\dot{D}$值经加权平均得出。有限元数值模拟的结果揭示出图3.24所示的五种裂尖损伤形貌：超钝化、宽分叉、三分叉、尖劈与钝劈。

3.2.6　纳观断裂力学[1]

对固体断裂过程的本质理解必须在细观力学与纳观力学的结合角度上才能实现。细观破坏过程的四种基本构元（孔洞、微裂纹、界面失效、变形局部化带）的起源和演化描述必须在纳观尺度才能完全阐明，这时其破坏状态方程能够借助于物理失效法则（如原子结合力曲线）实现封闭。也就是说，从宏观到细观再到

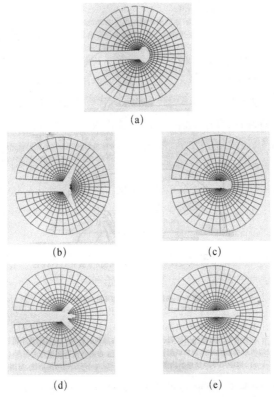

图3.24　损伤引致裂尖形貌的数值模拟

（a）超钝化；（b）宽分叉；（c）钝劈；（d）三分叉；（e）尖劈

纳观的层次深入，导致了从唯象认识学到损伤机理再到断裂物理学的概念突破。近年来，对细观力学认识的深入、连续介质/粒子嵌套构形概念的提出、大规模计算手段的发展、高分辨率电镜技术和单原子探测技术（如隧道扫描电镜、原子力显微镜）上的突破，使得对材料破坏的微观本质的分析成为可能。

纳观断裂力学体现了从经典的固体力学向材料物理和凝聚态物理层次的深入，它扬弃了宏观力学的连续介质假设，直接深入到原子层次，通过研究粒子在势函数作用下的运动来讨论固体在细观尺度下的断裂行为。

细观断裂力学认为：晶格密排面的分离导致材料解理断裂，密排面沿晶格方向的错移导致由"裂尖钝化"而造成的韧性。运用分子动力学、蒙特卡罗方法、以及原子换位技术，可模拟纳米量级空间尺度上的细微结构和飞秒至皮秒量级时间尺度上的原子运动，以及再破坏的纳观过程。

参 考 文 献

[1] 杨卫. 宏微断裂力学[M]. 北京：国防工业出版社，1995.

[2] 周益春. 材料固体力学（上、下册）[M]. 北京：科学出版社，2005.

[3] 中国航空研究院. 应力强度因子手册[M]. 北京：科学出版社，1981.

[4] 丁遂栋，孙利民. 断裂力学[M]. 北京：机械工业出版社，1997.

[5] Irwin G R. Fracture Dynamics[M]. Cleveland：American Society of Metals，1948.

[6] 洪起超. 工程断裂力学基础[M]. 上海：上海交通大学出版社，1987.

[7] 武杨，乔利杰，陈奇志，等. 断裂与环境断裂[M]. 北京：科学出版社，2000.

[8] Bortman Y，Bank-Sills L. An extended weight function method for mixed-mode elastic crack analysis[J]. Applied Mechanics，1983，50：907-909.

[9] Wells A A. Application of fracture mechanics at and beyond general yielding[J]. British Welding，1963，10：563-570.

[10] Dugdale D S. Yielding in steel sheets containing slits[J]. Mechanics Physical Solids，1960，8：100-108.

[11] Barenblatt G I. The mathematical theory of equilibrium cracks in brittle fracture[J]. Advances Applied Mechanics，1962，7：55-129.

[12] Rice J R，Bosengren G F. Plane strain deformation near a crack tip in power-law hardening material[J]. Mechanics Physical Solids，1968，16：1-12.

[13] Rice J R. A path independent integral and the approximate analysis of strain concentration by notches and cracks[J]. Applied Mechanics，1968，35：379-386.

[14] Kachanov L M. On the time to failure under creep condition[J]. Izvestia Academii Nausk Sssr Otdelenie Tekhnicheskich Nauk，1958，8：26-31.

[15] Rabotnov Y N. On the equation of state of creep[C]//Proceedings of the Institution of Mechanical Engineers，Conference Proceedings. London：SAGE Publications，1963.

[16] Janson J，Hult J. Fracture mechanics and damage mechanics，a combined approach[J]. Applied Mechanics，1977，1（1）：59-64.

[17] 李兆霞. 损伤力学及其应用[M]. 北京：科学出版社，2002.

[18] 余寿文，冯西桥. 损伤力学[M]. 北京：清华大学出版社，1997.

[19] Bai Y L，Ling Z，Luo L M，et al. Initial development of microdamage under impact loading[J]. Journal of Applied Mechanics，1992，59：622-627.

[20] Bai Y L，Xia M F，Ke F J，et al. Dynamic function of damage and its implications[J]. Key Engineering Materials，1998，145-149：411-420.

[21] 邢修三. 非平衡态统计物理原理新进展[J]. 科学通报，2000，45（12）：1235-1242.

[22] 哈宽富. 断裂物理基础[M]. 北京：科学出版社，2000.

[23] 杨卫，马新玲，王宏涛，等. 纳米力学进展[J]. 力学进展，2002，32（2）：161-174.

[24] 杨卫，马新玲，王宏涛，等. 纳米力学进展（续）[J]. 力学进展，2003，33（2）：175-186.

[25] Yang W，Tan H L，Guo T F. Evolution of crack tip process zones[J]. Modelling and Simulation in Material Science and Engineering，1994，2：767-782.

[26] Guo Y F，Wang C Y，Wang Y S. The effect of stacking fault or twin formation on bcc-iron crack propagation[J]. Philosophical Magazine Letters，2004，84（12）：763.

[27] Guo Y F，Wang C Y，Zhao D L. Atomistic simulation of crack cleavage and blunting in bcc-Fe [J]. Materials Science and Engineering A，2003，349（1-2）：29-35.

[28] Zhou Y C，Long S G，Liu Y W. Thermal failure mechanism and failure threshold of SiC particle reinforced metal matrix composites induced by laser beam[J]. Mechanics of Materials，2003，35（10）：1003-1020.

[29] Long S G，Zhou Y C. Thermal fatigue of particle reinforced metal-matrix composite induced by laser heating and mechanical load[J]. Composites Science Technology，2005，65（9）：1391-1400.

[30] Hult J. Continuum Damage Mechanics Theory and Application[M]. Vienna：Springer，1989.

[31] Lemaitre J. Evaluation of dissipation and damage in metals submitted to dynamic loading[C]// International Conference of Mechanical Behavior of Materials. Kyoto，1971.

[32] Murakami S. Mechanical modeling of material damage[J]. Applied Mechanics，1988，55：280-286.

[33] Rice J R，Tracey D M. On the ductile enlargement of voids in triaxial stress fields[J]. Journal of the Mechanics Physics of Solids，1969，17：201-213.

第 4 章　锂离子电池电极材料力–化耦合基本理论

锂离子电池在充放电过程中，由于电极颗粒中锂离子的不断嵌入和脱出，造成电极颗粒的收缩和膨胀，进而导致电极颗粒和颗粒间应力的产生，易引发电极材料与集流体和黏结剂等非活性基质的脱落，使电极材料破裂、粉碎，甚至电极分层破坏，最终导致电池内阻增加，循环性能下降，容量衰减，电池失效。因此，探究锂离子电池电极材料的失效机理，并发展合理的理论模型模拟预测锂离子电池电极所受的应力与破坏，是一项非常有意义的前沿课题。这一研究领域涉及力学、材料、物理、电化学等多个学科，是一个典型的学科交叉问题，基于此，本章主要介绍国际上近年来在锂离子电池电极材料失效研究方面的理论进展。

4.1　基于小变形弹性的力–化耦合理论

4.1.1　扩散方程

锂离子在电极材料中的传输可以看作是一个浓度驱动的体扩散过程，根据 Fick 定律，扩散通量 J 可以表示为

$$J = -D\nabla c \tag{4.1}$$

式中，D 是浓度相关的有效扩散系数；c 是锂离子的物质的量浓度；∇ 表示梯度算子；式中负号表明扩散通量的方向与浓度梯度方向相反。锂化前，电极材料中锂离子浓度为零。根据质量守恒定律，扩散控制方程可以表示为

$$\int_V \frac{\mathrm{d}c}{\mathrm{d}t}\mathrm{d}V + \int_s \boldsymbol{n} \cdot \boldsymbol{J}\mathrm{d}S = 0 \tag{4.2}$$

式中，t 是锂化时间；V 是任意体积；S 是表面积；$\boldsymbol{n}$ 表示垂直于表面向外的法线方向，因此，$\boldsymbol{n} \cdot \boldsymbol{J}$ 表示流出表面 S 的锂离子浓度通量。锂化时，锂离子以一恒定通量 J_0 通过表面嵌入电极材料内部，脱锂时与之相反。结合式（4.1）和式（4.2），可以得到

$$\frac{\mathrm{d}c}{\mathrm{d}t} = -D\nabla^2 c \tag{4.3}$$

初始条件为 $c = c_0$，c_0 是电极颗粒表面锂离子浓度。恒流边界条件（充放电电流保持不变）为

$$J = \frac{i_n}{F} = \text{const} \tag{4.4}$$

式中，F 是法拉第常数；i_n 是颗粒表面局部电流密度，根据电化学动力学的基本方程，即经典的 Butler-Volmer 方程，可以描述为

$$i_n = i_0 \left\{ \exp\left[\frac{\alpha\eta F}{R_g T} \right] - \exp\left[\frac{-(1-\alpha)\eta F}{R_g T} \right] \right\} \tag{4.5}$$

式中，i_0 为交换电流密度；α 为电荷转移系数；η 为过电势；R_g 为理想气体常数；T 为温度。

4.1.2　电极材料的弹性应力–应变关系

假设电极材料为线弹性材料，其基于电化学和热力学理论，可以知道，电极材料的变形由两部分构成，即弹性变形 ε_{ij}^e 和锂离子嵌入活性颗粒诱导的失配应变 ε_{ij}^c，因此，总变形可表示为

$$\varepsilon_{ij} = \varepsilon_{ij}^e + \varepsilon_{ij}^c = \frac{1}{E}\left[(1+\nu)\sigma_{ij} - \nu\sigma_{kk}\delta_{ij} \right] + \frac{\Delta c \cdot \Omega}{3}\delta_{ij} \tag{4.6}$$

式中，ε_{ij} 为应变分量；σ_{ij} 为应力分量；E 为杨氏模量；ν 为泊松比；重复下标代表求和运算；Δc 为锂浓度与初始锂浓度的差值；Ω 为锂离子的偏摩尔体积；δ_{ij} 为 Kronecker 函数，当 $i = j$ 时 $\delta_{ij} = 1$，否则 $\delta_{ij} = 0$。

4.1.3　耦合机理

图 4.1 阐释了电化学–力耦合模型的耦合机理：电化学模型包含两个物理场，即电化学反应与锂离子扩散。电化学反应的控制方程为经典的 Butler-Volmer 方程，用来描述电极颗粒表面的局部电流密度。局部电流密度的变化会引起固相锂浓度的变化，而锂浓度的变化反过来又会影响电流密度的变化。力学模型的控制方程为应力应变关系。随着锂离子嵌入和脱出

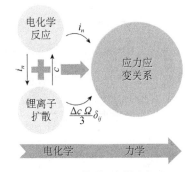

图 4.1　电化学–力耦合机理

电极材料，电极颗粒会发生膨胀和收缩，产生扩散诱导应力。因此，锂离子浓度的变化直接导致应力的变化，而应力的改变又会导致电极颗粒表面电流密度的变化，也会影响锂离子的脱嵌，以此来实现电极材料的电化学–力耦合。

4.1.4　球（壳）的应力演化

基于球形纳米 Si 颗粒，Yao 等[1]研究了充电过程中的应力演化规律。根据他

们的分析，球形应力可以表示为

$$\sigma_{\mathrm{m}}(r) = \frac{1}{3}(\sigma_r + \sigma_\theta + \sigma_z) = \frac{2\Omega E}{9(1-\nu)}\left[\frac{3}{R^3 - a^3}\int_0^R C(r)r^2\mathrm{d}r - C(r)\right] \quad (4.7)$$

式中，Ω 为锂离子的偏摩尔体积；C 为锂离子的浓度；R 为球的外表面半径；a 为球的内表面半径；ν 为泊松比。因此，球形应力的梯度可以写为

$$\frac{\partial\sigma_{\mathrm{m}}}{\partial r} = \frac{\partial}{\partial r}\left(\frac{2\Omega E}{9(1-\nu)}\left[\frac{3}{R^3 - a^3}\int_0^R C(r)r^2\mathrm{d}r - C(r)\right]\right) = -\frac{2\Omega E}{9(1-\nu)}\frac{\partial c}{\partial r} \quad (4.8)$$

将上式代入扩散方程式（4.3），可以得到

$$\frac{\partial c}{\partial t} = D\left[\frac{\partial^2 c}{\partial r^2} + \frac{1}{r}\frac{\partial c}{\partial r} + \frac{2\Omega^2 E}{9RT(1-\nu)}\left(\frac{\partial c}{\partial r}\right)^2 + \frac{2\Omega^2 Ec}{9R_g T(1-\nu)}\left(\frac{\partial^2 c}{\partial r^2} + \frac{1}{r}\frac{\partial c}{\partial r}\right)\right] \quad (4.9)$$

式中，R_g 是气体常数；T 为热力学温度。这样，应力随锂离子浓度和充电时间的关系就可以量化了。Yao 等[1]研究了倍率为 $C/10$ 时空心球（内表面半径为 175 nm，外表面半径为 200 nm）和实心球（外表面半径为 138 nm）纳米 Si 颗粒应力沿径向的演化规律，如图4.2所示。从图中可以看出，从球心位置沿径向方向，环向应力由拉应力迅速变为压应力，而且离球心越近，拉应力越大，对于空心球和实心球，其分别达到 83.5 MPa 和 439.7 MPa。因此，中空结构材料有效缓解了锂化过程中的应力，极大地降低了 Si 负极材料充电过程中的应力破坏风险。基于此，Yao 等[1]制备了空心结构的 Si 纳米颗粒，有效改善了其电化学循环性能。

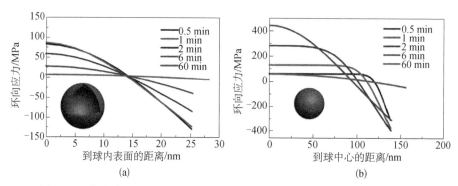

图4.2　环向应力沿径向在不同充电时间的演化规律[1]（彩图见封底二维码）
（a）空心球；（b）实心球

Liu 等[2]进一步完善了上述结果，他们认为，纳米颗粒靠近外表面（$r=R$）的区域不是压应力，而是非常大的拉应力，这更符合材料断裂失效的实际情况，并通过有限元数值模拟验证了上述结论，如图4.3所示。从图中可以看出，球的中心区域受到比较大的拉应力作用，在锂化的界面层附近则表现为压应力，在表面附近区域迅速变为拉应力。美国肯塔基（Kentucky）大学的 Cheng 课题组，基于

球形颗粒活性材料，首次建立了锂离子浓度和扩散应力在充放电过程中的演化规律。他们发现，应力的大小及分布对颗粒表面的断裂行为具有重要影响，特别是对于纳米尺度的材料[3, 4]。

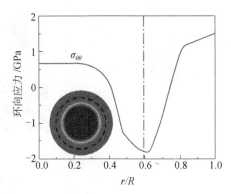

图4.3　环向应力沿径向的分布曲线图[2]（彩图见封底二维码）

4.2　基于小变形弹塑性的力–化耦合理论

4.2.1　化学反应和流动的非平衡过程

由于电极材料锂化过程会发生塑性变形，因此人们急需考虑建立塑性变形的力–化耦合理论模型。Brassart 和 Suo[5]将电极材料嵌（脱）锂过程中的变形$\left(\varepsilon_{ij}\right)$分为两个部分，即弹性应变$\left(\varepsilon_{ij}^{\mathrm{e}}\right)$和非弹性应变$\left(\varepsilon_{ij}^{\mathrm{i}}\right)$：

$$\varepsilon_{ij} = \varepsilon_{ij}^{\mathrm{e}} + \varepsilon_{ij}^{\mathrm{i}} \tag{4.10}$$

弹性变形可以由胡克定律描述，这种变形并没有破坏材料的原子间的化合键。非弹性变形包含两个部分，即材料流动发生的塑性应变$\varepsilon_{ij}^{\mathrm{p}}$和化学反应过程中嵌入锂离子的体积应变$\varepsilon_{kk}^{\mathrm{i}}$（图4.4（a））。

基于热力学定律，亥姆霍兹（Helmholtz）自由能 W 在反应过程中不会增加，因此

$$\delta W - \sigma_{ij}\delta\varepsilon_{ij} - \left(\mu - \mu_0\right)\delta C \leqslant 0 \tag{4.11}$$

式中，μ_0 和 μ 是反应前后的化学势，分别如图 4.4（b）和（c）所示。Helmholtz 自由能仅取决于弹性应变和浓度：

$$W = W\left(\boldsymbol{\varepsilon}^{\mathrm{e}}, C\right) \tag{4.12}$$

因此，Helmholtz 自由能是七个独立变量的函数。当自变量 $\delta\varepsilon_{ij}^{\mathrm{e}}$ 和 δC 改变时，Helmholtz 自由能会随着 $\delta W = \left(\partial W/\partial\varepsilon_{ij}^{\mathrm{e}}\right) + \left(\partial W/\partial C\right)\delta C$ 而改变。热力学不等式

（4.11）可以写为

$$\left[\sigma_{ij}-\frac{\partial W\left(\varepsilon^{\mathrm{e}},C\right)}{\partial\varepsilon_{ij}^{\mathrm{e}}}\right]\delta\varepsilon_{ij}^{\mathrm{e}}+\sigma_{ij}\delta\varepsilon_{ij}^{\mathrm{i}}+\left[\mu-\mu_0-\frac{\partial W\left(\varepsilon^{\mathrm{e}},C\right)}{\partial C}\right]\delta C\geqslant0 \qquad (4.13)$$

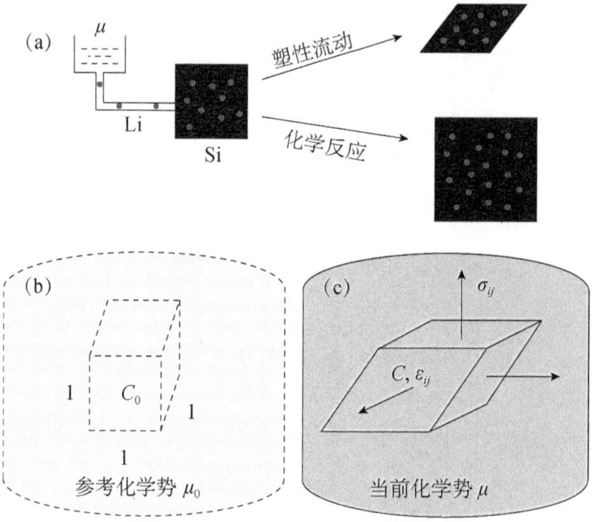

图4.4 （a）锂离子嵌入Si材料过程中会发生塑性流动和体积膨胀两种变形；（b）参考状态，单位体积含有的锂离子数量为C_0，单胞处于无应力状态，此时的化学势为μ_0；（c）当前状态，单位体积含有的锂离子数量为C，单胞的应力为σ_{ij}，发生的应变为ε_{ij}，此时的化学势为μ[5]

（彩图见封底二维码）

当非弹性应变和浓度保持恒定时，即$\delta\varepsilon_{ij}^{\mathrm{i}}=0$和$\delta C=0$，材料只能发生弹性变形，从而得出

$$\sigma_{ij}=\frac{\partial W\left(\varepsilon^{\mathrm{e}},C\right)}{\partial\varepsilon_{ij}^{\mathrm{e}}} \qquad (4.14)$$

该方程是弹性应变部分平衡的条件。不考虑黏弹性行为，方程（4.13）可以退化为

$$\sigma_{ij}\delta\varepsilon_{ij}^{\mathrm{i}}+\left[\mu-\mu_0-\frac{\partial W\left(\varepsilon^{\mathrm{e}},C\right)}{\partial C}\right]\delta C\geqslant0 \qquad (4.15)$$

其中，$\delta\varepsilon_{ij}^{\mathrm{i}}$和$\delta C$代表流动和反应的程度。上面不等式还确定了热力学驱动力：应力σ_{ij}驱动非弹性变形，$\mu-\mu_0-\partial W\left(\varepsilon^{\mathrm{e}},C\right)\big/\partial C$驱动化学反应。$\mu$是当前状态下的化学势，$\mu_0$是参考状态下的化学势，$\mu-\mu_0$表示施加的化学载荷的变化。$\partial W\left(\varepsilon^{\mathrm{e}},C\right)\big/\partial C$定义了当前状态下的化学势[6, 7]。因此，$\mu-\mu_0-\partial W\left(\varepsilon^{\mathrm{e}},C\right)\big/\partial C$是驱动化学反应的不平衡化学势。当$\mu-\mu_0-\partial W\left(\varepsilon^{\mathrm{e}},C\right)\big/\partial C>0$时，施主原子的

化学电势超过受体中的化学电势，促进原子嵌入过程的进行；反之，当 $\mu - \mu_0 - \partial W\left(\boldsymbol{\varepsilon}^{\mathrm{e}}, C\right)\big/\partial C < 0$ 时，促进原子脱出过程的进行。

4.2.2　非弹性变形

在金属材料中，体积变化是由弹性变形引起的，非弹性体积变化可以忽略不计[8]。当浓度恒定时，假设材料在非弹性变形的情况下发生流动，则体积应变是 ε_{kk}，偏应变是 $e_{ij} = \varepsilon_{ij} - \varepsilon_{kk}\delta_{ij}/3$。对于弹性应变和非弹性应变也有类似的定义：$e_{ij}^{\mathrm{e}} = \varepsilon_{ij}^{\mathrm{e}} - \varepsilon_{ij}^{\mathrm{e}}\delta_{ij}/3$ 和 $e_{ij}^{\mathrm{i}} = \varepsilon_{ij}^{\mathrm{i}} - \varepsilon_{ij}^{\mathrm{i}}\delta_{ij}/3$。非弹性体积应变是嵌入原子浓度的函数：

$$\varepsilon_{kk}^{\mathrm{i}} = F(C) \tag{4.16}$$

非弹性体积应变代表原子的插入，而偏非弹性应变代表原子的流动。上述方程式也被普遍用来描述聚合物凝胶[9, 10]。当浓度发生变化 δC 时，非弹性体积应变变化是 $\delta\varepsilon_{kk}^{\mathrm{i}} = \Omega\delta C$，该函数的斜率 $\Omega = \partial F(C)\big/\partial C$ 是指嵌入一个原子所产生的非弹性体积的变化。在方程（4.16）的约束条件下，热力学不等式（4.15）变为

$$s_{ij}\delta e_{ij}^{\mathrm{i}} + \zeta\Omega\delta C \geqslant 0 \tag{4.17}$$

这里，

$$\zeta = \sigma_{\mathrm{m}} + \frac{\mu - \mu_0}{\Omega} - \frac{\partial W\left(\varepsilon^{\mathrm{e}}, C\right)}{\Omega\partial C} \tag{4.18}$$

平均应力是 $\sigma_{\mathrm{m}} = \sigma_{kk}/3$，偏应力是 $S_{ij} = \sigma_{\mathrm{m}}\delta_{ij}$。不等式（4.17）将偏应力表述为偏非弹性应变的驱动力，$\zeta\Omega$ 为化学反应驱动力，ζ 称为流动驱动力。将化学反应驱动力设置为零，即 $\zeta = 0$，可以得到 $\mu = \mu_0 - \Omega\sigma_{\mathrm{m}} + \partial W\left(\boldsymbol{\varepsilon}^{\mathrm{e}}, C\right)\big/\partial C$，故原子的扩散可以通过平均应力来平衡。

热力学不等式（4.17）是通过规定一个动力学模型来满足化学反应和流动的共同演变的，非弹性偏应变和浓度的变化率是热力学的函数：

$$\frac{\mathrm{d}e_{ij}^{\mathrm{i}}}{\mathrm{d}t} = f_{ij}(\boldsymbol{s}, \zeta), \quad \frac{\mathrm{d}C}{\mathrm{d}t} = g(\boldsymbol{s}, \zeta) \tag{4.19}$$

对于非弹性应变和浓度的六个分量的独立变化，动力学方程必须满足不等式（4.17）。假设式（4.16）中提供了一个约束，也可以看作是一个特殊的动力学方程。动力学模型耦合了流动和反应：机械和化学驱动力都会影响非弹性偏应变率和浓度。

4.2.3　泰勒展开

假定在 $C - C_0$ 和 $\varepsilon_{ij}^{\mathrm{e}}$ 较小的情况下，将式（4.16）用泰勒级数展开，可以得到

$$\varepsilon_{kk}^{\mathrm{i}} = \Omega\left(C - C_0\right) \tag{4.20}$$

其中，$\Omega = \mathrm{d}F(C)/\mathrm{d}C$，可以在 $C = C_0$ 下计算获得。围绕 $\varepsilon_{ij}^{\mathrm{e}} = 0$ 和 $C = C_0$ 扩展自由能函数 $W(\varepsilon^{\mathrm{e}}, C)$，假设材料是各向同性的，线性各向同性的自由能函数的二次展开形式可以描述为

$$W = G\varepsilon_{ij}^{\mathrm{e}}\varepsilon_{ij}^{\mathrm{e}} + \frac{1}{2}K(\varepsilon_{kk}^{\mathrm{e}})^2 + \frac{1}{2}H\Omega^2(C - C_0)^2 + M\Omega\varepsilon_{kk}^{\mathrm{e}}(C - C_0) \tag{4.21}$$

这里，G 是剪切模量；K 是体积模量；H 化学模量；M 化学机械模量。参考状态被视为稳定的平衡状态，因此二次形式（4.21）是正定的，要求 $G > 0$，$K > 0$，$H > 0$ 和 $KH > M^2$。将自由能函数（4.21）代入式（4.14），由此得到

$$s_{ij} = 2G\varepsilon_{ij}^{\mathrm{e}} \tag{4.22}$$

$$\sigma_{\mathrm{m}} = K\varepsilon_{kk}^{\mathrm{e}} + M\Omega(C - C_0) \tag{4.23}$$

在线性各向同性模型中，偏应力与浓度变化无关。剪切模量 G 与偏应力和偏弹性应变相关。体积模量 K 将平均应力与体积弹性应变相关联。化学机械模量 M 使平均应力与浓度的变化相关。式（4.21）表明，即使在自由膨胀 $\sigma_{\mathrm{m}} = 0$ 条件下，浓度的变化也会引起弹性体积应变。

从方程（4.21），可以得到 $\varepsilon_{kk}^{\mathrm{e}} = [\sigma_{\mathrm{m}} - M\Omega(C - C_0)]/K$。总体积应变 $\varepsilon_{kk} = \varepsilon_{kk}^{\mathrm{e}} + \varepsilon_{kk}^{\mathrm{i}}$ 由下式给出：

$$\varepsilon_{kk} = \frac{\sigma_{\mathrm{m}}}{K} + \left(1 - \frac{M}{K}\right)\Omega(C - C_0) \tag{4.24}$$

该方程用平均应力和浓度变化表示总体积应变。拉应力促进体积膨胀。如果 $M < K$，则原子的插入会促进体积膨胀；如果 $M > K$，则会促进体积收缩。例如，对于锂钴氧化物，锂离子的嵌入会使电极材料体积收缩[11]。

将式（4.21）代入式（4.18），并使用 $\varepsilon_{kk}^{\mathrm{e}} = [\sigma_{\mathrm{m}} - M\Omega(C - C_0)]/K$，可以得到

$$\zeta = \left(1 - \frac{M}{K}\right)\sigma_{\mathrm{m}} + \frac{\mu - \mu_0}{\Omega} - \left(H - \frac{M^2}{K}\right)\Omega(C - C_0) \tag{4.25}$$

该方程式描述的化学反应的驱动力有：平均应力、化学势和浓度。可以通过增加化学势来促进化学反应，但是增加浓度会抑制化学反应。如果 $M < K$，则拉应力会促进反应；而如果 $M > K$，则拉应力会阻止反应。

4.2.4 线性动力学模型

动力学模型（4.19）涵盖六个独立函数，函数取决于六个独立变量，实际应用的局限性很大。线性和各向同性的结合要求偏量部分和体积变化是可以解耦的：

$$\frac{\mathrm{d}e_{ij}^{\mathrm{i}}}{\mathrm{d}t} = \frac{s_{ij}}{2\hat{G}} \tag{4.26}$$

$$\frac{\Omega \mathrm{d}C}{\mathrm{d}t} = \frac{\zeta}{\hat{H}} \tag{4.27}$$

其中，$\hat{G}$ 是剪切黏度；$\hat{H}$ 表示反应速率。此线性动力学模型用以下两个示例说明。

1. 化学载荷

材料的单位体积包含 C_0 个扩散原子，并且与化学势为 μ_0 的体外层处于平衡状态。材料突然与另一个材料接触，化学势处于较高 μ 值的原子被材料吸收并自由膨胀，变形是均匀且各向同性的。在初始短时限制内，尚未开始反应，$C(0) = C_0$。在长时间限制下，化学反应驱动力消失，使得 $\zeta = 0$，得到

$$C(\infty) = C_0 + \frac{\mu - \mu_0}{\Omega^2 \left(H - M^2 / K \right)} \tag{4.28}$$

令 $\sigma_{\mathrm{m}} = 0$，并且将式（4.24）代入式（4.26），得到

$$\frac{\mathrm{d}C}{\mathrm{d}t} = \frac{1}{\hat{H}} \left[\frac{\mu - \mu_0}{\Omega^2} - \left(H - \frac{M^2}{K} \right)(C - C_0) \right] \tag{4.29}$$

求解微分方程，得到浓度随时间的变化：

$$\frac{C(t) - C_0}{C(\infty) - C_0} = 1 - \exp\left(-\frac{HK - M^2}{\hat{H}K} t \right) \tag{4.30}$$

该结果说明化学反应的松弛时间为 $\hat{H}K \big/ \left(HK - M^2 \right)$。当 $M = 0$ 时，弛豫时间减少到 $\hat{H}/H$。

当在所有方向上都受到固定的总体积应变约束而膨胀时，应力将随浓度一起向着恒定的渐近值发展。在长期限制下，浓度通常与自由体积膨胀不同。相反，当约束不是静水压力时，应力偏量和体积分量是耦合的。应力最初会升高，然后减小到零。在长期限制下，浓度和总体积的变化与自由膨胀情况下获得的浓度和总体积变化一致。

2. 机械载荷

对于固定载荷 σ_{ij}，联立式（4.22）和式（4.26）可以得到

$$e_{ij} = \frac{s_{ij}}{2G}\left(1 + \frac{Gt}{\hat{G}} \right) \tag{4.31}$$

在固定载荷下，非弹性应变持续存在并随时间线性变化。而且，特征时间尺度 $\hat{G}/G$ 与膨胀的时间尺度不同。

相反，对于长时间的化学反应后，$\mu = \mu_0$。通过化学平衡 $\zeta = 0$，可以得到

$$C(\infty) = C_0 + \frac{K - M}{KH - M^2} \frac{\sigma_{\mathrm{m}}}{\Omega} \tag{4.32}$$

因此，当化学势固定为 μ_0 时，所施加的应力也会改变嵌入原子的数量。在拉应力条件下，如果 $M < K$，则为嵌入过程；如果 $M > K$，则为脱出过程。在压应力条件下，情况正好相反。动力学模型（4.27）可以写为

$$\frac{\mathrm{d}C}{\mathrm{d}t} = \frac{1}{\hat{H}}\left[\left(1 - \frac{M}{K}\right)\frac{\sigma_{\mathrm{m}}}{\Omega} - \left(H - \frac{M^2}{K}\right)(C - C_0)\right] \tag{4.33}$$

此方程类似于式（4.29）。平衡时的体积变化可以直接由式（4.24）和式（4.32）得出

$$\varepsilon_{kk}(\infty) = \frac{\sigma_{\mathrm{m}}}{K}\left[1 + \frac{(K - M)^2}{KH - M^2}\right] \tag{4.34}$$

在 $M = K$ 的情况下，如预期的那样，体积变化仅由弹性引起。在 $M > K$ 和 $M < K$ 两种情况下，对于拉应力，非弹性体积应变均为正。

4.2.5　不考虑屈服强度的非线性率相关动力学模型

为了构建非线性动力学模型系列，我们假设非弹性应变是由一个耗散函数 $Q(s, \zeta)$ 得出的，即

$$\frac{\mathrm{d}e_{ij}^i}{\mathrm{d}t} = \frac{\partial Q(s, \zeta)}{\partial s_{ij}}, \quad \Omega\frac{\mathrm{d}C}{\mathrm{d}t} = \frac{\partial Q(s, \zeta)}{\partial \zeta} \tag{4.35}$$

此动力学模型涉及一个包含六个独立变量的函数 $Q(s, \zeta)$。式（4.35）可以合理解释一些宏观假设[12]和微观模型[13]，但也有部分宏观假设和微观模型并不适用该方程式。在这里，把式（4.35）作为流变模型的假设。也就是说，在实验数据的灵活性和数学理论的便利性之间采取了折中策略。

动力学模型（4.35）可以通过图4.5进行解释。$Q(s, \zeta)$ 是一个六维空间中的曲面，其偏导数 $\partial Q(s, \zeta)/\partial S_{ij}$ 和 $\partial Q(s, \zeta)/\partial \zeta$ 是向量垂直于该曲面的六个分量，$(\delta e^i, \Omega\delta C)$ 是垂直于表面的向量。热力学不等式（4.17）要求矢量 (s, ζ) 与垂直于表面 $Q(s, \zeta)$ 的矢量之间的夹角应为锐角，这种几何解释有助于理解热耗散不等式对耗散函数 $Q(s, \zeta)$ 的限制。例如，满足不等式（4.17）的充分（但不是必要）条件是选择 $Q(s, \zeta)$ 为凸，非负且 $Q(0, 0) = 0$。

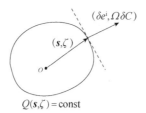

图 4.5　(s, ζ) 的六个独立分量可以看作是一个处于六维线性空间中的向量

在这个空间中，条件 $Q(s, \zeta) =$ 常数是一个表面，$(\delta e^i, \Omega\delta C)$ 的六个分量代表向量

对于各向同性材料，根据不变量 $J_2 = s_{ij}s_{ij}/2$ 和 $J_3 = s_{ij}s_{jk}s_{ki}/3$，耗散功 Q 仅取决于张量 S_{ij}

$$Q = Q(J_2 J_3, \zeta) \tag{4.36}$$

进一步假设 Q 不依赖于 J_3，将耗散函数写为

$$Q = Q(J_2, \beta) \tag{4.37}$$

其中，$\beta = \zeta^2/2$。动力学模型（4.35）变为

$$\frac{de_{ij}^i}{dt} = \frac{\partial Q(J_2, \beta)}{\partial J_2} s_{ij} \tag{4.38}$$

$$\frac{\Omega dC}{dt} = \frac{\partial Q(J_2, \beta)}{\partial \beta} \zeta \tag{4.39}$$

该非线性动力学模型综合了线性动力学模型式（4.26）和式（4.27）：

$$\frac{1}{2\hat{G}} = \frac{\partial Q(J_2, \beta)}{\partial J_2}, \quad \frac{1}{\hat{H}} = \frac{\partial Q(J_2, \beta)}{\partial \beta} \tag{4.40}$$

现在，剪切黏度和体积黏度是两个标量 $\hat{G}(J_2, \beta)$ 和 $\hat{H}(J_2, \beta)$ 的函数。当且仅当 $\hat{G} > 0$ 和 $\hat{H} > 0$ 时满足热力学不等式（4.17）。

对于各向同性材料，(s, ζ) 的最通用二次形式是 $s_{ij}s_{ij}$ 和 ζ^2 的线性组合，定义流动和化学反应的驱动力标量 τ_e：

$$\tau_e = \left(\frac{1}{2} s_{ij}s_{ij} + q\zeta^2 \right)^{1/2} \tag{4.41}$$

其中，q 是无量纲常数。当 $q = 0$ 时，式（4.4）中标量会退化为等效切应力[14]。现在假设耗散功 Q 取决于驱动力 (s, ζ)：

$$Q = Q(\tau_e) \tag{4.42}$$

将式（4.42）代入式（4.35）得到

$$\frac{de_{ij}^i}{dt} = \frac{s_{ij}}{2\hat{G}(\tau_e)} \tag{4.43}$$

$$\frac{\Omega dC}{dt} = \frac{q\zeta}{\hat{G}(\tau_e)} \tag{4.44}$$

其中，$\hat{G}(\tau_e) = \tau_e/(dQ/d\tau_e)$ 是剪切黏度。如果 $\hat{G}(\tau_e) > 0$ 并且 q 为正数，则满足热力学不等式（4.17）。该动力学模型通过 τ_e 耦合流动和化学反应。特别地，如果 $\hat{G}(\tau_e)$ 为递减函数，则化学驱动力可促进流动；而如果 $\hat{G}(\tau_e)$ 为递增函数，则化学驱动力可抑制流动。类似地，剪切应力会加速或减速化学反应。

该动力学模型完全由两个部分决定：常数 q 表示化学机械应力和偏应力对驱

动力的标量度量的相对贡献；标量功函数 $\hat{G}(\tau_e)$ 表示非线性黏度。这两项均可通过实验确定。例如，设计一个在纯剪应力 τ 和化学平衡 $\zeta = 0$ 下的实验，测量非弹性工程剪应变 $\gamma^i(t)$ 与剪应力的函数关系：

$$\frac{d\gamma^i}{dt} = f(\tau) \tag{4.45}$$

在此负载条件下，$s_{12} = \tau$，$e_{12}^i = \gamma^i/2$，驱动力的标量减小到 $\tau_e = \tau$。对比式（4.43）和式（4.45），可以得到剪切黏度：

$$\hat{G}(\tau_e) = \tau_e / f(\tau_e) \tag{4.46}$$

可以将剪切黏度代入式（4.43）和式（4.44）以获得非弹性偏应变率和浓度。式（4.44）从纯剪切实验来确定反应动力学，常数由实验确定。

4.2.6 考虑屈服强度的率无关动力学模型

对约束在基板上的硅薄膜进行锂化时，即使锂化速率较低，锂化诱导应力也会累积到很高水平[15]。第一性原理计算也发现了这种塑性行为[16]。在这里，通过偏应力和反应驱动力，提出了一种速率无关的化学反应流动动力学模型，并进一步分析自由膨胀、应力膨胀和力化耦合流动规律。

1. 力化屈服条件和力化流动准则

一组驱动力 (s, ζ) 是六维空间中的一个点，其力化屈服条件为 $Q(s, \zeta) = 0$。通常，屈服面的形状和位置可能会发生变化。当驱动力 (s, ζ) 对应于表面内部的一个点时，不发生化学反应和流动，但材料会发生弹性变形。由于微观结构的原子重排和浓度的变化，当驱动力到达屈服面时，化学反应随 δc 变化，非弹性偏应变改变量为 δe_{ij}^i。增量 $(\delta e_{ij}^i, \Omega \delta c)$ 也是六维空间中的向量，假定矢量 $(\delta e_{ij}^i, \Omega \delta c)$ 沿屈服面的法向：

$$\delta e_{ij}^i = \lambda \frac{\partial Q(s, \zeta)}{\partial s_{ij}}, \quad \Omega \delta C = \lambda \frac{\partial Q(s, \zeta)}{\partial \zeta} \tag{4.47}$$

这个流动规则类似于和时间相关的动力学模型（4.35）。塑性乘数 λ 代表向量 $(\delta e_{ij}^i, \Omega \delta c)$ 的大小，在率无关塑性模型中没有明确规定，但是可以根据边界条件来求解。

对于各向同性材料，假设化学反应驱动力可以描述为

$$Q = \frac{1}{2} s_{ij} s_{ij} + q\zeta^2 - \tau_Y^2 \tag{4.48}$$

其中，τ_Y 是纯剪切条件下的屈服强度。一般来说，τ_Y 随浓度和非弹性应变而变化。假设浓度变化很小，将屈服强度固定为 $C = C_0$ 时的值。屈服函数（4.48）取

决于驱动力 ζ 的第一不变量。这里假设屈服函数取决于 ζ 的二次形式。因此，屈服准则 $Q(s,\zeta)=0$ 对 ζ 并不敏感。利用式（4.48），屈服条件 $Q(s,\zeta)=0$ 变为

$$\frac{1}{2}s_{ij}s_{ij}+q\zeta^2=\tau_{\mathrm{Y}}^2 \tag{4.49}$$

屈服强度 τ_{Y} 在没有化学反应驱动力并受到纯剪切条件时可以确定。在无应力嵌入的条件下，从式（4.49）推断出化学反应驱动力的屈服条件为 $\zeta=\zeta_{\mathrm{Y}}\equiv\tau_{\mathrm{Y}}/\sqrt{q}$，其中 ζ 由式（4.18）给出。屈服曲面由平面中的椭圆表示 $\left(\zeta,\sqrt{s_{ij}s_{ij}/2}\right)$。

将塑性势（4.48）引入流动规则（4.47），可以得到

$$\delta e_{ij}^{\mathrm{i}}=\lambda s_{ij} \tag{4.50}$$

$$\Omega\delta C=2q\lambda\zeta \tag{4.51}$$

根据式（4.50），在施加剪应力的条件下，会产生非弹性偏应变。弹性偏应变增量与相应偏应力的比值是相同的。方程（4.50）类似于 J_2 经典流动规则[17]。另一方面，在施加化学机械载荷的条件下，会产生体积非弹性应变。正应力导致嵌入，负应力导致脱出。联立式（4.50）和式（4.51），可获得非弹性偏应变增量的表达式，该增量是剪切应力和浓度增量的函数：

$$\delta e_{ij}^{\mathrm{i}}=\frac{s_{ij}}{2q\zeta}\Omega\delta C \tag{4.52}$$

上式在 ζ 不为零的条件下成立。总应变是弹性应变和非弹性应变的总和：

$$\delta e_{ij}=\frac{\delta s_{ij}}{2G}+\frac{s_{ij}}{2q\zeta}\Omega\delta C \tag{4.53}$$

$$\delta\varepsilon_{kk}=\frac{\delta\sigma_{\mathrm{m}}}{K}+\left(1-\frac{M}{K}\right)\Omega\delta C \tag{4.54}$$

2. 自由膨胀

无应力条件下，扩散原子的化学电势设为参考状态，$\mu=\mu_0$，浓度为 $C=C_0$。随后，储层中客原子的化学电势增加。无应力条件下的化学反应驱动力 ζ 为

$$\zeta=\frac{\mu-\mu_0}{\Omega}-\left(H-\frac{M^2}{K}\right)\Omega\left(C-C_0\right) \tag{4.55}$$

屈服条件为 $\zeta=\tau_{\mathrm{Y}}/\sqrt{q}$。只要化学势未达到某个阈值，即 $\mu-\mu_0<\Omega\tau_{\mathrm{Y}}/\sqrt{q}$，材料就不会发生屈服，且浓度保持不变。一旦触发屈服准则，即 $\mu-\mu_0<\Omega\tau_{\mathrm{Y}}/\sqrt{q}$，材料就会发生屈服。由于驱动力不能离开屈服面 $\zeta=\tau_{\mathrm{Y}}/\sqrt{q}$，所以任何后续浓度可以确定：

$$C = C_0 + \frac{1}{\Omega\left(H - M^2 / K\right)}\left(\frac{\mu - \mu_0}{\Omega} - \frac{\tau_Y}{\sqrt{q}}\right) \tag{4.56}$$

上式描述了浓度与化学势的线性关系。原则上，根据确定的化学势屈服条件，可通过实验测量 q 值。

注意，为了满足屈服条件，必须随着屈服的进行而增加化学负载。这与经典的 von Mises 理想塑性不同，后者在屈服上的恒定应力状态导致不确定的塑性流动。在此，由于化学反应驱动力的表达式（4.55）右边第二项给出的背应力的存在，所以，屈服要求增加应用载荷 ζ。与参考状态相比，背应力的幅度随浓度的变化而增加。

当膨胀受到约束时，材料内部就会产生应力，进而影响进一步屈服的条件。如果是纯静力约束，由此产生的应力必须在驱动力 ζ 的表达式（4.18）中加以考虑。与自由膨胀情况相比，浓度与化学势的演变仍然是线性的，但斜率有所变化。平均应力也随化学势的变化而线性变化。根据式（4.50），不可能产生非弹性偏应变。当约束不是静力时，应力偏量会影响屈服条件，并造成塑性流动。

3. 固定应力

在固定应力 σ_{ij} 状态下，原子的化学势设为参考状态 $\mu = \mu_0$，浓度为 $C = C_0$。等效驱动力 τ_e 可以写为

$$\tau_e^2 = \frac{1}{2} s_{ij} s_{ij} + q\left[\left(1 - \frac{M}{K}\right)\sigma_m + \frac{\mu - \mu_0}{\Omega} - \left(H - \frac{M^2}{K}\right)\Omega\left(C - C_0\right)\right]^2 \tag{4.57}$$

屈服条件为 $\tau_e = \tau_Y$。在化学势达到屈服条件之前，

$$\mu - \mu_0 < \frac{\Omega}{\sqrt{q}}\sqrt{\tau_Y^2 - \frac{1}{2} s_{ij} s_{ij}} - \Omega\left(1 - \frac{M}{K}\right)\sigma_m \tag{4.58}$$

当化学势超过上述值时，浓度随化学势线性增加。在式（4.57）中，通过利用一致性条件 $\delta\tau_e = 0$，可以得到

$$\delta C = \frac{\delta\mu}{\Omega^2\left(H - M^2 / K\right)} \tag{4.59}$$

利用式（4.52）可以通过浓度增量计算出非弹性偏应变的增量。根据式（4.57），屈服条件取决于所施加的应力。通过降低外部化学势，应力张量的剪切分量有利于塑性流动。在 $M < K$ 的情况下，拉应力促进屈服，而压应力阻碍屈服。另一方面，$\partial\mu / \partial c$ 的斜率与自由膨胀情况相同。

4.3　基于大变形弹塑性的力–化耦合理论

4.3.1　锂化和变形耦合的非平衡热力学

图 4.6 阐释了电极材料锂化变形过程。在参考状态下（图 4.6（a）），电极单元为单位立方体，不含锂，无应力。当元素以化学势连接到储锂层并受到应力 s_1、s_2、s_3 时，如图 4.6（b）所示，该元素吸收了数量为 C 的锂原子，其形变为 λ_1、λ_2、λ_3。

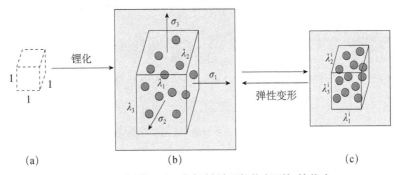

(a)　　　　　　　　　　　　　(b)　　　　　　　　　　　　　(c)

图 4.6　一个循环后，电极材料不能恢复到初始状态

（a）参考状态，此时，材料没有锂化，也没有应力；（b）电极材料锂化，发生变形 λ；

（c）移除弹性变形，材料只剩下非弹性变形 λ^i [18]

这里，s_1，s_2，s_3 是名义应力。当前状态下的真实应力 σ_1，σ_2，σ_3 可以表示为 $\sigma_1 = s_1/(\lambda_2\lambda_3)$，$\sigma_2 = s_2/(\lambda_3\lambda_1)$，$\sigma_3 = s_3/(\lambda_1\lambda_2)$。对于小的变形 $\delta\lambda_1$，$\delta\lambda_2$，$\delta\lambda_3$，应力做功为 $s_1\delta\lambda_1 + s_2\delta\lambda_2 + s_3\delta\lambda_3$。而对于锂浓度的微小变化 δC，化学势做功为 $\mu\delta C$。根据热力学定律，外力做功不小于自由能的变化：

$$s_1\delta\lambda_1 + s_2\delta\lambda_2 + s_3\delta\lambda_3 + \mu\delta C \geqslant \delta W \tag{4.60}$$

所做的功减去自由能的变化就是耗散。不等式（4.60）表示耗散对于所有过程都是非负的。本节的目的是通过构建与热力学不等式（4.60）一致的理论来研究锂化过程和弹塑性变形。

如图 4.6（b）所示，当单位立方体在应力作用下锂化时，变形是各向异性的，单位立方体将改变其形状和体积。例如，一个被限制在刚性衬底上的电极薄膜，在嵌锂时，会在薄膜的法线方向上变形，但不会在薄膜平面方向上变形。

材料变形的机理有两种：非弹性和弹性。非弹性变形涉及原子的混合和重新排列。弹性变形是指原子相对位置的微小变化，保持邻近原子的特性和锂浓度。当应力消除且储锂层断开时，材料将保留部分各向异性变形（图 4.6（c））。这种现象类似于金属材料的塑性变形。残余变形表现为 λ_1^i，λ_2^i，λ_3^i，称为非弹性变形伸长量。应力消除后变形消失的部分为 λ_1^e，λ_2^e，λ_3^e，称为弹性变形伸长量。总伸长量是两种伸长量的乘积：

$$\lambda_1 = \lambda_1^e \lambda_1^i, \quad \lambda_2 = \lambda_2^e \lambda_2^i, \quad \lambda_3 = \lambda_3^e \lambda_3^i \tag{4.61}$$

通过7个独立变量可以描述材料单元的状态：λ_1^i，λ_2^i，λ_3^i，λ_1^e，λ_2^e，λ_3^e 和 C。金属材料的塑性变形和电极材料的非弹性变形有一个重要不同，即金属材料的塑性变形改变了形状但不改变体积变形，而电极材料的非弹性变形同时改变体积和形状。非弹性伸长量可以分解为

$$\lambda_1^i = \Lambda^{1/3}\lambda_1^p, \quad \lambda_2^i = \Lambda^{1/3}\lambda_2^p, \quad \lambda_3^i = \Lambda^{1/3}\lambda_3^p \tag{4.62}$$

其中，Λ 为消除应力后单元的非弹性体积变形，即

$$\lambda_1^i \lambda_2^i \lambda_3^i = \Lambda \tag{4.63}$$

非弹性形状变化用 λ_1^p、λ_2^p、λ_3^p 表示，塑性变形不改变体积变化，因此

$$\lambda_1^p \lambda_2^p \lambda_3^p = 1 \tag{4.64}$$

这里，λ_1^p、λ_2^p、λ_3^p 为塑性伸长量。一般来说，非弹性变形包括体积和形状的变化，而塑性变形只包括形状的变化。

联合式（4.61）和式（4.62），可以得到 $\lambda_1 = \lambda_1^e \lambda_2^p \Lambda^{1/3}$。对等式两边同时取对数，得到 $\log\lambda_1 = \log\lambda_1^e + \log\lambda_1^p + \log\Lambda^{1/3}$。对数 $\log\lambda_1$ 代表自然应变（natural strain），$\log\lambda_1^e$ 是自然应变的弹性部分，$\log\lambda_1^p$ 是自然应变的塑性部分。

材料单元的状态可以由7个独立变量来表征：λ_1^e、λ_2^e、λ_3^e、λ_1^p、λ_2^p、Λ、C。为进一步简化，假设非弹性体积变形被认为完全是由锂离子的嵌入所引发，是锂离子浓度的函数：

$$\Lambda = \Lambda(C) \tag{4.65}$$

该函数是材料的特性，与材料的弹塑性变形无关。式（4.65）将 Λ 剔除，材料单元的状态由6个自变量来表征：λ_1^e、λ_2^e、λ_3^e、λ_1^p、λ_2^p 和 C。根据塑性理论，假设材料单元的自由能不受塑性伸长量的影响：

$$W = W(\lambda_1^e \lambda_2^e \lambda_3^e, C) \tag{4.66}$$

这个假设可以这样理解：塑性变形的特征是非弹性形状变化，包括重新排列原子而不改变锂浓度。这种原子重新排列可能会消耗能量，但不会改变储存在材料中的自由能。然而，对于金属加工硬化，塑性应变会改变储存在材料中的自由能，例如，产生更多的位错。因此，假设式（4.66）相当于规定塑性应变不会在锂化电极中造成这种微观结构变化。

根据材料单元的6个自变量：λ_1^e，λ_2^e，λ_3^e，λ_1^p，λ_2^p 和 C，不等式（4.60）

可以重新写为

$$\left(\sigma_1\lambda_1\lambda_2\lambda_3 - \frac{\partial W}{\partial \log \lambda_1^e}\right)\delta \log \lambda_1^e + \left(\sigma_2\lambda_1\lambda_2\lambda_3 - \frac{\partial W}{\partial \log \lambda_2^e}\right)\delta \log \lambda_2^e$$

$$+ \left(\sigma_3\lambda_1\lambda_2\lambda_3 - \frac{\partial W}{\partial \log \lambda_3^e}\right)\delta \log \lambda_3^e + \left(\mu - \frac{\partial W}{\partial C} + \Omega\sigma_{\mathrm{m}}\right)\delta C$$

$$+ \lambda_1\lambda_2\lambda_3\left[(\sigma_1 - \sigma_3)\delta \log \lambda_1^{\mathrm{p}} + (\sigma_2 - \sigma_3)\delta \log \lambda_2^{\mathrm{p}}\right] \geqslant 0 \qquad (4.67)$$

这里，$\sigma_{\mathrm{m}} = (\sigma_1 + \sigma_2 + \sigma_3)/3$ 为平均应力；$\Omega = \lambda_1^e\lambda_2^e\lambda_3^e \mathrm{d}\Lambda(C)/\mathrm{d}C$ 是单个锂原子的体积。

这 6 个自变量，每一个都代表了一个材料结构演变过程，这些过程以不同的速度发生。为了简化处理，假设存在一个特定的时间尺度，比这个时间尺度快的过程被认为是瞬时的，比这个时间尺度慢的过程被认为是永远不会发生的。对于锂化过程，这个特定的时间尺度是指一个有限尺寸的电极材料吸收大量锂原子需要的时间，这个时间是由扩散时间尺度来决定的。

弹性弛豫通常比扩散快得多，假设材料单元在弹性阶段处于平衡状态，因此式（4.67）中与 $\delta\lambda_1^e$，$\delta\lambda_2^e$，$\delta\lambda_3^e$ 相关的项不存在：

$$\sigma_1 = \frac{\partial W}{\lambda_1\lambda_2\lambda_3 \partial \log \lambda_1^e}, \quad \sigma_2 = \frac{\partial W}{\lambda_1\lambda_2\lambda_3 \partial \log \lambda_2^e}, \quad \sigma_3 = \frac{\partial W}{\lambda_1\lambda_2\lambda_3 \partial \log \lambda_3^e} \qquad (4.68)$$

进一步假设材料单元相对于锂浓度处于平衡状态，因此式（4.67）中，δC 项不存在：

$$\mu = \frac{\partial W\left(\lambda_1^e, \lambda_2^e, \lambda_3^e, C\right)}{\partial C} - \Omega\sigma_{\mathrm{m}} \qquad (4.69)$$

自由能的形式为

$$W = W_0(C) + \Lambda G\left[\left(\log \lambda_1^e\right)^2 + \left(\log \lambda_2^e\right)^2 + \left(\log \lambda_3^e\right)^2 + \frac{\nu}{1-2\nu}\left(\log \lambda_1^e\lambda_2^e\lambda_3^e\right)^2\right] \qquad (4.70)$$

式中，G 为剪切模量；ν 为泊松比。式（4.70）可看成弹性应变的泰勒展开，假设弹性应变很小，只保留到应变的二次项。忽略弹性模量对锂浓度的依赖性。联立式（4.68）和式（4.70），得到弹性应力应变关系为

$$\sigma_1 = 2G\left(\log \lambda_1^e + \frac{\nu}{1-2\nu}\log \lambda_1^e\lambda_2^e\lambda_3^e\right)$$

$$\sigma_2 = 2G\left(\log \lambda_2^e + \frac{\nu}{1-2\nu}\log \lambda_1^e\lambda_2^e\lambda_3^e\right) \qquad (4.71)$$

$$\sigma_3 = 2G\left(\log \lambda_3^e + \frac{\nu}{1-2\nu}\log \lambda_1^e\lambda_2^e\lambda_3^e\right)$$

锂的化学势为

$$\mu = \frac{\mathrm{d}W_0(C)}{\mathrm{d}C} - \Omega\sigma_{\mathrm{m}} \tag{4.72}$$

以上两式忽略了弹性应变的二次项。

然而，就塑性变形而言，材料单元可能不处于平衡状态。因此，不等式（4.67）简化为

$$(\sigma_1 - \sigma_3)\delta\log\lambda_1^{\mathrm{p}} + (\sigma_2 - \sigma_3)\delta\log\lambda_2^{\mathrm{p}} \geqslant 0 \tag{4.73}$$

许多动力学蠕变模型通过塑性应变率与应力联系起来，可以满足上述热力学不等式。简单起见，这里采用一种特殊类型的与时间无关的塑性模型[19]。当应力低于屈服强度时，塑性应变率被认为是很低的，以至于不发生额外的塑性应变。当应力达到屈服强度时，塑性应变率很高，塑性应变随之增大。

塑性伸长量保持了体积不变，$\lambda_1^{\mathrm{p}}\lambda_2^{\mathrm{p}}\lambda_3^{\mathrm{p}} = 1$。因此，式（4.73）可以写成对三个方向对称的形式：

$$(\sigma_1 - \sigma_{\mathrm{m}})\delta\log\lambda_1^{\mathrm{p}} + (\sigma_2 - \sigma_{\mathrm{m}})\delta\log\lambda_2^{\mathrm{p}} + (\sigma_3 - \sigma_{\mathrm{m}})\delta\log\lambda_3^{\mathrm{p}} \geqslant 0 \tag{4.74}$$

根据 J_2 流动理论：

$$\delta\log\lambda_1^{\mathrm{p}} = \alpha(\sigma_1 - \sigma_{\mathrm{m}})$$
$$\delta\log\lambda_2^{\mathrm{p}} = \alpha(\sigma_2 - \sigma_{\mathrm{m}}) \tag{4.75}$$
$$\delta\log\lambda_3^{\mathrm{p}} = \alpha(\sigma_3 - \sigma_{\mathrm{m}})$$

式中，α 是非负标量。上式对于三个方向都是对称的，满足 $\lambda_1^{\mathrm{p}}\lambda_2^{\mathrm{p}}\lambda_3^{\mathrm{p}} = 1$ 与热力学不等式（4.74）。在随后进行的数值计算中，假定材料是刚塑性的，屈服强度仅被认为是锂浓度 C 的函数 $\sigma_{\mathrm{Y}}(C)$。当材料单元处于多轴受力时，等效应力定义为

$$\sigma_{\mathrm{e}} = \sqrt{\frac{3}{2}\left[(\sigma_1 - \sigma_{\mathrm{m}})^2 + (\sigma_2 - \sigma_{\mathrm{m}})^2 + (\sigma_3 - \sigma_{\mathrm{m}})^2\right]} \tag{4.76}$$

材料在 von Mises 屈服准则下发生屈服的条件为 $\sigma_{\mathrm{e}} = \sigma_{\mathrm{Y}}(C)$。$\alpha$ 的值由下列规则确定：

$$\begin{cases} \alpha = 0, & \sigma_{\mathrm{e}} < \sigma_{\mathrm{Y}} \\ \alpha = 0, & \sigma_{\mathrm{e}} = \sigma_{\mathrm{Y}}, \quad \delta\sigma_{\mathrm{e}} < \delta\sigma_{\mathrm{Y}} \\ \alpha > 0, & \sigma_{\mathrm{e}} = \sigma_{\mathrm{Y}}, \quad \delta\sigma_{\mathrm{e}} = \delta\sigma_{\mathrm{Y}} \end{cases} \tag{4.77}$$

4.3.2 球形电极颗粒的理论分析

这里将该理论应用于球形电极材料（图4.7），考虑锂扩散和大弹塑性变形的耦合，系统研究球形电极材料大变形的运动学、锂扩散动力学、塑性流动规律和锂化热力学。

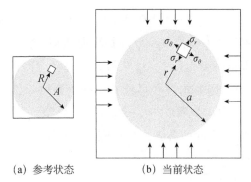

(a) 参考状态　　　　　　　(b) 当前状态

图4.7　(a) 在参考状态下，球形电极是无锂和无应力的；
(b) 在当前状态下，颗粒部分被锂化，并形成一个应力场

在嵌锂之前，球形电极的半径为 A，是无应力的。这种无锂颗粒被当作参考构形。在 t 时刻，电极吸收了一些锂，其分布在径向上可能不均匀，但仍保持球对称。锂的不均匀分布在粒子中诱发了一个应力场，使球形电极膨胀到半径 a。

大变形的运动学规定，在参考构形中，一个物质单元到中心的距离为 R，在时间 t 时，移动到距离中心为 R 处。函数 $r(R,t)$ 表示颗粒的变形，径向伸长量可以表示为

$$\lambda_r = \frac{\partial r(R,t)}{\partial R} \tag{4.78}$$

环向伸长量为

$$\lambda_\theta = \frac{r}{R} \tag{4.79}$$

由于电极颗粒球对称，锂沿径向扩散，锂在参考构形中的浓度分布由函数 $C(R,t)$ 表示，其通量也是一个随时间变化的场 $J(R,t)$。根据锂原子数守恒得

$$\frac{\partial C(R,t)}{\partial t} + \frac{\partial \left(R^2 J(R,t) \right)}{R^2 \partial R} = 0 \tag{4.80}$$

稍后还将提到当前构形中的真实浓度 c 以及真实通量 j。这些真实的量与它们的名义对应量之间的关系为 $J = j\lambda_\theta^2$ 和 $C = c\lambda_r\lambda_\theta^2$。

径向伸长量 λ_r 和环向伸长量 λ_θ^2 分别为

$$\lambda_r = \lambda_r^{\mathrm{e}} \lambda_r^{\mathrm{p}} \Lambda^{1/3}, \quad \lambda_\theta = \lambda_\theta^{\mathrm{e}} \lambda_\theta^{\mathrm{p}} \Lambda^{1/3} \tag{4.81}$$

本节主要考虑受锂化大变形的高容量电极材料，忽略弹性变形引起的体积变化，$\lambda_r^{\mathrm{e}} \left(c\lambda_r^{\mathrm{e}} \right)^2 = 1$。同时假设，泊松比 $\nu = 1/2$，杨氏模量 $E = 3G$。而且，塑性变形对体积变形没有贡献，$\lambda_r^{\mathrm{p}} \left(c\lambda_\theta^{\mathrm{p}} \right)^2 = 1$。

在球形颗粒中，每个材料单元的应力状态为 $(\sigma_r, \sigma_\theta, \sigma_\theta)$。当静水应力施加在

材料单元上时，可认为单元的弹塑性变形状态不受影响。特别地，如图4.8（a）所示，施加一个静水应力 $\left(-\sigma_\theta,-\sigma_\theta,-\sigma_\theta\right)$ 到应力状态 $\left(\sigma_r,\sigma_\theta,\sigma_\theta\right)$ 的材料单元，材料单元受力状态变为单轴受力 $\left(\sigma_r-\sigma_\theta,0,0\right)$。受三向应力作用的弹塑性变形状态与受 $\sigma_r-\sigma_\theta$ 单轴应力作用的塑性变形状态相同。通过弹性和刚塑性材料模型，图 4.8（b）描绘了真实应力 $\sigma_r-\sigma_\theta$，以及真实应变的弹塑性部分 $\log\left(\lambda_r^{\mathrm{e}}\lambda_r^{\mathrm{p}}\right)=\log\left(\lambda_r\varLambda^{-1/3}\right)$ 之间的关系。单轴应力状态下的屈服强度 σ_Y 为与塑性应变和锂浓度无关的常数。

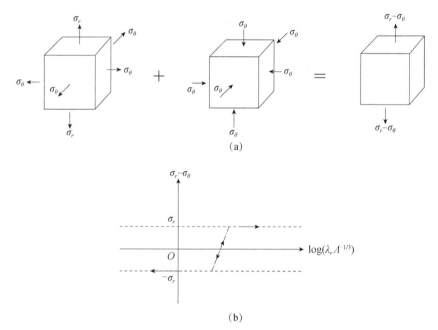

图4.8　（a）三向应力与单向应力的弹塑性变形状态；（b）单轴应力-应变关系

在球形颗粒中，应力是不均匀的，用函数表示为 $\sigma_r\left(R,t\right)$ 和 $\sigma_\theta\left(R,t\right)$。根据平衡条件

$$\frac{\partial\sigma_r(R,t)}{\lambda_r\partial R}+2\frac{\sigma_r-\sigma_\theta}{\lambda_\theta R}=0 \tag{4.82}$$

进一步假设材料单元中锂的化学势为

$$\mu=\mu^0+kT\log(\gamma c)-\Omega\sigma_{\mathrm{m}} \tag{4.83}$$

式中，μ^0 为参考值；γ 为活度系数；c 为锂的真实浓度。

如果锂在颗粒中的分布是不均匀的，则锂的化学势是一个随时间变化的场 $\mu\left(r,t\right)$，且不处于扩散平衡状态。化学势的梯度驱动锂的扩散，可以采用线性动力学模型描述：

$$j = -\frac{cD}{kT}\frac{\partial \mu(r,t)}{\partial r} \tag{4.84}$$

这里，kT 是能量维度的温度，上式可以被视为一个唯象扩散系数 D。与通量代表锂在材料中的漂移速度 $j = cv_{drift}$ 类似，D/kT 是锂在材料中的迁移率。扩散系数取决于锂浓度和应力。

电极颗粒受下列边界条件的约束：由于对称性，$r(0,t) = 0$ 和 $J(0,t) = 0$，在颗粒表面，不存在径向应力，$\sigma_r(A,t) = 0$。在颗粒表面的通量恒定为 J_0，即 $J(A,t) = \pm J_0$，充放电的符号不同。

4.4　基于应力化学势的大变形弹塑性力-化耦合理论

美国西北大学曲建民教授课题组[20]基于连续介质力学大变形理论，提出了应力化学势（stress-dependent chemical potential）的概念，该化学势可以推动离子在材料中的扩散过程。

4.4.1　有限变形运动学和动力学

材料中某一点在扩散过程中的位移场 u 可以描述为

$$u = x - X \tag{4.85}$$

式中，x 和 X 分别是该点在当时构形（变形后）和初始构形（变形前）状态下的位置。连续体的变形可以用变形梯度张量来描述：

$$F_{iJ} = \frac{\partial x_i}{\partial X_J} = \delta_{iJ} + \frac{\partial u_i}{\partial X_J}, \quad f_{Ij} = \frac{\partial x_I}{\partial X_j} = \delta_{Ij} - \frac{\partial u_I}{\partial x_j} \tag{4.86}$$

拉格朗日有限应变张量可以通过变形梯度张量定义：

$$E_{IJ} = \frac{1}{2}(F_{kI}F_{kJ} - \delta_{IJ}) = \frac{1}{2}\left(\frac{\partial u_I}{\partial X_J} + \frac{\partial u_J}{\partial X_I} + \frac{\partial u_k}{\partial X_I}\frac{\partial u_k}{\partial X_J}\right) \tag{4.87}$$

在一个连续体中某一点的应力状态可用当前构形中的柯西应力张量 σ_{ij} 表示。除了柯西应力外，第一和第二类 P-K 应力也被引入：

$$\sigma_{Ij}^0 = Jf_{Ik}\sigma_{kj}, \quad \tilde{\sigma}_{IJ} = Jf_{Ik}f_{Jm}\sigma_{km} \tag{4.88}$$

式中，$J = \det(F_{iJ})$ 称为雅可比（Jacobian）矩阵，表示体积变化。

材料受力的静态平衡要求

$$\partial \sigma_{Ij}^0 / \partial X_I = 0 \quad 或 \quad \partial \sigma_{ij} / \partial x_i = 0 \tag{4.89}$$

4.4.2　变形分解

总变形梯度 $\boldsymbol{F}$ 可以写为

$$\boldsymbol{F}=\boldsymbol{F}^{\mathrm{e}}\boldsymbol{F}^{*},\quad \boldsymbol{F}^{*}=\boldsymbol{F}^{\mathrm{c}}\boldsymbol{F}^{\mathrm{p}} \tag{4.90}$$

式中，$\boldsymbol{F}^{\mathrm{e}}$ 和 $\boldsymbol{F}^{*}$ 分别代表弹性变形梯度和非弹性变形梯度；$\boldsymbol{F}^{\mathrm{c}}$ 和 $\boldsymbol{F}^{\mathrm{p}}$ 分别代表离子浓度引起的变形梯度和塑性变形梯度，如图 4.9 所示。

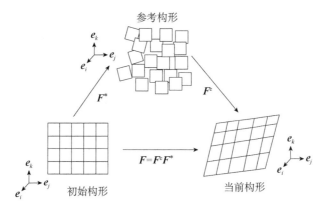

图 4.9　变形梯度的分解关系

此时，总拉格朗日应变可以写为

$$\boldsymbol{E}=\frac{1}{2}\left(\boldsymbol{F}^{\mathrm{T}}\boldsymbol{F}-\boldsymbol{I}\right)=\left(\boldsymbol{F}^{*}\right)^{\mathrm{T}}\boldsymbol{E}^{\mathrm{e}}\boldsymbol{F}^{*}+\boldsymbol{E}^{*} \tag{4.91}$$

这里，

$$\boldsymbol{E}^{\mathrm{e}}=\frac{1}{2}\left[\left(\boldsymbol{F}^{\mathrm{e}}\right)^{\mathrm{T}}\boldsymbol{F}^{\mathrm{e}}-\boldsymbol{I}\right],\quad \boldsymbol{E}^{*}=\frac{1}{2}\left[\left(\boldsymbol{F}^{*}\right)^{\mathrm{T}}\boldsymbol{F}^{*}-\boldsymbol{I}\right] \tag{4.92}$$

分别表示弹性应变和非弹性应变。

4.4.3　内能与化学势

引入离子浓度 c 和变形梯度 $\boldsymbol{F}$ 作为独立变量，参考构形下每单位体积的内能密度 $\prod(\boldsymbol{F},c)$ 可以描述为

$$\prod(\boldsymbol{F},c)=\varphi(c)+W(\boldsymbol{F},c)=\varphi(c)+J^{*}w(\boldsymbol{F},c) \tag{4.93}$$

式中，$\varphi(c)$ 是中间构形下单位体积的化学能；$W(\boldsymbol{F},c)$ 是当前构形下单位体积的应变能；$w(\boldsymbol{F},c)$ 是中间构形下单位体积的应变能；$J^{*}=\det(\boldsymbol{F}^{*})$ 是雅可比行列式。这时，化学势 $\mu(\boldsymbol{F},c)$ 可以描述为

$$\mu(\boldsymbol{F},c)=\frac{V_{\mathrm{m0}}}{x_{\max}}\left(\frac{\partial \prod(\boldsymbol{F},c)}{\partial c}\right)_{\boldsymbol{F}}=\mu_{0}(c)+\tau(\boldsymbol{F},c) \tag{4.94}$$

式中，V_{m0} 是离子扩散后形成合金的摩尔体积；$x_{\max}$ 是合金中离子的最大浓度；

$$\mu_0(c) = \frac{V_{m0}}{x_{max}} \frac{\partial \varphi(c)}{\partial c} \quad 和 \quad \tau(\boldsymbol{F}, c) = \frac{V_{m0}}{x_{max}} \left(\frac{\partial [J^* w(\boldsymbol{F}, c)]}{\partial c} \right)_F \tag{4.95}$$

分别为化学势的应力无关部分和应力相关部分。化学势的应力无关部分可以写成

$$\mu_0(c) = \mu_0^0 + R_g T \log(\gamma c) \tag{4.96}$$

式中，μ_0^0 是表示标准状态下化学势的常数；R_g 是标准气体常数；T 是势力学温度；γ 是活度系数，表示原子/分子之间的相互作用（非理想）的影响。γ 也可能依赖于 c，对于稀溶液，原子/分子之间的相互作用是可以忽略的，则 $\gamma \approx 1$。

在本节的其余部分中，着重对化学势的应力依赖部分进行描述。注意，应变能不仅取决于变形，也与浓度 c 相关的材料刚度 $\boldsymbol{C}$ 相关。因此，对 c 的导数可以分两步进行，首先固定 $\boldsymbol{C}$，然后固定变形，即

$$\tau(\boldsymbol{F}, c) = \frac{V_{m0}}{x_{max}} \left(\frac{\partial [J^* w(\boldsymbol{F}, c)]}{\partial c} \right)_F = \frac{V_{m0}}{x_{max}} \left[\left(\frac{\partial [J^* w(\boldsymbol{F}, c)]}{\partial F_{iJ}^*} \frac{\partial F_{iJ}^*}{\partial \boldsymbol{C}} \right)_{F, C} + J^* \left(\frac{\partial w(\boldsymbol{F}, c)}{\partial c} \right)_{F^e, F^*} \right]$$
$$\tag{4.97}$$

通过 $\boldsymbol{f}^* = (\boldsymbol{F}^*)^{-1}$，并利用以下关系：

$$\frac{\partial J^*}{\partial F_{iJ}^*} = \frac{\partial \det(\boldsymbol{F}^*)}{\partial F_{iJ}^*} = J^* f_{Ji}^*, \quad \frac{\partial f_{ji}^*}{\partial F_{kL}^*} = -f_{ik}^* f_{Lj}^* \tag{4.98}$$

$$\left(\frac{\partial F_{m\hat{n}}^e}{\partial F_{iJ}^*} \right)_{F, C} = \left(\frac{\partial (F_{mK} f_{K\hat{n}}^*)}{\partial F_{iJ}^*} \right)_{F, C} = F_{mK} \frac{\partial f_{K\hat{n}}^*}{\partial F_{iJ}^*} = -F_{mK} f_{Ki}^* f_{J\hat{n}}^* \tag{4.99}$$

得到

$$\left(\frac{\partial w(\boldsymbol{F}, c)}{\partial F_{iJ}^*} \right)_{F, C} = \left(\frac{\partial w(\boldsymbol{F}, c)}{\partial F_{m\hat{n}}^e} \frac{\partial F_{m\hat{n}}^e}{\partial F_{iJ}^*} \right)_{F, C} = -\left(\frac{\partial w(\boldsymbol{F}, c)}{\partial F_{m\hat{n}}^e} \right)_{F, C} F_{mi}^e f_{J\hat{n}}^* \tag{4.100}$$

$$\left(\frac{\partial [J^* w(\boldsymbol{F}, c)]}{\partial F_{iJ}^*} \right)_{F, C} = \left(\frac{\partial J^*}{\partial F_{iJ}^*} \right)_{F, C} w(\boldsymbol{F}, c) + J^* \left(\frac{\partial w(\boldsymbol{F}, c)}{\partial F_{iJ}^*} \right)_{F, C} = \sum_{JK} f_{Ki}^* \tag{4.101}$$

其中，

$$\sum_{JK} = \delta_{JK} W(\boldsymbol{F}, c) - J^* \left(\frac{\partial w(\boldsymbol{F}, c)}{\partial F_{iJ}^*} \right)_{F, C} F_{mK} f_{J\hat{n}}^* \tag{4.102}$$

称为超弹性材料的广义 Eshelby 应力张量：

$$\frac{\partial w(\boldsymbol{F}, c)}{\partial F_{m\hat{n}}^e} = \frac{1}{J^*} F_{\hat{n}K}^* \sigma_{Km}^0 \tag{4.103}$$

得到传统 Eshelby 应力张量：

$$\sum_{JK} = [\delta_{JK} W(\boldsymbol{F}, c) - \sigma_{Jm}^0 F_{mK}] \tag{4.104}$$

Eshelby应力张量的出现将弹性能代入化学势。结合式（4.88）中的第一项，可以很容易地看出

$$\sum_{KK} = [3W(\boldsymbol{F},c) - \sigma_{Km}^0 F_{mK}] = 3W(\boldsymbol{F},c) - J\sigma_{kk} \qquad (4.105)$$

最后，将式（4.101）代入式（4.97）得到化学势依赖于应力的部分：

$$\tau(\boldsymbol{F},c) = \frac{V_{m0}}{x_{max}}\left[\sum_{JK} f_{K\hat{\imath}}^* \left(\frac{\partial F_{\hat{\imath}J}^*}{\partial c} \right)_{\boldsymbol{F},C} + J^* \left(\frac{\partial w(\boldsymbol{F},c)}{\partial c} \right)_{\boldsymbol{F}^e,\boldsymbol{F}^*} \right] \qquad (4.106)$$

此外，如果是线弹性材料，有

$$W(\boldsymbol{F},c) = J^c w(\boldsymbol{F},c), \quad w(\boldsymbol{F},c) = \frac{1}{2}C_{\hat{m}\hat{n}\hat{k}\hat{l}}E_{\hat{\imath}\hat{\jmath}}^e E_{\hat{k}\hat{l}}^e \qquad (4.107)$$

式中，$C_{\hat{m}\hat{n}\hat{k}\hat{l}}$ 是材料的弹性张量，可能与浓度 c 相关。在这种情况下，式（4.106）可以转换成更方便的形式：

$$\tau(\boldsymbol{F},c) = \frac{V_{m0}}{x_{max}}\left[-\frac{1}{3}\frac{\partial J^c}{\partial c}F_{\hat{\imath}\hat{m}}^e F_{\hat{\imath}\hat{n}}^e C_{\hat{m}\hat{n}\hat{k}\hat{l}} + \frac{1}{2}\left(J^c \frac{\partial C_{\hat{m}\hat{n}\hat{k}\hat{l}}}{\partial c} + \frac{\partial J^c}{\partial c}C_{\hat{m}\hat{n}\hat{k}\hat{l}} \right)E_{\hat{\imath}\hat{\jmath}}^e E_{\hat{k}\hat{l}}^e \right]$$

$$(4.108)$$

4.4.4 球形硅颗粒应用示例

本节假设电极材料为各向同性的超弹性材料，在弹性变形下 $\boldsymbol{F}^e = (J^e)^{1/3}\boldsymbol{I}$，式（4.106）可以简化为

$$\tau(\boldsymbol{F},c) = V_m^B\left[\frac{\eta}{J^c}\sum_{KK} + \frac{J^c}{x_{max}}\left(\frac{\partial w(\boldsymbol{F},c)}{\partial c} \right)_{\boldsymbol{F}^e,\boldsymbol{F}^c} \right] \qquad (4.109)$$

式中，$J^c = 1 + 3\eta x_{max}c$；V_m^B 是初始状态的摩尔体积；η 是膨胀系数，它是材料本征参数，表征浓度单位变化引起的体积变化的线性度量[18, 21]，对于给定材料，可以通过实验或分子动力学模拟来获得[22]。

值得注意的是，虽然式（4.109）的形式与Wu[23]的结果相似，但两者之间存在显著差异。式（4.109）中出现的弹性张量 $\boldsymbol{C}(c)$ 是在当前状态下的浓度 c 下得到的，而Wu的结果中弹性张量是在化学计量浓度下获取的。换句话说，Wu的结果实际上是

$$\tau(\boldsymbol{F},c) = V_m^B\left[\frac{\eta}{J^c}\sum_{KK}\big|_{C=0} + \frac{J^c}{x_{max}}\left(\frac{\partial w(\boldsymbol{F},c)}{\partial c}\big|_{c=0} \right)_{\boldsymbol{F}^e,\boldsymbol{F}^c} \right] \qquad (4.110)$$

显然，当前状态下浓度与化学计量浓度偏差很小或弹性模量相对于浓度没有显著变化时，式（4.109）和式（4.110）之间的差异可以忽略不计。

接下来，再次考虑各向同性特征变换 $\boldsymbol{F}^c = (J^c)^{1/3}\boldsymbol{I}$ 和 $J^c = 1 + 3\eta x_{max}c$。进一步，假设变形为线弹性，弹性应变和本征应变都很小，可以忽略 $\sigma^0 E^e$ 或更高阶

项，且 $J^c \approx 1$。在这些假设下，式（4.106）可以写为

$$\tau(\boldsymbol{F},c) = \frac{V_m^B}{x_{max}}\left[-\frac{\delta_{kk}}{3}\frac{\partial J^c}{\partial c} + \frac{1}{2}\frac{\partial C_{\tilde{i}\tilde{j}\tilde{k}\tilde{l}}}{\partial c}E_{\tilde{i}\tilde{j}}^e E_{\tilde{k}\tilde{l}}^e\right] \tag{4.111}$$

这与 Larché 和 Cahn[24]给出的结果相同。换句话说，Larché 和 Cahn 的结果只有在弹性应变和本征应变都很小的情况下才有效。对于某些问题，本征应变可能不能忽略。例如，将锂插入硅中可以引起高达 400%的体积变形，很明显，$J^c \approx 1$的假设也就不再成立。

为了比较不同程度的简化及其有效性，想象一个由 1 mol 非晶态硅原子构成的球形粒子。为简单起见，假设粒子被包裹在一个刚性壳内，使其体积不能膨胀，如图 4.10 所示。接下来，假设 x 摩尔的锂原子嵌入硅中，以至于 Li_xSi 中 Li 的浓度为 $c = (x/x_{max})$，对于硅而言，$x_{max} = 4.4$。进一步，假设 Li 在球形颗粒中均匀分布。显然，这是一个非常理想化的例子。在这些假设条件下，$\boldsymbol{F}=\boldsymbol{I}$ 和 $\boldsymbol{F}^p=\boldsymbol{I}$。因此，

$$\boldsymbol{F}^c = (J^c)^{1/3}\boldsymbol{I}, \quad \boldsymbol{F}^e = (J^c)^{-1/3}\boldsymbol{I}, \quad \boldsymbol{E}^e = \frac{1}{2}\left[(J^c)^{-2/3}-1\right]\boldsymbol{I} \tag{4.112}$$

假设 Li_xSi 合金是各向同性和线弹性，则

$$W(\boldsymbol{F},c) = \frac{J^c}{2}\frac{E(c)}{(1+\nu)}\left(\frac{\nu}{1-2\nu}(E_{\tilde{k}\tilde{k}}^e)^2 + E_{\tilde{j}\tilde{k}}^e E_{\tilde{k}\tilde{j}}^e\right) \tag{4.113}$$

其中，泊松比与 c 无关，杨氏模量通过下式给出：

$$E(c) = E(0)[1 + \eta_E x_{max}c] \tag{4.114}$$

常数 η_E 是表征杨氏模量随锂浓度变化的材料固有属性，结合式（4.112）和式（4.113）推导出

$$W(\boldsymbol{F},c) = \frac{3E(c)J^c}{8(1-2\nu)}[(J^c)^{-2/3}-1]^2 \tag{4.115}$$

Li_xSi 在弹性变形下，有 $J^c = 1 + 3\eta x_{max}c$。

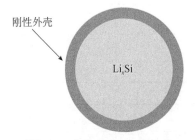

图 4.10　球形硅颗粒和刚性壳

利用上述条件，化学势的应力依赖部分可由式（4.109）～式（4.111）计

算，如图4.11所示。可以看出，当 c 小于10%时，这三个公式给出了非常相似的结果。对于较大的浓度（即较大的本征应变）或较大的弹性应变，结果相差很大。计算中使用的参数列在表4.1中。

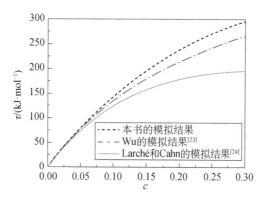

图4.11　$\tau(\boldsymbol{F},c)$ 结果对比：式（4.109）、式（4.110）[23]和式（4.111）[24]（彩图见封底二维码）

表 4.1　模型的材料属性和初始参数

A_0，活性常数的参数	$-0.3063\ \mathrm{V \cdot atom^{-1}}$	
B_0，活性常数的参数	$-4.003\ \mathrm{V \cdot atom^{-1}}$	
D_0，硅电极的扩散率	$1\times10^{-16}\ \mathrm{m^2 \cdot s^{-1}}$	[2]
$\dot{d}_0$，硅中塑性流动的特征应变率	$1\times10^{-3}\ \mathrm{s^{-1}}$	
E_0，纯硅的弹性常数	90.13 GPa	[25]
m，硅中塑性流动的应力指数	4	
R_g，气体常数	$8.314\ \mathrm{J \cdot K^{-1} \cdot mol^{-1}}$	
R_0，未锂化硅阳极的初始半径	200 mm	
T，温度	300 K	
V_m^B，硅的摩尔体积	$1.2052\times10^{-5}\ \mathrm{m^3 \cdot mol^{-1}}$	
$x_{\max}$，最大浓度	4.4	
α，扩散系数	0.18	[26]
η，组分膨胀系数	0.2356	
η_E，弹性模量随浓度的变化率	-0.1464	[25]
ν_0，硅电极的泊松比	0.28	
σ_f 硅的初始屈服应力	0.12 GPa	[26]

参 考 文 献

[1] Yao Y，Mcdowell M T，Ryu I. Interconnected silicon hollow nanospheres for lithium-ion battery anodes with long cycle life[J]. Nano Letters，2011，11（7）：2949-2954.

[2] Liu X H，Zhong L，Huang S. Size-dependent fracture of silicon nanoparticles during lithiation [J]. ACS Nano，2012，6（2）：1522-1531.

[3] Cheng Y T，Verbrugge M W. Diffusion-induced stress，interfacial charge transfer，and criteria for avoiding crack initiation of electrode particles[J]. Journal of the Electrochemical Society，2010，157（4）：A508-A516.

[4] Cheng Y T，Verbrugge M W. The influence of surface mechanics on diffusion induced stresses within spherical nanoparticles[J]. Journal of Applied Physics，2008，104（8）：083521-083526.

[5] Brassart L，Suo Z. Reactive flow in solids[J]. Journal of the Mechanics and Physics of Solids，2013，61（1）：61-77.

[6] Bailey J E. Mr. Thomas Gibbs，lecturer of the savoy，1642[J]. Notes and Queries，1876，135（29）：88.

[7] Gibbs J W. On the equilibrium of heterogeneous substances[J]. American Journal of Science，1878，s3-16（96）：441-458.

[8] Bridgman P W. The compressibility of thirty metals as a function of pressure and temperature[J]. Proceedings of the American Academy of Arts and Sciences，1923，58（5）：165-242.

[9] Hong W，Zhao X，Zhou J. A theory of coupled diffusion and large deformation in polymeric gels[J]. Journal of the Mechanics and Physics of Solids，2008，56（5）：1779-1793

[10] Cai S，Suo Z. Equations of state for ideal elastomeric gels[J]. Europhysics Letters，2012，97（3）：34009.

[11] Reimers J N，Dahn J. Electrochemical and *in situ* X-ray diffraction studies of lithium intercalation in Li_xCoO_2[J]. Journal of the Electrochemical Society，1992，139（8）：2091.

[12] Drucker D C. A more fundamental approach to plastic stress-strain relations[C]//US National Congress of Applied Mechanics. 1951.

[13] Rice J R. Inelastic constitutive relations for solids：An internal-variable theory and its application to metal plasticity[J]. Journal of the Mechanics and Physics of Solids，1971，19（6）：433-455.

[14] Mises R V. Mechanik der festen Körperimplastisch-deformablen Zustand[J]. Nachrichten von der Gesellschaft der Wissenschaftenzu Göttingen，Mathematisch-Physikalische Klasse，1913：582-592.

[15] Sethuraman V A，Chon M J，Shimshak M. *In situ* measurements of stress evolution in silicon

thin films during electrochemical lithiation and delithiation[J]. Journal of Power Sources, 2010, 195（15）: 5062-5066.

[16] Zhao K, Wang W L, Gregoire J. Lithium-assisted plastic deformation of silicon electrodes in lithium-ion batteries: A first-principles theoretical study[J]. Nano letters, 2011, 11（7）: 2962-2967.

[17] Reuss A. Berücksichtigung der elastischen Formänderung in der Plastizitätstheorie[J]. ZAMM Journal of Applied Mathematics and Mechanics/Zeitschriftfür Angewandte Mathematik und Mechanik, 1930, 10（3）: 266-274.

[18] Zhao K, Pharr M, Cai S. Large plastic deformation in high-capacity lithium-ion batteries caused by charge and discharge[J]. Journal of the American Ceramic Society, 2011, 94: s226-s235.

[19] Hill R. The Mathematical Theory of Plasticity[M]. Oxford: Oxford University Press, 1950.

[20] Cui Z, Gao F, Qu J. A finite deformation stress-dependent chemical potential and its applications to lithium ion batteries[J]. Journal of the Mechanics and Physics of Solids, 2012, 60（7）: 1280-1295.

[21] Zhao K, Pharr M, Vlassak J. Inelastic hosts as electrodes for high-capacity lithium-ion batteries[J]. Journal of Applied Physics, 2011, 109（1）: 016110.

[22] Zhou H, Qu J, Cherkaoui M. Finite element analysis of oxidation induced metal depletion at oxide-metal interface[J]. Computational Materials Science, 2010, 48（4）: 842-847.

[23] Wu C H. The role of Eshelby stress in composition-generated and stress-assisted diffusion[J]. Journal of the Mechanics and Physics of Solids, 2001, 49（8）: 1771-1794.

[24] Larché F, Cahn J W. A linear theory of thermochemical equilibrium of solids under stress[J]. Acta Metallurgica, 1978, 21（8）: 1051-1063.

[25] Rhodes K, Dudney N, Lara-Curzio E. Understanding the degradation of silicon electrodes for lithium-ion batteries using acoustic emission[J]. Journal of the Electrochemical Society, 2010, 157（12）: A1354.

[26] Bower A F, Guduru P R, Sethuraman V A. A finite strain model of stress, diffusion, plastic flow, and electrochemical reactions in a lithium-ion half-cell[J]. Journal of the Mechanics and Physics of Solids, 2011, 59（4）: 804-828.

第 5 章　锂离子电池高比容量电极材料的失效机理图

高容量电极材料是研发新型高性能锂离子电池的关键，但高容量电极材料在充放电过程中面临着严重的体积变形问题，并形伴随着锂化高应力的产生，造成电极活性材料的断裂甚至粉化，直接导致锂离子电池容量的衰减和循环性能的衰退。为了解决锂离子电池高容量电极材料的锂化变形破坏问题，本章通过理论分析和有限元数值模拟，进一步引入应变梯度塑性理论，建立了不同结构高容量电极材料的相变锂化模型及应力破坏预测模型，旨在明确电极材料锂化过程中的应力演化规律，得到电极材料临界破坏状态与其结构尺寸、基本力学性能之间的锂化破坏失效机理图。

5.1　不同结构电极材料的失效预测

5.1.1　薄膜电极材料失效破坏理论模型

在基底上生长膜厚为 h 的薄膜，如图 5.1（a）所示。随着充电时材料锂化的进行，薄膜发生膨胀并出现了分层结构，即锂化层 Li-M 合金和非锂化层 M 单晶（假设活性材料为 M）。定义膨胀后总体积中锂化层厚度为 D，可以得到材料的体积膨胀比：

$$\beta = \frac{(h - t + D) - (h - t)}{t} \tag{5.1}$$

式中，t 为某一给定时刻原体积中锂化部分的厚度，如图 5.1（b）所示。

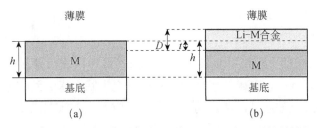

图 5.1　（a）初态，活性材料未嵌锂；（b）某充电状态，活性材料部分嵌锂

为求解方程（5.1），引入边界条件充放电状态（SOC）的概念。定义"0"

代表充电时活性材料锂化的最初态，"1"代表充电时活性材料锂化的最终态即锂化满态，那么材料的充电状态可以定义为SOC=Q'/Q，其中Q'和Q分别代表某一给定充电时刻的锂化电量和锂化满态电量。在某一给定时刻，活性材料锂化层中的锂离子浓度被视为一定值C，那么充电状态只与充电时活性材料的体积变化率有关，即SOC=$CV'/CV=V'/V$，其中V'和V分别代表某一给定充电时刻锂化层的体积和锂化满态的体积。对应到薄膜材料则有

$$\text{SOC} = \frac{t}{h} \tag{5.2}$$

由式（5.1）和式（5.2）可以得到活性材料尺寸h与SOC的关系：

$$h = \frac{D}{\beta \text{SOC}} \tag{5.3}$$

式中，材料尺寸h的临界值决定着锂化产生的应力是否导致材料破坏。这里引入能量释放率：

$$G = \frac{Z\sigma^2 D}{E} \tag{5.4}$$

式中，D为锂化层尺寸；E为嵌锂合金的杨氏模量；σ为特征应力（可以用屈服应力σ_Y代替），Z为无量纲常量。当能量释放率G小于断裂能Γ时，裂纹不会产生。因此，当锂化层尺寸D小于临界尺寸$D_c=\Gamma E/(Z\sigma^2)$时，材料不会破坏。将临界尺寸D_c代入式（5.3），可以得到材料临界尺寸h_c与SOC的关系：

$$h_c = \frac{\Gamma E}{\beta Z\sigma^2 \text{SOC}} \tag{5.5}$$

根据方程（5.5），对于不同的活性材料引入相应的参数，可得到材料临界尺寸与充电状态的关系，从而预测材料的破坏。以硅材料为例，方程（5.5）中$\beta=4$[1]，$\Gamma=10$ J·m^{-2}[2]，$E_{\text{Li}_x\text{Si}_y}=12$ GPa[3]，$\sigma=\sigma_Y=1$ GPa[4]，$Z=0.91$[5]，可以得到硅纳米薄膜充满态的临界尺寸大约为33 nm，如图5.2（a）所示。同样地，对于锡材料，将$\beta=3.5$[6]，$\Gamma=5$ J·m^{-2}[7]，$E_{\text{Li}_x\text{Sn}_y}=40$ GPa[8]，$\sigma=\sigma_Y=38$ MPa[9]，$Z=3$[10]代入方程（5.5），得到锡纳米薄膜充满态的临界尺寸大约为15 μm，如图5.2（b）所示。

图5.2中曲线是薄膜材料（硅和锡）的临界破坏尺寸与其对应充电状态的关系，在曲线下方区域，薄膜的尺寸和其对应的充电状态未达到临界值，因此为安全区域；在曲线上方区域，薄膜的尺寸和其对应的充电状态已超过临界值，因此为破坏区域。这样就实现了纳米薄膜材料破坏的临界尺寸与充电状态的量化关系，从而为避免薄膜材料破坏指明了研究方向。

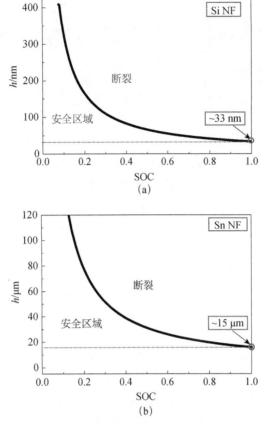

图 5.2 （a）硅纳米薄膜临界尺寸；（b）锡纳米薄膜临界尺寸

Si NF. 纳米硅薄膜；Sn NF. 纳米锡薄膜

5.1.2 实心活性材料失效破坏理论模型

1. 纳米线模型

半径为 h 的实心管，其横截面如图 5.3（a）所示。随着充电时材料锂化的进行，实心管膨胀并出现核-壳结构，即外部壳层锂化（Li-M）合金（半径为"OA"）和内部核层非锂化 M 单晶（半径为"OB"）。定义膨胀后总体积中锂化层厚度为 D，则 $D=OA-OB$，如图 5.3（b）所示。因此可以得到材料的体积膨胀比：

$$\beta = \frac{\left(h-t+D\right)^2 - \left(h-t\right)^2}{h^2 - \left(h-t\right)^2} \tag{5.6}$$

式中，t 为某一给定时刻原体积中锂化部分的厚度。

与薄膜材料一样，引入实心纳米管充电状态：

$$\mathrm{SOC} = \frac{h^2 - \left(h-t\right)^2}{h^2} \tag{5.7}$$

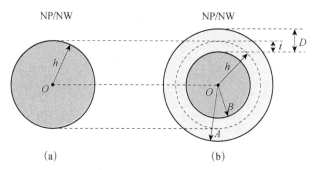

图5.3　（a）初态，活性材料未嵌锂；（b）某充电状态，活性材料部分嵌锂

NP. 纳米管；NW. 纳米线

同时将式（5.6）代入破坏临界锂化层尺寸 $D_c = \varGamma E / (Z\sigma^2)$，并联立方程式（5.7）即可得到实心管临界半径 h 与充电状态 SOC 的对应关系。

对于硅材料（$\beta=4$）可得到

$$h_c = \frac{\varGamma E}{Z\sigma^2(\sqrt{1+3\text{SOC}} - \sqrt{1-\text{SOC}})} \tag{5.8}$$

对于锡材料（$\beta=3.5$）可得到

$$h_c = \frac{\varGamma E}{Z\sigma^2(\sqrt{1+2.5\text{SOC}} - \sqrt{1-\text{SOC}})} \tag{5.9}$$

同样地，代入材料的各个参数（$\varGamma$，E，σ，Z），可以计算出实心管模型的材料临界尺寸和充电状态的对应关系，如图5.4所示。图5.4中所得曲线是根据纳米线（硅）的临界破坏尺寸与其对应充电状态的值所绘成的，在曲线下方区域，实心管的尺寸和其对应的充电状态未达到临界值，即为安全区域，而曲线上方则为破坏区域。

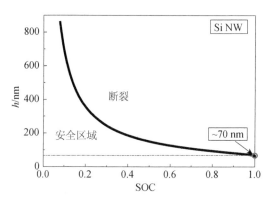

图5.4　硅纳米线临界尺寸

2. 纳米球模型

取半径为 h 的实心球，其横截面如图5.3（a）所示。随着充电时材料锂化的

进行，实心球膨胀并出现核-壳结构，即外部壳层锂化（Li-M）合金（半径为"OA"）和内部核层非锂化M单晶（半径为"OB"），并且定义膨胀后总体积中锂化层厚度为D，则D=OA-OB，如图5.3（b）所示。因此，可以得到纳米实心球的体积膨胀比：

$$\beta = \frac{(h-t+D)^3 - (h-t)^3}{h^3 - (h-t)^3} \quad (5.10)$$

式中，t为某一给定时刻原体积中锂化部分的厚度。

实心球模型的充电状态为

$$\mathrm{SOC} = \frac{h^3 - (h-t)^3}{h^3} \quad (5.11)$$

同时将式（5.10）代入破坏临界锂化层尺寸$D_c = \Gamma E / (Z\sigma^2)$，并联立式（5.11）即可得到实心球临界半径$h$与充电状态SOC的对应关系。

对于硅材料（β=4）可得到

$$h_c = \frac{\Gamma E}{Z\sigma^2(\sqrt[3]{1+3\mathrm{SOC}} - \sqrt[3]{1-\mathrm{SOC}})} \quad (5.12)$$

对于锡材料（β=3.5）可得到

$$h_c = \frac{\Gamma E}{Z\sigma^2(\sqrt[3]{1+2.5\mathrm{SOC}} - \sqrt[3]{1-\mathrm{SOC}})} \quad (5.13)$$

代入材料的各个参数（Γ，E，σ，Z），可以计算出实心纳米球模型的材料临界尺寸和充电状态的对应关系，如图5.5所示。图5.5中所得曲线是根据纳米球（硅）的临界破坏尺寸与其对应充电状态的值所绘成的，曲线下方区域为安全区域，曲线上方区域为破坏区域。

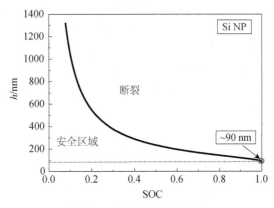

图5.5　硅纳米球临界尺寸

5.1.3 空心活性材料失效破坏理论模型

1. 纳米管模型

有内径为 h、管壁厚度为 D 的空心管道，其管道外壁包覆一层非活性材料（不参与锂离子的嵌入与脱出）以限制空心管道的体积向外部变化，如图 5.6 所示。随着充电时材料锂化的进行，空心管发生向内膨胀并出现了分层结构，即锂化层 Li-M 合金和非锂化层 M 单晶（假设活性材料为 M）。定义膨胀后空心管空心部分的锂化层厚度为 d，因此可以得到材料的体积膨胀比：

$$\beta = \frac{(h+t)^2 - (h-d)^2}{(h+t)^2 - h^2} \tag{5.14}$$

式中，t 为某一给定时刻原体积中锂化部分的厚度。

(a)   (b)

图 5.6 （a）初态，空心管未嵌锂；（b）某充电状态，空心管部分嵌锂

在某一给定时刻，活性材料锂化层中的锂离子浓度被视为一定值 C，那么充电状态只与充电时活性材料的体积变化率有关，即 $SOC = CV'/CV = V'/V$，其中 V' 和 V 分别代表某一给定充电时刻锂化层的体积和锂化满态的体积。可以推导出

$$SOC = \frac{(h+t)^2 - h^2}{(h+D)^2 - h^2} \tag{5.15}$$

如图 5.7 所示，随着空心管材料锂化膨胀的进行（方向向内），空心管空心部分被不断填充，且在空心管空心部分的锂化层厚度达到空心管内壁厚度即 $d_c = h$ 时，空心管内部空心部分被完全利用且材料锂化停止，将 $d_c = h$ 代入式（5.14）得到

$$\beta = \frac{(h+t)^2}{(h+t)^2 - h^2} \tag{5.16}$$

联立式（5.15）和式（5.16）即可求得材料的临界尺寸与嵌锂状态之间的关系：

$$\frac{D}{h} = \sqrt{\frac{1}{(\beta-1)SOC} + 1} - 1 \tag{5.17}$$

对于硅材料（$\beta = 4$）可得到

$$\frac{D}{h} = \sqrt{\frac{1}{3SOC} + 1} - 1 \tag{5.18}$$

对于锡材料（β=3.5）可得到

$$\frac{D}{h} = \sqrt{\frac{1}{2.5SOC} + 1} - 1 \tag{5.19}$$

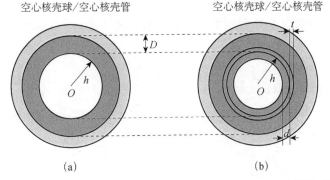

图5.7　（a）初态，空心材料未嵌锂；（b）某充电状态，空心材料部分嵌锂

　　图5.8中是纳米空心管（硅和锡）的壳厚与内径之比的临界值与其对应充电状态的关系，即在该曲线上不同充电状态下所对应的空心管内部嵌锂达到饱和（即 $d=h$），那么，在曲线下方区域，空心管的尺寸之比（D/h）和其对应的充电状态未达到临界值，即为可利用区域；在曲线上方区域，空心管的尺寸之比（D/h）和其对应的充电状态已超过临界值，即为完全利用区域。

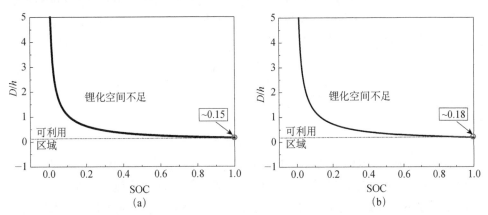

图5.8　（a）硅空心管临界尺寸；（b）锡空心管临界尺寸

2. 空心球模型

　　取内径为 h、管壁厚度为 D 的空心球，其球壳外壁包覆一层非活性材料（不参与锂离子的嵌入与脱出）以限制空心球的体积向外部变化，其示意图如图5.9

所示，截面图如图5.7所示。随着充电时材料锂化的进行，空心球发生向内膨胀并出现了分层结构，即锂化层 Li-M 合金和非锂化层 M 单晶（假设活性材料为 M）。定义膨胀后空心球空心部分的锂化层厚度为d，因此可以得到该材料的体积膨胀比：

$$\beta = \frac{(h+t)^3 - (h-d)^3}{(h+t)^3 - h^3} \qquad (5.20)$$

式中，t为某一给定时刻原体积中锂化部分的厚度。

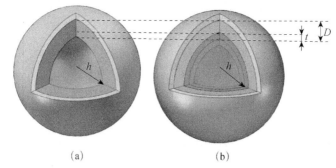

图5.9 （a）初态，空心球未嵌锂；（b）某充电状态，空心球部分嵌锂

空心球模型的充电状态为

$$\mathrm{SOC} = \frac{(h+t)^3 - h^3}{(h+D)^3 - h^3} \qquad (5.21)$$

将充满态临界锂化层尺寸$d_c=h$代入式（5.20），并联立式（5.21）即可得到空心球临界尺寸之比D/h与充电状态 SOC 的对应关系。

对于硅材料（$\beta=4$）可得到

$$\frac{D}{h} = \sqrt[3]{\frac{1}{3\mathrm{SOC}} + 1} - 1 \qquad (5.22)$$

对于锡材料（$\beta=3.5$）可得到

$$\frac{D}{h} = \sqrt[3]{\frac{1}{2.5\mathrm{SOC}} + 1} - 1 \qquad (5.23)$$

图 5.10 为空心球模型的壳厚与内径之比的临界值和充电状态的对应关系。在该曲线上不同充电状态下所对应的空心球内部嵌锂达到饱和（即$d=h$），那么，在曲线下方区域，空心球的尺寸之比（D/h）和其对应的充电状态未达到临界值，即为可利用区域；在曲线上方区域，空心球的尺寸之比（D/h）和其对应的充电状态已超过临界值，即为完全利用区域。

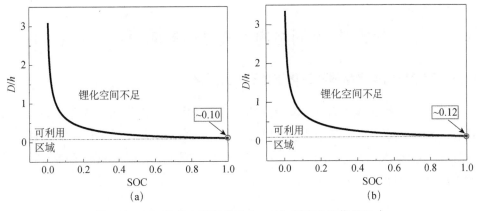

图5.10　（a）硅空心球临界尺寸；（b）锡空心球临界尺寸

5.1.4　临界尺寸的实验验证

图 5.11 为硅薄膜与硅纳米线临界尺寸的实验验证。从图 5.11（a）可以看出，临界尺寸随充放电状态增加而降低，图中实验数据分别来源于 100 nm[11]、200 nm[12]、250 nm[13] 三种厚度的硅薄膜，这些结果有力证实了硅薄膜在不同充放电状态下失效模型的有效性。图 5.11（b）给出的是硅纳米线的实验验证对比图，通过透射电镜能清楚地观测到该硅纳米线在锂化过程的迅速膨胀和裂纹产生的全过程[14, 15]。根据理论模型对实验数据的刻画，成功找到了一个直径大约在 80.5 nm 的临界尺寸。

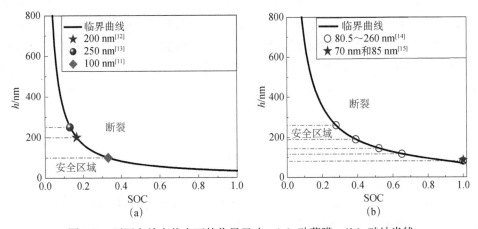

图5.11　不同充放电状态下的临界尺寸：（a）硅薄膜；（b）硅纳米线

5.2　不同结构电极材料的应力场

5.2.1　薄膜结构电极材料的锂化变形及应力演化

薄膜电极初始厚度为 h_0，薄膜底部附着于基底上，上表面及两侧处于无应力状态，如图 5.12 所示。基底假设为刚性材料，其变形可以忽略不计。初始时，薄膜电极中锂浓度为 0，外部锂浓度为一定值 C_0。锂化进行时，锂离子以一恒定通量 J_0 通过上表面嵌入薄膜内部。

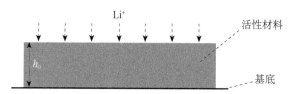

图 5.12　薄膜结构电极材料锂化示意图

图 5.13（a）为不同锂化时间下，部分锂化的薄膜电极材料中锂浓度分布云图，其中红色区域表示满锂状态，蓝色区域表示贫锂状态。可以看出，锂化相和未锂化相间形成了明显的相界，并且由于大量锂离子的嵌入，活性材料产生了显著的膨胀变形。这些现象与薄膜电极材料的锂化实验相符[16]。图 5.13（b）为不同锂化时间下，沿厚度 Oy 方向的锂离子浓度演化，其中 h 为沿厚度 Oy 方向的垂向距离，H 为薄膜当前的厚度（H 随锂化进行逐渐增大）。可以看到在薄膜内部，锂浓度为 0，而在薄膜表层，锂浓度接近于 1 的满锂状态。浓度突变位置代表相界，随着锂化的进行，相界逐渐向薄膜底部移动。图 5.13（c）表示在不同的锂化时间下，沿厚度 Oy 方向的水平应力 σ_x 演化。可以看出，在锂化前期，σ_x 在薄膜表面表现为压应力，随着锂化的进行，表面 σ_x 由压应力转变为大的拉应力，并且达到材料屈服点，为表面裂纹的产生提供了驱动力。图 5.13（d）表示在不同的锂化时间下，沿界面 Ox 方向的垂向应力 σ_y 演化，其中 r 为沿界面 Ox 方向的水平距离，R 为薄膜的底面半径。同样，随着锂化的进行，σ_y 在界面边缘也出现压应力到拉应力的转变，大的拉应力可能诱发活性材料与基底间的界面剥离破坏。应力曲线在某些锂化时刻（如 120 s）的非单调性主要是由于双向应力-扩散耦合以及扩散诱导应力的交互影响[17, 18]。

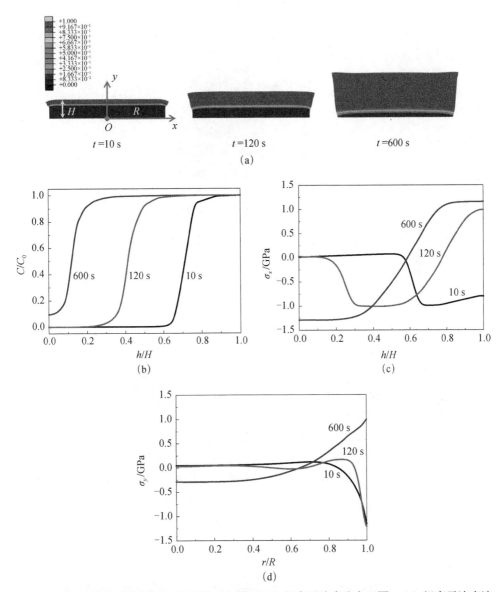

图5.13　薄膜结构电极材料在不同锂化时间下：（a）锂离子浓度分布云图；（b）锂离子浓度演化；（c）水平应力 σ_x 演化；（d）垂向应力 σ_y 演化（彩图见封底二维码）

5.2.2　球结构电极材料的锂化变形及应力演化

1. 实心球结构电极材料

如图5.14所示，实心球结构电极材料，初始半径为 r_0，为了数值稳定性，球心处施加完全固定约束，表面处于无应力状态。初始时，颗粒内锂浓度为0，外部锂浓度保持为定值 C_0。锂化进行时，锂离子以一恒定通量 J_0 通过表面嵌入颗粒内部。

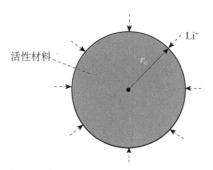

图5.14　实心球结构电极材料锂化示意图

图5.15（a）所示为不同锂化时间下，部分锂化的实心球材料中锂离子浓度分布云图。与薄膜材料一样，实心球材料也存在明显相界的相变锂化进程，锂离子的嵌入造成了巨大体积变形。这些现象同样与实心球材料的锂化实验相符[19, 20]。不同锂化时间下锂离子浓度的径向分布如图5.15（b）所示，其中 r 为径向距离，R 为颗粒当前半径（R 随锂化的进行而逐渐增大）。可以看到，锂浓度在相界位置发生突变，且随着锂化的进行，相界逐渐向颗粒内部移动。图5.15（c）和（d）分别表示在不同锂化时间下，沿半径方向的环向应力 σ_θ 和径向应力 σ_r 演化。由于严重的浓度突变，应力在相界处急剧变化。随锂化的进行，颗粒表面的环向压应力逐渐转变为环向拉应力。大的环向拉应力是颗粒膨胀变形的主要原因，并可能进一步导致颗粒表面的开裂，这与 Liu 等[19]的研究相符。相应地，颗粒内部由开始的环向拉应力逐渐转变为环向压应力，这种转变主要归因于表面层环向拉应力的增强。因为在一个独立的球形结构中，通过任何直径平面的正应力合力应该为零。由于颗粒表面的无应力边界条件，表面径向应力 σ_r 一直接近于零。

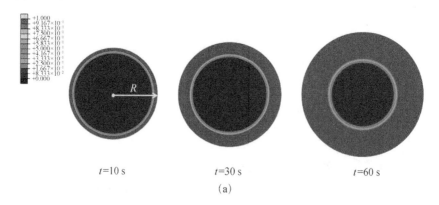

$t=10$ s　　　　　　$t=30$ s　　　　　　$t=60$ s

(a)

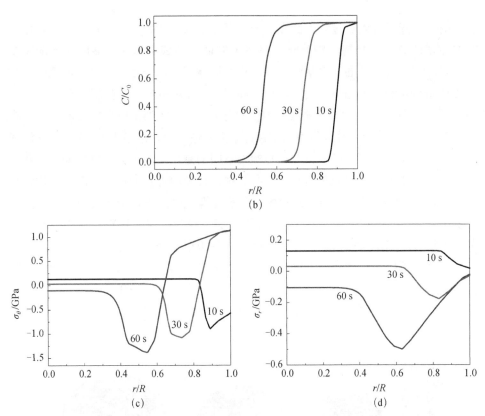

图5.15 实心球结构电极材料在不同锂化时间下：（a）锂离子浓度分布云图；（b）锂离子浓度演化；（c）环向应力 σ_θ 演化；（d）径向应力 σ_r 演化（彩图见封底二维码）

2. 空心球结构电极材料

空心球结构电极材料初始内径为 a，外径为 b，如图 5.16 所示。初始时，颗粒内锂离子浓度为 0，颗粒外部和内部空心区域锂离子浓度保持为定值 C_0。锂化进行时，锂离子以一恒定通量 J_0 分别通过颗粒外表面和内表面同时嵌入颗粒内部。

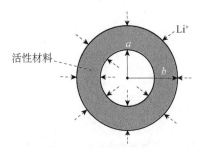

图5.16 空心球结构电极材料锂化示意图

不同锂化时间下，部分锂化的空心球材料中锂浓度分布如图 5.17（a）所示。由于锂离子可以通过外表面和内表面同时嵌入活性材料，所以锂化过程中颗粒内出现两条明显相界。锂化时，锂离子的嵌入造成了颗粒明显的向外膨胀变形。同时，颗粒内表面向内膨胀，内部空心区域得到部分填充，这说明无约束的空心球结构电极材料在锂化过程中会同时发生向外和向内的膨胀变形。图5.17（b）所示为不同锂化时间下锂浓度的径向分布，其中 r 为距颗粒内表面的径向距离，R 为空心颗粒当前径向厚度（R 随着锂化的进行而逐渐增大）。同样，锂浓度突变位置代表相界，可以看出与实心颗粒不同的是，因为内外两侧的同步锂化，空心颗粒内锂浓度径向分布基本呈左右对称，且随着锂化的进行，两相界逐渐相向移动。图5.17（c）和（d）分别表示在不同锂化时间下，沿半径方向的环向应力 σ_θ 和径向应力 σ_r 的演化。由于存在两个突变位置，空心颗粒内应力分布看起来比较复杂，但是与实心颗粒相对比仍有许多相似之处。锂化前期内部的环向压应力是空心颗粒向内填充的主要原因，内部环向应力在锂化后期转变为拉应力，但由于外部活性材料的限制，内表面向外膨胀不大。随着锂化的进行，颗粒表面的环向压应力逐渐转变为大的环向拉应力，这可能导致表面裂纹的生成。由于内外表面的无应力边界条件，表面径向应力 σ_r 都比较小。

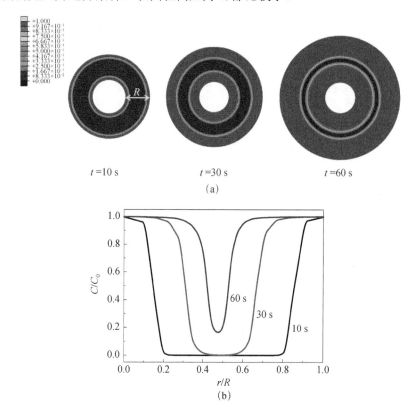

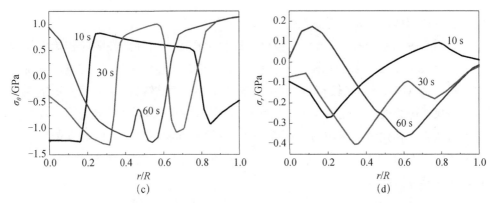

图5.17   空心球结构电极材料在不同锂化时间下：（a）锂离子浓度分布云图；（b）锂离子浓度
演化；（c）环向应力 σ_θ 演化；（d）径向应力 σ_r 演化（彩图见封底二维码）

图 5.18 为实心球和空心球结构电极材料各表面的位移-时间图。其中绿色曲线出现负位移代表空心球内表面向内部的填充位移。可以看出，随锂化进行，外表面向外膨胀，位移逐渐增大，并在锂化结束时达到一稳定值。通过对比可以发现，由于内外两侧的同步锂化，空心球锂化时间明显小于实心球；且由最大位移可以看出，空心球向外的锂化膨胀变形也明显小于实心球。这表明空心结构不仅可以加快锂化反应速率，还可以在一定程度上缓解向外的锂化膨胀，降低电极材料锂化破坏的概率。

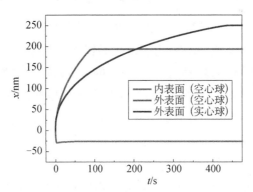

图5.18   实心球和空心球结构电极材料各表面的位移-时间图（彩图见封底二维码）

3. 空心核-壳结构电极材料

近几年研究表明，空心核-壳结构可以同时增强高容量电极材料的力学及化学稳定性，因此受到越来越多的关注[21]。空心核-壳结构是在空心结构外部包覆一层质地较硬的外壳，锂离子可自由通过外壳与内部活性材料发生反应，外壳限制了活性材料向外的锂化膨胀，使其只能向内部空心区域填充，这就有效抑制了SEI 的反复脱落和再生成，维持了活性材料与基体间的电接触，因此可以有效缓解活性材料的锂化破坏，提高电化学循环性能。

　　如图5.19为空心核-壳结构电极材料锂化示意图。内部活性颗粒初始内径为a，外径为b，颗粒外表面包覆一层坚硬的刚性外壳，其外径为c。这里，取常用的包覆材料Al_2O_3（其杨氏模量为300 GPa）作为外壳材料。为了数值稳定性，模型约束在球心处，外壳附着于活性颗粒表面，颗粒内表面及外壳外表面均处于无应力状态。初始时，颗粒内锂浓度为0，颗粒外部和内部空心区域锂浓度保持为定值C_0。锂化进行时，锂离子以一恒定通量J_0分别通过颗粒外表面和内表面同时嵌入颗粒内部。

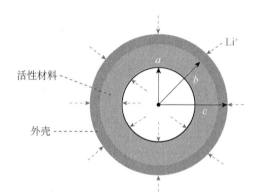

图5.19　空心核-壳结构电极材料锂化示意图（彩图见封底二维码）

　　不同锂化时间下，部分锂化的空心核-壳结构电极材料中锂浓度分布如图5.20（a）所示。类似于空心球结构，锂化时锂离子通过内外表面同时嵌入活性材料，颗粒内出现两条明显相界。由于外壳的限制，颗粒向外的锂化膨胀变形忽略，同时颗粒内表面内移，内部空心区域逐渐得到填充。图5.20（b）所示为不同锂化时间下锂浓度的径向分布，其中r为距颗粒内表面的径向距离，R为空心核-壳结构当前径向厚度（R随锂化的进行而逐渐增大）。这里，锂离子可自由通过外壳但不与外壳发生反应，所以外壳内锂浓度保持为0。因为内外两侧的同步锂化，活性颗粒内锂离子浓度分布基本呈左右对称，且随锂化进行，两相界逐渐相向移动。图5.20（c）表示在不同锂化时间下，沿半径方向的环向应力σ_θ演化。由于外壳的限制，颗粒内部环向应力σ_θ一直表现为压应力，这驱动了活性材料向内部的填充。而在外壳部分，环向应力σ_θ转变为拉应力，并且随锂化进行不断增大，这可能导致外壳的断裂。这种应力转变与Zhao等[22]之前的理论推导结果相符。图5.20（d）表示在不同脱锂时间下，沿半径方向的径向应力σ_r演化。可以看出随着锂化的进行，核-壳界面处径向应力σ_r由开始的压应力转变为逐渐增大的拉应力，大的径向拉应力可能导致核-壳界面的剥离破坏。

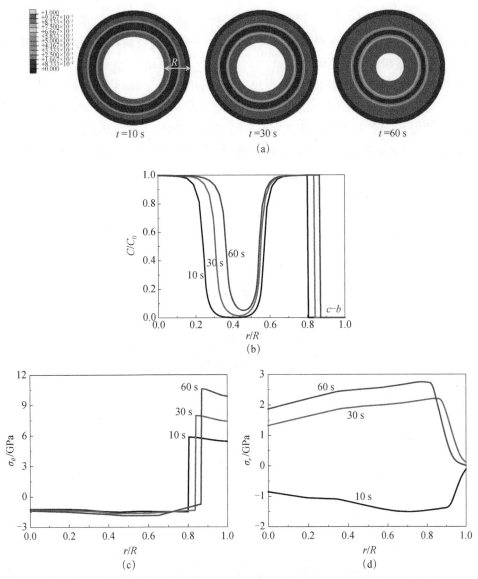

图 5.20 空心核-壳结构电极材料在不同锂化时间下：（a）锂离子浓度分布云图；（b）锂离子浓度演化；（c）环向应力 σ_θ 演化；（d）径向应力 σ_r 演化（彩图见封底二维码）

5.3 锂离子电池电极材料的失效机理图

5.3.1 薄膜电极材料的锂化破坏

1. 量纲分析

对于薄膜电极材料，锂化时，锂化拉应力主要集中在活性材料表面以及活性材料与基底间界面处，可能导致表面的断裂和界面的剥离破坏。因此，在前述薄膜结构模型的基础上，这里分别在表面和界面处引入能量破坏准则，模拟薄膜材料的表面断裂和界面剥离破坏。

图 5.21 为薄膜电极材料表面断裂和界面剥离的应力分布云图。可以看到，当锂化到一定程度时，在水平拉应力 σ_x 作用下，活性材料表面出现了开裂；在法向拉应力 σ_y 作用下，活性材料与基底之间的界面发生了剥离。裂纹间端有明显的应力集中，说明随着锂化的进行，裂纹将进一步扩展，裂纹两侧区域大的拉应力得到缓解。

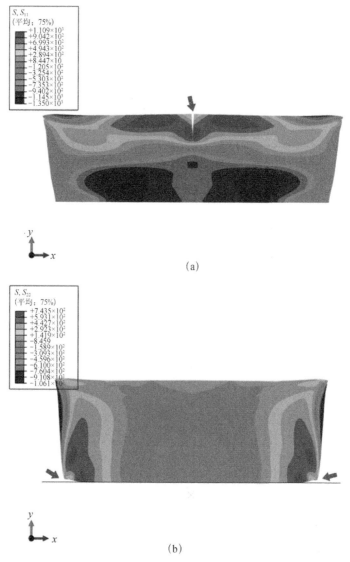

(a)

(b)

图 5.21　薄膜电极材料的应力场：（a）表面断裂；（b）界面剥离（彩图见封底二维码）

　　材料结构的破坏与其尺寸及材料基本力学性能密切相关，而临界破坏状态由破坏能决定。因此，可以将薄膜结构电极材料的破坏能表示成其初始厚度、杨氏模量、屈服强度以及临界荷电状态的函数，即

$$\Gamma = \Gamma\left(h_0, E, \sigma_Y, E_s, \sigma_{Ys}, \text{SOC}\right) \tag{5.24}$$

式中，Γ（$\text{pJ}\cdot\mu\text{m}^{-2}$）表示破坏能；SOC 表示临界荷电状态；$E$、$\sigma_Y$ 和 E_s、σ_{Ys} 分别为电极活性材料和基底的杨氏模量与屈服强度。假设基底为刚性材料，其在锂化过程中不发生任何变形，上式中与基底有关的参数可以忽略，因此对于薄膜结构，上式可以简化为

$$\Gamma = \Gamma\left(h_0, E, \sigma_Y, \text{SOC}\right) \tag{5.25}$$

这里，选择长度单位 L、质量单位 M 以及时间单位 T 为基本量度单位，可以得到薄膜结构电极材料锂化破坏问题中的相关参数的量纲，如表 5.1 所示。

表 5.1　薄膜结构电极材料锂化破坏问题相关参数的量纲

参量	符号	量纲
破坏能	Γ	MT^{-2}
屈服强度	σ_Y	$\text{L}^{-1}\text{MT}^{-2}$
荷电状态	SOC	1
杨氏模量	E	$\text{L}^{-1}\text{MT}^{-2}$
薄膜初始厚度	h_0	L

　　根据表 5.1 和量纲分析理论，取关系式（5.25）中的 E 和 h_0 作为基本物理量，则参数 Γ、σ_Y 和 SOC 的量纲可以记为

$$[\Gamma] = [E][h_0]$$
$$[\sigma_Y] = [E][h_0]^0 \tag{5.26}$$
$$[\text{SOC}] = [E]^0[h_0]^0$$

对式（5.25）应用 Π 定理，可以得到以下无量纲函数关系：

$$\frac{\Gamma}{h_0 E} = \Pi\left(\frac{\sigma_Y}{E}, \text{SOC}\right) \tag{5.27}$$

　　式（5.27）即为薄膜结构电极材料锂化破坏的无量纲函数表达式。通过量纲分析，可以减少自变量的个数，为进一步对电极材料锂化破坏规律的分析提供了方便。根据无量纲函数表达式（5.27），这里对薄膜结构电极材料进行一系列断裂、剥离破坏的有限元模拟，模型中用到的主要材料力学性能及尺寸参数范围如表 5.2 所示。基于大量有限元结果，通过选择合适的拟合函数，可以确定薄膜结构电极材料断裂、剥离破坏的无量纲函数的具体表达式。

表 5.2　材料力学性能及尺寸参数

参量	符号/单位	取值
破坏能	$\Gamma/(\text{pJ} \cdot \mu\text{m}^{-2})$	1~40
杨氏模量	E/GPa	30~300
泊松比	ν	0.22
屈服强度	σ_Y/GPa	0.03~3
薄膜初始厚度	$h_0/\mu\text{m}$	0.05~50
外壳厚度	$(c-b)/\text{nm}$	5~50

2. 薄膜电极材料锂化破坏失效机理图

图 5.22 为不同初始厚度的薄膜电极材料的临界破坏状态，图中离散点是有限元结果，曲线是拟合结果，R^2 表示拟合优度，其值越接近于 1，说明拟合结果越好。

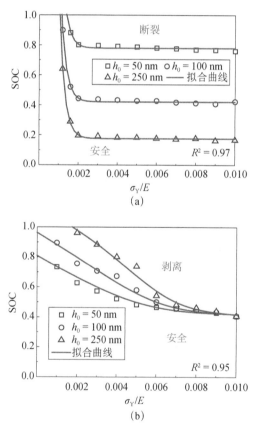

图 5.22　薄膜电极材料临界破坏状态：（a）表面断裂；（b）界面剥离（彩图见封底二维码）

在锂化开始阶段（SOC 较小时），薄膜电极在表面和界面处都受到压应力作用，因此表面断裂和界面剥离均不会发生。随着锂化的进行，表面和界面所受压应力逐渐转变为拉应力且达到临界破坏状态，导致了表面裂纹和界面剥离的产生。由图5.22（a）可以看出，当σ_Y/E较大时，σ_Y/E变化对临界SOC的影响不大；而当σ_Y/E较小时，临界SOC随σ_Y/E的减小而迅速增大。当σ_Y/E足够小时，即使在满锂状态下薄膜表面也不会发生断裂。对于不同初始厚度的薄膜材料，临界断裂曲线的趋势基本相同，但安全区域（临界断裂曲线下方区域）随初始厚度的减小而逐渐增大，说明薄膜越薄，越不易产生表面裂纹，其电化学循环性能越好。Guo等[23]通过实验同样证明了薄膜厚度的减小更有利于离子输送和循环稳定性。由图5.22（b）可以看出，随σ_Y/E的增大，临界剥离SOC持续减小；当σ_Y/E接近0.01时，临界剥离SOC逐渐趋于稳定，说明σ_Y/E越大越易发生界面剥离。

基于无量纲函数（5.27）和有限元结果，通过函数拟合得到的薄膜电极材料表面断裂和界面剥离破坏的无量纲函数，其具体表达式如下：

对于表面断裂，

$$\text{SOC} = 0.12 + \left\{ 45000\text{e} - 7804\left(\frac{\sigma_Y}{E}\right) + 0.12 \right\} \cdot \left\{ \text{e}4.66\times10^6\left(\frac{\Gamma}{h_0 E}\right) - 1 \right\} \quad (5.28\text{a})$$

对于界面剥离，

$$\text{SOC} = \frac{1.67 - 84(\sigma_Y/E) + 4.25\times10^6(\Gamma/h_0 E)}{1 + 115(\sigma_Y/E) + 1.25\times10^7(\Gamma/h_0 E)} \quad (5.28\text{b})$$

据此，可以得到薄膜电极材料关于σ_Y/E，$\Gamma/h_0 E$及临界破坏SOC的三维锂化破坏失效机理图，如图5.23所示，从而了解薄膜材料在不同初始厚度和不同力学性能时的临界破坏SOC，判断其安全性能。

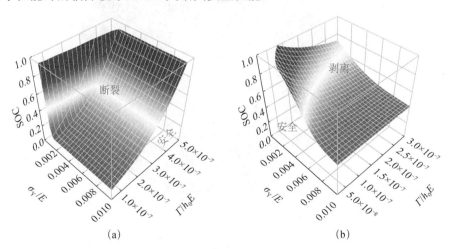

图5.23　薄膜电极材料锂化破坏失效机理图：（a）表面断裂；（b）界面剥离
（彩图见封底二维码）

由图5.23（a）可以看出，对于表面断裂，随着 σ_Y/E 的减小和 Γ/h_0E 的增大，薄膜材料表面的安全性能更好。当 σ_Y/E 小于一定值或 Γ/h_0E 足够大时，即使在满锂状态下薄膜表面也不会出现裂纹。而对于界面剥离，如图5.23（b）所示，安全区域随 σ_Y/E 和 Γ/h_0E 的减小而逐渐增大，且只有当 σ_Y/E 和 Γ/h_0E 都足够小时，界面剥离才一直不会发生。

5.3.2　空心核-壳结构电极材料的锂化破坏

1. 量纲分析

空心核-壳结构电极材料可以有效缓解活性材料的锂化破坏，但锂化时，环向拉应力集中在外壳内；脱锂时，径向拉应力集中在核-壳界面处，可能导致外壳的断裂以及核-壳界面的剥离破坏。在前述空心核-壳结构模型的基础上，这里在外壳和核-壳界面处加入能量破坏准则，模拟了空心核-壳结构的外壳断裂和界面剥离破坏。

图5.24为空心核-壳结构表面断裂和界面剥离时相应的应力分布云图。可以看到，当锂化到一定程度时，在环向拉应力 σ_θ 作用下，外壳出现了开裂；脱锂到一定程度时，在径向拉应力 σ_r 作用下，核-壳界面发生了剥离。

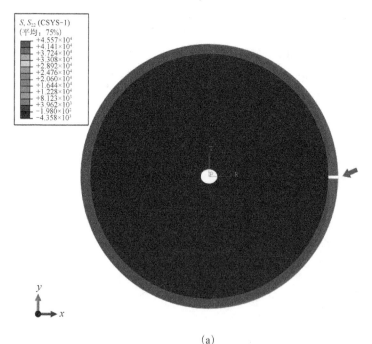

(a)

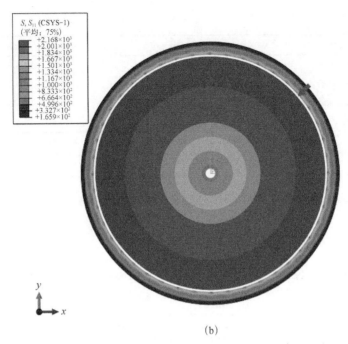

(b)

图5.24　空心核-壳结构电极材料的应力场（彩图见封底二维码）

(a) 外壳断裂；(b) 界面剥离

同样，可以将空心核-壳结构电极材料的破坏能表示为其结构尺寸、杨氏模量、屈服强度以及临界荷电状态的函数，即

$$\Gamma = \Gamma\left(c-b, b/a, E, \sigma_Y, E_s, \sigma_{Ys}, \text{SOC}\right) \quad (5.29)$$

式中，$c-b$ 表示外壳厚度；b/a 表示空心颗粒初始外径与内径之比；E、σ_Y 和 E_s、σ_{Ys} 分别为电极活性材料和外壳的杨氏模量与屈服强度。

根据 5.2.2 节对空心核-壳结构电极材料的建模分析，这里选取特定包覆材料 Al_2O_3 作为外壳，其杨氏模量与屈服强度都为定值，因此可以去掉式（5.29）中关于外壳的参数 E_s 和 σ_{Ys}。为了达到结构最优化，必须充分利用空心核-壳结构内空心区域，即在锂化结束时空心区域恰好被活性材料完全填充。Ma 等[24]通过理论模型证明了当 b/a 的值约为 1.1 时，空心区域恰好得以充分利用。所以，对于空心区域得以充分利用空心核-壳结构，式（5.29）可以简化为

$$\Gamma = \Gamma\left(c-b, E, \sigma_Y, \text{SOC}\right) \quad (5.30)$$

同样，选择长度单位 L、质量单位 M 以及时间单位 T 为基本量度单位，得到了空心核-壳结构电极材料锂化破坏问题中的相关参数的量纲，如表5.3所示。

表5.3　空心核-壳结构电极材料锂化破坏问题相关参数的量纲

参量	符号	量纲
破坏能	Γ	MT^{-2}

续表

参量	符号	量纲
屈服强度	σ_Y	$L^{-1}MT^{-2}$
荷电状态	SOC	1
杨氏模量	E	$L^{-1}MT^{-2}$
外壳厚度	$c-b$	L

根据表5.3和量纲分析理论，取关系式（5.30）中的 E 和 $c-b$ 作为基本物理量，则参数 Γ、σ_Y 和SOC的量纲可以记为

$$[\Gamma]=[E][c-b]$$
$$[\sigma_Y]=[E][c-b]^0 \quad (5.31)$$
$$[\text{SOC}]=[E]^0[c-b]^0$$

对式（5.30）应用Π定理，可以得到空心核-壳结构电极材料锂化破坏的无量纲函数关系：

$$\frac{\Gamma}{(c-b)E}=\Pi\left(\frac{\sigma_Y}{E},\text{SOC}\right) \quad (5.32)$$

这里对空心核-壳结构电极材料进行一系列断裂、剥离破坏的有限元模拟，计算中用到的主要材料力学性能及尺寸参数范围如表5.2所示。基于大量有限元结果，通过选择合适的拟合函数，可以确定空心核-壳结构电极材料断裂、剥离破坏的无量纲函数的具体表达式。

对于外壳断裂，

$$\text{SOC}=2.4+2.42\times10^{-2}/(\sigma_Y/E)^{0.5}+23.77/\log[\Gamma/(c-b)E] \quad (5.33a)$$

对于界面剥离，

$$\text{SOC}=0.6+\left\{81.14e220\left(\frac{\sigma_Y}{E}\right)+18.65\right\}\cdot\left\{e\frac{-130\Gamma}{(c-b)E}-1\right\} \quad (5.33b)$$

2. 空心核-壳结构电极材料锂化破坏失效机理图

随着锂化的进行，外壳受到逐渐增大的环向拉应力作用，这可能导致外壳的断裂。如图5.25（a）所示，临界SOC随 σ_Y/E 的减小而逐渐增大。当 σ_Y/E 减小到一定值时，即使在满锂状态下外壳也不会发生断裂。对于不同外壳厚度的空心核-壳结构电极材料，临界断裂曲线的趋势基本相同，且外壳越薄，越容易发生断裂破坏。界面剥离破坏发生在脱锂阶段，在脱锂前期（SOC较大时），由于核-壳界面受到径向压应力作用，界面不会发生剥离；随着锂离子的进一步脱出，界面处径向压应力转变为逐渐增大的径向拉应力，诱导界面剥离的产生。如图5.25（b）所示，临界剥离SOC随 σ_Y/E 的减小而逐渐增大，且随外壳厚度的

增大逐渐趋于稳定，而安全区域（临界剥离曲线上方区域）随外壳厚度的增大而逐渐减小。

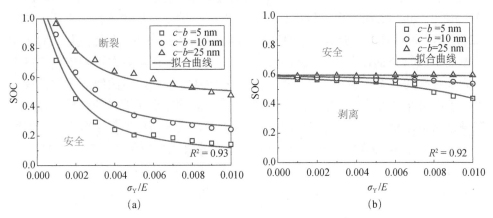

图5.25　空心核-壳结构电极材料临界破坏状态：（a）外壳断裂；（b）界面剥离
（彩图见封底二维码）

据此，可以得到空心核-壳结构电极材料关于 σ_Y/E，$\Gamma/(c-b)E$ 及临界破坏SOC 的三维锂化破坏失效机理图，如图5.26所示，从而了解空心核-壳结构电极材料在不同外壳厚度和不同力学性能时的临界破坏SOC，判断其安全性能。由图5.26（a）可以看出，锂化时，材料安全区域随 σ_Y/E 和 $\Gamma/(c-b)E$ 的减小而增大，当 σ_Y/E 小于一定值时，外壳一直不会发生断裂。然而脱锂时，随着 σ_Y/E 和 $\Gamma/(c-b)E$ 的增大，核-壳界面更安全，如图5.26（b）所示，且只有当 σ_Y/E 和 $\Gamma/(c-b)E$ 都足够大时，满锂状态下界面剥离才不会发生。

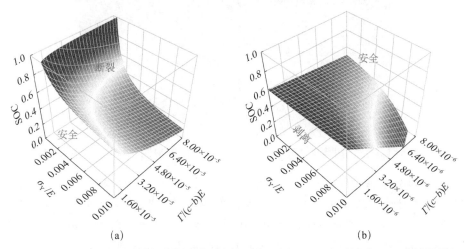

图5.26　空心核-壳结构电极材料锂化破坏失效机理图：（a）表面断裂，（b）界面剥离
（彩图见封底二维码）

5.3.3　实验验证

为了验证前面理论分析的可靠性，这里对不同初始厚度（h_0=10 μm、18 μm、26 μm、35 μm）的锡薄膜电极材料在不同 SOC 下的表面形貌进行了表征，如图 5.27 所示。可以看出，随着充电的进行，薄膜表面形貌发生了显著变化。对于初始厚度 h_0=10 μm 的锡薄膜电极材料，当 SOC=0.1 时，薄膜表面形貌依然保持原本光滑平整的状态；当 SOC=0.5 时，薄膜表面基本平整，但因锂离子的持续嵌入，表面粗糙度增大；而当 SOC=0.93 时，薄膜表面出现了明显的起伏；最后，在满锂状态即 SOC=1 时，薄膜表面的起伏扩展，且表面出现大量微裂纹。通过更多实验我们最终确定，对于 h_0=10 μm 的锡薄膜电极材料，约在满锂状态即 SOC=1 时萌生表面裂纹，而在此之前薄膜表面都不会出现裂纹，因此 SOC=1 即是 h_0=10 μm 的锡薄膜电极材料表面断裂的临界状态。

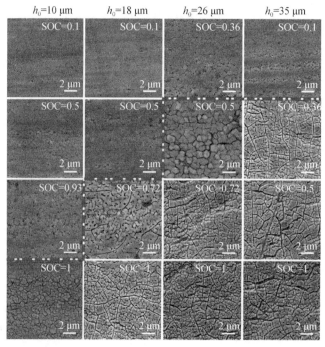

图5.27　不同厚度的锡薄膜电极材料在不同 SOC 下的 SEM 图（彩图见封底二维码）

同样，对于初始厚度 h_0=18 μm 的锡薄膜电极材料，当 SOC=0.1 时，薄膜表面基本光滑平整；当 SOC=0.5 时，薄膜表面出现了一些起伏，表面粗糙度增大；而当 SOC=0.72 时，薄膜表面开始出现细小的裂纹，这一状态就是 h_0=18 μm 的锡薄膜表面断裂的临界值；随着锂离子的继续嵌入，表面裂纹进一步扩展，在 SOC=1 时，可以看出薄膜表面裂纹已扩展加深且相互交织，材料遭到了进一步的破坏。

对于初始厚度 $h_0=26~\mu m$ 的锡薄膜电极材料，当SOC=0.36时，薄膜表面出现明显起伏；当SOC=0.5时，薄膜表面的起伏加深且出现诸多鳞片状微裂纹，因此这一状态即为 $h_0=26~\mu m$ 的锡薄膜表面断裂的临界状态；随着锂化的继续进行，当SOC=0.72时，裂纹进一步扩展增大加深，薄膜表面某些位置出现活性材料的粉化甚至剥落；当SOC=1时，裂纹已经完全扩展，造成了薄膜表面更大面积的粉化和剥落。

对于初始厚度 $h_0=35~\mu m$ 的锡薄膜电极材料，当SOC=0.1时，薄膜表面的起伏明显；当SOC=0.36时，细小裂纹已在薄膜表面萌生，这一状态就是 $h_0=35~\mu m$ 的锡薄膜表面断裂的临界状态；当SOC=0.5时，原本细小的表面裂纹扩展加深为纵横交织的大裂纹；随着锂化的继续进行，到满锂状态即SOC=1时，裂纹进一步加深分裂，活性材料出现大面积粉化剥落现象。

结合上述不同初始厚度的锡薄膜在不同SOC下的扫描电镜（SEM）图，可以发现，初始厚度越小的锡薄膜越不易产生表面裂纹，这一趋势与之前通过理论模型计算出来的结果一致。根据无量纲函数表达式（5.28）和锡活性材料的基本力学性能（$\Gamma=5~pJ\cdot\mu m^{-2}$，$E=40~GPa$，$\sigma_Y=0.04~GPa$），可以得到不同初始厚度的锡薄膜电极材料表面断裂的理论临界曲线，然后将实验测得的锡薄膜临界断裂SOC与理论值对比，如图5.28所示。图中散点代表的是实验测得的锡薄膜的不同SOC状态，其中带红色叉号的表示材料已经发生破坏，曲线表示锡薄膜表面断裂的理论临界值。可以看出，对于锡薄膜结构电极材料，其表面断裂的临界SOC随初始厚度的减小而逐渐增大。当初始厚度小于约10 μm时，即使在满锂状态下也不会有表面裂纹的产生。实验测得的临界断裂SOC与理论结果基本吻合，实验值略小于理论值主要是因为实际制备的材料中不可避免地会存在一定缺陷，这

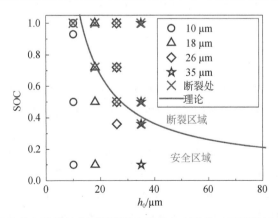

图5.28　锡薄膜电极材料表面断裂的实验值与理论值（彩图见封底二维码）

会增大裂纹产生的概率，而理论模型是不存在任何缺陷的理想化的材料。因此，之前基于有限元模拟和量纲分析得到的关于薄膜结构电极材料表面断裂的锂化破坏失效机理图是基本准确的。

参 考 文 献

[1] Sethuraman V A，Chon M J，Shimshak M，et al. *In situ* measurements of stress evolution in silicon thin films during electrochemical lithiation and delithiation[J]. Journal of Power Sources，2010，195（15）：5062-5066.

[2] Zhao K，Pharr M，Wan Q，et al. Concurrent reaction and plasticity during initial lithiation of crystalline silicon in lithium-ion batteries[J]. Journal of the Electrochemical Society，2012，159（3）：A238-A243.

[3] Zhao K，Pharr M，Vlassak J J，et al. Inelastic hosts as electrodes for high-capacity lithium-ion batteries[J]. Journal of Applied Physics，2011，109（1）：016110.

[4] Zhao K，Pharr M，Vlassak J J，et al. Fracture of electrodes in lithium-ion batteries caused by fast charging[J]. Journal of Applied Physics，2010，108（7）：073517.

[5] Hertzberg B，Benson J，Yushin G. *Ex-situ* depth-sensing indentation measurements of electrochemically produced Si-Li alloy films[J]. Electrochemistry Communications，2011，13（8）：818-821.

[6] Ichitsubo T，Yukitani S，Hirai K，et al. Mechanical-energy influences to electrochemical phenomena in lithium-ion batteries[J]. Journal of Materials Chemistry，2011，21（8）：2701-2708.

[7] Griffith A A. The phenomena of rupture and flow in solids[J]. Philosophical transactions of the royal society of London. Series A，Containing Papers of a Mathematical or Physical Character，1921，A221（4）：163-198.

[8] Zhang P，Ma Z，Wang Y，et al. A first principles study of the mechanical properties of Li-Sn alloys[J]. RSC Advances，2015，5（45）：36022-36029.

[9] Moon J，Cho K，Cho M. *Ab-initio* study of silicon and tin as a negative electrode material for lithium-ion batteries[J]. International Journal of Precision Engineering and Manufacturing，2012，13（7）：1191-1197.

[10] Mukhopadhyay A，Sheldon B W. Deformation and stress in electrode materials for Li-ion batteries[J]. Progress in Materials Science，2014，63（6）：58-116.

[11] Xiao X，Liu P，Verbrugge M，et al. Improved cycling stability of silicon thin film electrodes through patterning for high energy density lithium batteries[J]. Journal of Power Sources，2011，196（3）：1409-1416.

[12] Bower A F，Guduru P R. A simple finite element model of diffusion，finite deformation，plasticity and fracture in lithium ion insertion electrode materials[J]. Modelling and Simulation in Materials Science and Engineering，2012，20（4）：045004.

[13] Maranchi J，Hepp A，Kumta P. High capacity，reversible silicon thin-film anodes for lithium-ion batteries[J]. Electrochemical &Solid State Letters，2003，6（9）：A198-A201.

[14] Ryu I，Choi J W，Cui Y，et al. Size-dependent fracture of Si nanowire battery anodes[J]. Journal of the Mechanics and Physics of Solids，2011，59（9）：1717-1730.

[15] Liu X H，Zheng H，Zhong L，et al. Anisotropic swelling and fracture of silicon nanowires during lithiation[J]. Nano Letters，2011，11（8）：3312-3318.

[16] Maranchi J P，Hepp A F，Evans A G，et al. Interfacial Properties of the a-Si/Cu：Active-inactive thin-film anode system for lithium-ion batteries[J]. Journal of the Electrochemical Society，2006，153（6）：A1246-A1253.

[17] Zhang X，Shyy W，Sastry A M. Numerical simulation of intercalation-induced stress in Li-ion battery electrode particles[J]. Journal of the Electrochemical Society，2007，154（10）：A910-A916.

[18] Zhang X，Sastry A M，Shyy W. Intercalation-induced stress and heat generation within single lithium-ion battery cathode particles[J]. Journal of the Electrochemical Society，2008，155（7）：A542-A552.

[19] Liu X H，Zhong L，Huang S，et al. Size-dependent fracture of silicon nanoparticles during lithiation[J]. ACS Nano，2012，6（2）：1522-1531.

[20] McDowell M T，Lee S W，Wang C，et al. Studying the kinetics of crystalline silicon nanoparticle lithiation with *in situ* transmission electron microscopy[J]. Advanced Materials，2012，24（45）：6034-6041.

[21] Wu H，Chan G，Choi J W，et al. Stable cycling of double-walled silicon nanotube battery anodes through solid-electrolyte interphase control[J]. Nature Nanotechnology，2012，7（5）：310-315.

[22] Zhao K，Pharr M，Hartle L，et al. Fracture and debonding in lithium-ion batteries with electrodes of hollow core-shell nanostructures[J]. Journal of Power Sources，2012，218（15）：6-14.

[23] Guo H，Zhao H，Yin C，et al. A nanosized silicon thin film as high capacity anode material for Li-ion rechargeable batteries[J]. Materials Science and Engineering：B，2006，131（1）：173-176.

[24] Ma Z S，Xie Z C，Wang Y，et al. Failure modes of hollow core-shell structural active materials during the lithiation-delithiation process[J]. Journal of Power Sources，2015，290：114-122.

第6章　基于应变梯度塑性理论的锂离子电池电极材料失效机理研究

　　前几章介绍了锂离子电池以及高容量锂离子电极材料的失效预测，并对其基本的理论基础作了较为详细的阐述。我们知道高容量电极材料在首次循环充放电过程中就造成较为严重的体积变形和结构破坏，导致大量不可逆的容量损失，甚至引发燃烧或爆炸等安全问题。

　　实验研究[1]和第一性计算分析[2]发现，与塑性硬化密切相关的位错运动不可忽视地影响着晶体材料的力学响应，忽略塑性硬化和位错运动将会与材料的实际响应产生较为明显的差异。而众多的仿真模拟研究都是使用理想弹塑性模型来分析电极材料的力学性能，无法体现普遍存在且复杂变化的塑性硬化的影响。

　　近年来研究发现，把电极材料制成微纳米尺度的结构，在一定程度上可缓解电极材料的形变，从而降低电极的破坏和损伤。所以，为了减轻材料体积的过度变形，目前常用的方法是把电极材料制成微纳米尺度的结构。

　　为了更好地厘清材料的弹塑性变形机理，众多学者开始从材料微结构变化中寻找新的塑性理论来实现对实际材料变形的力学模拟。本章将介绍应变梯度塑性（SGP）理论，并在此基础上，利用有限元计算模拟软件 ABAQUS 以及用户自定义子程序对锂离子电池中的高容量薄膜型电极材料建立考虑扩散和应变梯度塑性理论的本构关系，旨在分析应变梯度塑性对电极材料锂化时的结构、形状及应力演化的影响。

6.1　应变梯度塑性理论

6.1.1　锂化相变位错现象

　　早在 20 世纪中期 Pearson 等[3]就发现，溶质晶格收缩所引起的应力分布足以诱发原本无位错的硅晶须产生塑性变形和位错。Dash[4]在对原本无位错的硅材料进行溶质扩散后发现扩散层中有新的位错生成，再次证明位错是由溶质晶格收缩产生的。Prussin[5]也发现了溶质扩散会生成位错，而且认为这些位错可以在一定程度上减轻扩散诱导应力。但受制于当时落后的科学检测技术，研究人员无法观察到扩散溶剂固体内部的变化情况。

　　到了 21 世纪初，原位检测技术呈现出跳跃式的发展。Huang 等[6]用高分辨率透射电镜原位实时观察到，单晶 SnO_2 纳米线负极材料在锂化过程中发生了非均匀变形，锂化反应前端存在着高密度位错区，而这个位错区把贫锂相的单晶区和富锂相的非晶区分割开。随着锂化的持续进行，位错区前端的单晶在位错上形核并吸收位错而长大。位错区后端受到 Li 的掺入而发生晶格畸变形成位错，使位错区沿着纳米线向单晶区滑移，如图 6.1 所示。显然，这个位错云的内部存在着明显的相变反应及应变梯度。晶体材料中的位错与材料的力学变形息息相关，根据位错理论可知，晶体的宏观塑性变形是通过位错运动来实现的。鉴于这个重要发现，Wei 等[7]在恒电流和恒电压充电条件下研究了球状电极中刃型位错机理对扩散诱导应力的影响，认为位错效应能使任意给定时刻的径向和切向拉应力均显著减小，而压应力则增大，降低因拉应力引起的裂纹形成趋势，而且这种影响随着尺寸的减小而越发显著。Li 等[8]把模型换成柱状电极也做了相似的研究，认为位错可以减小锂化拉应力的原因是，位错迁移消耗了锂化膨胀而储存在材料中的

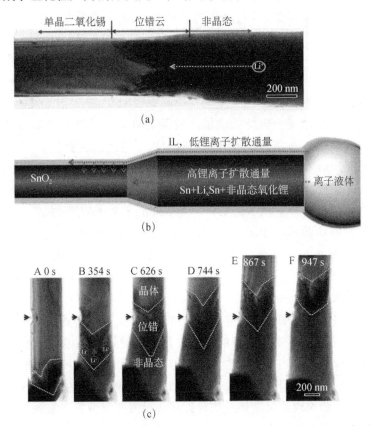

图 6.1　SnO_2 纳米线负极材料锂化过程：（a）结构相表征图；（b）扩散示意图；（c）相界位错区滑移过程图[6]（彩图见封底二维码）

应变能。Chen 等[9]也对在恒电流和恒电压条件下纳米尺度薄膜电极中的扩散诱导应力和刃型位错的分布进行了分析，并提出在考虑位错作用的情况下可以采用先恒电流充电后再恒电压充电的充电方案，从而有效地减小纳米薄膜电极的应力。

6.1.2　微米量级下的尺度效应

直至今天，连续介质力学已成功实现了微电子产业电子器件的微型化，解决了产品微米水平下的设计和制造问题。为了把连续介质力学继续推向细观尺度（即部件或变形所涉及的特征长度尺寸在 $0.1\sim10\ \mu m$ 内的尺度）的应用，必须精确地测量出细观尺度下材料的性质。人们在对应的小尺度实验中发现，与块状材料相比，某些材料（尤其是金属材料）的小尺度性质有着明显的差异。也就是说，当材料的特征长度属于微米量级时，材料所发生的非均匀塑性变形会表现出不可忽略的尺度效应。

1993 年，Stelmashenko 等[10]用扫描隧道显微镜观察单晶钨（W）的压痕实验结果时发现，当压痕深度从 $10\ \mu m$ 减到 $1\ \mu m$ 时，试样硬度将增至 $2\sim3$ 倍。1994 年，Fleck 等[11]进行细铜（Cu）丝扭转实验时发现，直径 $12\ \mu m$ 的无量纲扭矩约为直径 $170\ \mu m$ 的 3 倍。同年，Lloyd 等[12]对不同的颗粒增强金属基复合材料的强度进行研究，发现当颗粒体积分数恒定时，复合材料的强度会随着颗粒尺寸的减小而显著增强。紧接着，Elssner 等[13]对单晶铌（Nb）与蓝宝石单晶间的界面进行宏观断裂韧性与原子分离功的测量，发现这两种材料的裂纹尖端仍然保持尖锐，此时分离晶格或强界面原子所需的应力水平值达到屈服强度的 10 倍，远大于经典塑性理论所估算的 $4\sim5$ 倍[14]。1998 年，Stölken 和 Evans[15]选用 $12.5\ \mu m$、$25\ \mu m$ 和 $50\ \mu m$ 三个厚度的纯镍（Ni）薄片进行弯曲实验，发现其无量纲抗弯强度随着厚度的减小而显著增大。1999 年，Chong 和 Lam[16]在热固性环氧树脂与热塑性聚碳酸酯的微压痕实验中发现，它们的无量纲硬度均与应变梯度有关，说明有机物的塑性同样具有尺度效应。2005 年，McFarland 和 Colton[17]对不同厚度的聚丙烯微悬臂梁进行弯曲实验，同样观察到无量纲抗弯强度随着试样厚度的减小而增大。

上述的众多例子表明了一个事实：尺度效应广泛存在于各类材料中。这对于我们在考虑材料选择和器件制备的时候，有了新的思路和可以尝试的方向。然而，经典塑性理论的本构方程未考虑任何与材料特征长度尺度相关的物理量，因此，该理论无法解释材料力学性能在微米与亚微米级下的尺度相关性。因此，必须要寻找出新的塑性理论来阐述与解释上述的尺度效应现象，发展并推广连续介质力学在细观尺度下的应用。

6.1.3　应变梯度塑性理论的发展

19 世纪末，Voigt 提出在构建材料微粒表面或边界上的连续力学模型时应考虑体力偶和面力偶。1909 年，Cosserat 兄弟[18]根据这一想法，在对应的运动方程中引入偶应力的作用，建立了 Cosserat 理论（通常也称为一般偶应力理论）。但由于该理论未引进本构方程，所以很长一段时间都未引起大众关注。直到 20 世纪 60 年代，一些研究学者才开始尝试改良 Cosserat 理论，创造了微极弹性理论这一概念，只使用位移矢量来对连续介质理论进行描述，并逐渐发展出更为普遍的偶应力理论。1962 年，Toupin[19]认为应变能密度不仅仅与应变相关，还取决于旋转梯度，从而提出将高阶梯度引进连续介质中，发展出线弹性偶应力理论。后来，Mindlin[20, 21]提出，可在微观角度上把连续介质中的每个质点看成一个个体元，每一个体元不仅会随着连续介质进行宏观位移及变形，而且还会相对于其他体元发生微观位移及变形。因此，应变能密度既与应变张量相关联，还与变形张量及微观变形梯度有关。若要计算偶应力理论中的系统总能量，除了考虑应力对应变所做的功，还需要考虑偶应力对旋转形变所做的功。然而这些偶应力理论只考虑了与偶应力互为共轭的旋转梯度，在很多涉及拉伸、膨胀或更复杂的情况下会产生明显的误差。1965 年，Mindlin[22]首次提出应变梯度理论这一概念，认为弹性体的应变能密度可用应变及其一阶、二阶导数来表示。将偶应力理论和应变梯度理论进行比较，偶应力理论只考虑了二阶变形梯度中的 8 个独立分量，而应变梯度理论则考虑了二阶变形梯度的所有 18 个独立分量，其中包括反对称部分的 8 个分量和对称部分的 10 个分量。这个新理论的提出引起了后来众多学者的关注和研究，使应变梯度塑性理论的功能和应用场景逐步扩大，理论内容逐步完善。

1968 年，Green、McInnis 和 Naghdi[23]率先发表了微极塑性理论。1970 年，Ashby[24]指出，材料在塑性变形阶段发生的塑性硬化来源于几何必需位错（geometrically necessary dislocation，GND）和统计储存位错（statistically stored dislocation，SSD）。其中，几何必需位错则是由塑性剪切应变梯度产生的。1984 年，Aifantis 等[25]把应变梯度表示为等效应变的一次、二次拉普拉斯算子（常用 "∇" 表示），并将应变梯度思想应用到塑性理论中，建立了最原始的应变梯度塑性理论。1993 年，Naghdi 和 Srinivasa[26]将简化的偶应力理论作为基础对 Cosserat 理论进行发展，之后尝试分析考虑位错演化的问题。同年，Fleck 和 Hutchinson[27]只考虑旋转应变梯度的影响，建立了一种基于偶应力理论的新的应变梯度塑性理论（即 CS 应变梯度塑性理论）。后来他们发现 CS 理论在裂纹尖端场和微米压痕分析上不适用，因此将二阶变形梯度张量分解为伸长梯度张量和旋转梯度张量两部分，重新发展出一种既考虑旋转应变梯度，也考虑伸长应变梯度的完整的应变梯度塑性理论（即 SG 应变梯度塑性理论）[28]。Shu 和 Fleck[29]在 SG 理论的基础上发表了面向晶体结构模型的应变梯度公式，成功应用在单晶材料[30]及颗粒增强金属基复合材料[31]的微观应变场的分析上。Nix 和 Gao[32]为了估算纳米压头作用下的几何必需位错的密度，建立了一种基于 Taylor 位错模型的简单的位错模型，把位错密度和抗剪强度联系起来，用数学语言描述了位错对力学分析的影响。在这个位错模型的启示下，Gao 等[33, 34]将应变梯度理论和宏观塑性理论以及位错理论联系起来，提出了一种多尺度、分层次的基于位错机理的应变梯度塑性理论（即 MSG 理论）框架。然而由于上述几种塑性理论均考虑了高阶应力，所以它们的本构方程和边界条件均变得尤其复杂，难以推广应用。Acharya 和 Bassani[35]提出了一种能将应力增量、应变增量分别与塑性硬化模量相关联的率无关框架，而此塑性硬化模量既取决于塑性应变，也取决于塑性应变梯度。2000 年，Chen 和 Wang[36]为了避免高阶应力的引进对计算造成困难，以经典 J_2 塑性流动理论增量形式为基础，提出一种仅以应变梯度作为内变量来影响材料的切向硬化模量的硬化关系。紧接着，他们在 Cosserat 理论系统上提出了一种新的旋转梯度理论[37]，将两者结合起来形成了一套完整的应变梯度理论[38]。与此同时，同样是为了除去高阶应力带来的复杂性，Gao 和 Huang[39, 40]借用幂律黏塑性本构公式并在塑性模量中引入应变梯度作为内变量，也提出了一种基于 Taylor 位错模型的非局部的应变梯度塑性理论。

综上所述，应变梯度塑性理论是在控制材料塑性变形的本构关系或演化方程中引入应变梯度和位错密度，从而考虑材料尺度效应对材料结构系统的塑性变形以及位错运动等力学行为的影响，这是区别于传统的弹塑性理论的创新和特点。直到现在，应变梯度塑性理论已成为一门能够分析材料在微米尺度下的多种尺度效应现象的新型塑性理论系统，并仍然朝着更完善、更全面的方向继续发展。

目前，应变梯度塑性理论为微薄梁弯曲、金属细丝扭转、微压痕、裂纹尖端场、孔洞增长、颗粒增强金属基复合材料等多个微米及亚微米级实验的尺度效应现象提供理论解释与支持。当然，众多的研究和补充使应变梯度塑性理论系统衍生出了若干个分支，本章所使用的应变梯度塑性（SGP）理论是以 Gao 和 Huang[39, 40]提出的理论体系为基础的低阶应变梯度塑性理论。

6.2　高容量电极材料的结构模型及理论模型

6.2.1　高容量电极材料的结构模型

由于原子在固体中的扩散过程比弹塑性变形慢很多，而力学平衡的建立比扩散平衡快很多[41]，因此可假设模型的整个锂化变形过程为准静态的。本节选用的电极结构模型是圆形薄膜电极材料，由初始厚度h_0、初始半径r_0的活性材料和集流器基底组成，属于"半电池"结构。设薄膜活性材料均质且各向同性，Li^+从活性材料的上表面嵌入其内部，其下表面附着在基底上。假设基底的刚度远大于活性材料，可将基底看作刚体，不考虑其力学响应。与"全电池"相比，SEI层在"半电池"中的形成较弱，因此整个模拟过程忽略SEI层的影响。由于薄膜电极材料的锂化变形过程是典型的轴对称问题，所以只选择过圆心且与基底垂直的截面作计算对象，将实际的三维模型简化为二维模型，以减少计算量，提高求解速度。因此只需在模型上建立平面直角坐标系(x, y)，原点与下表面中心重合，如图6.2所示。

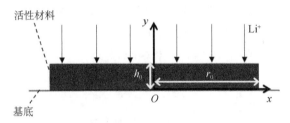

图6.2　锂离子电池薄膜型电极材料结构示意图

6.2.2　高容量电极材料的锂化扩散控制方程

嵌锂过程中，电解质中的Li^+接触电极活性材料后得到电子，被还原为Li原子；与之相反，脱锂时，Li原子失去电子被氧化为Li^+，离开电极活性材料并回到电解质中。在整个充放电过程中，Li元素在电极活性材料上的扩散始终遵循质量守恒定律，具体表示为

$$\int_V \frac{dC}{dt}dV + \int_S \boldsymbol{n} \cdot \boldsymbol{J}dS = 0 \tag{6.1}$$

其中，C为电极活性材料中任意体元的Li元素的摩尔浓度；t为时间；V为该体元的体积，其表面积为S；$\boldsymbol{n}$为该表面的外法线方向，$\boldsymbol{J}$为扩散通量，所以$\boldsymbol{n} \cdot \boldsymbol{J}$表示的是从表面$S$离开的Li元素的通量。假设充放电时的化学反应速率很小，对应的反应活性能也比较小，扩散通量关系式服从Fick第一定律：

$$\boldsymbol{J} = -D\nabla C \tag{6.2}$$

其中，D为扩散系数；∇为哈密顿算子，在此用于求浓度C的梯度；"−"表示扩散通量的方向与浓度梯度的方向相反。在恒电流条件下分析椭圆体$LiMn_2O_4$颗粒的扩散诱导应力演化时发现，考虑应力作用的浓度分布曲线比不考虑应力作用的高[42]，这说明在粒子嵌入及脱出的整个扩散过程中，粒子扩散运动与应力演变存在着双向耦合作用。也就是说，粒子的扩散影响应力的发展，应力也可以促进粒子的扩散。因此，我们建立了考虑应力影响的扩散系数的有效方程[43-45]：

$$D = D(C) = D_0 \left(1 + \frac{2\Omega^2 E}{9(1-\nu)RT} C \right) \qquad (6.3)$$

其中，D_0 为扩散常数，是不考虑浓度影响的扩散系数；Ω 为偏摩尔体积，代表粒子扩散嵌入所引起的单位体积膨胀。有实验表明，体积膨胀和浓度呈线性关系，所以在此假设其为一个定值[46]。E，ν，R 和 T 分别代表杨氏模量、泊松比、气体常数和室内温度。假设在锂化扩散前活性材料内部无 Li 原子，活性材料下表面受基底的界面黏结行为约束，其他表面无外力作用。在恒电流加载的工作条件下，通过活性材料上表面的 Li^+ 通量为恒定不变的值 J_0。因此，活性材料的初始条件和边界条件可分别表示为

$$
\begin{aligned}
C(x,y,0) &= 0, & -r_0 \leqslant x \leqslant r_0, 0 \leqslant y < h_0 \\
F(x,h_0,0) &= 0, & -r_0 \leqslant x \leqslant r_0 \\
F(r_0,y,0) &= 0, & 0 \leqslant y \leqslant h_0
\end{aligned}
\qquad (6.4)
$$

和

$$
J(x,h_0,t) = \begin{cases} 0, & -r_0 \leqslant x \leqslant r_0, t = 0 \\ J_0, & -r_0 \leqslant x \leqslant r_0, t > 0 \end{cases}
\qquad (6.5)
$$

$$u_y(x,0,t) \geqslant 0, \quad -r_0 \leqslant x \leqslant r_0, t \geqslant 0$$

6.2.3　考虑扩散和应变梯度塑性理论的弹-塑性变形

首先，可利用传统力学理论建立高容量电极材料锂化变形的本构模型框架。由于受到了 Li 原子的扩散嵌入，电极活性材料内部会产生扩散诱导应力而使其发生形变。在扩散初期，材料先发生弹性变形。弹性应变增量 $\mathrm{d}\varepsilon_{ij}^e$ 遵循各向同性广义胡克定律的线弹性关系[47]，即

$$\mathrm{d}\varepsilon_{ij}^e = \frac{\mathrm{d}\sigma_{kk}}{9K}\delta_{ij} + \frac{\mathrm{d}\sigma_{ij}'}{2G} \qquad (6.6)$$

其中，$\mathrm{d}\sigma_{kk} = \mathrm{d}\sigma_{11} + \mathrm{d}\sigma_{22} + \mathrm{d}\sigma_{33}$；$K = E/[3(1-2\nu)]$ 为体积模量；δ_{ij} 为 Kronecker 函数，当 $i=j$ 时 $\delta_{ij}=1$，否则 $\delta_{ij}=0$；$\mathrm{d}\sigma_{ij}' = \mathrm{d}\sigma_{ij} - \mathrm{d}\sigma_{kk}\delta_{ij}/3$ 为偏应力增量；$G = E/[2(1+\nu)]$ 为剪切模量。假设锂化过程不会导致材料弹性力学本质性质的变化，弹性呈线性，即 E，K，G，ν 为恒定值。弹性变形过后，电极材料会接着发生塑性变形。研究发现，电极材料在锂化过程中很容易发生塑性变形[48]。根据经典 J_2 塑性流动理论，假设材料塑性服从 von Mises 屈服准则，即当 von Mises 等效应力 σ_e 等于初始屈服强度 σ_Y 时，开始发生塑性屈服。塑性应变增量 $\mathrm{d}\varepsilon_{ij}^p$ 正比于偏应力 σ_{ij}'，即

$$d\varepsilon_{ij}^{p} = \frac{3}{2}\frac{d\varepsilon^{p}}{\sigma_{e}}\sigma_{ij}' \tag{6.7}$$

其中，$d\varepsilon^{p}$ 为等效塑性应变增量；$\sigma_{e} = \sqrt{3\sigma_{ij}'\sigma_{ij}'/2}$ 为 von Mises 等效应力；$\sigma_{ij}' = \sigma_{ij} - \sigma_{kk}\delta_{ij}/3$ 为偏应力分量。由于 Li 的嵌入会引起活性材料发生膨胀，导致化学性质的改变，这个过程往往带有额外的与溶质原子浓度相关的化学应变，则有

$$d\varepsilon_{ij}^{d} = \frac{\Omega dC}{3}\delta_{ij} \tag{6.8}$$

其中，$d\varepsilon_{ij}^{d}$ 是扩散时导致的化学应变增量。结合上述各种应变增量的表达式，得出考虑扩散作用的弹塑性材料的增量形式本构关系为

$$d\varepsilon_{ij} = d\varepsilon_{ij}^{e} + d\varepsilon_{ij}^{p} + d\varepsilon_{ij}^{d} = \frac{d\sigma_{kk}}{9K}\delta_{ij} + \frac{d\sigma_{ij}'}{2G} + \frac{3}{2}\frac{d\varepsilon^{p}}{\sigma_{e}}\sigma_{ij}' + \frac{\Omega dC}{3}\delta_{ij} \tag{6.9}$$

位错运动和尺度效应现象深刻地影响着材料的力学行为，特别是在细观尺度下它们的影响不可忽视。因而在传统力学框架的基础上增加应变梯度塑性（SGP）理论来将这些影响纳入考虑之中。根据 Taylor[49]率先提出并由 Bailey 和 Hirsch[50]修改的位错模型，可得总位错密度 ρ 和剪切流动应力 τ 之间的关系：

$$\tau = \alpha Gb\sqrt{\rho} \tag{6.10}$$

其中，α 为一个取值在 0.3~0.5 的经验常数；b 为伯格斯（Burgers）矢量的大小；总位错密度 ρ 由统计储存位错密度 ρ_{S} 和几何必需位错密度 ρ_{G} 两部分组成。假设锂化过程材料内部的位错混合方式不复杂，则总位错密度 ρ 可写成统计储存位错密度 ρ_{S} 和几何必需位错密度 ρ_{G} 的直接求和[24]，即

$$\rho = \rho_{S} + \rho_{G} \tag{6.11}$$

对于多晶体，拉伸流动应力 σ_{flow} 与剪切流动应力 τ 的关系可通过下式表示：

$$\sigma_{flow} = M\tau = M\alpha Gb\sqrt{\rho_{S} + \rho_{G}} \tag{6.12}$$

其中，M 为 Taylor 因子，表示各向异性的微观晶体在连续介质水平上的宏观各向同性的程度。对于面心立方（fcc）晶体，M 一般取值为 3.06。有研究发现，几何必需位错密度 ρ_{G} 与塑性变形的曲率或有效塑性应变梯度 η^{p} 相关联，所以几何必需位错密度 ρ_{G} 可表示为关于有效塑性应变梯度 η^{p} 的函数[24, 51]，即

$$\rho_{G} = \bar{r}\frac{\eta^{p}}{b} \tag{6.13}$$

其中，$\bar{r}$ 为 Nye 因子，反映了三维空间非均匀塑性变形中的几何必需位错密度 ρ_{G} 的放大作用。对于面心立方（fcc）晶体，$\bar{r}$ 一般取 1.90 左右。有效塑性应变梯度 η^{p} 可由下式计算得到：

$$\eta^{\mathrm{p}} = \int \mathrm{d}\eta^{\mathrm{p}} \mathrm{d}t$$

$$\mathrm{d}\eta^{\mathrm{p}} = \sqrt{\mathrm{d}\eta_{ijk}^{\mathrm{p}} \mathrm{d}\eta_{ijk}^{\mathrm{p}} / 4} \qquad (6.14)$$

$$\mathrm{d}\eta_{ijk}^{\mathrm{p}} = \mathrm{d}\varepsilon_{ik,j}^{\mathrm{p}} + \mathrm{d}\varepsilon_{jk,i}^{\mathrm{p}} - \mathrm{d}\varepsilon_{ij,k}^{\mathrm{p}}$$

为了计算统计储存位错密度 ρ_{S}，我们先考虑了塑性应变梯度 $\eta^{\mathrm{p}} = 0$ 的单轴拉伸实验的情况。由式（6.13）可得此时的几何必需位错密度 $\rho_{\mathrm{G}} = 0$，则此时的流动应力为

$$\sigma_{\mathrm{flow}} = M\alpha Gb\sqrt{\rho_{\mathrm{S}}} = \sigma_{\mathrm{ref}}f(\varepsilon^{\mathrm{p}}) \qquad (6.15)$$

其中，$\sigma_{\mathrm{ref}}f(\varepsilon^{\mathrm{p}})$ 代表单向拉伸时的应力应变曲线；σ_{ref} 是参考应力，假设其值约等于初始屈服强度 σ_{Y}；$f(\varepsilon^{\mathrm{p}})$ 是由单轴拉伸曲线确定的关于等效塑性应变 ε^{p} 的一个无量纲函数。对于幂律硬化固体，其形式为

$$f(\varepsilon^{\mathrm{p}}) = [1 + (E\varepsilon^{\mathrm{p}} / \sigma_{\mathrm{Y}})]^N \qquad (6.16)$$

其中，N 为塑性加工硬化指数，这里取 0.2。因此可确定统计储存位错密度的计算公式为

$$\rho_{\mathrm{S}} = \left[\frac{\sigma_{\mathrm{ref}}f(\varepsilon^{\mathrm{p}})}{M\alpha Gb}\right]^2 \qquad (6.17)$$

将式（6.13）和式（6.17）代入式（6.12）中，得到存在塑性应变梯度影响的塑性流动应力的表达式：

$$\sigma_{\mathrm{flow}} = \sqrt{\left[\sigma_{\mathrm{ref}}f(\varepsilon^{\mathrm{p}})\right]^2 + (M\alpha G)^2\,\overline{r}b\eta^{\mathrm{p}}} = \sigma_{\mathrm{ref}}\sqrt{f^2(\varepsilon^{\mathrm{p}}) + l\eta^{\mathrm{p}}} \qquad (6.18)$$

这里，取 M=3.06，$\overline{r}$=1.90，则上式中的应变梯度塑性的内禀材料长度为

$$l = \left(\frac{M\alpha G}{\sigma_{\mathrm{ref}}}\right)^2 \overline{r}b \approx 18\left(\frac{\alpha G}{\sigma_{\mathrm{ref}}}\right)^2 b \qquad (6.19)$$

对于传统的金属材料，伯格斯矢量的大小 b 一般在 0.1 nm 量级，G/σ_{ref} 在 10^2 量级，α 在 0.3~0.5 范围内。因此，l 应在微米或亚微米量级，这正好反映了尺度效应中的尺度。

高阶 SGP 理论认为塑性应变增量 $\mathrm{d}\varepsilon^{\mathrm{p}}$ 同时与应力增量 $\mathrm{d}\sigma$ 和塑性应变梯度增量 $\mathrm{d}\eta^{\mathrm{p}}$ 有关，而高阶应力则与塑性应变梯度的功共轭。因此，与传统的塑性理论相比，高阶 SGP 理论会拥有高阶的平衡方程以及附加的边界条件，计算过程尤其复杂。于是，Huang 等[40]提出用黏塑性来确定等效塑性应变增量 $\mathrm{d}\varepsilon^{\mathrm{p}}$，后来也有研究发现，$Li^+$ 的嵌入会引起电极活性材料的黏塑性响应[52]。所以，为了不涉及难以计算的高阶应力，并同时引入应变梯度，这里借用了幂律黏塑性模型来重新定

义等效塑性应变增量:

$$d\varepsilon^p = d\varepsilon_0 \left[\frac{\sigma_e}{\sigma_{ref} f(\varepsilon^p)} \right]^m \tag{6.20}$$

其中,$d\varepsilon_0$ 为参考应变增量;m 为率相关指数。当 $m=\infty$ 时,上式在单向拉伸情况下与 $\sigma = \sigma_{ref} f(\varepsilon^p)$ 等价,存在明显的率相关性。为了消除这种对时间的依赖关系,Kok 等[53, 54]把参考应变增量 $d\varepsilon_0$ 替换成等效应变率 $d\varepsilon_e$,通过检验证明了当 m 取值较大时,这种替换也不会产生明显的影响,而且从数学模型上消除了率相关性。此时,率无关的等效塑性应变增量为

$$d\varepsilon^p = d\varepsilon_e \left[\frac{\sigma_e}{\sigma_{ref} f(\varepsilon^p)} \right]^m \tag{6.21}$$

其中,$d\varepsilon_e = \sqrt{3 d\varepsilon'_{ij} d\varepsilon'_{ij} / 2}$ 为等效应变率,这里 $d\varepsilon'_{ij} = d\varepsilon_{ij} - d\varepsilon_{kk}\delta_{ij}/3$ 为偏应变率。

图 6.3(a)为式(6.21)中率相关指数 m 分别为 20 和 ∞ 时的单向拉伸应力应变曲线[40]。而且,与黏塑性模型相似的是,这种弹塑性本构关系无法区分弹性变形和塑性变形,因此在加卸载情况中均可使用。图 6.3(b)为根据式(6.21)计算的在加卸载条件下的单向拉伸应力应变曲线[40]。本书所选取的率相关指数 $m=20$。为了引入应变梯度的影响,一种比较自然的方法为用式(6.18)的 σ_{flow} 替代式(6.21)的 $\sigma_{ref} f(\varepsilon^p)$,可得

$$d\varepsilon^p = d\varepsilon_e \left[\frac{\sigma_e}{\sigma_{ref} \sqrt{f^2(\varepsilon^p) + l\eta^p}} \right]^m \tag{6.22}$$

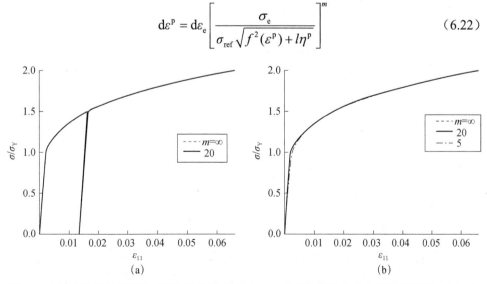

图6.3 (a)率无关等效塑性应变增量中,当 $m=20$,∞ 时的单向拉伸应力应变关系[40];(b)率无关等效塑性应变增量中,在加卸载条件下的单向拉伸应力应变曲线[40]

综上所述,对于各向同性弹塑性材料,考虑低阶 SGP 理论的本构关系为

$$d\varepsilon_{ij} = d\varepsilon_{ij}^{e} + d\varepsilon_{ij}^{p} + d\varepsilon_{ij}^{d} = \frac{d\sigma_{kk}}{9K}\delta_{ij} + \frac{d\sigma_{ij}'}{2G}$$

$$+ \frac{3}{2}\frac{d\varepsilon_e}{\sigma_e}\left[\frac{\sigma_e}{\sigma_{ref}\sqrt{f^2(\varepsilon^p) + l\eta^p}}\right]^m \sigma_{ij}' + \frac{\Omega dC}{3}\delta_{ij} \tag{6.23}$$

可见，塑性应变梯度 η^p 是 SGP 理论本构方程的一个内变量，其作用是将位错作用和经典力学模型联系起来，增大塑性阶段的切线模量，从而降低塑性应变增量。因此，塑性变形的尺度效应可转化为附加的硬化规律，该硬化规律会导致应力水平的增加，而这个应力水平会随外加载荷的增加而提高。

6.2.4　高容量电极材料锂化变形的有限元分析

随着计算技术的进步和电子计算机计算能力的提高，有限元法（finite element method，FEM）作为一种利用变分法计算偏微分方程边值问题近似解的数值分析方法，已成为分析结构性能和现实情况中非常重要的工具。目前国际上流行使用的有限元计算模拟软件包括 NASTRAN、ADINA、ANSYS、COSMOS、ABAQUS 等。本书采用的软件是 ABAQUS，其模拟分析过程通常分为以下三个步骤：前处理、模拟计算和后处理[55]。具体流程如图 6.4 所示。

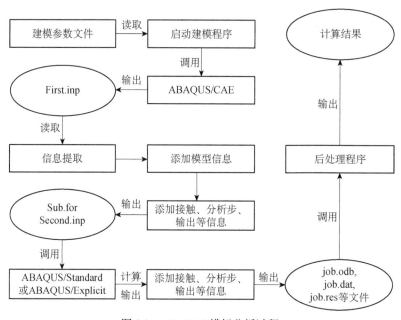

图 6.4　ABAQUS 模拟分析过程

下面利用有限元计算模拟软件 ABAQUS 并借助关于 SGP 理论的用户定义子程序（具体的用户子程序在 ABAQUS 中的调用求解步骤如图 6.5 所示）来实现电

极材料在锂化过程中的线弹性-SGP 变形的数值模拟计算。与经典塑性理论相比，在用户定义子程序中只需要添加对塑性应变梯度项 η^p 的计算。可由同一单元内部各积分点的塑性应变增量通过形函数和差分得到 $d\eta^p$，再累积形成 η^p。本节采用向后差分法对扩散方程进行积分，利用 full Newton 法对计算系统进行求解。考虑到锂离子电池中的高容量电极材料的锂化变形属于大变形行为，须考虑几何非线性（Nlgeom）问题，使计算结果更精确。模型网格选取为利用向下扫略技术划分的四边形单元，单元尺寸设置为整体尺寸的 1%，单元类型选用的是一阶平面应变热应力单元（CPE4T）。

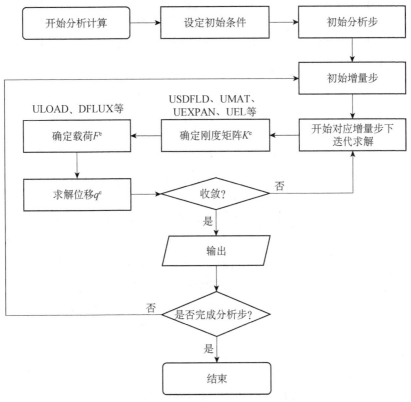

图 6.5　ABAQUS 调用用户子程序流程图

虽然 ABAQUS 缺少成熟的电化学反应中物质浓度扩散引起的力学分析模块，但由于扩散方程与热传导方程具有相似的结构，溶质原子扩散引起的应力与热力学分析中温度梯度引起的应力相似，所以以物质扩散中浓度载荷下的力学响应可与热传导中温度载荷下的力学响应等效类比[5]。其中，锂离子的物质的量浓度 C 可等效为热能密度 $\rho c_p T$；锂化膨胀系数 $\beta = \Omega/3$ 在锂离子扩散诱导膨胀中的作用与热膨胀系数在热膨胀中的作用相同，故可等效为热膨胀系数 α；有效扩

散系数 D 可等效为热扩散系数 $A = K/(\rho c_p)$ 。为了模拟计算的方便，下面的计算分析规定物质浓度扩散中的密度和比热的乘积 ρc_p 等于1，则锂离子物质的量浓度 C 可直接等效为温度 T ，扩散系数 D 也可直接等效为热传导率 K 。详细等效类比关系如图6.6所示。因此为了描述扩散进程并分析相应的应力演化，本书模型中的扩散-应力双向耦合分析是通过ABAQUS软件现有成熟的热-应力双向耦合分析模块来实现的，扩散诱导应力将在模型中以类似于热应力的方式发展。

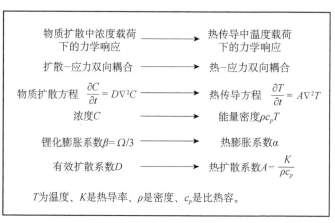

图6.6　物质扩散与热传导的类比关系

6.3　高容量电极材料的锂化变形及应力分析

在理想的力学状态和结构下，锂离子电池可做无数次充放电循环。但事实是，锂离子电池在充放电过程中，大量锂离子嵌入电极活性材料的内部，会引起3%~400%的体积变化。一般来说，高容量的电极材料的充放电过程都会伴随着剧烈的体积变化，从而伴随着巨大的扩散诱导应力的产生。这种大扩散诱导应力会很大程度地影响电极材料的结构与电池整体的性能，造成电池容量的衰减，严重浪费资源。因此，利用仿真技术模拟锂离子电池充放电过程，能有效地计算出电极材料关键位点的应力情况，从而为材料设计合理的结构，节约科研成本，避免商品锂离子电池过度变形造成安全事故提供参考理论数据。

下面以理想弹塑性模型作为参考对象，以线弹性-SGP模型作为分析对象，利用有限元计算模拟软件ABAQUS对高容量薄膜型电极材料的相变锂化过程进行仿真模拟，并从定性的角度分析其锂化过程中的结构形貌、浓度演变、塑性屈服以及某些关键位置的应力场的动态演化，从而研究高容量电极材料锂化时严重的体积变形的力学性能。表6.1是数值模拟中的相关材料参数。为了体现活性材料的高容量，所选用的满锂状态下的浓度高达 6.3×10^{-14} mol·μm^{-3} 。

表 6.1　数值模拟中的相关材料参数

物理量	单位	数值
初始厚度 h_0	μm	0.25
初始半径 r_0	μm	1
扩散常数 D_0[56]	$μm^2 \cdot s^{-1}$	10^{-5}
最大物质的量浓度 C_0	$mol \cdot μm^{-3}$	$6.3×10^{-14}$
偏摩尔体积 Ω	$μm^3 \cdot mol^{-1}$	$1.6×10^{13}$
杨氏模量 E[57]	MPa	100000
泊松比 ν[57]	—	0.22
初始屈服强度 σ_Y [58]	MPa	1000
气体常数 R_0	$pJ \cdot mol^{-1} \cdot K^{-1}$	$8.314×10^{12}$
温度 T	K	298
经验常数 α	—	0.3
伯格斯矢量的大小 b [59]	μm	0.000255

6.3.1　von Mises 应力演变及塑性屈服分析

图 6.7 为薄膜活性材料分别在 1 s，12 s，50 s 时的浓度场示意图，PP 对应理想弹塑性模型，SGP 对应线弹性-SGP 模型。图中蓝色部分表示为未锂化相（$C/C_0 = 0$），红色部分表示为完全锂化相（$C/C_0 = 1$），两相之间由不同颜色叠成的过渡带代表浓度梯度区。由于活性材料上表面和侧面属于自由面，而下表面受到刚体基底的黏结约束作用，所以两个模型的活性材料均会随着锂化过程的进行而优先向上表面以及侧面方向膨胀，形成类似梯形的形状。对于线弹性-SGP 模型，活性材料上表面中点处出现了逐渐变深的凹陷。这个凹陷正是由前面提到的挤压锯齿效应引起的，这往往是薄膜电极材料开裂的前兆[60-62]。然而，在理想弹塑性模型的仿真中从未出现过这种现象[63]。

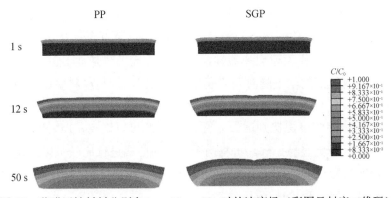

图 6.7　薄膜活性材料分别在 1 s，12 s，50 s 时的浓度场（彩图见封底二维码）

图 6.8 为薄膜活性材料中线（y 轴）区域分别在 1 s，12 s，50 s 的归一化浓度 C/C_0 的演变情况，其中虚线代表理想弹塑性模型，实线代表线弹性-SGP 模型。图中的斜线表示反应前沿的浓度梯度区，$C/C_0 = 0$ 时的曲线范围对应图 6.7 中蓝色的未锂化相，$C/C_0 = 1$ 时的曲线范围对应图 6.7 中红色的完全锂化相。在锂化初期，锂化层厚度较小，活性材料清晰地被分为锂化相和未锂化相两部分，两相之间的界面处明显存在着 Li 浓度的突变，此处会引起较为严重的应力失配。随着锂化的进行，斜线的跨度会越来越大，而斜线斜率不断减小；这说明浓度梯度区的范围会随着离子的嵌入而从上表面向基底不断扩展，并逐渐布满整个活性材料，而该区域的浓度梯度会逐渐减小。与此同时，未锂化相的范围会逐渐减小直至消失，而完全锂化相会以相对较慢的速度逐渐覆盖浓度梯度区，最终使薄膜完全锂化。

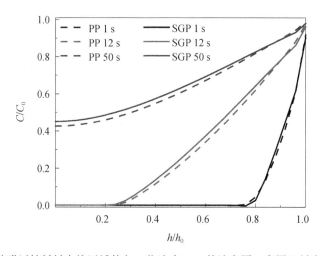

图 6.8　薄膜活性材料中线区域的归一化浓度 C/C_0 的演变图（彩图见封底二维码）

图 6.9 为薄膜活性材料中线中点（0，$h_0/2$）和侧面中点（r_0，$h_0/2$）的归一化浓度 C/C_0 随时间的变化情况，对活性材料内部同一水平线上的浓度演变进行比较分析。其中，虚线代表理想弹塑性模型，实线代表线弹性-SGP 模型。从图中可以看出，所有位点的浓度随时间的变化走势相似，均是以斜率逐渐减小的单调递增函数变化。然而在同一组曲线中，侧面中点（r_0，$h_0/2$）上的浓度比中线中点（0，$h_0/2$）上的浓度更快到达最大值 C_0。因此可以确定，Li$^+$ 在活性材料侧面区域比在中线区域更容易扩散。再将两个模型的曲线进行比较可以发现，在任意确定时刻，实线数据均相对应地略高于虚线数据，这也表明了 SGP 引起的塑性变形能一定程度地促进 Li$^+$ 的扩散运动。

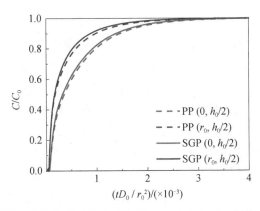

图6.9　薄膜活性材料上的位点（0，$h_0/2$）与（r_0，$h_0/2$）归一化的时间-浓度变化图
（彩图见封底二维码）

6.3.2　垂直应力演变及关键位置的应力分析

图 6.10 为薄膜活性材料分别在 1 s，12 s，50 s 时的 von Mises 应力场示意图。图中 PP 对应理想弹塑性模型，SGP 对应线弹性-SGP 模型。红色部分表示已发生屈服现象并进入塑性变形阶段的区域（$\sigma_e \geqslant \sigma_Y=1000$ MPa），其余彩色部分表示未发生屈服而仍处在弹性变形阶段的区域（$\sigma_e \leqslant \sigma_Y=1000$ MPa）。在两个模型中，Li$^+$从活性材料的上表面嵌入，因此上表面会最先屈服；紧接着，活性材料的侧向膨胀会使侧面产生较大的扩散诱导应力而发生屈服，此时下表面中心附近区域的应力仍很小。随着锂化过程的继续进行，上表面和侧面的红色部分朝着内部的蓝色部分扩展，最后覆盖整个活性材料，此时整个活性材料均已屈服，处在塑性变形阶段。两者相比，线弹性-SGP 模型的中线区域的挤压锯齿效应会使上表面附近的屈服部分形成一条"尖刺"刺入下方的未屈服部分，能一定程度地影响材料内部的屈服情况。

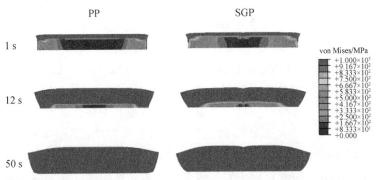

图6.10　薄膜活性材料分别在1 s，12 s，50 s时的von Mises应力场（彩图见封底二维码）

图 6.11 为薄膜活性材料下表面（x 轴）区域在 1 s，12 s，50 s 的归一化 von

Mises 应力 σ_e / σ_Y 的演变情况。其中图 6.11（a）和图 6.11（b）分别对应的是理想弹塑性模型和线弹性-SGP 模型。虚线表示初始屈服临界线，当归一化 von Mises 应力 $\sigma_e / \sigma_Y = 1$ 时，材料开始发生塑性屈服。当归一化 von Mises 应力 $\sigma_e / \sigma_Y > 1$ 时，材料发生塑性硬化。在图 6.11（a）的理想弹塑性模型中，下表面 $r/r_0 = 1$ 处的 σ_e / σ_Y 值均高于同一水平的其他位点，而且率先达到并略高于 1；屈服后的其他位点的 σ_e / σ_Y 均为 1 且基本不变；也就是说活性材料的下表面会在侧边优先发生屈服且会引起小程度的塑性硬化，而其他位点基本无塑性硬化发生。在图 6.11（b）的线弹性-SGP 模型中，下表面的 $r/r_0 = 1$ 处的 σ_e / σ_Y 值也均高于同一水平的其他位点的值并率先达到 1，下表面侧边比同一水平的其他位置更早发生屈服；然而当下表面全范围都发生屈服后，下表面各点的 σ_e / σ_Y 值会随着锂化过程的持续进行而超过 1，下表面区域会继续发生一定程度的塑性硬化；同时下表面侧边的 σ_e / σ_Y 值远大于 1，在 50 s 时已达到了 32.20，这说明下表面侧边在 SGP 的影响下会造成非常严重的塑性硬化。

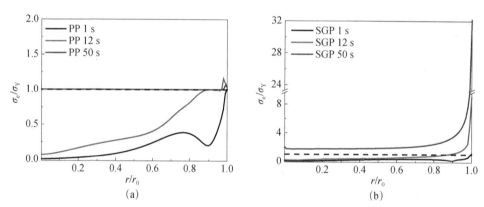

图 6.11　薄膜活性材料下表面区域的归一化 von Mises 应力演变图：（a）理想弹塑性模型；（b）线弹性-SGP 模型（彩图见封底二维码）

图 6.12 为薄膜活性材料在 $0.32h_0$ 处的水平面区域的归一化 von Mises 应力演变情况。其中图 6.12（a）和图 6.12（b）分别对应的是理想弹塑性模型和线弹性-SGP 模型。虚线表示初始屈服临界线。对于图 6.12（a），其曲线走势与图 6.11（a）相似，活性材料的内部区域只会在侧面点处（即 $r/r_0 = 1$ 处）优先发生屈服且会引起小程度的塑性硬化，其他位点基本无塑性硬化发生。而对于图 6.12（b），其曲线形成一个个"中间低，两边高"的"盆地"形状，$r/r_0 = 0$ 和 $r/r_0 = 1$ 两处的 σ_e / σ_Y 值都比其他位点高，而且率先达到并超过 1，即内部区域的中线点和侧面点比同一水平的其他位置都率先发生屈服。前者是由中线区域周围体元的膨胀挤压导致的，促使中线区域在 SGP 的作用下发生塑性硬化，这与图 6.1 所示的位错

区演化相呼应；后者是由 Li⁺优先的侧向扩散引起的体积膨胀和基底黏结约束共同作用导致的。在锂化后期，各点的 σ_e/σ_Y 值会陆续超过 1，活性材料内部全区域屈服后会继续发生塑性硬化。

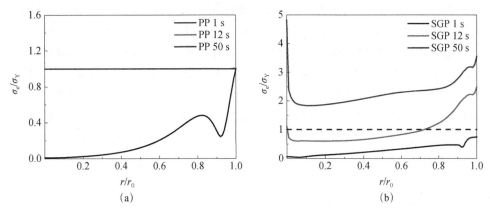

图6.12　薄膜活性材料在0.32h_0处的水平面区域的归一化 von Mises 应力演变
（a）理想弹塑性模型；（b）线弹性-SGP模型（彩图见封底二维码）

6.3.3　水平应力演变及关键位置的应力分析

图6.13为薄膜活性材料分别在1 s，12 s，50 s时的水平应力场示意图。PP对应理想弹塑性模型，SGP对应线弹性-SGP模型。蓝色区域表示受水平压应力作用的部分，红色区域表示受水平拉应力作用的部分。由图可知，在锂化初期，活性材料的上表面全范围和下表面侧边区域呈蓝色，均受到水平压应力作用；而其内部区域呈红色，均由水平拉应力作用。随着锂化的进行，上表面和下表面侧边的蓝色区域逐渐转变为红色，表现为受水平拉应力作用；而其内部区域也逐渐转变为蓝色，表现为受水平压应力作用。对比之下，两模型同一区域的水平应力属性无明显的差别。

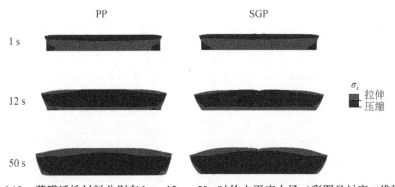

图6.13　薄膜活性材料分别在1 s，12 s，50 s时的水平应力场（彩图见封底二维码）

图6.14考虑的是活性材料下表面区域的水平应力。其中图6.14（a）和（c）分别为理想弹塑性模型和线弹性-SGP 模型的下表面区域的归一化水平应力 σ_x / σ_Y 在 1 s，12 s，50 s 的演变情况。两模型的下表面大部分区域的水平应力均是从非常小的拉应力（$0<\sigma_x / \sigma_Y<0.2$）变成稍大的压应力（$-3.17<\sigma_x / \sigma_Y<0$）；而下表面侧边的水平应力的属性变化相反。图6.14（b）和（d）分别表示的是理想弹塑性模型和线弹性-SGP 模型的下表面侧边（（r_0, 0）或 r/r_0=1）的归一化水平应力 σ_x / σ_Y 随时间的变化。两者都是从压应力转变为拉应力。不同的是，理想弹塑性模型的下表面侧边的水平应力是由小压应力（σ_x / σ_Y 最小为-0.78）转变为小拉应力（σ_x / σ_Y 最大为0.97），并最终以更小的拉应力（σ_x / σ_Y =0.21）达到锂化平衡。如此小幅度的应力变化对一般的界面黏结行为不会造成太大的影响；而线弹性-SGP 模型的下表面侧边的水平应力变化幅度更为明显，从小压应力（σ_x / σ_Y 最小为-1.54）转变为大拉应力直至平衡（σ_x / σ_Y =25.11）。如此巨大的水平拉应力很有可能会引起界面发生剥离。

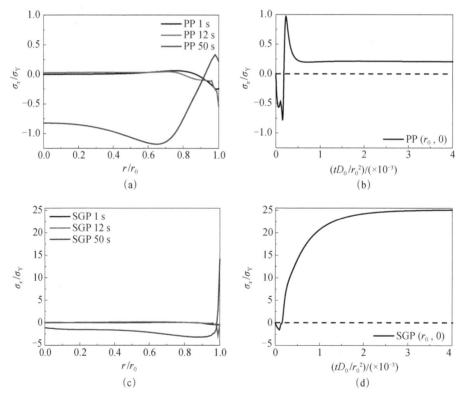

图6.14 （a）、（c）活性材料下表面区域的归一化水平应力演变图；（b）、（d）下表面侧边归一化的时间-水平应力变化图；（a）、（b）对应理想弹塑性模型，（c）、（d）对应线弹性-SGP 模型
（彩图见封底二维码）

　　图6.15是活性材料中线区域的水平应力。其中图6.15（a）和（c）分别为理想弹塑性模型和线弹性-SGP模型的中线区域的归一化水平应力σ_x / σ_Y在1 s，12 s，50 s的演变情况。两模型的中线大半部分区域的水平应力均是从非常小的拉应力（$0 < \sigma_x / \sigma_Y < 0.5$）变成稍大的压应力（$-2 < \sigma_x / \sigma_Y < 0$）；而上表面中点附近的水平应力属性变化刚好相反。图6.15（b）和（d）分别表示的是理想弹塑性模型和线弹性-SGP模型的上表面中点（（0，h_0）或$h/h_0=1$）的归一化水平应力σ_x / σ_Y随时间的变化。两者都是从一定值的压应力转变为相当的拉应力。不同的是，理想弹塑性模型的上表面中点的水平应力是从小压应力（σ_x / σ_Y最小为-1.00）转变为小拉应力，并最终达到锂化平衡（$\sigma_x / \sigma_Y = 1.15$）；而线弹性-SGP模型的上表面中点的水平应力是从大压应力（σ_x / σ_Y最小为-5.13）转变为大拉应力直至平衡（$\sigma_x / \sigma_Y = 6.26$）。初期的大水平压应力可能会使上表面发生塑性屈服而导致硬化，从而出现如图6.1所示的位错云后期的大水平拉应力可能会诱发上表面中点发生损伤且萌生垂直裂纹。相比之下，线弹性-SGP模型中σ_x / σ_Y的最值大约是理想弹塑性模型的5倍，这再次反映了SGP理论对活性材料锂化过程的扩散诱导应力有明显的强化作用。

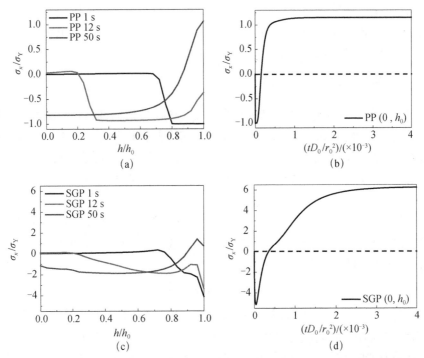

图6.15　（a）、（c）活性材料中线区域的归一化水平应力演变图；（b）、（d）上表面中点归一化的时间-水平应力变化图；（a）、（b）对应理想弹塑性模型，（c）、（d）对应线弹性-SGP模型（彩图见封底二维码）

6.4 高容量电极材料的锂化损伤及破坏分析

高容量电极材料在充电过程中所产生的巨大变形，使其内部生成巨大的扩散诱导应力，容易造成电极活性材料与基底之间的界面剥离，以及其内部或表面的断裂。有研究表明，界面剥离和内部断裂均会导致严重的电接触损耗，使得电极导电效率降低，电池容量衰减，循环寿命衰退，甚至会导致电池失效而无法工作[64-66]。根据车载动力使用标准可知，当电动汽车动力锂离子电池可逆的工作容量下降到初始额定容量的80%时，锂离子电池将不能完全满足汽车动力需求，不建议继续使用，需要及时更换。与镍镉电池、镍氢电池和铅酸电池这些常见的其他二次电池相比，虽然锂离子电池的污染小，但是目前我国应对废旧锂离子电池的回收体系机理还不够完善，仍处在摸索发展的阶段，若回收处理不适当，不仅会导致资源严重浪费，而且还会造成远大于理论预期的污染。因此，本节选取了赋予理想弹塑性模型的薄膜型电极材料作为参考对象、赋予线弹性-SGP模型的薄膜型电极材料作为研究对象，设定了与前文相同的初始条件和边界条件，利用控制变量法定性地探讨薄膜型电极材料中活性材料与基底之间的界面的临界损伤及剥离状态和活性材料上表面的临界损伤及断裂状态，为缓解电极材料发生损伤、剥离及断裂提供数据参考。

6.4.1 高容量电极材料损伤机理

锂离子嵌入电极活性材料中形成的形变，往往会使活性材料与基底之间的界面或活性材料内部的黏结行为弱化，最终引起界面剥离或内部断裂，宏观表现为电极元件性能的退化或失效，导致锂离子电池报废。根据连续损伤力学，牵引-分离定律（σ-δ，traction-separation law）是一种考虑黏结界面发生分离的现象学本构律，在这里用来分析活性材料和基底之间的界面黏结行为。对于二维模型，我们可以忽略Ⅲ型（撕开型）裂纹的影响，只考虑Ⅰ型（张开型）和Ⅱ型（滑开型）断裂的复合情况。为了简化计算，假定法线方向和切线方向是不耦合的，在损伤发生之前黏结行为是各向同性且线弹性的，即

$$[\sigma_n, \sigma_s]^T = K_i[\delta_n, \delta_s]^T \tag{6.24}$$

其中，下标n，s分别表示法线方向和切线方向，对应于Ⅰ型和Ⅱ型断裂；σ_n，σ_s分别为法线方向和切线方向的接触牵引应力；K_i为黏结刚度；δ_n，δ_s分别为法线方向和切线方向的分离量。损伤过程通常分为两部分，分别为损伤起始和损伤演化。

1. 损伤起始判据

损伤起始是指材料刚度受外界作用而开始变小。本书选用最大名义应力损伤准则（maximum nominal stress criterion）作为损伤起始的判据，即当任意一种形式的接触牵引应力与接触牵引强度相等时，损伤开始，即

$$\max\{\langle\sigma_n\rangle, \sigma_s\} = \sigma_c^0 \tag{6.25}$$

其中，σ_c^0 为各向同性材料的接触牵引强度；"$\langle\rangle$" 为 Macauley 括号，在此用于说明纯压缩不会引起损伤，表示为

$$\langle x \rangle = \begin{cases} x, & x \geqslant 0 \\ 0, & x < 0 \end{cases} \tag{6.26}$$

2. 损伤演化判据

损伤演化指的是损伤起始后的材料后继的力学性能退化的过程，主要表现为材料刚度的持续弱化和破坏能量的不断增大。根据能量破坏准则，在混合模式条件下的损伤破坏可由界面复合断裂能 Γ_c 控制。本书采用指数为 1 的幂律混合模式断裂能判据，即

$$\Gamma_n + \Gamma_s = \Gamma_c \tag{6.27}$$

其中，Γ_n 和 Γ_s 分别为 Ⅰ 型和 Ⅱ 型裂纹的断裂能，大小分别为各自的牵引-分离曲线所围面积。由连续损伤力学可以得到，损伤演化过程中材料的刚度退化表示为

$$K_i = K_i^0(1 - V) \tag{6.28}$$

其中，K_i^0 为材料未损伤时的刚度，即初始黏结刚度；V 为损伤变量，取值范围为 0～1，$V=0$ 表示材料处于未损伤状态，$V=1$ 表示材料处于完全损伤且黏结行为失效的状态。与其他损伤力学本构模型相比，由于双线性模型（图 6.16）能够更好地兼顾计算精度和计算效率的要求[67]，所以下文采取双线性模型来对损伤变量 V 进行计算。先引入等效接触牵引应力 σ_{ec} 和等效分离量 δ_{ec}，定义为

$$\sigma_{ec} = \sqrt{\langle\sigma_n\rangle^2 + \sigma_s^2}, \quad \delta_{ec} = \sqrt{\langle\delta_n\rangle^2 + \delta_s^2} \tag{6.29}$$

根据线性损伤演化定理，可知 V 有着如下的关系式：

$$V = \frac{\delta_{ec}^f(\delta_{ec}^{max} - \delta_{ec}^0)}{\delta_{ec}^{max}(\delta_{ec}^f - \delta_{ec}^0)}, \quad \delta_{ec}^0 = \frac{\sigma_{ec}^0}{K_i^0}, \quad \delta_{ec}^f = \frac{2\Gamma_c}{\sigma_{ec}^0} \tag{6.30}$$

其中，δ_{ec}^0 和 σ_{ec}^0 分别为损伤起始时的等效分离量和等效牵引应力；δ_{ec}^f 为完全损伤时的等效分离量；δ_{ec}^{max} 是一个变化值，定义为最大等效分离量，其变化范围为 $\delta_{ec}^0 \leqslant \delta_{ec}^{max}$。完全损伤时（$\delta_{ec}^{max} = \delta_{ec}^f$），$V$ 变为 1 且不会随着 δ_{ec}^{max} 的增大而继续增大。此时 K_i 也变为 0，黏结行为完全消失。

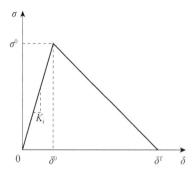

图6.16　双线性损伤本构模型

为了防止仿真计算时发生数值失稳，促进刚度退化时基于断裂面的黏结行为的所求解收敛，这里在黏结表面的本构关系中引入了一个很小的黏度系数（=0.01）。此时，由黏度系数引起的黏性能远小于弹塑性变形所生成的应变能，所以引入的黏度系数对计算结果的影响可以忽略不计。

目前薄膜型电极材料在锂化过程中最为常见的结构破坏方式包括活性材料与基底之间的界面剥离和活性材料的表面开裂。为了探讨锂化时各物理量对电极材料的力学影响，接下来结合上述损伤力学机理，对薄膜型电极材料在线弹性-SGP力学模型下的这两种破坏失效形式的临界状态进行研究和分析。以初始屈服强度 σ_Y 代表塑性影响，以初始黏结刚度 K_i^0、接触牵引强度 σ_c^0 和界面复合断裂能 Γ_c 代表界面黏结作用的影响。荷电状态（SOC）指的是蓄电池在充电、工作或长期搁置不用的任一指定时刻的电荷容量与完全充电状态的容量的比值，即

$$\mathrm{SOC} = \frac{\int_0^{h_0}\int_0^{r_0} C(x,y,t)\mathrm{d}x\mathrm{d}y}{\int_0^{h_0}\int_0^{r_0} C_0\mathrm{d}x\mathrm{d}y} \tag{6.31}$$

其取值在0～1范围内。根据其定义可知，电池完全放电时的SOC=0，完全充电时的SOC=1。因此可用破坏失效时的SOC值反映破坏失效的影响。这里以未变形时的坐标系作为整个变形过程的参考坐标系。

6.4.2　锂化界面损伤及剥离分析

图6.17为薄膜型电极材料在锂化过程中发生的活性材料与基底之间的界面剥离示意图。在锂化膨胀过程的某个时刻，巨大的扩散诱导应力会使薄膜型电极材料发生整体向上翘的严重形变，使得界面的黏结行为完全损伤而失效，最终导致如图中两侧箭头所指向的剥离现象。表6.2为锂化过程中活性材料与基底之间的界面损伤及剥离的相关物理量的参考值，其他物理量的参考值与表6.1相同。

图6.17　薄膜型电极材料锂化界面剥离时的结构示意图

表6.2　界面损伤及剥离的相关物理量的参考值

物理量	单位	数值
初始黏结刚度 K_i^0	MPa·μm^{-1}	10^6
接触牵引强度 σ_c^0	MPa	600
界面复合断裂能 Γ_c	pJ·μm^{-2}	10

1. 损伤起始与演变分析

图6.18 黑色曲线反映的是界面侧边的切线方向的牵引-分离行为，红色曲线反映的是损伤变量 V 的演化过程。界面侧边的大水平拉应力 σ_x（即损伤机理中的切线方向接触牵引应力 σ_s）是界面发生损伤及剥离的主要原因。图中的损伤变量 V 的变化走势与 Zhang 的结果[68]相似。当界面侧边的水平拉应力 σ_x 达到 σ_c^0 时，该值有下降的趋势，所对应的 δ_s 约为 σ_c^0 / K_i^0，损伤变量 V 即将从0递增，界面处开始损伤。在损伤演化过程中，σ_x 遵循双线性模型而呈线性下降，损伤变量 V 则逐渐增大。当 δ_s 大约为 $2\Gamma_c / \sigma_c^0$ 时，σ_x 下降至0，损伤变量 V 达到最大值1，界面处完全损伤，发生剥离。结合上述的损伤起始和损伤演化判据还可发现，法线方向的牵引作用对界面损伤及剥离的影响很小。计算所用的牵引-分离机理与规定的完全相同，所添加的黏度系数对界面的黏结行为影响不明显。

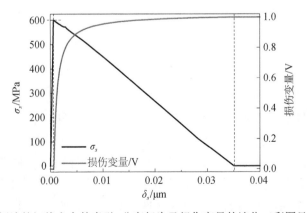

图6.18　界面侧边的切线方向的牵引-分离行为及损伤变量的演化（彩图见封底二维码）

2. 材料尺寸影响分析

图 6.19 表示的是薄膜活性材料的归一化初始厚度 h_0/r_0（即厚度与半径之比，这里简称为厚径比）对界面损伤及剥离临界状态时的 SOC 的影响。其中，图 6.19（a）是理想弹塑性模型（方点线）和线弹性-SGP 模型（圆点线）的损伤临界曲线图，图 6.19（b）是两个模型的剥离临界曲线图。可以发现，线弹性-SGP 模型的临界 SOC 比理想弹塑性模型的低，这从侧面反映了 SGP 理论导致的塑性变形会给薄膜活性材料与基底之间的黏结行为带来更大的应力破坏。在图 6.19（a）中可以发现，理想弹塑性模型的损伤临界曲线随初始厚度的增大而上升，使得安全阶段范围增大，表现为活性材料厚径比越大越难引起界面损伤；而线弹性-SGP 模型的损伤临界曲线随初始厚度的增大反而下降，使得安全阶段范围减小，表现为活性材料厚径比越大越容易引起界面损伤，更不利于锂离子的传输和充放电循环的稳定，这与实验现象有着相似的趋势[69]，更符合实际情况。在图 6.19（b）中，随着活性材料初始厚度的增大，界面剥离临界曲线逐渐下降，界面剥离阶段范围也逐渐增大，这意味着厚径比更小的薄膜活性材料能更好地抵抗界面剥离的萌生，对薄膜结构和性能的稳定更有利。

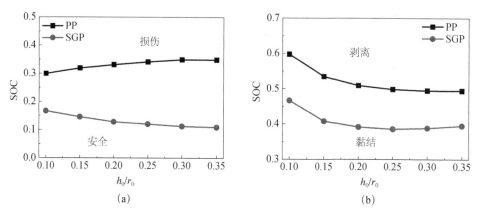

图 6.19　初始厚度对界面损伤及剥离临界状态时的 SOC 的影响

(a) 损伤临界曲线；(b) 剥离临界曲线

3. 塑性屈服影响分析

图 6.20 反映的是薄膜活性材料的归一化初始屈服强度 σ_Y / E 对活性材料与基底之间的界面损伤及剥离临界状态时的 SOC 的影响。其中图 6.20（a）为理想弹塑性模型（方点线）和线弹性-SGP 模型（圆点线）的损伤临界曲线图，图 6.20（b）为两个模型的断裂临界曲线图。结合两图可以发现，线弹性-SGP 模型的临界 SOC 比理想弹塑性模型的低，说明线弹性-SGP 模型所对应的薄膜型电极材料更容易发生损伤及剥离，这可能是因为线弹性-SGP 模型的塑性硬化效应能够引起

更大的界面牵引应力。在图 6.20（a）中可以发现，理想弹塑性模型的损伤临界曲线随初始屈服强度 σ_Y 的减小而上升，且在 $\sigma_Y / E \in (0, 0.0009)$ 范围内形成了无损伤及剥离发生的"完全安全区"；而线弹性-SGP 模型的损伤临界曲线在 $\sigma_Y / E = 0.004$ 处形成了一个较小的峰值，在 $\sigma_Y / E > 0.004$ 内也是随着初始屈服强度 σ_Y 的减小而平缓上升，然而在 $\sigma_Y / E < 0.004$ 内是随着 σ_Y 的减小而平缓地下降的，未形成"完全安全区"。对于图 6.20（b），两模型的剥离临界曲线的走势分别与图 6.20（a）中对应的曲线相似：理想弹塑性模型的剥离临界曲线随初始屈服强度 σ_Y 的减小而上升，且在 $\sigma_Y / E \in (0, 0.0025)$ 范围内形成了无界面剥离发生的"持续黏结区"；而线弹性-SGP 模型的损伤临界曲线也在 $\sigma_Y / E = 0.004$ 处形成了一个较小的峰值，在 $\sigma_Y / E > 0.004$ 内也是随着初始屈服强度 σ_Y 的减小而平缓上升，然而在 $\sigma_Y / E < 0.004$ 内是随着 σ_Y 的减小而平缓下降的，不会形成"持续黏结区"。总的来说，当 σ_Y 值比较大时，降低电极材料的初始屈服强度 σ_Y 值能一定程度上缓解界面损伤及剥离；而由于受到 SGP 的影响，当 σ_Y 值达到某个阈值后继续降低反而会有所促进界面损伤及剥离的发生。此外，线弹性-SGP 模型的损伤和剥离临界曲线起伏较为平缓，这也说明了 σ_Y 的变化对界面损伤及剥离的影响有限。

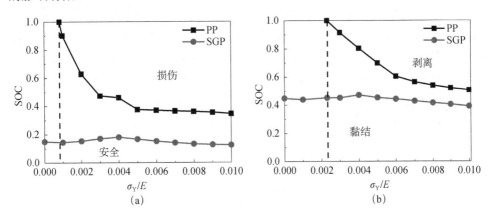

图 6.20　初始屈服强度对界面损伤及剥离临界状态时的 SOC 的影响

（a）损伤临界曲线；（b）剥离临界曲线

4. 界面黏结行为影响分析

图 6.21 反映了活性材料与基底之间的界面的归一化初始黏结刚度 $K_i^0 r_0 / E$ 对界面损伤及剥离临界状态时的 SOC 的影响。由实心点组成的损伤临界曲线随着 $K_i^0 r_0 / E$ 值的增大会先快速下降后趋于平缓；相反地，由空心点组成的剥离临界曲线随着 $K_i^0 r_0 / E$ 值的增大会先快速上升后趋于水平。整体来看，随着 $K_i^0 r_0 / E$ 值的增大，安全阶段范围会越来越小，损伤阶段范围则越来越大，而剥离阶段范

围会先减小后趋于不变。因此，提高界面的初始黏结刚度 K_i^0 会加快界面发生损伤，但同时也会在取值较小的范围内减缓界面剥离的出现，而在取值较大的范围内影响较小。

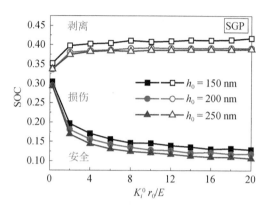

图 6.21　初始黏结刚度对界面损伤及剥离临界状态时的 SOC 的影响（彩图见封底二维码）

　　图 6.22 是活性材料与基底之间的界面的归一化接触牵引强度 σ_c^0/E 对界面损伤及剥离临界状态时的 SOC 的影响。由实心点组成的损伤临界曲线随着 σ_c^0/E 值的增大而上升；而由实心点组成的剥离临界曲线随着 σ_c^0/E 值的增大先快速下降后趋于水平。整体来看，随着 σ_c^0/E 值的增大，安全阶段范围越来越大，损伤阶段范围会越来越小，而剥离阶段范围会先增大后趋于不变。这说明提高界面的接触牵引强度 σ_c^0 能够有效缓解界面发生损伤；而在取值较小的范围内提高这个量会加快界面剥离的出现，在取值较大的范围内则影响不明显。

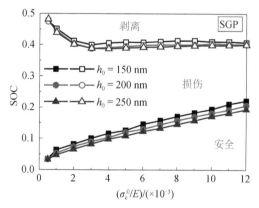

图 6.22　接触牵引强度对界面损伤及剥离临界状态时的 SOC 的影响（彩图见封底二维码）

　　图 6.23 反映了活性材料与基底之间的界面的归一化界面复合断裂能 $\Gamma_c/(r_0 E)$ 对界面剥离临界状态时的 SOC 的影响。从图中可以知道，剥离状态对应的曲线

总体呈单调递增，剥离阶段的范围随着界面复合断裂能 Γ_c 的增大而逐渐减小，这说明更大的界面复合断裂能 Γ_c 可以更好地抵抗界面发生剥离，要想成功剥离就需要更大的牵引应变能来跨越这个“堡垒”。同时还能发现，厚度越小的活性材料对应着越小的剥离区域，这也再次证明了更薄的薄膜活性材料能更好地缓解界面剥离的发生。然而，结合损伤起始判据可知，界面复合断裂能 Γ_c 的变化与界面损伤无关。

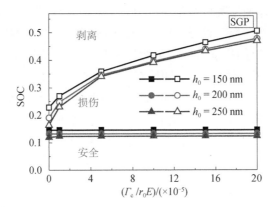

图6.23　界面复合断裂能对界面损伤及剥离临界状态时的SOC的影响（彩图见封底二维码）

6.4.3　锂化上表面损伤及断裂分析

图6.24为薄膜型电极材料在锂化过程中发生的活性材料上表面断裂示意图。在锂化膨胀过程的某个时刻，巨大的扩散诱导应力会使薄膜电极材料向着无约束的侧面扩展，使薄膜活性材料表面附近的黏结行为完全损伤而失效，最终引起如图中箭头所指向的表面断裂现象。表6.3为锂化过程中薄膜活性材料上表面损伤及断裂的相关物理量的参考输入值，其他物理量的参考值与表6.2相同。

图 6.24　薄膜型电极材料锂化上表面开裂时的结构示意图

表 6.3　上表面中心损伤及断裂的相关物理量的参考值

物理量	单位	数值
初始黏结刚度 K_i^0	MPa·μm⁻¹	10^7
接触牵引应力强度 σ_c^0	MPa	600
界面复合断裂能 Γ_c	pJ·μm⁻²	2

1. 材料尺寸影响分析

图 6.25 表示的是薄膜活性材料的归一化初始厚度 h_0/r_0 对上表面损伤及断裂临界状态时的 SOC 的影响。其中图 6.25（a）为理想弹塑性模型（方点线）和线弹性-SGP 模型（圆点线）的损伤临界曲线，图 6.25（b）为两个模型的断裂临界曲线。从这两个图中可以发现，线弹性-SGP 模型的临界 SOC 比理想弹塑性模型的高，表明 SGP 可在一定程度上缓解上表面发生损伤及垂直断裂。随着活性材料初始厚度的减小，所有临界曲线均逐渐上升，同时两模型中曲线之间的差距也越来越大。这表明减小薄膜活性材料的厚径比确实能提高电极材料的结构稳定性，而且使 SGP 理论体现的尺度效应现象愈加明显。当厚径比 h_0/r_0 减小某个值时，临界曲线所对应的 SOC 值均为 1，即使在满锂状态下也不会发生损伤或断裂：对于理想弹塑性模型，$h_0/r_0 < 0.12$ 时不再发生损伤而形成"完全安全区"，$h_0/r_0 < 0.16$ 时不再发生垂直断裂而形成"持续黏结区"；对于线弹性-SGP 模型，$h_0/r_0 < 0.17$ 时不再发生损伤而形成"完全安全区"，$h_0/r_0 < 0.195$ 不再发生垂直断裂而形成"持续黏结区"。

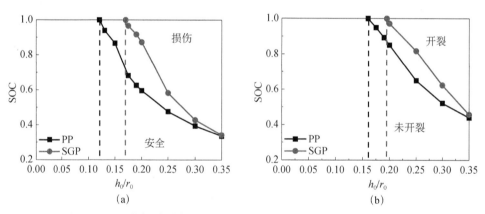

图 6.25　归一化初始厚度对上表面损伤及断裂临界状态时的 SOC 的影响
（a）损伤临界曲线；（b）断裂临界曲线

2. 塑性影响分析

图 6.26 反映的是薄膜活性材料的归一化初始屈服强度 σ_Y/E 对活性材料上表面损伤及断裂临界状态时的 SOC 的影响。其中图 6.26（a）为理想弹塑性模型（方点线）和线弹性-SGP 模型（圆点线）的损伤临界曲线图，图 6.26（b）为两个模型的断裂临界曲线图。结合两图可以发现，同一模型的损伤临界曲线和断裂临界曲线拥有相似的走向：对于理想弹塑性模型，两曲线均是随 σ_Y/E 的减小而逐渐增大的，且在 $\sigma_Y/E \in (0, 0.0051)$ 范围内形成无损伤及剥离发生的"完全安全区"，即当 $\sigma_Y/E < 0.0051$ 时，上表面中心附近不再发生损伤及垂直断裂。而对

于线弹性-SGP 模型，两曲线在 SGP 的影响下走势的变化异常复杂，未形成任何
"完全安全区"或"持续黏结区"，且均在 $\sigma_Y / E = 0.002$ 处形成极小值。这种曲
折的走向可能与改变 σ_Y 所影响的塑性流动过程有关，也可能和挤压锯齿效应现
象有关，其原理仍需更深层次的探究。

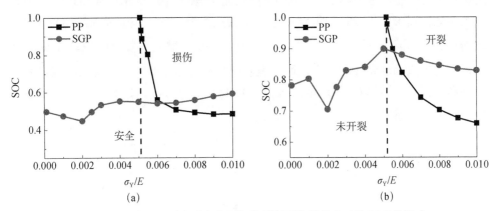

图 6.26　初始屈服强度对上表面损伤及断裂临界状态时的 SOC 的影响

（a）损伤临界曲线；（b）断裂临界曲线

3. 黏结行为影响分析

图 6.27 反映了活性材料上表面中点处的归一化初始黏结刚度 $K_i^0 r_0 / E$ 对上表
面损伤及断裂临界状态时的 SOC 的影响。由方点线组成的损伤临界曲线随着
$K_i^0 r_0 / E$ 值的增大会先快速下降后趋于平缓；由圆点线组成的断裂临界曲线随着
$K_i^0 r_0 / E$ 值的变化基本都趋于水平。整体来看，随着 $K_i^0 r_0 / E$ 值的增大，安全阶
段范围会越来越小，损伤阶段范围则越来越大，而断裂阶段范围会基本不变。因
此，提高界面的初始黏结刚度 K_i^0 会加快上表面中点处发生损伤，然而改变初始
黏结刚度 K_i^0 不会影响上表面垂直裂纹的萌生。

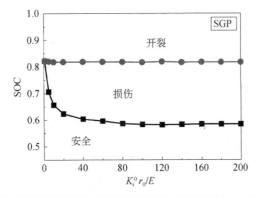

图 6.27　初始黏结刚度对上表面损伤及断裂临界状态时的 SOC 的影响

图 6.28 是活性材料上表面中点处的归一化接触牵引强度 σ_c^0 / E 对上表面损伤及断裂临界状态的 SOC 的影响。由方点线组成的损伤临界曲线随着 σ_c^0 / E 值的增大而上升。需要特别注意的是在 $\sigma_c^0 / E = 4$ 处出现了突变，SOC 从 0.18 瞬间增加到 0.57。这可能是由于此处对应的时间节点的上表面中线的牵引应力由压应力起着主导地位而抑制了损伤的继续进行；由圆点线组成的断裂临界曲线随着 σ_c^0 / E 值的增大而逐渐下降。整体来看，随着 σ_c^0 / E 值的增大，安全阶段范围逐渐增大，损伤阶段范围会逐渐减小，而断裂阶段范围会逐渐增大。这说明提高界面的接触牵引强度 σ_c^0 能够有效缓解上表面中点处发生损伤，但也会促进此处在锂化后期发生垂直断裂。

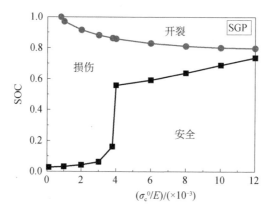

图 6.28   接触牵引强度对上表面损伤及断裂临界状态时的 SOC 的影响

图 6.29 反映了活性材料上表面中点处的归一化界面复合断裂能 $\Gamma_c / r_0 E$ 对上表面损伤及断裂临界状态时的 SOC 的影响。随着 $\Gamma_c / r_0 E$ 值的增大，由方点线组成的损伤临界曲线基本不变，而由圆点线组成的断裂临界曲线会逐渐增大。

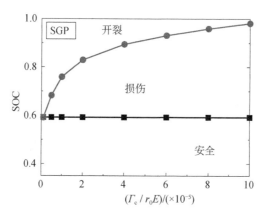

图 6.29   界面复合断裂能对上表面损伤及断裂临界状态时的 SOC 的影响

整体来看，安全阶段范围基本不变，损伤阶段范围会逐渐增大，而断裂阶段范围会逐渐减小。这说明界面复合断裂能 $\varGamma_c$ 的变化不影响上表面中点处的牵引损伤；然而提高界面复合断裂能 $\varGamma_c$ 可以更好地抵抗上表面发生断裂，要想成功断裂就需要获得比界面复合断裂能 $\varGamma_c$ 更大的牵引应变能。

参 考 文 献

[1] Li N，Nastasi M，Misra A. Defect structures and hardening mechanisms in high dose helium ion implanted Cu and Cu/Nb multilayer thin films[J]. International Journal of Plasticity，2012，32-33：1-16.

[2] Han Y S，Tomar V. An *ab initio* study of the peak tensile strength of tungsten with an account of helium point defects[J]. International Journal of Plasticity，2013，48：54-71.

[3] Pearson G L，Read W T，Feldmann W L. Deformation and fracture of small silicon crystals[J]. Acta Metallurgica，1957，5（4）：181-191.

[4] Dash W C. Growth of silicon crystals free from dislocations[J]. Journal of Applied Physics，1959，30（4）：459-474.

[5] Prussin S. Generation and distribution of dislocations by solute diffusion[J]. Journal of Applied Physics，1961，32（10）：1876-1881.

[6] Huang J Y，Zhong　L，Wang C M，et al. *In situ* observation of the electrochemical lithiation of a single SnO_2 nanowire electrode[J]. Science，2010，330（6010）：1515-1520.

[7] Wei P，Zhou J，Pang X，et al. Effects of dislocation mechanics on diffusion-induced stresses within a spherical insertion particle electrode[J]. Journal of Materials Chemistry A，2014，2（4）：1128-1136.

[8] Li J，Fang Q，Liu F，et al. Analytical modeling of dislocation effect on diffusion induced stress in a cylindrical lithium ion battery electrode[J]. Journal of Power Sources，2014，272：121-127.

[9] Chen B，Zhou J，Zhu J，et al. Diffusion induced stress and the distribution of dislocations in a nanostructured thin film electrode during lithiation[J]. RSC Advances，2014，4（109）：64216-64224.

[10] Stelmashenko N A，Walls M G，Brown L M，et al. Microindentations on W and Mo oriented single crystals：An STM study[J]. Acta Metallurgica et Materialia，1993，41（10）：2855-2865.

[11] Fleck N A，Muller G M，Ashby M F，et al. Strain gradient plasticity：Theory and experiment[J]. Acta Metallurgica et Materialia，1994，42（2）：475-487.

[12] Lloyd D J. Particle reinforced aluminium and magnesium matrix composites[J]. International

Materials Reviews, 1994, 39（1）: 1-23.

[13] Elssner G, Korn D, Rühle M. The influence of interface impurities on fracture energy of UHV diffusion bonded metal-ceramic bicrystals[J]. Scripta Metallurgica et Materialia, 1994, 31 （8）: 1037-1042.

[14] Hutchinson J W. Linking scales in fracture mechanics[C]//International Congress on Fracture Officers 1993-97. New York: Pergamon Press, 1997.

[15] Stölken J S, Evans A G. A microbend test method for measuring the plasticity length scale [J]. Acta Materialia, 1998, 46（14）: 5109-5115.

[16] Chong A C M, Lam D C C. Strain gradient plasticity effect in indentation hardness of polymers[J]. Journal of Materials Research, 1999, 14（10）: 4103-4110.

[17] McFarland A W, Colton J S. Role of material microstructure in plate stiffness with relevance to microcantilever sensors[J]. Journal of Micromechanics and Microengineering, 2005, 15 （5）: 1060-1067.

[18] Cosserat E, Cosserat F. Théorie des corps déformables[J]. Nature, 1909, 81（2072）: 67.

[19] Toupin R A. Elastic materials with couple-stresses[J]. Archive for Rational Mechanics and Analysis, 1962, 11（1）: 385-414.

[20] Mindlin R D. Influence of couple-stresses on stress concentrations[J]. Experimental Mechanics, 1963, 3（1）: 1-7.

[21] Mindlin R D. Micro-structure in linear elasticity[J]. Archive for Rational Mechanics and Analysis, 1964, 16（1）: 51-78.

[22] Mindlin R D. Second gradient of strain and surface-tension in linear elasticity[J]. International Journal of Solids and Structures, 1965, 1（4）: 417-438.

[23] Green A E, McInnis B C, Naghdi P M. Elastic-plastic continua with simple force dipole[J]. International Journal of Engineering Science, 1968, 6（7）: 373-394.

[24] Ashby M F. The deformation of plastically non-homogeneous materials[J]. The Philosophical Magazine, 1970, 21（170）: 399-424.

[25] Aifantis E. On the microstructural origin of certain inelastic models[J]. Journal of Engineering Materials and Technology, 1984, 106（4）: 326-330.

[26] Naghdi P, Srinivasa A. A dynamical theory of structures solids. I Basic development[J]. Royal Society of London Philosophical Transactions Series A, 1993, 345: 425-458.

[27] Fleck N A, Hutchinson J W. A phenomenological theory for strain gradient effects in plasticity[J]. Journal of the Mechanics and Physics of Solids, 1993, 41（12）: 1825-1857.

[28] Fleck N A, Hutchinson J W. Strain gradient plasticity[J]. Advances in Applied Mechanics, 1997, 33: 295-361.

[29] Shu J Y, Fleck N A. Strain gradient crystal plasticity: Size-dependent deformation of bicrystals[J]. Journal of the Mechanics and Physics of Solids, 1999, 47 (2): 297-324.

[30] Shu J Y. Scale-dependent deformation of porous single crystals[J]. International Journal of Plasticity, 1998, 14 (10): 1085-1107.

[31] Shu J Y, Barlow C Y. Strain gradient effects on microscopic strain field in a metal matrix composite[J]. International Journal of Plasticity, 2000, 16 (5): 563-591.

[32] Nix W D, Gao H. Indentation size effects in crystalline materials: A law for strain gradient plasticity[J]. Journal of the Mechanics and Physics of Solids, 1998, 46: 411-425.

[33] Gao H, Huang Y, Nix W D, et al. Mechanism-based strain gradient plasticity—I. Theory [J]. Journal of the Mechanics and Physics of Solids, 1999, 47 (6): 1239-1263.

[34] HuangY, Gao H, Nix W D, et al. Mechanism-based strain gradient plasticity—II. Analysis [J]. Journal of the Mechanics and Physics of Solids, 2000, 48: 99-128.

[35] Acharya A, Bassani J. On non-local flow theories that preserve the classical structure of incremental boundary value problems[C]//Symposium on Micromechanics of Plasticity and Damage of Multiphase Materials. Dordrecht: Springer, 1996.

[36] Chen S H, Wang T C. A new hardening law for strain gradient plasticity[J]. Acta Materialia, 2000, 48: 3997-4005.

[37] Chen S H, Wang T C. A new deformation theory with strain gradient effects[J]. International Journal of Plasticity, 2002, 18 (8): 971-995.

[38] Chen S H, Wang T C. Strain gradient theory with couple stress for crystalline solids[J]. European Journal of Mechanics - A/Solids, 2001, 20 (5): 739-756.

[39] Gao H, Huang Y. Taylor-based nonlocal theory of plasticity[J]. International Journal of Solids and Structures, 2001, 38 (15): 2615-2637.

[40] Huang Y, Qu S, Hwang K C, et al. A conventional theory of mechanism-based strain gradient plasticity[J]. International Journal of Plasticity, 2004, 20 (4-5): 753-782.

[41] Deshpande R, Cheng Y T, Verbrugge M W. Modeling diffusion-induced stress in nanowire electrode structures[J]. Journal of Power Sources, 2010, 195 (15): 5081-5088.

[42] Zhang X, Shyy W, Sastry A M. Numerical simulation of intercalation-induced stress in Li-ion battery electrode particles[J]. Journal of the Electrochemical Society, 2007, 154 (10): A910.

[43] Yao Y, Mcdowell M T, Ryu I, et al. Interconnected silicon hollow nanospheres for lithium-ion battery anodes with long cycle life[J]. Nano Letters, 2011, 11 (7): 2949-2954.

[44] Kalnaus S, Rhodes K, Daniel C. A study of lithium ion intercalation induced fracture of silicon particles used as anode material in Li-ion battery[J]. Journal of Power Sources, 2011, 196 (19): 8116-8124.

[45] Ryu I, Choi J W, Cji Y, et al. Size-dependent fracture of Si nanowire battery anodes[J]. Journal of the Mechanics and Physics of Solids, 2011, 59 (9): 1717-1730.

[46] Mukhopadhyay A, Sheldon B W. Deformation and stress in electrode materials for Li-ion batteries[J]. Progress in Materials Science, 2014, 63: 58-116.

[47] 周益春. 材料固体力学（上、下册）[M]. 北京：科学出版社，2006.

[48] Zhao K, Wang W L, Gregoire J, et al. Lithium-assisted plastic deformation of silicon electrodes in lithium-ion batteries: A first-principles theoretical study[J]. Nano Letters, 2011, 11 (7): 2962-2967.

[49] Taylor G I. The mechanism of plastic deformation of crystals. Part I—Theoretical[J]. Proceedings of the Royal Society of London, 1934, 145: 362-387.

[50] Bailey J E, Hirsch P B. The dislocation distribution, flow stress, and stored energy in cold-worked polycrystalline silver[J]. The Philosophical Magazine: A Journal of Theoretical Experimental and Applied Physics, 1960, 5 (53): 485-497.

[51] Nye J F. Some geometrical relations in dislocated crystals[J]. Acta Metallurgica, 1953, 1 (2): 153-162.

[52] Drozdov A D. Viscoplastic response of electrode particles in Li-ion batteries driven by insertion of lithium[J]. International Journal of Solids and Structures, 2014, 51 (3-4): 690-705.

[53] Kok S, Beaudoin A J, Tortorelli D A. A polycrystal plasticity model based on the mechanical threshold[J]. International Journal of Plasticity, 2002, 18 (5): 715-741.

[54] Kok S, Beaudoin A J, Tortorelli D A, et al. A finite element model for the Portevin-Le Chatelier effect based on polycrystal plasticity[J]. Modelling and Simulation in Materials Science and Engineering, 2002, 10 (6): 745-763.

[55] 庄茁，廖剑晖. 基于ABAQUS的有限元分析和应用[M]. 北京：清华大学出版社，2009.

[56] Li J, Xiao X, Yang F, et al. Potentiostatic intermittent titration technique for electrodes governed by diffusion and interfacial reaction[J]. The Journal of Physical Chemistry C, 2012, 116 (1): 1472-1478.

[57] Maranchi J P, Hepp A F, Evans A G, et al. Interfacial properties of the a-Si/Cu: Active-inactive thin-film anode system for lithium-ion batteries[J]. Journal of the Electrochemical Society, 2006, 153 (6): A1246.

[58] Sethuraman V A, Chon M J, Shimshak M, et al. *In situ* measurements of stress evolution in silicon thin films during electrochemical lithiation and delithiation[J]. Journal of Power Sources, 2010, 195 (15): 5062-5066.

[59] Martínez-Pañeda E, Betegón C. Modeling damage and fracture within strain-gradient plasticity[J]. International Journal of Solids and Structures, 2015, 59: 208-215.

[60] Haftbaradaran H，Gao H. Ratcheting of silicon island electrodes on substrate due to cyclic intercalation[J]. Applied Physics Letters，2012，100（12）：121907.

[61] Guo K，Zhang W，Sheldon B W，et al. Concentration dependent properties lead to plastic ratcheting in thin island electrodes on substrate under cyclic charging and discharging[J]. Acta Materialia，2019，164：261-271.

[62] Liu Y，Guo K，Wang C，et al. Wrinkling and ratcheting of a thin film on cyclically deforming plastic substrate：Mechanical instability of the solid-electrolyte interphase in Li-ion batteries[J]. Journal of the Mechanics and Physics of Solids，2019，123：103-118.

[63] Liu M. Finite element analysis of lithium insertion-induced expansion of a silicon thin film on a rigid substrate under potentiostatic operation[J]. Journal of Power Sources，2015，275：760-768.

[64] Beaulieu L Y，Eberman K W，Turenr R L，et al. Colossal reversible volume changes in Lithium alloys[J]. Electrochemical and Solid State Letters，2001，4（9）：A137.

[65] Beaulieu LY，Hatchard T D，Bonakdarpour A，et al. Reaction of Li with alloy thin films studied by *in situ* AFM[J]. Journal of the Electrochemical Society，2003，150（11）：A1457-A1464.

[66] Hertzberg B，Alexeev A，Yushin G. Deformations in Si-Li anodes upon electrochemical alloying in nano-confined space[J]. Journal of the American Chemical Society，2010，132（25）：8548-8549.

[67] Alfano G. On the influence of the shape of the interface law on the application of cohesive-zone models[J]. Composites Science and Technology，2006，66（6）：723-730.

[68] Zhang Y，Zhao C，Guo Z. Simulation of crack behavior of secondary particles in Li-ion battery electrodes during lithiation/de-lithiation cycles[J]. International Journal of Mechanical Sciences，2019，155：178-186.

[69] Liu M. Finite element analysis of lithiation-induced decohesion of a silicon thin film adhesively bonded to a rigid substrate under potentiostatic operation[J]. International Journal of Solids and Structures，2015，67-68：263-271.

第 7 章 辐射环境下锂离子电池电极材料的失效预测

锂离子电池在航空航天、卫星等空间领域显现了良好的应用前景。但是，空间锂离子电池的工作环境实际涵盖了电场、化学场、力场、辐射场等多物理场耦合。一方面，在电场和化学场作用下，锂离子在高容量电极间的嵌入和脱出导致严重的体积变形甚至破坏，造成其电化学性能的衰退；另一方面，辐射场作用的多变量耦合失效问题更为复杂，严重制约了锂离子电池在空天领域的应用。因此，要从根源上认识和解决这一关键科学问题，探究其失效机理刻不容缓。为了解决辐射环境下高容量锂离子电池电极材料锂化耦合的力学及电化学失效问题，本章通过辐照实验、电化学性能测试及表征，结合理论分析和有限元模拟，建立金属电极的辐射–电化学耦合塑性模型、基于两相锂化的电极材料辐射–电化学耦合本构关系，以及不同辐照剂量下的电极材料电化学失效理论模型，旨在研究辐射条件下锂离子电池电极材料锂化过程中的微观结构、应力应变、电化学性能的演变规律。

7.1 高容量电极材料两相锂化解析模型

7.1.1 高容量电极颗粒的两相锂化浓度分布函数

高容量电极材料的锂化过程会出现明显的两相界面，这表明锂化反应前沿会出现浓度的突变，预示着高容量电极材料界面处极大的应变失配。为了探究电极材料锂化的微观机理以及微观结构的演化，必然需要考虑相界面的迁移。如图 7.1 所示，本章基于一个球形电极颗粒，锂嵌入导致电极颗粒中，新相的生成，出现锐相界面。

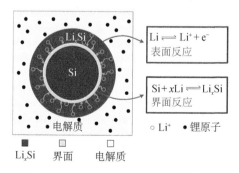

图 7.1 两相锂化示意图（彩图见封底二维码）

　　这里假设以一系列具有 S 型函数的一维阶梯状 Li^+ 分布浓度剖面来模拟锂化与未锂化区之间的锐相界面运动:

$$\frac{c(r,t)}{c_0} = \frac{1}{1 + \exp\left[-\gamma \dfrac{r-(R-kt)}{R}\right]} \tag{7.1}$$

式中，$c(r,t)$ 表示时间为 t 时，在沿颗粒径向 r 处 Li^+ 中的浓度。相应地，$\dot{c}(r,t)$ 是不同时空条件下的 Li 浓度。c_0 表示浓度的一个稳态值。物理上，锂化过程需要考虑 Li 在锂化相中的扩散和两相界面处的化学反应:

$$\gamma = \frac{D}{kR} \tag{7.2}$$

这里，γ 是一个无量纲的参数，用来调控相界面移动速率和 Li 扩散之间的关系，暗示着一个突变的浓度界面（0~1），将锂离子浓度 $c(r,t)$ 用稳定态的锂离子浓度 c_0 作归一化处理，0 表示未发生锂化的贫锂相浓度，1 表示完全锂化的富锂态；D 表示 Li 在电极内部的扩散系数；k 为界面反应前沿的速率；R 表示颗粒半径。γ 越大，Li 扩散越快，界面反应受限。式（7.1）既说明了受界面反应速率限制的锂化反应，同时也描述了稳态扩散为电极材料的两相锂化应力演化求解提供了理论基础。这里以锂浓度作为因变量，采用 SOC 来描述薄膜电极的充电过程，定义为

$$SOC = \frac{\int_0^R c(r)r^2 dr}{\int_0^R r^2 dr} \approx \frac{R^3-(R-y)^3}{R^3} = 1-\left(1-\frac{y}{R}\right)^3 \tag{7.3}$$

其中，y 为颗粒表面到锂化过渡层中心的距离。

7.1.2　高容量电极颗粒的应力解析模型

　　现有的许多工作都证明了两相锂化过程中的相界面突变对应力分布具有明显的强化作用。Wang 等[1]基于双向扩散建立的非线性扩散锂化模型，借助有限元工具 ABAQUS 进行数值模拟，描述了高容量电极材料的锂化变形及破坏问题。进一步地，Zhao 等[2]基于刚塑性模型从机理的角度刻画了锂化反应过程中的应力演化及与电极材料结构的关系。在无曲率薄膜中，锂嵌入时周围材料对其约束，受到轴向压应力；对于曲率的薄膜，反应前沿受周围材料的限制，环向受压应力。随着反应界面的向前推动，新的锂化膨胀部分使得单元向外移动。为了适应外周从而产生拉应变，导致拉应力。但是，刚塑性模型并不能很好地刻画浓度突变导致的应力演化。基于此，本章提出考虑球形颗粒两相锂化的弹塑性模型。

　　1. 模型基本假设

　　如图 7.2 所示，其颗粒应力状态用 σ_r、σ_θ 和 σ_q 表示，由于球形颗粒完全满足球对称，所以 $\sigma_\theta = \sigma_q$，其中 σ_r 为径向应力，σ_θ 为环向应力。

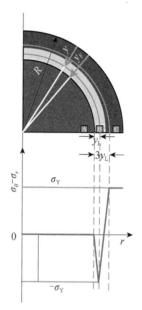

图7.2　高容量电极颗粒锂化应力状态示意图（彩图见封底二维码）

将整个球形颗粒看作三个特征部分：核内未锂化部分，应变非常小，因此考虑为弹性阶段，受到均匀的压缩静水压应力：$\sigma_\theta - \sigma_r = 0$；完全锂化的部分，由于体积变形很大，完全达到屈服，所以忽略弹性，将这一部分考虑为一个理想塑性阶段；对于锂化-非锂化之间的应力过渡区，在两相边界上，当反应前沿扫过B单元时，在B单元产生了较大的锂化应变。由于周围材料的限制，局部的压应力达到屈服应力 σ_Y，即 $\sigma_\theta - \sigma_r = -\sigma_Y$。新形成的锂化相将单元C向外推，导致其向外径向的进一步位移。为适应外周更大的应变，颗粒表面环向应力由压应力转变为拉应力，受拉加载到发生屈服，$\sigma_\theta - \sigma_r = \sigma_Y$。这里结合浓度分布函数，讨论球形颗粒锂化的弹性过渡层。

基于一阶泰勒近似，在过渡层（$r \approx R - y$）处，

$$\frac{c(r)}{c_0} \approx \frac{1}{1 + 1 - \beta \dfrac{r - (R - y)}{R}} \approx \frac{1}{4}\beta \frac{r - (R - y)}{R} \tag{7.4}$$

在过渡层中，考虑材料处于弹性状态，则

$$\varepsilon_{ij} = \frac{1}{E}\left[(1+\nu)\sigma_{ij} - \nu\sigma_{ij}\right] + \frac{\Omega c(r)}{3}\delta_{ij} \tag{7.5}$$

并结合连续性方程和平衡方程。可以求解：

$$u = \frac{Ar}{2} + \frac{\Omega}{36}\frac{1+\nu}{1-\nu}\frac{\beta}{R}r^2 + \frac{B}{r} \tag{7.6}$$

$$\sigma_r - \sigma_\theta = \frac{E\left(-6f + \frac{\varOmega}{3}\frac{1+\nu}{1-\nu}\frac{\beta}{4R}r^3\right)}{3r^2(1+\nu)} \tag{7.7}$$

式中，u 为位移；A，B 是待定参数。

当 $r = a$（即处于贫锂区和过渡区的界面位置）时，$\sigma_\theta - \sigma_r = 0$，

$$f = \frac{a^3 A}{6} \tag{7.8}$$

$$\sigma_r - \sigma_\theta = \frac{-Ea^3}{36r^2}\frac{\varOmega}{1-\nu}\frac{\beta}{R} + \frac{Er}{36}\frac{\varOmega}{1-\nu}\frac{\beta}{R} \tag{7.9}$$

$$\frac{\mathrm{d}(\tilde\sigma_r - \tilde\sigma_\theta)}{\mathrm{d}r} = \frac{E\varOmega}{\sigma_Y(1-\nu)}\left(\frac{2a^3}{9r^3} + \frac{1}{9}\right)\frac{\mathrm{d}\tilde c(r)}{\mathrm{d}r} \tag{7.10}$$

由于过渡层非常薄，所以 $r \approx a$，$E = 0.05\sigma_Y$[3]，$\varOmega = 0.58$[4]，可得

$$\frac{20\times0.58}{(1-0.22)\times9}\frac{\mathrm{d}\tilde c(r)}{\mathrm{d}r} < \frac{\mathrm{d}(\tilde\sigma_r - \tilde\sigma_\theta)}{\mathrm{d}r} < \frac{3\times20\times0.58}{(1-0.22)\times9}\frac{\mathrm{d}\tilde c(r)}{\mathrm{d}r} \tag{7.11}$$

因此取 $\dfrac{\mathrm{d}(\tilde\sigma_r - \tilde\sigma_\theta)}{\mathrm{d}r} = 2\dfrac{\mathrm{d}\tilde c(r)}{\mathrm{d}r}$。假设弹性应力过渡层厚度是浓度过渡层的 2 倍：$2y_L = 2(y_F - y)$，这里 y_F 为锂化层厚度，则压应力加载段与拉应力加载的斜率比为 1∶1。

2. 应力解析解模型

这里基于浓度分布，假设应力随过渡层厚度呈线性变化。在 $y_F < r < y$ 区域，拉应力线性减小到零，然后转变到压应力，压应力弹性加载到屈服。而在 $y < r < y + 2y_L$ 部分，压应力卸载到零，然后拉应力加载至屈服。锂化初始阶段，电极颗粒核内部分受到外部限制，处于静水压应力，即 A 单元的应力状态：$\sigma_\theta - \sigma_r = 0$。锂化层厚度 $y_F < y_L$ 时，富锂相的应力状态为

$$\sigma_\theta - \sigma_r = -\frac{\sigma_Y}{y_L}\left[r - (R - y_F)\right] \tag{7.12}$$

材料单元必须满足力平衡方程：

$$\frac{\mathrm{d}\sigma_r}{\mathrm{d}r} + 2\frac{\sigma_\theta - \sigma_r}{r} = 0 \tag{7.13}$$

力的边界条件为自由边界条件，$\sigma_r|_{r=R} = 0$，所以，求得

$$\sigma_r = 2\sigma_Y\left[\frac{R-r}{y_L} + \frac{R-y_F}{y_L}\ln\left(\frac{r}{R}\right)\right] \tag{7.14}$$

$$\sigma_\theta = 2\sigma_Y\left[\frac{3(R-r-2y_F)}{2y_L} + \frac{R-y_F}{y_L}\ln\left(\frac{r}{R}\right)\right] \tag{7.15}$$

当 $0 \leqslant r \leqslant R - y_F$ 时，应力状态为 $\sigma_\theta - \sigma_r = 0$。考虑到相界面处应力的连续

性 $\sigma_r|_{r=(R-y_F)^+}=\sigma_r|_{r=(R-y_F)^-}$，可以得到

$$\sigma_r = \sigma_\theta = 2\frac{\sigma_Y}{y_L}\left[y_F - (R-y_F)\ln\left(\frac{R-y_F}{R}\right)\right] \tag{7.16}$$

同样地，随着锂化反应的进行，可以进一步确定锂化层厚度为 $y_L < y_F < 3y_L$ 时的电极颗粒的应力状态。电极颗粒的等效应力 $\sigma_\theta - \sigma_r$、环向应力 σ_θ 和径向应力 σ_r 描述如下：

$$\sigma_r - \sigma_\theta = \begin{cases} -\sigma_Y\dfrac{r-R+(y_F-y_L)}{y_L}, & R-(y_F-y_L) < r \leq R \\[2mm] -\sigma_Y\dfrac{r-R+y_F}{y_L}, & R-y_F \leq r \leq R-(y_F-y_L) \\[2mm] 0, & r \leq R-y_F \end{cases} \tag{7.17}$$

$$\sigma_r = \begin{cases} 2\sigma_Y\left[\dfrac{r-R}{y_L} - \dfrac{R-y_F+2y_L}{y_L}\ln\left(\dfrac{r}{R}\right)\right], & R-(y_F-y_L) < r \leq R \\[3mm] 2\sigma_Y\left[\dfrac{R-r-2y_F+2y_L}{y_L} - \dfrac{R-y_F}{y_L}\ln\left(\dfrac{r}{R-y_F+y_L}\right)\right] \\[3mm] \quad -2\sigma_Y\left[\dfrac{R-y_F+2y_L}{y_L}\ln\left(\dfrac{R-y_F+y_L}{r}\right)\right], & R-y_F \leq r \leq R-(y_F-y_L) \\[3mm] 2\sigma_Y\left[\dfrac{2y_L-y_F}{y_L} + \dfrac{R-y_F}{y_L}\ln\left(\dfrac{R-y_F}{R-y_F+y_L}\right)\right] \\[3mm] \quad -2\sigma_Y\left[\dfrac{R-y_F+2y_L}{y_L}\ln\left(\dfrac{R-y_F+y_L}{R}\right)\right], & r \leq R-y_F \end{cases} \tag{7.18}$$

$$\sigma_\theta = \begin{cases} 2\sigma_Y\left[\dfrac{3r-3R+y_F-y_L}{2y_L} - \dfrac{R-y_F+2y_L}{y_L}\ln\left(\dfrac{r}{R}\right)\right], & R-(y_F-y_L) < r \leq R \\[3mm] 2\sigma_Y\left[\dfrac{R-r-5y_F+4y_L}{2y_L} - \dfrac{R-y_F}{y_L}\ln\left(\dfrac{r}{R-y_F+y_L}\right)\right] \\[3mm] \quad -2\sigma_Y\left[\dfrac{R-y_F+2y_L}{y_L}\ln\left(\dfrac{R-y_F+y_L}{R}\right)\right], & R-y_F \leq r \leq R-(y_F-y_L) \\[3mm] 2\sigma_Y\left[\dfrac{2y_L-y_F+(R-y_F)}{y_L}\ln\left(\dfrac{R-y_F}{R-y_F+y_L}\right)\right] \\[3mm] \quad -2\sigma_Y\left[\dfrac{R-y_F+2y_L}{y_L}\ln\left(\dfrac{R-y_F+y_L}{R}\right)\right], & r \leq R-y_F \end{cases} \tag{7.19}$$

当锂化层厚度 $y_F < 3y_L$ 时，电极颗粒内部的应力状态表述如下：

$$\sigma_r - \sigma_\theta = \begin{cases} \sigma_Y, & R - (y_F - 3y_L) < r \leqslant R \\[2mm] \sigma_Y \dfrac{r - R + (y_F - 2y_L)}{y_L}, & R - (y_F - y_L) \leqslant r \leqslant R - (y_F - 3y_L) \\[2mm] -\sigma_Y \dfrac{r - R + y_F}{y_L}, & R - y_F \leqslant r \leqslant R - (y_F - y_L) \\[2mm] 0, & r \leqslant R - y_F \end{cases} \tag{7.20}$$

$$\sigma_r = \begin{cases} -2\sigma_Y \ln\left(\dfrac{r}{R}\right), & R - (y_F - 3y_L) < r \leqslant R \\[2mm] 2\sigma_Y \left[\dfrac{r - R + (y_F - 3y_L)}{y_L} - \dfrac{R - y_F + 2y_L}{y_L} \ln\left(\dfrac{r}{R - y_F + 3y_L}\right) \right] \\[2mm] \quad -2\sigma_Y \left[\dfrac{R - y_F + 3y_L}{R} \right], & R - (y_F - y_L) < r \leqslant R - (y_F - 3y_L) \\[2mm] 2\sigma_Y \left[\dfrac{R - r - (y_F + y_L)}{y_L} - \dfrac{R - y_F + 2y_L}{y_L} \ln\left(\dfrac{R - y_F + y_L}{R - y_F + 3y_L}\right) + \ln\left(\dfrac{R - y_F + 3y_L}{R}\right) \right] \\[2mm] \quad + 2\sigma_Y \dfrac{R - y_F}{y_L} \ln\left(\dfrac{r}{R - y_F + y_L}\right), & R - y_F \leqslant r \leqslant R - (y_F - y_L) \\[2mm] 2\sigma_Y \left[-1 - \dfrac{R - y_F + 2y_L}{y_L} \ln\left(\dfrac{R - y_F + y_L}{R - y_F + 3y_L}\right) \right] \\[2mm] \quad + 2\sigma_Y \left[\ln\left(\dfrac{R - y_F + 3y_L}{R}\right) + \dfrac{R - y_F}{y_L} \ln\left(\dfrac{R - y_F}{R - y_F + y_L}\right) \right], & r \leqslant R - y_F \end{cases} \tag{7.21}$$

$$\sigma_\theta = \begin{cases} -2\sigma_Y \left[\dfrac{1}{2} - \ln\left(\dfrac{r}{R}\right) \right], & R - (y_F - 3y_L) < r \leqslant R \\[2mm] 2\sigma_Y \left[-4 + \dfrac{3(r - R + y_F)}{2y_L} - \dfrac{R - y_F + 2y_L}{y_L} \ln\left(\dfrac{r}{R - y_F + 3y_L}\right) \right] \\[2mm] \quad -2\sigma_Y \ln\left[\dfrac{R - y_F + 3y_L}{R} \right], & R - (y_F - y_L) < r \leqslant R - (y_F - 3y_L) \\[2mm] 2\sigma_Y \left[\dfrac{3(R - r - y_F - y_L)}{2y_L} - \dfrac{R - y_F + 2y_L}{y_L} \ln\left(\dfrac{R - y_F + y_L}{R - y_F + 3y_L}\right) + \ln\left(\dfrac{R - y_F + 3y_L}{R}\right) \right] \\[2mm] \quad + 2\sigma_Y \dfrac{R - y_F}{y_L} \ln\left(\dfrac{r}{R - y_F + y_L}\right), & R - y_F \leqslant r \leqslant R - (y_F - y_L) \\[2mm] 2\sigma_Y \left[-\dfrac{3}{2} - \dfrac{R - y_F + 2y_L}{y_L} \ln\left(\dfrac{R - y_F + y_L}{R - y_F + 3y_L}\right) + \ln\left(\dfrac{R - y_F + 3y_L}{R}\right) \right] \\[2mm] \quad + 2\sigma_Y \dfrac{R - y_F}{y_L} \ln\left(\dfrac{R - y_F}{R - y_F + y_L}\right), & r \leqslant R - y_F \end{cases} \tag{7.22}$$

7.1.3　高容量电极颗粒两相锂化的临界破坏状态

电极材料的破坏具有很强的尺寸依赖性。颗粒尺寸小于临界尺寸时,电极颗粒在锂化过程中既不会开裂也不会破裂;反之,高于临界值时,由于锂化膨胀,颗粒表面出现裂纹,裂纹的进一步扩展导致颗粒粉碎,造成电极材料容量下降,电化学循环性能衰退。为了更好地分析电极颗粒的破坏行为,之前的相关研究已经对几种不同结构的电极进行了破坏预测[1]。

从应力状态分析来看,当锂化层的厚度 $y_F < 2y_L$ 时,环向应力为压应力,所以颗粒表面不会产生裂纹;当 $2y_L < y_F < 3y_L$ 时,颗粒表面的环向应力转变成拉应力;当厚度 $y_F < 3y_L$ 时,拉应力增大到屈服 σ_Y。假定裂纹扩展远大于塑性流动,则根据线弹性断裂力学,材料发生断裂时的能量释放率为 G_f,其具体表述为

$$G_f = Z \frac{\sigma_\theta^2}{E} \tag{7.23}$$

式中,Z 是一个通过求解弹性边值问题来确定的无量纲参数。

然后作进一步假设,不考虑弹塑性变形导致的体积变化时,体积变化表示为

$$\varepsilon_r + 2\varepsilon_\theta = \Omega c(r) \tag{7.24}$$

式中,$\varepsilon_r = \dfrac{\mathrm{d}u}{\mathrm{d}r}$ 为径向应变;$\varepsilon_\theta = \dfrac{u}{r}$ 为环向应变;Ω 为单个 Li 的体积。对于硅而言,满锂状态下的体积膨胀约为300%,所以 $\Omega c_{max} = 3$。此外,假设相界面是固定的,即 $u|_{R-y} = 0$,所以位移

$$u = \frac{3R}{2} \exp\left(\frac{-2r}{R}\right) \cdot \left[-\exp\left(\frac{-2(R-y)}{R}\right) + \exp\left(\frac{2r}{R}\right) \right] \tag{7.25}$$

锂化层的厚度 t 可以表示为

$$t = u_r|_{r=R} + y \tag{7.26}$$

设 Γ_f 为电极颗粒的破坏能,引入电极临界破坏条件:$\Gamma_f = G_f$,可以得到

$$t = \frac{3R}{2} \left\{ 1 - \exp\left[\frac{2y_L}{R}\left(1 + \sqrt{\frac{\Gamma_f E}{2\sigma_Y^2 R}} \right) \right] \right\} + y_L \left(1 + \sqrt{\frac{\Gamma_f E}{2\sigma_Y^2 R}} \right) \tag{7.27}$$

7.1.4　物理场分析

1. 浓度分布

随着锂化的进行,不同时间下的电极颗粒沿径向的锂离子浓度分布如图7.3所示。r 表示沿径向的位置,R 表示当前嵌锂状态下的电极颗粒半径。在浓度梯度的驱动下,锂离子逐渐扩散到活性物质中,锂化相与未锂化相之间的相界很明显。底部的浓度最低,最终达到最大浓度 c_0。通常,锂化过程包括两个伴随的过

程：Li⁺在锂化相中的扩散和两相界面处的化学反应（图7.1），两相之间存在较大的浓度过渡区，在相边界处Li浓度发生突变，随着锂化的进行，浓度突变界面向颗粒内移动。

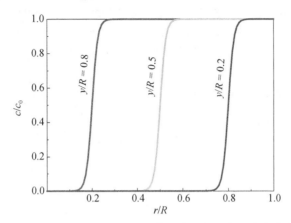

图7.3　球形电极颗粒在不同锂化状态下的锂离子浓度分布

2. 应力

图7.4（a）刻画了分段函数式（7.12）、式（7.17）和式（7.20），分别代表三种应力状态：$y_F < y_L$（实线）、$y_L < y_F < 3y_L$（虚线）和 $y_F < 3y_L$（虚线），即表示沿半径方向 $\sigma_\theta - \sigma_r$ 的应力分布。与浓度突变界面相对应，随着锂化的进行，颗粒表面的应力由压应力转变成拉应力。图7.4（b）是与之相对应的时间状态下，径向应力 σ_r 和环向应力 σ_θ 沿颗粒径向的演化。可以看出，在未锂化区，颗粒表面径向应力为零，且与环向应力相等。当锂化层厚度非常小时，未锂化区的环向应力为拉应力状态，而表面的环向应力为压应力状态。这是因为，锂化层膨胀使相界面向外移动，并在未锂化部分产生拉应力。而在相界面处，受周围材料的约束，新锂化单元为压应力状态。锂化层厚度增大，即锂化界面继续向核内移动，相界面处的材料膨胀挤压未锂化部分，导致未锂化区应力由拉应力向压应力转变，同时由于新锂化相膨胀，导致锂化相沿径向向外移动，为适应更大的外周拉应变，颗粒表面的环向应力由压应力转变成拉应力。如图7.4（c）所示，这里基于Huang等[3]的锂化变形应力模型，通过有限差分法进行锂化应力求解，得到颗粒内研究单元的环向应力随锂化反应的演化。将此结果与本章建立的对应力过渡层作线弹性假设后求解的应力解析解模型进行对比，发现在应力产生及演化趋势上，应力解析解模型与有限元计算模型完全相符的。同时，对于颗粒内部应力过渡层提出的线弹性假设，即压应力加载阶段与拉应力加载段斜率比为1∶1，也与Huang等的结果相符，证明了该解析解模型的合理性。

进一步分析沿颗粒径向不同位置的电极材料单元的应力状态演化。从图7.5

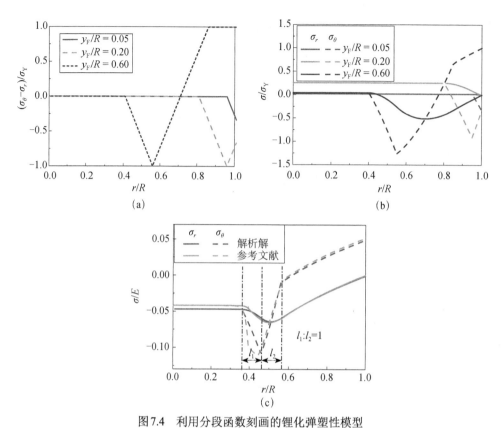

图7.4　利用分段函数刻画的锂化弹塑性模型

（a）沿径向 $\sigma_\theta-\sigma_r$ 的演化；（b）沿径向 σ_θ、σ_r 的演化；（c）结果对比（彩图见封底二维码）

参考文献来自：Acta Materialia，2013，61（12）：4354-4364.

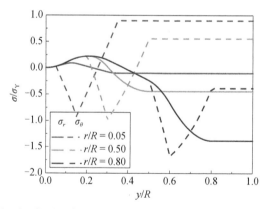

图7.5　颗粒内部不同位置环向应力 σ_θ 和径向应力 σ_r 的演化（彩图见封底二维码）

可以看出，在颗粒内部不同的径向位置存在着相似的应力趋势，即径向应力由拉应力向压应力变化，最终达到稳定值。这是因为，在锂化反应开始阶段，贫锂相

（图7.2中的单元A）会被富锂相（单元C）发生的膨胀部分所拖拽，从而引起未锂化部分材料产生拉应力。由于周围材料对单元的约束，新形成的锂化单元B处于压应力状态，直至屈服，最终发生塑性流动；同时，环向应力状态由拉应力向压应力转变，然后又由压应力向拉应力转变，最终趋于稳定。在锂化过程中，当表面环向的拉伸位移达到最大值时，其应力状态为 $\sigma_\theta = \sigma_Y$，最终发生塑性流动。核内单元的环向拉伸位移随着半径的减小而减小，即使在完全锂化的情况下（如 $r=0.8R$），颗粒内仍处于环向压应力状态。

　　这里结合以上的应力演化分析，进一步考虑两相界面过渡层厚度对应力演化的影响。事实上，界面过渡层厚度代表相界面转变的锐度。厚度越小，相界面突变性越大；反之，随着过渡界面层厚度的增大，浓度界面的不连续性减小，逐渐地减弱了两相界面的锐度。如图 7.6 所示，y_L 越小，相界面越清晰。如 $y_L / R = 0.1$ 时的应力演化所示，颗粒的环向应力在相界面处有着对应于浓度不连续性的失配现象。随着过渡层的增大，Li浓度分布呈单相逐渐增大趋势。如当 $y_L / R = 0.8$ 时，为大厚度的过渡层。这种情况下，颗粒表面的环向应力始终处于压缩状态，这与单相锂化的应力演化规律十分吻合[5]。原因是：考虑到两个相邻的材料单元，外层单元的 Li 浓度总是高于内部单元，这使得 Li 向内流动。这种浓度差异会导致膨胀失配，从而导致前者产生额外的环向压应力。所以，在以后的研究工作中可以考虑将 y_L 作为调控两相锂化的重要参数。

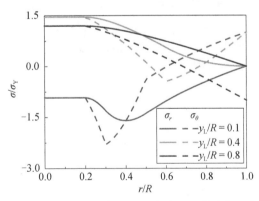

图7.6　不同过渡层厚度条件下环向应力 σ_θ 和径向应力 σ_r 的演化（彩图见封底二维码）

　　图7.7描述了电极颗粒锂化破坏时的临界状态。选取材料断裂能 $\Gamma_f=5.6\,\mathrm{J\cdot m^{-2}}$，可以预测颗粒半径的临界尺寸是 64.4 nm，在该尺寸之下，无论何种锂化情况，电极颗粒都不会发生破坏，这与实验结果的75 nm[6]是比较一致的。然而，在0～1000 nm尺寸范围内，锂化膨胀过程中颗粒表面环向拉应力的增加，使得 t/R（锂化层厚度归一化）的临界尺寸随着 R 的增大而减小。最重要的是，存在锂化层厚

度的临界值。在此厚度以下，无论颗粒大小如何，在锂化过程中颗粒表面都不会产生裂纹或发生断裂。

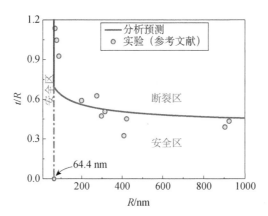

图7.7　颗粒锂化临界破坏状态（彩图见封底二维码）

实验数据来自文献：ACS Nano，2012，6（2）：1522-1531.

7.2　辐射-电化学耦合塑性模型

7.2.1　辐射条件下离子扩散动力学理论

1. 金属薄膜电极的扩散诱导应力

如图7.8所示，这里选取厚度为 L_0 的薄膜电极，研究锂离子电池的电化学反应及锂离子嵌入活性电极的过程。整个扩散过程的驱动力是锂离子的浓度差，电极内部溶质扩散满足扩散方程：

$$\frac{\partial c(z,t)}{\partial t} = D_d \nabla^2 c(z,t) \tag{7.28}$$

初始浓度条件为

$$c(z,0) = 0, \quad 0 \leqslant z \leqslant L \tag{7.29}$$

浓度边界条件为

$$\left. \frac{\partial c(z,t)}{\partial t} \right|_{z=0} = c(L,t) = c_0 \tag{7.30}$$

其中，$c(z,t)$ 表示 t 时刻，在位置 z 处锂离子的浓度；c_0 表示稳态阶段的浓度；此外，$L = L_0(1 + \eta \mathrm{SOC})$ 表示给定SOC状态下的活性材料厚度，电极材料锂化膨胀系数为 η（Sn：η=2.0）[7,8]；D_d 为电极内部锂离子的扩散系数。

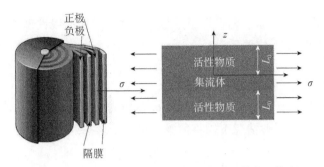

图7.8　薄膜电极锂化变形示意图（彩图见封底二维码）

考虑到高容量电极材料锂化过程的两相界面，这里用 S 型函数模拟薄膜电极锂化过程浓度两相界面的移动：

$$\frac{c(z,t)}{c_0} = \frac{1}{1+\exp\left\{-\chi\left[\frac{z}{L}-\left(1-\frac{\omega t}{L}\right)\right]\right\}} \tag{7.31}$$

如图7.9所示，同样地，在浓度梯度的驱动下，锂离子逐渐向活性电极扩散。

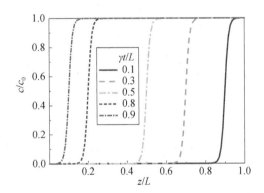

图7.9　沿薄膜电极厚度方向的锂离子浓度分布（彩图见封底二维码）

这里进一步考虑两相界面处的应力对浓度扩散及扩散诱导应力的影响。应变与位移的关系式为

$$\varepsilon_{ij} = \frac{1}{2}\left(\frac{\partial u_i}{\partial x_j}+\frac{\partial u_j}{\partial x_i}\right) \tag{7.32}$$

嵌入的溶质原子与结构原子尺寸不一致导致晶体结构错排，产生局部应变场；此外，由于反应物的原子体积与反应产物的原子体积不同，所以固相反应或相变也会产生局部应变场。根据线弹性理论，溶质原子扩散导致的应变与浓度成正比：

$$\varepsilon_d = c\Omega \tag{7.33}$$

式中，Ω 是溶质原子的摩尔体积膨胀系数。根据热弹性的线性理论，各向同性弹性体的扩散诱导应力本构关系为

$$\varepsilon_{ij} = \frac{1}{E}\left[(1+\nu)\sigma_{ij} - \nu\sigma_{kk}\delta_{ij}\right] + \frac{1}{3}\varepsilon_d \tag{7.34}$$

式中，E 和 ν 分别为杨氏模量和泊松比；σ_{ij} 是应力张量的分量；δ_{ij} 是克罗内克符号。如图7.8所示，一般情况下，将薄膜电极的变形视为平面应力问题。

$$\sigma_{zz} = 0, \quad \begin{cases} \sigma_{xx} = \sigma_{yy} \\ \varepsilon_{xx} = \varepsilon_{yy} \end{cases} \tag{7.35}$$

式中，σ_{xx}，σ_{yy} 和 σ_{zz} 分别为沿 x，y 和 z 方向的正应力分量；ε_{xx} 和 ε_{yy} 分别为对应的正应变。通过施加溶质的浓度梯度，在 z 位置处，由锂离子扩散导致的电化学反应位错（electrochemical-reaction induced dislocation，EID）表示为

$$\rho_e^z = \frac{\varphi}{b}\frac{\partial c(z,t)}{\partial z} \tag{7.36}$$

式中，φ 为与偏摩尔体积和伯格斯矢量 b 相关的溶质晶格收缩系数[9]。如图7.10所示，电化学反应位错仅在锂化相-未锂化相之间的电化学反应界面处存在。这种位错是由电化学反应过程中，电极材料发生体积膨胀后产生的高应力引起的。高密度的位错云会扰乱晶体的结构排序，使晶体远离平衡状态，为晶体的完全锂化提供了必要的能量和动力学途径。

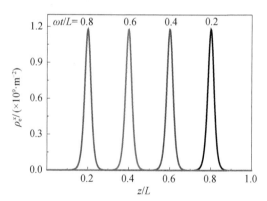

图7.10　薄膜厚度方向的电化学反应位错密度分布

将电化学反应位错引入泰勒位错理论中，则 z 位置处的位错诱导应力 σ_τ^z 为

$$\sigma_\tau^z = M\alpha\mu b\sqrt{\rho_e^z} \tag{7.37}$$

式中，M 为泰勒取向因子；μ 为剪切模量；α 为经验常数。所以，电极内部的平均应力 $\bar{\sigma}_\tau$ 可表示为

$$\bar{\sigma}_{\tau} = \frac{\int_0^L \sigma_{\tau}^z \mathrm{d}z}{L} \tag{7.38}$$

为了简化模型，引入无量纲参数

$$\bar{\sigma}_{\tau}^* = \bar{\sigma}_{\tau} / \left(M\alpha\mu\sqrt{\chi\varphi c_0 b / L} \right) \tag{7.39}$$

将式（7.35）～式（7.37）和式（7.39）引入式（7.38），可以得到平均应力 $\bar{\sigma}_{\tau}^*$ 和荷电状态 SOC 之间的量化关系：

$$\bar{\sigma}_{\tau}^* = \int_0^1 \frac{\sqrt{\exp\left[\chi(\bar{z} - 1 + \mathrm{SOC})\right]}}{1 + \exp\left[\chi(\bar{z} - 1 + \mathrm{SOC})\right]} \mathrm{d}\bar{z} \tag{7.40}$$

其中，$\bar{z} = z / L$ 为无量纲参数。

2. 基于辐射的金属电极本构关系

空间辐照包括两个主要参量：辐照温度和辐照剂量。大量的实验和理论研究表明，金属材料的弹性性能与温度有关[10-13]。弹性模量的下降是由晶格热振动的非简谐效应引起的。因此，Sun[14]和 Varshni[15]提出了表征弹性模量和温度相关性的半经验公式：

$$E(T) = E_0 - \kappa T \exp(-T_0 / T) \tag{7.41}$$

式中，E_0 为温度在 0 K 时的弹性模量；κ 和 T_0 为与温度无关的参数。如图 7.11（a）所示，实验数据与理论计算结果吻合得非常好。此外，弹性模量随着辐照剂量的增加而减小，这是由辐照产生的缺陷，如位错[16,17]、空位[18]等。辐照以后，材料的弹性模量的改变遵循特有的幂指数形式[18-20]。基于此，这里将辐照剂量 D 引入公式（7.41），得到关于辐照剂量和辐照温度相关的弹性模量的经验表达式：

$$E(T, D) = E_0 - \kappa T \exp(-T_0 / T) - E_m \exp(-D_0 / D) \tag{7.42}$$

式中，E_m 和 D_0 为与辐照剂量无关的参数。当 $D \to \infty$ 时，弹性模量变为

$$E(T, D) = E_0 - \kappa T \exp(-T_0 / T) - E_m \tag{7.43}$$

因此，E_m 为弹性模量在稳态阶段相对于未被辐照材料的模量的最大改变量。图 7.11（b）为给定参数下，与辐照温度 T 以及辐照剂量 D 相关的理论预测结果。随着辐照温度和辐照剂量的增加，弹性模量明显减小。这一理论预测的趋势与以前的研究结果一致[14,18,21]。

在塑性变形阶段，辐射条件下，单轴拉伸的真实应力与真实应变关系为

$$\sigma^{\mathrm{irr}} = a\left(\varepsilon^{\mathrm{irr}}\right)^m + b \tag{7.44}$$

式中，m 为材料常数，对于纯铜，取值为 0.5[22]；a 和 b 分别为应变硬化系数（$\delta\sigma^{\mathrm{irr}} / \delta\varepsilon^{\mathrm{irr}}$）和屈服应力。这两个参数与辐照温度以及辐照剂量有关：

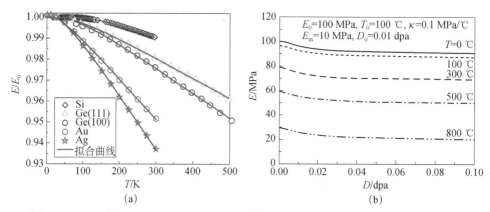

图 7.11　（a）Si[23]、Ge（111）和 Ge（100）[24]，以及 Au 和 Ag[25]的弹性模量随温度的
变化规律实验数据；（b）不同辐照温度下弹性模量随辐照剂量的变化规律

dpa：displacement per atom，原子平均离位，是材料辐照损伤的单位。表示晶格上的原子被粒子轰击离开原始位置的次数与晶格上的原子数量之比

$$a = f_a(T, D), \quad b = f_b(T, D) \tag{7.45}$$

为了简化计算模型，这里利用两个经验公式来表示辐照温度、辐照剂量对 a 和 b 大小的影响：

$$\begin{cases} a = a_0 + \dfrac{a'}{\ln D} \\ b = \sigma_{Y0} - \beta_1 T + (\beta_2 - \beta_3 T)\sqrt{D} \end{cases} \tag{7.46}$$

式中，σ_{Y0} 为未被辐照材料的屈服应力；a_0、a' 和 β_i 为拟合参数。因为在实验测试中发现，参数 a 对温度不敏感[26]，所以仅考虑辐照剂量对其的影响。如图 7.12 所示，理论预测与纯铜的实验测试相一致。并且在低辐照剂量的条件下，b 和 $\sqrt{D}$ 存在线性相关性[27-29]。

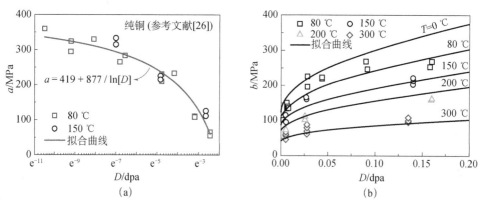

图 7.12　不同辐照温度下：（a）硬化系数 a 和（b）屈服应力 b 随辐照剂量、辐照温度的变化规律
其中有关纯铜的具体参数为：$\sigma_{Y0}=126.85$ MPa、$\beta_1=0.28$、$\beta_2=554.78$ 和 $\beta_3=1.39$

结合式（7.36）~式（7.38）以及式（7.44），可以得到辐射和电化学反应条件下，活性电极材料的应力应变本构关系为

$$\sigma^{act} = a\left(\varepsilon^{irr}\right)^{m} + b - \bar{\sigma}_{\tau}a' \tag{7.47}$$

3. 基于辐射的复合电极体系的本构关系

如图 7.8 所示，在单轴拉伸下，复合活性电极材料/集流体体系的应力应变关系为

$$\sigma(\varepsilon) = \frac{\sigma^{act}(\varepsilon) \cdot 2L + \sigma^{cur}(\varepsilon) \cdot L'}{2L + L'} \tag{7.48}$$

式中，$\sigma(\varepsilon)$、$\sigma^{act}(\varepsilon)$ 和 $\sigma^{cur}(\varepsilon)$ 分别为复合体系、电极材料以及厚度为 L' 的集流体的应力。由于电极薄膜和基底完全粘接，薄膜和基底的单轴拉伸应变是相同的[30]。对于金属集流体，塑性变形阶段的应力应变关系为

$$\sigma^{cur} = R\varepsilon^{n} \tag{7.49}$$

式中，$R = \sigma_{Y}^{cur}\left(E^{cur}/\sigma_{Y}^{cur}\right)^{n}$ 为加工硬化率；σ_{Y}^{cur} 为屈服应力；n 为加工硬化指数。与式（7.44）类似，将辐照效应引入集流体，得到它的应力应变关系：

$$\sigma^{cur} = a^{cur}\left(\varepsilon\right)^{m^{cur}} + b^{cur} \tag{7.50}$$

式中，m^{cur} 为材料常数；a^{cur} 和 b^{cur} 分别为集流体的应变硬化系数和屈服应力。同样地，这两个量都与辐照温度以及辐照剂量有关。将式（7.47）和式（7.50）代入式（7.48），可以得到整个电极体系的塑性变形的应力应变关系：

$$\sigma = \frac{2\bar{L}}{1 + 2\bar{L}}\left[a\left(\varepsilon\right)^{m} + b - \bar{\sigma}_{\tau}\right] + \frac{a^{cur}\left(\varepsilon\right)^{m^{cur}} + b^{cur}}{1 + 2\bar{L}} \tag{7.51}$$

式中，$\bar{L} = L/L'$ 为无量纲化参数，表示薄膜电极的尺寸。

7.2.2 辐射效应的影响规律

这里对厚度为 5~30 μm 的 Sn 薄膜电极进行辐照实验，辐照剂量在 10^{15}~10^{20} nm^{-2}（$E>1$ MeV），等效为单个原子位移损伤范围在 10^{-4}~0.1 dpa。辐照后进行扣式电池（CR2016）组装，采用电池测试系统（NEWARE BTS-610）进行恒流放电（100 mA·g^{-1}），之后拆解电池，在 INSTRON 5581 拉伸载荷实验机上，进行不同锂化状态下的电极的拉伸实验应变率为 1.5×10^{-3} S^{-1}。所有拉伸实验均在室温下进行，重复三次实验。

1. 扩散诱导应力

图 7.13 表示在不考虑辐照的情况下，沿 z 方向，不同变量 χ 时，位错诱导应力随 SOC 的演化分布。结果表明，随着锂离子在电极中不断嵌入，电极发生体积膨胀，电极的应力迅速增加。随着充电过程的进行，最终趋于一个稳定的应力

状态，这时位错密度达到最大值，如图7.13所示。当SOC=1时，由于完全锂化状态下位错密度较低，所以平均应力急剧下降到一个很小的值。此外，χ值越大，对应的平均应力越小。因为更大的扩散速率和锂化反应，可以有效地缓解位错诱导的应力。

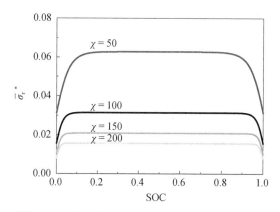

图7.13　不同χ值时的位错诱导应力的演化分布

同样地，如图7.14所示，电极材料的SOC对其弹性模量以及屈服应力也有影响。Sn电极随SOC从0（Sn）到1（Li$_{3.5}$Sn）变化，可以得到Li$_x$Sn所有的合金相。根据这种变化规律，可以通过混合定律来预测弹性模量与SOC之间的线性关系：

$$E(SOC) = (1-SOC)E_0 + SOCE_1 \qquad (7.52)$$

式中，E_0和E_1分别为SOC在0和1时的电极材料弹性模量。如图7.14（a）所示，可以看出，Li$_x$Sn合金的弹性模量与SOC呈近似线性关系。这意味着电极材料的富锂态有明显的软化现象[31]。随着锂化反应的进行，Sn的锂化合金弹性模量减小，E_{Sn}=50.52 GPa，$E_{Li_{3.5}Sn}$=24.71 GPa。通过对Sn负极的纳米压痕测试，可以得到电极随锂化的屈服应力变化。用幂率关系式来描述其演化规律：

$$\sigma_Y(SOC) = \sigma_{Y0} - \gamma\sqrt{SOC} \qquad (7.53)$$

其中，σ_{Y0}为SOC=0时的电极材料屈服应力；γ是一个描述屈服应力随SOC变化的材料常数。对于Sn负极而言，其σ_{Y0}=30.5 MPa，γ=14.96 MPa。

图7.15为考虑电化学反应后，Sn负极在不同SOC（0～1）状态下的应力应变曲线的理论预测与实验数据对比。φc_0=0.01、E_0=51.41 GPa、ν=0.3，具体参数见表7.1。结果表明，随着电化学循环的进行，不同SOC下的应力应变关系不同。随着SOC的增加，平均扩散诱导应力值逐渐减小，这就导致了锂化前材料的应力应变关系与原始活性材料趋于一致。由图7.15可以看出，数值计算结果与实验数据吻合较好。

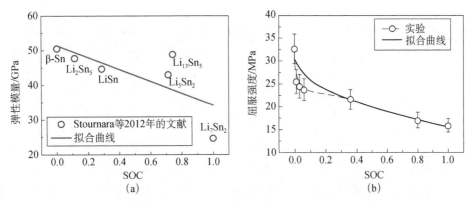

图 7.14　无辐照效应下：（a）Sn 负极的弹性模量；（b）屈服应力随 SOC 的变化

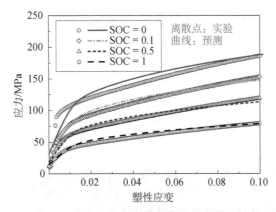

图 7.15　不同 SOC 状态下的应力应变曲线（彩图见封底二维码）

表 7.1　Sn 负极以及 Cu 集流体的材料参数

参数	定义	Sn	Cu	单位
ν	泊松比	0.3	0.3	—
m	应变硬化指数	0.3	0.5	—
σ_{Y0}	常规材料屈服应力	32	127	MPa
E_0	常规材料的弹性模量	51.41	0.1	GPa
a_0	应变硬化系数	311	419	MPa
a'	应变硬化系数的变化量	500	877	MPa
β_1	调节参数	0.5	0.28	MPa·℃$^{-1}$
β_2	调节参数	500	555	MPa
β_3	调节参数	1	1.38	MPa·℃$^{-1}$
φc_0	摩尔电荷容量	0.01	—	—
T_0	经验参数	100	100	℃
D_0	调节参数	0.01	0.01	dpa
E_m	辐照剂量导致的弹性模量变化	1	0.01	GPa
κ	材料常数	10	0.1	MPa·℃$^{-1}$

续表

参数	定义	Sn	Cu	单位
γ	SOC导致的屈服应力变化	14.96	—	MPa
M	泰勒因子	3	—	—
α	经验参数	0.33	—	—
b	伯格斯矢量	0.25	—	N·m
μ	剪切模量	30	—	GPa

由上述分析，电极材料应力应变关系的变化原因可归结为三点：①扩散诱导的大的压应力使得材料在拉伸和塑性变形过程中应力不断上升；②随着SOC的增大，弹性模量逐渐减小，最终通过扩散诱导屈服应力影响变形过程；③屈服应力与SOC的强相关性起着重要作用，如图7.14（b）所示。由于电化学反应，这些因素导致电极材料的锂化变形。

2. 辐射效应对金属电极力学性能的影响

这里进一步考虑辐射效应对电极材料力学性能的影响。图7.16为不同辐照剂量下未锂化Sn负极的表面形貌。可以看出，随着辐照剂量的增加，Sn负极的晶粒尺寸略有变化。辐照后的样品没有发现明显的空洞和缺陷，这可能是由辐照剂量不足造成的。

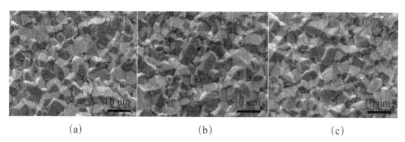

(a)　　　　　　　　　(b)　　　　　　　　　(c)

图7.16　不同辐照剂量下Sn负极表面形貌（彩图见封底二维码）

(a) $D=0$；(b) $D=0.025$；(c) $D=0.051$

为了验证模型的正确性，首先进行未充电、未辐照的Sn负极力学性能预测。如图7.17（a）所示，理论计算与实验数据吻合得很好，具体材料参数见表7.1。在不考虑辐照温度的情况下，图7.17描述了不同SOC状态下，锂离子电池电极材料应力应变关系随辐照剂量的变化关系。结果表明，随着辐照剂量从0增加到0.1 dpa，材料的屈服应力增大，表现出明显的辐照硬化现象。这种辐照硬化现象在很多的实验测试[22,23]以及理论计算结果中[32,33]都有体现。从图7.17（b）～（d）可以看出，随着SOC从0.5增加到1，材料表现出软化效应。这是由循环充放电过程中，电极内部的相转变以及两相界面处的电化学反应位错导致的[34, 35]。由于扩散诱导应力为压应力，所以锂化后的活性电极强度高于未锂化材料。这里，不考虑辐射效应和SOC对硬化指数的影响。

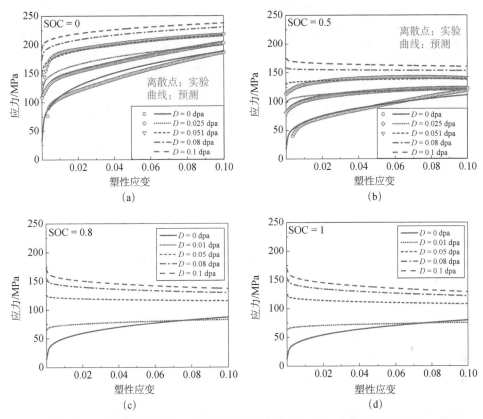

图7.17　不考虑辐照温度，不同SOC值下辐照剂量对Sn负极应力应变关系的影响
（彩图见封底二维码）

如图7.18为不考虑辐照剂量，不同SOC状态下，辐照温度对Sn负极材料力学行为影响的理论预测，温度范围为0～100 ℃。由图7.18（b）可以看出，Sn负极材料的屈服应力随辐照温度的升高而减小，随嵌锂过程而增大。这是由于，温度升高，位错可借助外界提供的热激活能和增大的空位扩散速率来克服滑移过程中的一些短程阻碍，从而导致软化现象。此外，在图7.18（b）～（d）中，随着SOC的增大，材料的屈服应力逐渐减小，表现出高密度电化学位错滑移导致的软化，这与图7.14所表现的辐射效应的结果是一致的。

3. 辐射效应对Sn/Cu/Sn电极体系力学性能的影响

对于整个活性材料/集流体复合电极体系而言，除了SOC和辐射效应以外，其性能还与复合电极的厚度比L/L'相关。基于此，这里建立复合电极体系的多变

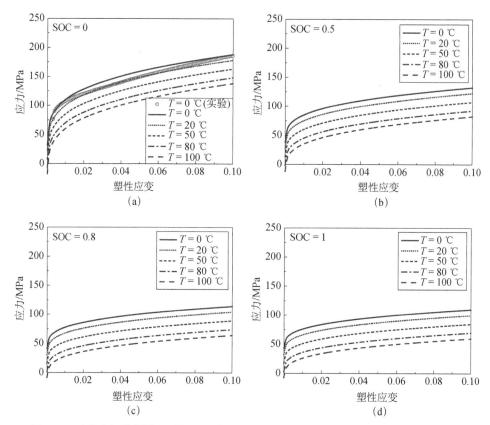

图7.18　不考虑辐照剂量，不同SOC值下Sn负极的应力应变关系与辐照温度的相关性
（彩图见封底二维码）

量耦合本构模型，得到有关不同L/L'值的应力应变关系。如图7.19（a）所示，对于 Sn/Cu/Sn 电极体系，随着L/L'的增大，其屈服应力逐渐减小，与实验结果一致。当$L/L'\rightarrow 0$ 时，体系的屈服应力接近 Cu 集流体的屈服应力（127 MPa）；反之，当$L/L'\rightarrow\infty$时，体系的屈服应力近似于 Sn 负极的屈服应力（32 MPa）。不考虑辐照时，给定$L/L'=1$，体系随 SOC 变化的应力应变曲线如图7.19（b）所示。尽管锂离子不会嵌入 Cu 集流体中，但是体系的屈服强度仍然随着 SOC 的增加而减小。因此，可以说明复合电极的锂化软化效应是由锂化过程中锂离子嵌入 Sn 负极导致的。在考虑辐射效应的情况下，复合电极体系的力学性能变化如图7.19（c）所示，相关材料参数见表7.1。结果表明：①Sn/Cu/Sn 电极体系的屈服应力随着辐照剂量的增大（0.05～0.1 dpa）而增大，表现出明显的辐照硬化效应；②与图7.18相一致的是，随着辐照温度的增大（50～80 ℃），复合电极体系的屈服应力逐渐减小；③无论有无辐射效应，或者辐射效应多大，由于锂化反应过程中电极内部高密度的电化学反应位错的存在，Sn 层都会发生软化效应，且软化

程度随着SOC的增大而增强，这都会导致整个复合电极体系的屈服应力下降。

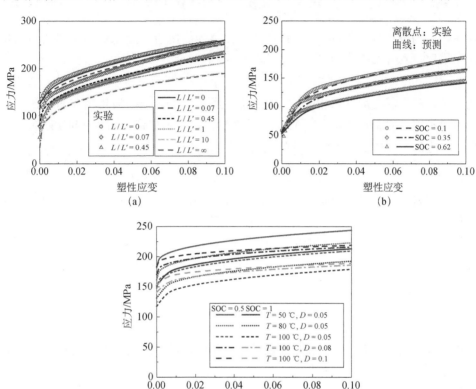

图7.19　复合电极体系的应力应变曲线（彩图见封底二维码）

（a）不同L/L'值，SOC=T=D=0；（b）不同SOC，L/L'=1、T=D=0；（c）不同的温度T和剂量D，L/L'=1

7.3　基于辐射的两相锂化微观机理

7.3.1　基于辐射–电化学耦合的屈服函数

在辐照环境中，位错与缺陷的耦合作用会影响材料的力学性能。基于前人的研究工作[36, 37]，剪切应力与位错密度及缺陷密度相关。对于一个单晶颗粒，它的率无关的屈服函数$F(\sigma, \tau_y)$可以写成[2, 32, 38-44]

$$F(\sigma, \tau_y) = \sigma_e - \tau_y \tag{7.54}$$

式中，τ_y表示滑移面上的总剪切应力，与微观结构的演化相关。结合泰勒模型，可以写成总微结构密度ρ_t的函数[45]：

$$\tau_y = \eta Gb \sqrt{\sum_t^N K_t \rho_t} = \eta Gb \sqrt{K\rho_d + L\rho_f} \qquad (7.55)$$

式中，η 为统计学参数[46]；G 为剪切模量；b 为伯格斯矢量；K_t 为微观结构相互作用系数；ρ_d 表示位错密度；ρ_f 为缺陷密度：

$$\rho_f = N_f d_f \qquad (7.56)$$

相应地，K 表示与滑移系相关的位错的演化系数，L 为缺陷演化相关的系数，表示位错和缺陷的相互作用[33]。N_f 为缺陷数量，d_f 表示层错四面体（SFT）的平均尺寸。因此，可以得到 $F(\sigma, \tau_y)$ 的表达式：

$$F(\sigma, \tau_y) = \sigma_e - \eta Gb \sqrt{K\rho_d + L\rho_f} \qquad (7.57)$$

金属材料的塑形变形是通过晶体内部的位错滑移来实现的，位错的增殖是源于早前的位错作为随机阻碍对位错滑移产生阻力，也就是说，位错环的扩展源于弗兰克尔位错源。性质相同但方向相反的平行位错之间的相互作用导致的湮灭被认为是位错湮灭的主要机理。因此，位错的演化受到增殖项和湮灭项的动态调控，描述为

$$\dot{\rho}_d = \frac{1}{b}\left(\frac{1}{S} - 2\rho_d y_c\right)\left|\dot{\varepsilon}^p\right| \qquad (7.58)$$

式中，y_c 为临界湮灭作用距离；S 表示相互作用位错之间的平均自由程，与位错的密度有关：

$$S = \kappa \rho_d^{-\frac{1}{2}} \qquad (7.59)$$

式中，κ 是与位错密度相关的参数。

对分子动力学模拟结果的观察发现，不同的位错与层错四面体之间的相互作用是很复杂的[47-50]。结果表明，位错是造成缺陷湮灭的主要原因。由于位错的滑移，缺陷群（比如层错四面体（SFT））会湮灭或者尺寸减小。当 SFT 的 70%～80% 的缺陷发生了重叠或者截断时，缺陷和位错的相互作用会导致可能的湮灭现象[33]。图 7.20 动态演示了位错和一个 SFT 的相互作用。经过滑移位错的作用，图中 SFT₂ 完全发生湮灭[51]。根据图 7.21 位错与缺陷相互作用的原理示意图，位错在滑移面上滑移，与缺陷相遇后，位错发生缠绕，缺陷发生截断，导致缺陷的类型发生改变，转变为其他的位错类型，如位错环，甚至导致缺陷湮灭。本章不考虑其他的湮灭因素，包括热效应、单个空位之间的散射，以及层错四面体的坍塌等[52]，只考虑缺陷尺寸、相互作用自由程等。因此，层错四面体缺陷湮灭率 $\dot{\rho}_f$ 表示为

$$\dot{\rho}_f = -A_s \rho_d (\rho_f - \rho_{fs}) \frac{d_f}{b}\left|\dot{\varepsilon}^p\right| \qquad (7.60)$$

式中，A_s 为缺陷的有效湮灭面积（图 7.21）：

$$A_s = 2d_s S + \pi d_s^2 \tag{7.61}$$

式中，d_s 为位错滑移的距离；S 表示时间 dt 内，位错在与缺陷相遇之前的滑移距离。ρ_{fs} 为缺陷密度的稳态值。缺陷的湮灭是一个动态演化的过程，当 $\rho_f - \rho_{fs} = 0$ 时，缺陷的湮灭速率为 0。对于位错和缺陷相互作用的理论模型的合理性，已经得以证明。

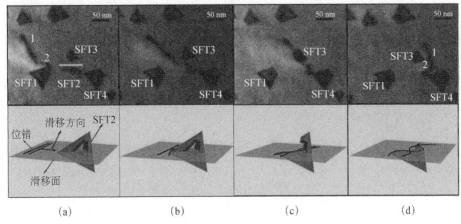

图 7.20　缺陷（SFT）的湮灭（彩图见封底二维码）

截断 SFT 与位错相互作用的视频图像，其中 SFT2 完全被移动，位错湮灭；快照分别是在（a）0 s、（b）1.53 s、（c）3.97 s 和（d）15.54 s 所拍摄的图片

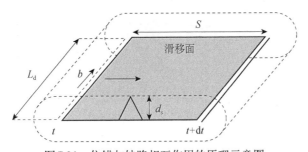

图 7.21　位错与缺陷相互作用的原理示意图

d_s 为 dt 时间内位错滑移的距离，其平均自由程为 S，位错用实线表示，SFT 用三角形表示

7.3.2　基于辐射的两相锂化弹塑性模型

1. 缺陷-位错相互作用的耦合锂化本构关系

辐照条件下，考虑辐照缺陷演化和应力产生对反应前沿速率的影响，对于高容量电极材料的两相锂化研究具有重要意义。已有研究工作从热力学的角度阐释了缺陷会使得初次锂化反应更加容易[53]。Kim 等[54]描述了锂化反应速率与空位

浓度呈指数关系：

$$k \propto \exp\left(\frac{c_v E_f}{k_B T}\right) \tag{7.62}$$

式中，c_v 为两相界面处的缺陷浓度；E_f 为缺陷形成能；k_B 为玻尔兹曼常量；T 为温度。

另一方面，Zhao 等[2]研究发现，反应前沿处的应力场作为锂化反应的阻碍，阻碍反应前沿的运动，界面前沿应力诱导的锂化反应能量势垒为

$$\Delta G = \Delta G_r - e\Phi - \Delta G_{stress} = \Delta G_r - e\Phi - \Omega\sigma_m \tag{7.63}$$

式中，ΔG_r 表示忽略应力做功和电压作用的锂化反应吉布斯自由能。基本规定是：负的 ΔG 是锂化反应的驱动力，其负值越大意味着反应的驱动力越大。电压做功为 $e\Phi$，其中 Φ 为电压、e 为单位电荷量。当一个锂离子嵌入电极材料以后，材料膨胀发生应变，产生平均压应力 σ_m，其做功 $\Omega\sigma_m$，Ω 表示单个锂离子嵌入导致的体积变形量。

所以，锂化反应的过程实质是一个热激活过程，其辐照作用下的锂化反应速率可以描述为

$$k = k_0 \exp\left(\frac{c_v E_f}{k_B T}\right) \exp\left(-\frac{\Delta G_r - \Omega\sigma_m}{k_B T}\right) \tag{7.64}$$

式中，k_0 为类似于氧化还原过程中交换电流密度的参数，设 $k_0 = 1$。

如图 7.22 所示，在球坐标系（r，θ，φ）下，应变率分量 $\dot{\varepsilon}_\varphi = \dot{\varepsilon}_\theta$，其球形颗粒内应变分量的表示为

$$\begin{cases} \dot{\varepsilon}_r = \dot{\varepsilon}_r^e + \dot{\varepsilon}_r^p + \dot{\varepsilon}_r^c \\ \dot{\varepsilon}_\varphi = \dot{\varepsilon}_\theta = \dot{\varepsilon}_\theta^e + \dot{\varepsilon}_\theta^p + \dot{\varepsilon}_\theta^c \end{cases} \tag{7.65}$$

其化学应变率简化为

$$\dot{\varepsilon}_r^c = \dot{\varepsilon}_\theta^c = \dot{\varepsilon}_\varphi^c = \beta\dot{c} \tag{7.66}$$

基于胡克定律，弹性应变率分量表示为

$$\begin{cases} \dot{\sigma}_r = \dfrac{E}{(1-\nu)(1-2\nu)}\left[(1-\nu)\dot{\varepsilon}_r^e + 2\nu\dot{\varepsilon}_\theta^e\right] \\ \dot{\sigma}_\theta = \dot{\sigma}_\varphi = \dfrac{E}{(1-\nu)(1-2\nu)}\left(\dot{\varepsilon}_\theta^e + \nu\dot{\varepsilon}_r^e\right) \end{cases} \tag{7.67}$$

塑性应变率分量表示为

$$\begin{cases} \dot{\varepsilon}_r^p = \dot{\bar{\varepsilon}}^p \dfrac{3\sigma_r'}{2\sigma_e} \\ \dot{\varepsilon}_\theta^p = \dot{\varepsilon}_\varphi^p = \dot{\bar{\varepsilon}}^p \dfrac{3\sigma_\theta'}{2\sigma_e} \end{cases} \tag{7.68}$$

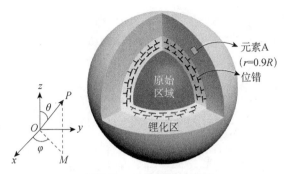

图7.22　几何模型示意图

偏应力分量表达式

$$
\begin{cases}
\sigma_r' = \dfrac{1}{3}\left(\sigma_r - \sigma_\theta\right) \\[2mm]
\sigma_\theta' = \sigma_\varphi' = \dfrac{1}{3}\left(\sigma_\theta - \sigma_r\right)
\end{cases}
\tag{7.69}
$$

其 von Mises 等效应力为

$$
\sigma_e = \sqrt{\frac{3}{2}\sigma_{ij}'\sigma_{ij}'} = \left|\sigma_r - \sigma_\theta\right|
\tag{7.70}
$$

　　基于塑性应变增量理论，在材料塑性变形过程中的应力与应变之间存在一一对应关系。因此，这里采用应变率的形式来求解电极材料锂化变形的弹塑性本构关系。为了控制具有不连续浓度边界处的应力计算的稳定性，率相关的关系式必须是可调控的，并且趋于一个渐近值。因此，可以采用幂指数函数表示等效塑性应变率[55, 56]：

$$
\dot{\varepsilon}^{\mathrm{p}} = \dot{\varepsilon}_{\mathrm{eq}}^{\mathrm{p}}\left(\frac{\sigma_e}{\sigma_{\mathrm{flow}}} - 1\right)^{\frac{1}{m}}\frac{1}{1 + \exp\left[-80\left(\dfrac{\sigma_e}{\sigma_{\mathrm{flow}}} - 1\right)\right]}
\tag{7.71}
$$

式中，$\dot{\varepsilon}_{\mathrm{eq}}^{\mathrm{p}} = \sqrt{\dfrac{2}{3}\dot{\varepsilon}_{ij}^{\mathrm{p}}\dot{\varepsilon}_{ij}^{\mathrm{p}}}$ 表示等效塑性应变率；塑性流变应力 σ_{flow} 等效为 τ_y，位错的滑移产生塑性流动；m 为率相关指数。对于球对称问题，平衡微分方程为

$$
\frac{\mathrm{d}\dot{\sigma}_r}{\mathrm{d}r} + \frac{2}{r}\left(\dot{\sigma}_r - \dot{\sigma}_\theta\right) = 0
\tag{7.72}
$$

采用变形率来表示应变率，其分量表达式为

$$
\begin{cases}
\dot{\varepsilon}_r = \dfrac{\mathrm{d}V_r}{\mathrm{d}r} \\[2mm]
\dot{\varepsilon}_\theta = \dot{\varepsilon}_\varphi = \dfrac{V_r}{r}
\end{cases}
\tag{7.73}
$$

颗粒表面为无应力边界，球心处的变形率为0，即

$$\begin{cases} \dot{\sigma}_r\left(r=R\right)=0 \\ V_r\left(r=0\right)=0 \end{cases} \tag{7.74}$$

基于以上的力学分析，得到应力增量：

$$\dot{\sigma}_r = \frac{E}{(1+v)(1-2v)}\left[(1-v)\left(\frac{\mathrm{d}V_r}{\mathrm{d}r}-\dot{\varepsilon}_r^{\mathrm{c}}-\dot{\varepsilon}_r^{\mathrm{p}}\right)+2v\left(\frac{V_r}{r}-\dot{\varepsilon}_\theta^{\mathrm{c}}-\dot{\varepsilon}_\theta^{\mathrm{p}}\right)\right] \tag{7.75}$$

$$\dot{\sigma}_r - \dot{\sigma}_\theta = \frac{E}{1+v}\left[\frac{\mathrm{d}V_r}{\mathrm{d}r}-\frac{V_r}{r}-\dot{\varepsilon}_r^{\mathrm{c}}-\dot{\varepsilon}_r^{\mathrm{p}}+\dot{\varepsilon}_\theta^{\mathrm{c}}+\dot{\varepsilon}_\theta^{\mathrm{p}}\right] \tag{7.76}$$

2. 有限差分法计算

有限差分法是指基于泰勒展开函数将变量的导数写成变量在不同的时间和空间点值的差分形式的方法。

有限差分法的基本形式：按照实际求解问题所给定的时间步长和空间步长将时间和空域划分成若干网格，用其函数在网格节点上的值所构成的差分形式来代替所要求解的偏微分公式中的各阶导数，将连续的问题离散为差分的形式，然后求解代数式，得到数值解。许多实际的物理过程都是与时间相关的，如热传导、溶质扩散、波的传播等，刻画这些过程的偏微分方程都可以通过给定的初始条件或者边界条件，利用有限差分法进行数值离散化，求解随时间、空间演化的近似解。

有限差分法的具体步骤如下：

（1）在定义域内，对所研究的区域进行有限网格点的划分，确定离散点；

（2）利用有限差分公式，如向前差分法、向后差分法或者中心差分法等来代替已知点的导数；

（3）利用各种迭代方法，借助数值计算工具如C++、Fortran、Wolf Mathematica等计算机语言编程，进行差分方程的求解。

对于弹塑性问题的求解，需要求解力平衡偏微分方程等。位错密度以及缺陷密度的率形式表达式为

$$\frac{\mathrm{d}\rho_{\mathrm{d}}}{\mathrm{d}t} = \frac{1}{b}\left(\frac{1}{\kappa\left(\rho_{\mathrm{d}}\right)^{\frac{1}{2}}}-2\rho_{\mathrm{d}}y_{\mathrm{c}}\right)\left|\dot{\varepsilon}^{\mathrm{p}}\right| \tag{7.77}$$

$$\frac{\mathrm{d}\rho_{\mathrm{f}}}{\mathrm{d}t} = -A_{\mathrm{s}}\left(\rho_{\mathrm{f}}-\rho_{\mathrm{fs}}\right)\frac{d_{\mathrm{f}}}{b}\left|\dot{\varepsilon}^{\mathrm{p}}\right| \tag{7.78}$$

对于 t 时刻，给定塑性应变率，可利用有限差分法和迭代法，将式（7.77）和式（7.78）转化为一阶微分方程的形式，求解得到位错和缺陷的演化：

$$\frac{\mathrm{d}\rho_{\mathrm{d}}}{\mathrm{d}t} = \frac{\rho_{\mathrm{d}}^{(i)}-\rho_{\mathrm{d}}^{(i-1)}}{\Delta t} \tag{7.79}$$

$$\frac{\mathrm{d}\rho_{\mathrm{f}}}{\mathrm{d}t} = \frac{\rho_{\mathrm{f}}^{(i)} - \rho_{\mathrm{f}}^{(i-1)}}{\Delta t} \tag{7.80}$$

利用迭代法，求解下一节点值。此外，缺陷密度的初始值 ρ_{f0} 见表7.2，表示辐照的条件，初始位错密度为 2.0×10^{-6} nm^{-2}[46]，具体计算参数如表7.3所示。同样，平衡微分方程可以写成与 V_r 相关的形式

$$\frac{\mathrm{d}^2 V_r}{\mathrm{d}r^2} + \frac{2}{r}\frac{\mathrm{d}V_r}{\mathrm{d}r} - 2\frac{V_r}{r^2} = \frac{1}{1-\nu}\frac{\mathrm{d}}{\mathrm{d}r}\Big[(1-\nu)\big(\dot{\varepsilon}_r^{\mathrm{c}} + \dot{\varepsilon}_r^{\mathrm{p}}\big) + 2\nu\big(\dot{\varepsilon}_\theta^{\mathrm{c}} + \dot{\varepsilon}_\theta^{\mathrm{p}}\big)\Big]$$
$$+ \frac{2(1-2\nu)}{1-\nu}\frac{1}{r}\Big[\big(\dot{\varepsilon}_r^{\mathrm{c}} + \dot{\varepsilon}_r^{\mathrm{p}}\big) - \big(\dot{\varepsilon}_\theta^{\mathrm{c}} + \dot{\varepsilon}_\theta^{\mathrm{p}}\big)\Big] \tag{7.81}$$

已知化学应变率和塑性应变率的情况下，上式可以转化成关于 V_r 的二阶常微分方程的形式。具体地说，球形颗粒的径向位置等间距离散成 n 个点，$r^{(i)} \in [0, R]$（$i=1, \cdots, n$），其间距为 $\Delta r = R/(n-1)$。式（7.81）的差分形式为

$$\frac{\mathrm{d}^2 V_r}{\mathrm{d}r^2} = \frac{V_r^{(i+1)} + V_r^{(i-1)} - 2V_r^{(i)}}{\Delta r^2}, \quad \frac{\mathrm{d}V_r}{\mathrm{d}r} = \frac{V_r^{(i+1)} + V_r^{(i-1)}}{2\Delta r} \tag{7.82}$$

其中，$V_r^{(i)}$ 为 $r^{(i)}$ 处的径向变形速率。可以从 $V_r^{(1)}(r^1=0)=0$ 开始（即边界条件），假定初始的 $V_r^{(2)}$；基于式（7.81）和式（7.82）求解 $V_r^{(3)}$，$\cdots$，$V_r^{(n)}$；再根据式（7.75）求 $\dot{\sigma}_r(r=R)$；对比式（7.74）颗粒外表面的自由应力边界条件，重复上述计算，直到找出最优解 $V_r^{(2)}$；使 t 时刻的 $\dot{\sigma}_r(r=R)=0$，更新 $V_r^{(i)}$ 值。因此，基于式（7.75）和式（7.76）求解 t 时刻的应力增量，然后基于式（7.68）～式（7.71）对 $t+\Delta t$ 的塑性应变率进行更新。在 $t+\Delta t$ 时，对于给定的化学应变速率，根据规定的时间步，可以求得该时刻的浓度 $\dot{c}$。重复计算，可以得到 $t+\Delta t$ 时的 $V_r^{(i)}$，直到完成一个循环，具体流程见图7.23。

表7.2　初始缺陷密度及其在不同辐射条件下的稳定值[33]

ρ_{f0} /nm^{-2}	ρ_{fs} /nm^{-2}
0	0
1.0×10^{-5}	3.0×10^{-6}
1.0×10^{-4}	3.0×10^{-5}
5.0×10^{-4}	1.5×10^{-5}

表7.3　电极材料的模型参数

参数	定义	值	单位	参考文献
ν	泊松比	0.3	—	[33]
E_0	弹性模量	51.41	GPa	[33]
m	应变率指数	0.01	—	[57]
b	伯格斯矢量	0.25	nm	[58]

续表

参数	定义	值	单位	参考文献
β	锂化膨胀系数	0.26	—	[3]
K	经验参数	1.15	—	[33]
L	经验参数	1.47	—	[33]
η	统计参数	32	—	[46]
ρ_d	初始位错密度	2.0×10^{-6}	nm^{-2}	[46]
κ	经验参数	71.43	—	[46]
y_c	湮灭半径	1	nm	[59]
d_{def}	临界湮灭距离	2.5（±0.5）	nm	[33]
d_s	位错间距	1～3	nm	[33]
$\dot{\bar{\varepsilon}}_0^{p}$	等效塑性应变速率常数	0.001	—	[60]
E_f	缺陷形成能	0.23	eV	[61]

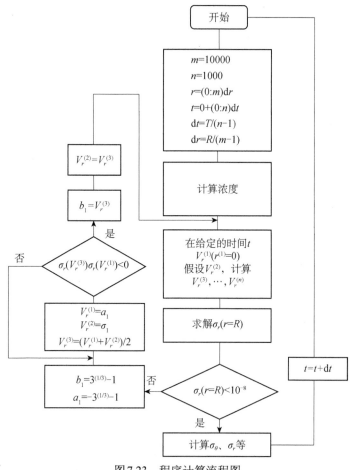

图 7.23　程序计算流程图

7.3.3　结果分析

许多研究结果表明，辐照剂量的增大会导致 Cu、Fe、Sn 等金属材料的屈服应力增加[27, 62-63]，如图 7.24（a）所示。同样地，如图 7.24（b）所示，SnO₂ 的屈服应力随中子辐射剂量的增加而增加，这是基于霍尔-佩奇（Hall-Petch）关系得出的：

$$\sigma_Y = \sigma_0 + a d_g^{-0.5} \tag{7.83}$$

式中，σ_Y 为材料的屈服应力；σ_0 为参考应力；a 为常数；d_g 表示材料的晶格尺寸。辐照导致的材料的晶格尺寸变化会造成其屈服应力的增大。

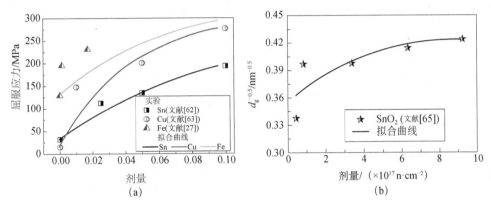

图 7.24　辐照剂量对材料力学性能的影响

（a）屈服应力；（b）晶粒尺寸

由于大量辐照缺陷的存在，当材料在外力作用下发生塑性变形时，内部位错的移动会受到缺陷的阻碍（称为辐照硬化）。为了验证辐照缺陷和位错相互作用下锂化耦合本构关系的准确性，首先在给定应变增量 $d_\varepsilon = 3.0 \times 10^{-6}$ 条件下，进行电极材料单向拉伸力学预测。如图 7.25 所示，在弹性阶段，没有塑性流动，位错不发生滑移，不与缺陷发生作用，所以辐照对电极的应力应变曲线不造成影响；但是，在塑性变形阶段其作用效果非常明显：①屈服应力随辐照剂量的增加而上升。这可以归因于缺陷阻碍位错滑移导致的辐照硬化现象；②当辐照剂量超过一定值，如初始缺陷密度为 1.0×10^{-4} nm^{-2} 时，流动应力先增加，表现为辐照硬化。但是过屈服点以后，由于大量缺陷的湮灭，流变应力减小[58]，体现了位错增殖和缺陷湮灭之间的竞争机理。一方面，随着载荷的增加，由于缺陷的湮灭导致了位错的释放和自由滑移，使流变应力减小；另一方面，位错的增殖会产生更大的流变应力。当辐照剂量足够大时，缺陷湮灭对流变应力的影响大于初始阶段位错增殖的效果。因此，流变应力由于高缺陷湮灭而减小，但随着位错增殖的增加而增大。当缺陷湮灭大于位错增殖的影响时，表现出过屈服点软化。计算结果与实验现象相符，证明了模型的合理性。

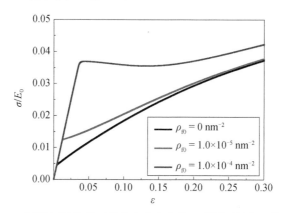

图7.25   不同辐照条件下的应力应变曲线（彩图见封底二维码）

如图7.26（a）所示，三种不同锂化状态下的锂离子浓度分布具有明显的浓度锐变界面特征，界面将贫锂相与富锂相隔开，表现出两相锂化的作用机理。图7.26（b）为其对应的云图，表明锂化的两相边界随着时间的增加向颗粒内部移动；同时，锂离子嵌入电极颗粒，导致颗粒发生体积膨胀，其膨胀系数 $\beta = 0.26$。

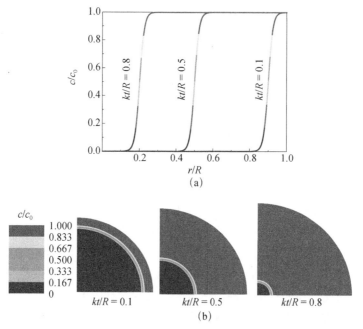

图7.26   沿半径方向浓度分布（彩图见封底二维码）

(a) 剖面图；(b) 分布云图

电极颗粒锂化变形，然后发生屈服，晶格内部位错开动，塑性阶段位错滑移与辐照后的缺陷相遇，然后发生相互作用。如图 7.27 为缺陷和位错受辐照的影响。如图 7.27（a）～（c）所示，在 $kt/R=0.1$ 时，为锂化初始阶段，双向扩散导致两相界面上存在高密度位错区。其原因是浓度不连续性导致较大的失配应变，位错在界面处自发形核。缺陷与滑移位错的相互作用导致缺陷类型的改变，进而导致缺陷的湮灭。因此，在颗粒表面附近，缺陷密度突然降低。当初始缺陷密度为 $1.0\times10^{-5}\ \mathrm{nm}^{-2}$ 时，锂化区的位错密度高于缺陷密度，即位错增殖占主导；反之，当初始缺陷密度达到 $1.0\times10^{-4}\ \mathrm{nm}^{-2}$ 甚至 $5.0\times10^{-4}\ \mathrm{nm}^{-2}$ 时，位错密度小于缺陷密度，缺陷的演化效应将发挥更大的主动性。如图 7.27（d）～（e）所示，当 $kt/R=0.5$ 时，锐相界面移动到锂化颗粒内部，在锂化区的位错密度仍大于缺陷密度；然而，当初始缺陷密度为 $7.0\times10^{-4}\ \mathrm{nm}^{-2}$ 时，如图 7.27（f）所示，位错密度远低于缺陷密度，一定程度上限制了位错的增殖效果。值得注意的是，如图 7.27（b）和（e）所示，这里存在一个演化对比转变的关键值，大约在缺陷密度值为 $1.0\times10^{-4}\ \mathrm{nm}^{-2}$ 处，其缺陷和位错的密度演变呈渐近现象，表明辐照对位错演化的影响以及位错在反应过程中不断成核并被界面吸收的事实，从侧面体现出锂化反应和辐照作用下，位错增殖与缺陷湮灭的动态竞争机理的存在。

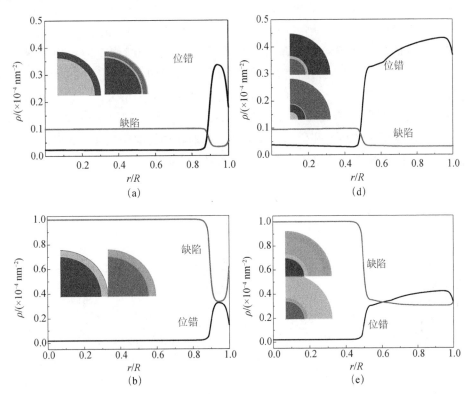

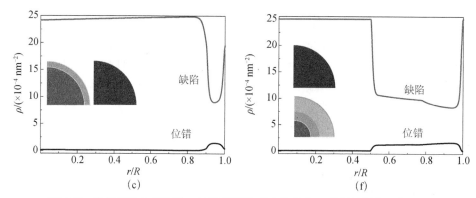

图7.27　电极颗粒内部位错、缺陷随锂化反应的分布（彩图见封底二维码）

（a）～（c）$kt/R=0.1$ 时沿径向的密度分布；（d）～（f）$kt/R=0.5$ 时沿径向的密度分布

　　如图7.28所示，随着锂化反应的进行，颗粒内部A单元（图7.22）的位错密度急剧上升，表明位错在两相边界处易于形核且会发生局部塑性化，然后被移动的相互作用界面吸收，达到稳定值。另一方面，随着辐照剂量的增加，位错滑移可能改变缺陷的类型和数量，从而使缺陷密度随塑性变形而减小。并且，位错密度的变化率随着初始缺陷的增加而减小。当位错和缺陷密度的变化率接近于零时，存在位错和缺陷密度演化的稳态值，这是由位错的增殖和缺陷湮灭的耦合竞争作用导致的。当 $kt/R=0.1$，初始缺陷密度大于 $1.0×10^{-4}$ nm^{-2} 时，由于缺陷对滑移位错的阻碍，流变应力随初始缺陷密度的增大而增大，如图7.29所示。在未受到辐照的条件下，锂化部位（$r>0.8R$）的塑性流变应力增大，加载导致的位错的激活开动和增殖是造成这一现象的主要原因。但初始缺陷密度大于 $1.0×10^{-4}$ nm^{-2} 时，由于更大的载荷和位错作用导致了相对较高的缺陷湮灭，这时缺陷湮灭对流变应力的影响大于位错的增殖，塑性流动应力减小。

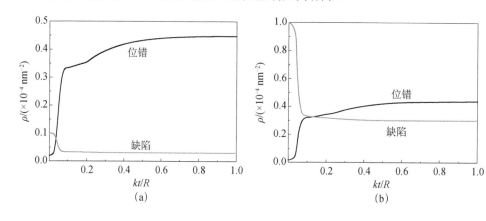

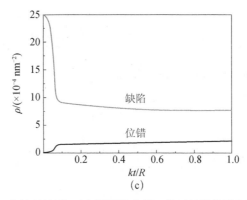

图7.28　不同辐射缺陷下电极颗粒内部 A 单元处的位错和缺陷演化

辐照缺陷为（a）$\rho_{f0}=1.0\times10^{-5}$ nm^{-2}；（b）$\rho_{f0}=1.0\times10^{-4}$ nm^{-2}；（c）$\rho_{f0}=5.0\times10^{-4}$ nm^{-2}

时的微观结构演化

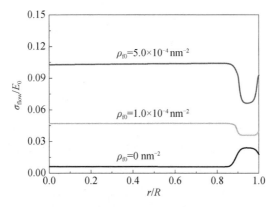

图7.29　不同辐照条件下的流变应力的分布

相对地，由于锂化反应和辐照效应，高容量电极颗粒内部的应力演化也会有明显的变化。如图7.30所示，由于大的锂化膨胀导致的应变和塑性屈服，应力出现突变，颗粒表面的环向应力从初始压应力状态（图7.30（a）～（c））转变到拉应力状态（图7.30（b）～（d））。同时，因为环向应力是在颗粒表面累积，未锂化内核从拉应力状态转变为压应力状态。辐照后的应力演化趋势与未辐照时的基本一致。从图7.30（a）和（b）可以看出，由于少数缺陷对位错滑移的阻碍作用很小，辐照硬化现象不明显；然而在图7.30（c）和（d）中，随着初始缺陷密度的增加，颗粒表面的环向应力增加。这是由于，辐照缺陷导致的流变应力增大，颗粒表层的拉应力不断累积。此外，由于界面处的浓度梯度较大，失配应力较大，所以两相界面处存在的高密度位错会受到缺陷的阻碍，导致明显的辐照硬化现象，同时也表现出了过屈服点的软化现象。

图7.31给出了一个直观的关于两相嵌锂耦合辐照导致的环向应力演化的作用

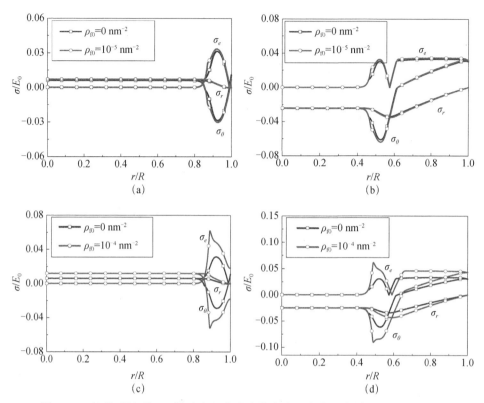

图7.30　不同辐照条件下颗粒内部锂化应力的产生及演化（彩图见封底二维码）

（a）和（c）$kt/R = 0.1$；（b）和（d）$kt/R = 0.5$

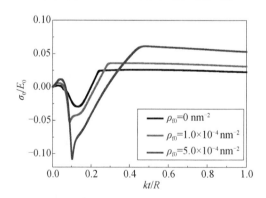

图7.31　不同辐照条件下颗粒表面环向应力的产生及演化（彩图见封底二维码）

机理。锂化初期，相界面的锂化变形导致新反应相外移单元受到径向拉应力，但当反应前沿扫过单元时，由于周围材料的约束，产生的较大的膨胀应变导致其产生局部压应力。最后，由于大的锂化应变和塑性屈服将后面的材料单元外推，环向应力从压缩变为拉伸。锂化情况下，单元经历了压应力弹性卸载、拉应力弹性加载和拉伸塑性流动。辐照条件下会出现屈服应力增大，即辐照硬化。在 Li^+ 嵌入过程中，表面的环向塑性流动会引起电极颗粒结构的不稳定和断裂。由于缺陷对位错滑移的阻碍和塑性流变应力的增大，导致锂化后期环向应力随初始缺陷密度的增大而增大。

这里综合考虑界面反应前沿的锂化应力与辐照缺陷对锂化界面移动速率的影响。如图 7.32（a）所示，设定初始缺陷密度 $1.0 \times 10^{-4}\, nm^{-2}$，缺陷的存在会导致其反应速率的增大，随后由于位错和缺陷之间的相互作用导致缺陷在嵌锂过程中的湮灭。另一方面，图 7.32（b）显示了锂化过程中界面处平均应力对电化学反应吉布斯自由能的贡献。起初，应力做功呈线性增长，符合弹性变形阶段；随后，由于塑性流动，ΔG_{stress} 慢慢增大；最后，ΔG_{stress} 大幅增加。这里表明了应力增值对锂化反应的负贡献，其导致界面移动速率随锂化而降低，且变化趋势也与平均应力做功一致。

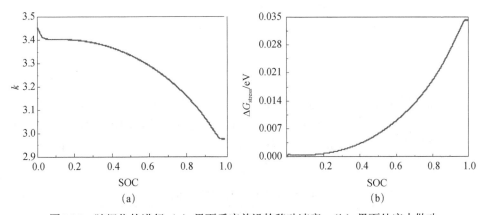

图 7.32　随锂化的进行（a）界面反应前沿的移动速率；（b）界面处应力做功

7.4　基于辐射-电化学耦合的模拟与实验表征

7.4.1　几何模型

这里采用一维锂离子电池电化学模型，几何模型如图 7.33 所示，包括三个部分：正极、电解液和负极。

锂离子电池工作的内部电化学反应十分复杂，为了降低模型的复杂性，控制模型的精确度，这里对模型做以下基本假设：

（1）假设锂离子电池的电极由多个具有相同尺寸和动力学特征的球形颗粒组成，并且电流通过电极时在所有的活性粒子内均匀分布；

（2）不考虑锂离子电池电化学反应过程中气体的产生；

（3）忽略锂离子电池电化学反应过程中的其他副反应；

（4）一维建模，忽略电池长度、高度上的边缘效应。

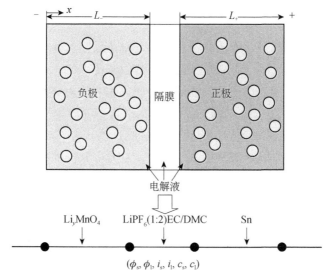

图7.33　几何示意图

一维模型从左往右分布为Li_yMnO_4正极、$LiPF_6$（1：2）EC/DMC 电解液、Sn 负极，长度为183 μm、52 μm、100 μm，正极活性颗粒的粒径为8 μm、负极活性颗粒的粒径为1.25 μm。电极材料的初始浓度为c_0，电化学反应过程中 Li^+ 在正负极之间扩散。电化学有限元模型部分参数如表7.4所示。

表 7.4　一维电化学模型材料参数表[65]

材料参数	单位	负极	隔膜	正极
$c_{e,ref}$	mol·m^{-3}	—	1×10^3	—
c_0	mol·m^{-3}	2.07×10^4	—	4.0×10^3
c_{max}	mol·m^{-3}	2.6×10^4	—	2.3×10^4
α_a, α_c	—	0.5	—	0.5
ϵ_p	—	0.14	—	0.19
ϵ_l	—	0.357	0.72	0.444
ϵ_f	—	0.03	—	0.07
E_D	kJ·mol^{-1}	68	—	20
σ_s^{eff}	S·m^{-1}	9.38×10^6	—	3.8×10^6
k_s^{eff}	S·m^{-1}	0.5	—	100
k_e^{eff}	S·m^{-1}	—	0.2	—

7.4.2　有限元模型

这里基于有限元计算软件 COMSOL5.4，采用一维锂离子电池电化学模型建模，模型考虑多孔电极理论、欧姆定律、浓溶液理论、嵌入/脱出电极反应动力学、固相和电解质内的输运等理论模型。

部分理论研究[66]及实验测试[67]表明，辐照导致的缺陷会导致电极材料电化学性能的损伤，中子辐照后的缺陷影响电导动力学过程，导致电极材料的电导活化能增大，即锂离子在固相电极中的迁移速率降低。并且，晶体结构中缺陷的存在会限制锂离子的迁移。因此，缺陷的存在会导致宏观晶体中的扩散系数的降低。本章主要考虑辐照缺陷对锂离子电池电极材料内锂离子扩散系数的影响。根据阿伦尼乌斯方程有

$$D_{s,i} = a \cdot D_{s,i0} \exp\left(-E_a \frac{b \cdot c_{def}}{RT}\right) + c \quad (7.84)$$

式中，$D_{s,i0}$ 为本征的扩散系数；E_a 为锂化活化能；a、b、c 均为参数。

如图 7.34 所示，电极材料（LiFePO$_4$）中锂的扩散系数随缺陷浓度的变化关系为

$$\log D_{s,i} = a_1 \cdot \log D_{s,i0} \cdot \exp\left(-E_a \frac{b_1 \cdot c_{def}}{RT}\right) + c_1 / \left(1 + c_1 \cdot d \cdot c_{def}\right) \quad (7.85)$$

其中，a_1=1.36，$b_1 = 0.065$，$c_1 = 3.484$，d=426.86。

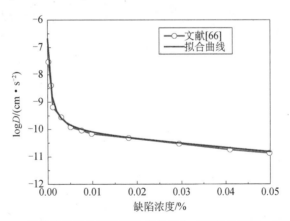

图 7.34　锂的扩散系数随缺陷浓度的变化（彩图见封底二维码）

7.4.3　有限元计算结果分析

图 7.35 为辐照对扩散系数影响的理论关系，预测辐照缺陷（0～0.05%）对正极材料 LiMn$_2$O$_4$ 扩散系数的影响。随着辐照缺陷浓度的增大，电极内部缺陷对锂离子扩散的抑制作用变大，锂离子的扩散系数呈幂指数下降趋势，下降接近四个

数量级。

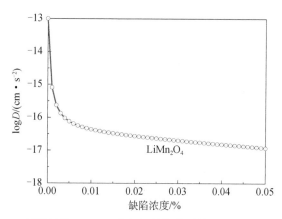

图7.35 正极材料$LiMn_2O_4$内部锂的扩散系数随缺陷浓度的变化

基于辐照缺陷对Li^+在$LiMn_2O_4$正极材料中扩散系数变化的影响，这里进行不同辐照下的锂离子电池电化学过程模拟，具体参数见表7.4。辐照缺陷的存在会导致锂离子电池严重的容量损失，如图7.36。缺陷浓度从0增大到$1×10^{-3}$时，少量的缺陷存在虽然会一定程度地抑制锂离子的扩散，但是对锂离子电池容量的影响不明显；当缺陷浓度达到$4×10^{-3}$，电池出现一定的容量衰减；缺陷浓度在10^{-2}左右时，造成的容量损失达到33%。在锂化反应过程中，锂在固相的扩散虽然较为缓慢，但往往是控制电极反应动力学的关键因素。这是由于，锂的扩散系数小，电极内阻增大，电极的放电能力变弱，导致电极间的极化增大，电池容量下降。

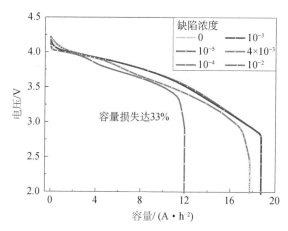

图7.36 $LiMn_2O_4$正极受辐照后锂离子电池的放电曲线（彩图见封底二维码）

同样地，基于有限元模拟计算，预测辐照缺陷（0~0.05%）对负极材料Sn

内部锂离子扩散系数的影响,如图7.37所示。初始的Sn负极内部锂的扩散系数为D_{Sn}=3.14×10^{-14} m^2·s^{-1},随着辐照损伤作用的增大,其锂离子迁移的活化能增大,锂离子的扩散系数不断下降;在缺陷浓度为0.05%时,其扩散系数下降了接近5个量级,说明辐照损伤对负极材料的影响相较于正极材料更大。这是由于,高容量负极材料内部具有更大的锂化活化能,锂离子在负极的扩散过程受阻,导致电池在充放电过程中出现大的不对称性。

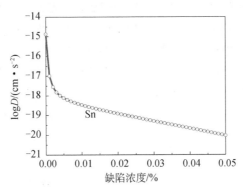

图7.37 Sn负极材料内部锂的扩散系数随缺陷浓度的变化

相应地,基于辐照后的Sn负极材料,进行不同辐照下的锂离子电池电化学过程数值模拟。如图7.38所示,负极材料受辐照后,电池容量损失更显著。缺陷浓度从0增大到10^{-4}时,辐照效应不明显且容量衰减也不明显;当缺陷浓度达到10^{-3}时,容量衰减变得严重;缺陷浓度在4×10^{-3}左右时,造成的容量损失远远超过50%,实际的锂离子电池工作过程中这种情况下早已完全失效。该结果表明,负极受辐照后性能比正极衰退更大,这是由于负极材料的扩散能力较正极材料差。

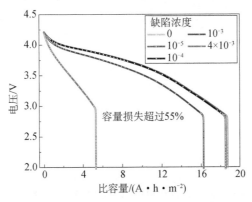

图7.38 Sn负极受辐照后锂离子电池的放电曲线(彩图见封底二维码)

考虑到辐照对材料的严重损伤,选取放电电流为0.05C,进一步考虑辐照缺陷和放电倍率对锂离子电池容量的影响。图7.39为不同辐照剂量下放电电流对电池放电曲线的影响。图7.39（a）和（b）为LiMn₂O₄正极受辐照后的放电过程，可以看出当缺陷浓度为零时，没有辐照损伤的影响，电池在小倍率的放电过程中基本不会出现容量损失；当缺陷浓度增大时（10^{-3}），在一定程度上，小倍率下电流的增大也会造成大的容量损失，达到50%。另外，在放电过程中锂离子从负极迁移至正极，当放电电流增大时，锂离子迁移的时间就减少，回迁的数量也减少，加之辐照缺陷的存在对锂离子迁移的阻碍，电极动力学反应受阻，离子回迁效率更低，导致更大的极化，可见两者均对容量衰减有很大作用。同样，对于Sn负极受辐照后的放电过程，如图7.39（c）和（d）所示，无辐照时，小倍率的放电过程不会造成电池容量的下降；在辐照作用下，由于负极锂化活化能增加，低倍率下的辐照导致的容量损失更加显著。当缺陷浓度为10^{-4}时，其容量损失达到35%，可见在该辐照条件和倍率条件下，电池的失效已经非常严重。综上表

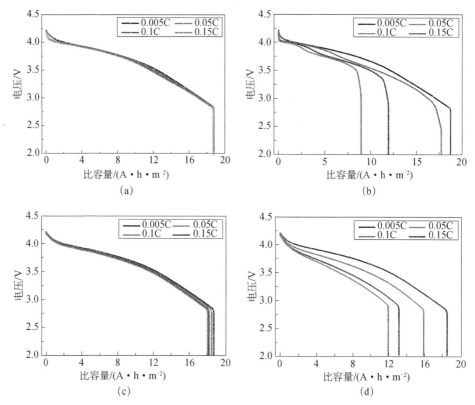

图7.39　辐照后电池的放电曲线的对比（彩图见封底二维码）

（a）（b）为LiMn₂O₄正极材料受辐照后的电池放电曲线：（a）缺陷浓度为0，（b）缺陷浓度为10^{-3}；
（c）（d）为Sn负极材料受辐照后的电池放电曲线：（c）缺陷浓度为0，（d）缺陷浓度为10^{-4}

明，扩散系数是衡量电池倍率性能的关键，辐照缺陷对电池性能起极大的限制作用。

7.4.4　中子辐照对锂离子电池电化学性能的影响

在 Cu 基底上制备厚度为 3 μm 的 Sn 负极薄膜，并在不同剂量下进行辐照，然后将其装配成 CR2025 扣式电池，最后进行充放电及性能测试。中子辐照剂量为 $1.0 \times 10^{11} \ n \cdot cm^{-2}$、$1.0 \times 10^{12} \ n \cdot cm^{-2}$、$1.0 \times 10^{13} \ n \cdot cm^{-2}$ 和 $1.0 \times 10^{14} \ n \cdot cm^{-2}$。

图 7.40 为不同中子辐照剂量下 Sn 负极的 X 射线衍射（XRD）图谱。可以看出，中子辐照后没有生成新的相，只有 Cu 基底（PDF # 04–0836）和金属 Sn（PDF # 04–0673）的衍射峰。中子辐照后，由于晶格畸变，最高辐照剂量（$1.0 \times 10^{14} \ n \cdot cm^{-2}$）样本的衍射峰发生明显的偏移，（211）和（220）的晶面间距发生改变，这与文献结果一致[39, 68]。此外，从 XRD 数据中宽峰的表现可以得出结论，Sn 负极结晶度不高，说明高剂量中子辐射会导致材料内部结构/缺陷的改变[69]。

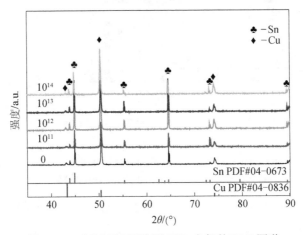

图 7.40　不同中子辐照剂量下 Sn 负极的 XRD 图谱

图 7.41 为不同辐照剂量下 Sn 负极表面形貌及测试。图 7.41（a）～（e）表明，当中子辐照剂量小于 $1.0 \times 10^{13} \ n \cdot cm^{-2}$ 时，表面形貌变化不明显。然而，由于点缺陷和团簇的演化，当辐射剂量上升到 $1.0 \times 10^{14} \ n \cdot cm^{-2}$ 时，晶界处出现孔洞。这是因为，当能量超过一定的能量阈值时，位错开动，它们的迁移会引起局域空位演化为孔洞，在位错附近发生孔洞形核。此外，晶界处的能量比晶内和大角度晶界处的能量要高，可以视为点缺陷源，所以空位更容易在晶界处累积，吸收足够的能量后形成孔洞，如图 7.41（e）、（f）所示。图 7.41（i）表明，Sn 负极的平均晶粒尺寸和表面粗糙度随中子辐照剂量的增加而增加，这是由于，辐照剂量导致孔洞的形核和现有孔洞的长大。

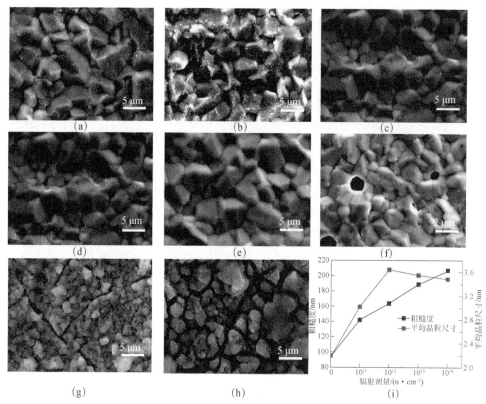

图 7.41　不同中子辐照剂量下 Sn 负极 SEM 图（彩图见封底二维码）

(a) 中子辐照前；(b) 1.0×10^{11} n·cm^{-2}；(c) 1.0×10^{12} n·cm^{-2}；(d) 1.0×10^{13} n·cm^{-2}；

(e)、(f) 1.0×10^{14} n·cm^{-2}。15 个循环后的 Sn 电极 SEM 图像：(g) 中子辐照前；

(h) 1.0×10^{14} n·cm^{-2}；(i) 平均晶粒尺寸和表面粗糙度

在恒流密度为 50 mA·g^{-1}（大约 0.05 C）、截止电压为 0.01～1.0 V（相对于 Li/Li$^+$）、温度 30 ℃ 的条件下进行电化学性能测量。图 7.42（a）为不同辐照条件下 Sn 负极电池的充放电曲线。很明显，辐照后，电池比容量从 750 mA·h·g^{-1} 减小到 360 mA·h·g^{-1}。这是因为，辐射引起的原子位移损伤和缺陷的存在会阻碍锂离子的迁移，降低电池的容量和循环性能。随着辐射强度的增大，容量的减小有增大的趋势。此外，在不同辐照条件的循环伏安曲线中可以看到，0.25 V 的阴极峰和 0.75 V 的阳极峰随辐照剂量的增加无明显变化，如图 7.42（b）所示。

图 7.43 显示了不同电流密度下 Sn 电极的倍率性能。随着电流密度的增大，锂离子嵌入量不足，电极极化严重，放电容量不断减小，且辐射后的 Sn 电极倍率性能更差。为了探究中子辐照对电池循环性能的影响，这里表征了 Sn 负极在

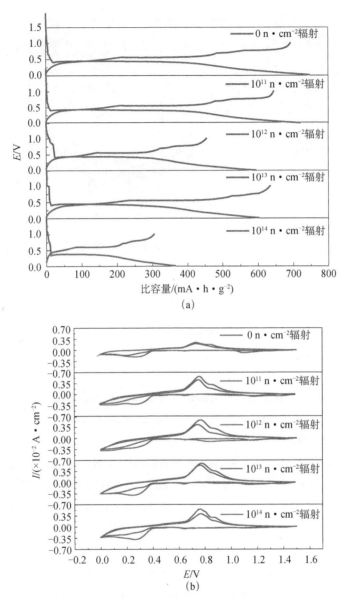

图7.42 　（a）不同辐照剂量下Sn负极装配锂离子电池充放电曲线；（b）循环伏安曲线

15次充放电循环以后的表面形貌，如图7.41（g）和（h）所示。可以清楚地看到，当辐射强度达到 1.0×10^{14} n·cm^{-2} 时，电极的表面开裂严重，这会引起电池容量的急剧下降。Sn电极的主要缺点是充放电循环过程中体积膨胀收缩过大，循环寿命差[70, 71]，中子辐射加剧了这种情况。

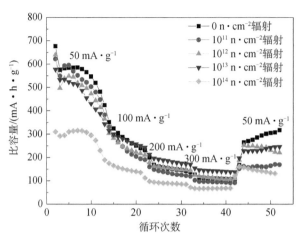

图7.43　不同中子辐射剂量下的循环倍率性能（彩图见封底二维码）

参 考 文 献

[1] Wang C，Ma Z，Wang Y，et al. Failure prediction of high-capacity electrode materials in lithium-ion batteries[J]. Journal of the Electrochemical Society，2016，163（7）：A1157-A1163.

[2] Zhao K，Pharr M，Wan Q，et al. Concurrent reaction and plasticity during initial lithiation of crystalline silicon in lithium-ion batteries[J]. Journal of the Electrochemical Society，2012，159（3）：A238-A243.

[3] Huang S，Fan F，Li J，et al. Stress generation during lithiation of high-capacity electrode particles in lithium ion batteries[J]. Acta Materialia，2013，61（12）：4354-4364.

[4] Chen L，Fan F，Hong L，et al. A phase-field model coupled with large elasto-plastic deformation：Application to lithiated silicon electrodes[J]. Journal of the Electrochemical Society，2014，161（11）：F3164-F3172.

[5] Yao Y，McDowell M T，Ryu I，et al. Interconnected silicon hollow nanospheres for lithium-ion battery anodes with long cycle life[J]. Nano Letters，2011，11（7）：2949-2954.

[6] Liu X H，Wang J W，Huang S，et al. *In situ* atomic-scale imaging of electrochemical lithiation in silicon[J]. Nature Nanotechnology，2012，7（11）：749.

[7] Bruce P G，Scrosati B，Tarascon J M. Nanomaterials for rechargeable lithium batteries[J]. Angewandte Chemic International Edition，2008，47（16）：2930-2946.

[8] Xu Y，Liu Q，Zhu Y，et al. Uniform nano-Sn/C composite anodes for lithium ion batteries[J]. Nano Letters，2013，13（2）：470-474.

[9] Wei P，Zhou J，Pang X，et al. Effects of dislocation mechanics on diffusion-induced stresses

within a spherical insertion particle electrode[J]. Journal of Materials Chemistry A, 2013, 2 (4): 1128-1136.

[10] Fleischhauer F, Bermejo R, Danzer R, et al. High temperature mechanical properties of zirconia tapes used for electrolyte supported solid oxide fuel cells[J]. Journal of Power Sources, 2015, 273 (1): 237-243.

[11] Alexandrov S, Wang Y C, Jeng Y R. Elastic-plastic stresses and strains in thin discs with temperature-dependent properties subject to thermal loading[J]. Journal of Thermal Stresses, 2014, 37 (4): 488-505.

[12] Ren F, Case E D, Ni J E, et al. Temperature-dependent elastic moduli of lead telluride-based thermoelectric materials[J]. Philosophical Magazine, 2009, 89 (2): 143-167.

[13] Ma Z, Zhou Z, Huang Y, et al. Mesoscopic superelasticity, superplasticity, and superrigidity[J]. Science China Physics, Mechanics & Astronomy, 2012, 55 (6): 963-979.

[14] Sun C Q. Thermo-mechanical behavior of low-dimensional systems: The local bond average approach[J]. Progress in Materials Science, 2009, 54 (2): 179-307.

[15] Varshni Y. Temperature dependence of the elastic constants[J]. Physical Review B, 1970, 2 (10): 3952-3958.

[16] Chakoumakos B, Oliver W, Lumpkin G, et al. Hardness and elastic modulus of zircon as a function of heavy-particle irradiation dose: I. *In situ* α-decay event damage[J]. Radiation Effects and Defects in Solids, 1991, 118 (4): 393-403.

[17] Thompson D O, Holmes D K. Effects of neutron irradiation upon the Young's modulus and internal friction of copper single crystals[J]. Journal of Applied Physics, 1956, 27 (7): 713-723.

[18] Li W, Sun L, Xue J, et al. Influence of ion irradiation induced defects on mechanical properties of copper nanowires[J]. Nuclear Instruments and Methods in Physics Research Section B, 2013, 307 (6): 158-164.

[19] Weber W. Radiation-induced defects and amorphization in zircon[J]. Journal of Materials Research, 1990, 5 (11): 2687-2697.

[20] Oliver W C, McCallum J C, Chakoumakos B C, et al. Hardness and elastic modulus of zircon as a function of heavy-particle irradiation dose[J]. Radiation Effects, 1994, 132 (2): 131-141.

[21] Gu M X, Sun C Q, Chen Z, et al. Size, temperature, and bond nature dependence of elasticity and its derivatives on extensibility, Debye temperature, and heat capacity of nanostructures[J]. Physical Review B, 2007, 75 (12): 125403.

[22] Fabritsiev S A, Pokrovsky A S. Effect of irradiation temperature and dose on SHC of pure

Cu[J]. Journal of Nuclear Materials，2009，386：268-272.

[23] Gysin U，Rast S，Ruff P，et al. Temperature dependence of the force sensitivity of silicon cantilevers[J]. Physical Review B，2004，69（4）：045403.

[24] Fine M E. Elasticity and thermal expansion of germanium between −195 and 275 ℃[J]. Journal of Applied Physics，1953，24（3）：338-340.

[25] Garai J，Laugier A. The temperature dependence of the isothermal bulk modulus at 1 bar pressure[J]. Journal of Applied Physics，2007，101（2）：023514.

[26] Fabritsiev S A，Pokrovsky A S. Effect of irradiation temperature on microstructure，radiation hardening and embrittlement of pure copper and copper-based alloy[J]. Journal of Nuclear Materials，2007，367（10）：977-983.

[27] Xiao X，Song D，Xue J，et al. A self-consistent plasticity theory for modeling the thermo-mechanical properties of irradiated FCC metallic polycrystals[J]. Journal of the Mechanics and Physics of Solids，2015，78（5）：1-16.

[28] Barton N R，Arsenlis A，Marian J. A polycrystal plasticity model of strain localization in irradiated iron[J]. Journal of the Mechanics & Physics of Solids，2013，61（2）：341-351.

[29] Beyerlein I，Tomé C. A dislocation-based constitutive law for pure Zr including temperature effects[J]. International Journal of Plasticity，2008，24（5）：867-895.

[30] Ma Z S，Zhou Y C，Long S G，et al. An inverse approach for extracting elastic-plastic properties of thin films from small scale sharp indentation[J]. Journal of Materials Science & Technology，2012，28（7）：626-635.

[31] Stournara M E，Guduru P R，Shenoy V B. Elastic behavior of crystalline Li-Sn phases with increasing Li concentration[J]. Journal of Power Sources，2012，208：165-169.

[32] Arsenlis A，Rhee M，Hommes G，et al. A dislocation dynamics study of the transition from homogeneous to heterogeneous deformation in irradiated body-centered cubic iron[J]. Acta Materialia，2012，60（9）：3748-3757.

[33] Krishna S，Zamiri A，De S. Dislocation and defect density-based micromechanical modeling of the mechanical behavior of fcc metals under neutron irradiation[J]. Philosophical Magazine，2010，90（30）：4013-4025.

[34] Huang J Y，Zhong L，Wang C M，et al. *In situ* observation of the electrochemical lithiation of a single SnO_2nanowire electrode[J]. Science，2010，330（6010）：1515-1520.

[35] Liu X H，Huang J Y. *In situ* TEM electrochemistry of anode materials in lithium ion batteries[J]. Energy & Environmental Science，2011，4（10）：3844-3860.

[36] Ma Z，Gao X，Wang Y，et al. Effects of size and concentration on diffusion-induced stress in lithium-ion batteries[J]. Journal of Applied Physics，2016，120（2）：025302.

[37] McDowell M T，Lee S W，Nix W D，et al. 25th anniversary article：Understanding the

lithiation of silicon and other alloying anodes for lithium-ion batteries[J]. Advanced Materials，2013，25（36）：4966-4985.

[38] Guo Z，Ji L，Chen L. Analytical solutions and numerical simulations of diffusion-induced stresses and concentration distributions in porous electrodes with particles of different size and shape[J]. Journal of Materials Science，2017，10（8）：1-20.

[39] Tan C，Lyons D J，Pan K，et al. Radiation effects on the electrode and electrolyte of a lithium-ion battery[J]. Journal of Power Sources，2016，318：242-250.

[40] Ratnakumar B，Smart M C，Whitcanack L D，et al. Behavior of Li-ion cells in high-intensity radiation environments[J]. Journal of the Electrochemical Society，2004，151（4）：A652-A659.

[41] Ratnakumar B，Smart M，Kindler A，et al. Lithium batteries for aerospace applications：2003 mars exploration rover[J]. Journal of Power Sources，2003，119-121：906-910.

[42] Smart M，Ratnakumar B，Whitcanack L，et al. Lithium-ion batteries for aerospace[J]. IEEE Aerospace and Electronic Systems Magazine，2004，19（1）：18-25.

[43] Lee D S，Choi Y H，Jeong H D. Effect of electron beam irradiation on the capacity fading of hydride-terminated silicon nanocrystal based anode materials for lithium ion batteries[J]. Journal of Industrial and Engineering Chemistry，2017，53（25）：82-92.

[44] Huang J Y，Zhong L，Wang C M，et al. In situ observation of the electrochemical lithiation of a single SnO$_2$ nanowire electrode[J]. Science，2010，330（6010）：1515-1520.

[45] Franciosi P，Zaoui A. Multislip in fcc crystals a theoretical approach compared with experimental data[J]. Acta Metallurgica，1982，30（8）：1627-1637.

[46] Cheong K S，Busso E P. Discrete dislocation density modelling of single phase FCC polycrystal aggregates[J]. Acta Materialia，2004，52（19）：5665-5675.

[47] Lee H J，Shim J H，Wirth B D. Molecular dynamics simulation of screw dislocation interaction with stacking fault tetrahedron in face-centered cubic Cu[J]. Journal of Materials Research，2007，22（10）：2758-2769.

[48] Lee H J，Wirth B. Molecular dynamics simulation of the interaction between a mixed dislocation and a stacking fault tetrahedron[J]. Philosophical Magazine，2009，89（9）：821-841.

[49] Robach J，Robertson I，Wirth B，et al. In-situ transmission electron microscopy observations and molecular dynamics simulations of dislocation-defect interactions in ion-irradiated copper[J]. Philosophical Magazine，2003，83（8）：955-967.

[50] Osetsky Y N，Rodney D，Bacon D J. Atomic-scale study of dislocation-stacking fault tetrahedron interactions. Part I：mechanisms[J]. Philosophical Magazine，2006，86（16）：2295-2313.

[51] Briceño M, Kacher J, Robertson I. Dynamics of dislocation interactions with stacking-fault tetrahedra at high temperature[J]. Journal of Nuclear Materials, 2013, 433 (1-3): 390-396.

[52] Ghoniem N, Tong S H, Singh B, et al. On dislocation interaction with radiation-induced defect clusters and plastic flow localization in fcc metals[J]. Philosophical Magazine A, 2001, 81 (11): 2743-2764.

[53] Huang J, Wang Z, Gong X, et al. Vacancy assisted Li intercalation in crystalline Si as anode materials for lithium ionbatteries[J]. International Journal of Electrochemical Science, 2013, 8 (4): 5643-5649.

[54] Kim K J, Qi Y. Vacancies in Si can improve the concentration-dependent lithiation rate: Molecular dynamics studies of lithiation dynamics of Si electrodes[J]. The Journal of Physical Chemistry C, 2015, 119 (43): 24265-24275.

[55] Bower A F, Guduru P R, Sethuraman V A. A finite strain model of stress, diffusion, plastic flow, and electrochemical reactions in a lithium-ion half-cell[J]. Journal of the Mechanics and Physics of Solids, 2011, 59 (4): 804-828.

[56] Yu L, Chen L, Xiao X, et al. Constitutive relationship of irradiated metallic materials by Eshelby formalism and micro-mechanical scheme[J]. Journal of Micromechanics and Molecular Physics, 2016, 1: 1640006.

[57] Carreker R, Hibbard W. Tensile deformation of high-purity copper as a function of temperature, strain rate, and grain size[J]. Acta Metallurgica, 1953, 1 (6): 654657-655663.

[58] Xiao X, Song D, Xue J, et al. A size-dependent tensorial plasticity model for FCC single crystal with irradiation[J]. International Journal of Plasticity, 2015, 65: 152-167.

[59] Arsenlis A, Wirth B, Rhee M. Dislocation density-based constitutive model for the mechanical behaviour of irradiated Cu[J]. Philosophical Magazine, 2004, 84 (34): 3617-3635.

[60] Haghi M, Anand L. A constitutive model for isotropic, porous, elastic-viscoplastic metals[J]. Mechanics of Materials, 1992, 13 (1): 37-53.

[61] Bakos T, Rashkeev S, Pantelides S. H_2O and O_2 molecules in amorphous SiO_2: Defect formation and annihilation mechanisms[J]. Physical Review B, 2004, 69 (19): 1324-1332.

[62] Ma Z, Wu H, Wang Y, et al. An electrochemical-irradiated plasticity model for metallic electrodes in lithium-ion batteries[J]. International Journal of Plasticity, 2017, 88: 188-203.

[63] Singh B, Edwards D, Toft P. Effect of neutron irradiation and post-irradiation annealing on microstructure and mechanical properties of OFHC-copper[J]. Journal of Nuclear Materials, 2001, 299 (3): 205-218.

[64] Izerrouken M, Kermadi S, Souami N, et al. Influence of reactor neutrons irradiation on electrical, optical and structural properties of SnO_2 film prepared by sol-gel method[J]. Nuclear

Instruments and Methods in Physics Research Section A：Accelerators，Spectrometers，Detectors and Associated Equipment，2009，611（1）：14-17.

[65] Duan X，Jiang W，Zou Y，et al. A coupled electrochemical-thermal-mechanical model for spiral-wound Li-ion batteries[J]. Journal of Materials Science，2018，53（15）：10987-11001.

[66] Malik R，Burch D，Bazant M，et al. Particle size dependence of the ionic diffusivity[J]. Nano Letters，2010，10（10）：4123-4127.

[67] 毛世奇，Krutiakov A，Saunin E，et al. 辐照对锂陶瓷材料电导率的影响[J]. 原子能科学技术，1998，32（5）：68-72.

[68] Din N g，Zhu J，Yao Y，et al. The effects of γ-radiation on $LiCoO_2$[J]. Chemical Physics Letters，2006，426（4）：324-328.

[69] Omenya F，Chernova N A，Wang Q，et al. The structural and electrochemical impact of Li and Fe site substitution in $LiFePO_4$[J]. Chemistry of Materials，2013，25（13）：2691-2699.

[70] Gao X，Ma Z，Jiang W，et al. Stress-strain relationships of Li_xSn alloys for lithium ion batteries[J]. Journal of Power Sources，2016，311：21-28.

[71] Huttin M，Kamlah M. Phase-field modeling of stress generation in electrode particles of lithium ion batteries[J]. Applied Physics Letters，2012，101（13）：133902.

第8章　锂离子电池热-力-化多场耦合模型

锂离子电池在充放电过程中，电池内部存在多物理场的相互影响，因而建立一个精确的预测模型十分困难。自从经典的伪二维电化学模型（P2D模型）提出以来，研究者们纷纷在此基础上建立了热模型、电化学-热耦合模型、电化学-力耦合模型等，却较少有研究工作建立锂离子电池热-力-化耦合模型。因此，建立一个多物理场耦合模型精确验证与预测电池的电化学行为、热行为以及力学行为，是一项极具科学研究意义的工作。

在以往的研究中，锂离子电池中存在的双电层一直被忽略，但它的存在会影响局部电流密度等。同时，在以往的模型中，锂离子电池的计算区域被分为三个部分：正电极、隔膜、负电极，而忽略了正负集流体[1-3]。由于热模型向电化学模型中传递的温度是整个锂离子电池的体积均分的平均值，而其中正负集流体的体积一般占整个锂离子电池体积的10%左右，这就说明在模拟计算时不应该忽视正负集流体的作用。此外，锂离子电池材料参数的动态变化对模拟结果的准确性具有重要影响。在锂离子电池放电过程中，扩散系数、锂离子电导率、传递系数以及反应速率常数都与锂离子的浓度和锂离子电池的温度有关，而以往很多的电化学-热模型并没有建立它们之间动态的实时参数传递关系。本章在考虑这些因素影响的基础上，建立电化学-热-力耦合模型。

8.1　锂离子电池电化学模型

目前，锂离子电化学状态理论预测模型主要有等效电路模型、自适应模型以及电化学模型。等效电路模型是通过由电压源、电阻和电容等简单的电子元件构成的等效电路，来了解电池的充放电行为。该模型计算过程简单，计算成本低，主要用于计算电池系统的荷电状态（SOC）。自适应模型是利用神经网络等具有自适应性和自学习能力的智能数学工具算法，对锂离子电池输入参数关系进行模拟后输出预测值的一种数学模型。该模型需要大量的数据支撑和验证，使得模型建立过程复杂，对电池进行实时预测变得困难。电化学模型是基于电池电化学反应过程，根据物理、化学和电化学相关理论，建立偏微分方程组并通过求解方程获取状态的一种模型[4-7]。Newman等[4-6]利用浓溶液理论和多孔电极理论首次提出了伪二维（P2D）模型，并成功预测了锂离子电池的电化学行为。由于电化学模型是基于锂离子电池电化学反应建立的，预测状态均具有实际的物理含义，所以是描述电池电化学性能最为准确的模型。

本节根据锂离子电池的结构和工作原理，引用相关理论建立伪二维电化学模型。锂离子电池在充放电过程中主要有电极电流的传导、电解液中离子电荷的运输、电解液中电解质的物质传输、锂在电极颗粒中的扩散，以及 Butler-Volmer[4, 8] 电极动力学过程。为了精确描述数学模型中的控制方程，需要作以下假设：

（1）忽略电池在反应过程中气体的产生；

（2）不考虑电池在极端环境下发生的副反应；

（3）假设所有电极颗粒都是几何规整的圆形颗粒，且均匀分布在电极上，并且电流通过电极时在所有活性离子内均匀分布；

（4）二维模型，忽略电池高度上的边缘效应。

如图 8.1 所示，伪二维电化学模型由五个部分构成：正、负集流体，负极，隔膜，正极。其中，1 代表负集流体和外部的边界；2 代表负集流体和负极的边界；3 代表负极和隔膜的边界；4 代表隔膜和正极的边界；5 代表正极和正集流体的边界；6 代表正集流体和外部的边界。放电时，嵌在负极材料（Li_xC_6）中的锂离子从固体颗粒表面脱出，其表面的锂离子浓度降低，这样固体颗粒内部和表面之间就有了浓度差，导致锂离子从固体颗粒内部向表面的固相扩散；这时负极材料发生的电化学反应所产生的锂离子进入电解液，负极液相局部锂离子浓度升高，负极液相形成了浓度差，从而使锂离子在负极液相中发生了扩散迁移。正极则相反。这样在隔膜处，由于正负电极电化学反应引起的浓度差提供了源源不断的动力，使得锂离子从负极往正极迁移，电子则通过外电路进行反向迁移。充电过程则与之相反。

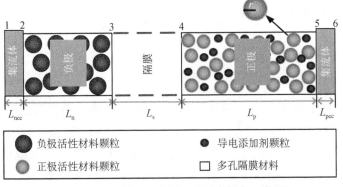

图8.1　电化学模型示意图（彩图见封底二维码）

通常，用于描述电化学模型位于 x 处 t 时刻的状态变量有：电极的固相电势 $\varphi_s(x, t)$，电极中的固相电流 $i_s(x, t)$，电解液中的液相电流 $i_l(x, t)$，液相

电势 φ_1 (x,t)，活性材料表面的锂离子摩尔通量 J_n (x,t)，电解液中锂浓度 c_1 (x,t)。根据以上假设，电极颗粒中心 r 处的锂离子浓度可表示为 c_s (x,r,t)。根据以上变量，并基于电荷守恒方程和质量守恒方程可以确定数学模型的方程。

8.1.1　电荷守恒方程

1. 固相电荷守恒方程

在任意的 x 位置，电流密度与锂离子摩尔通量相关：

$$\frac{\partial i_s(x,t)}{\partial x} = -S_a F J_n(x,t) \tag{8.1}$$

$$S_a = \frac{3\varepsilon_s}{R_s} \tag{8.2}$$

式中，S_a 是电极活性材料的比表面积；ε_s 是电极中活性材料体积分数；R_s 是活性颗粒的径向半径；F 是法拉第常数。

电子在电极固相的传输遵循欧姆定律，因此 $i_s(x,t)$ 可以表示为

$$i_s(x,t) = -\sigma_s^{eff} \frac{\partial \varphi_s(x,t)}{\partial x} \tag{8.3}$$

$$\sigma_s^{eff} = \sigma_s V_s^{\gamma_s} \tag{8.4}$$

式中，σ_s^{eff} 是固相有效电导率；σ_s 是固相电导率；V_s 是固相体积分数；γ_s 是固相中布莱格曼指数。

2. 液相电荷守恒方程

根据浓溶液理论可得到液相电荷守恒方程：

$$\frac{\partial i_1(x,t)}{\partial x} = S_a F J_n(x,t) \tag{8.5}$$

式中，锂离子在液相中的传输电流 $i_1(x,t)$ 可以表示为

$$i_1(x,t) = -\sigma_1^{eff} \frac{\partial \varphi_1(x,t)}{\partial x} + \frac{2RT\sigma_1^{eff}}{F}\left(1+\frac{\partial \ln f_\pm}{\partial \ln c_1(x,t)}\right)\left(1-t^+\right)\frac{\partial(\ln c_1(x,t))}{\partial x} \tag{8.6}$$

$$\sigma_1^{eff} = \sigma_1 V_1^{\gamma_1} \tag{8.7}$$

式（8.6）中包含两个部分，第一部分符合欧姆定律，第二部分是离子浓度梯度；$f_\pm$ 是平均摩尔活度系数；t^+ 是锂离子在液相中的传递数；R 是气体常数；T 是电解液温度；σ_1^{eff} 是液相有效电导率；σ_1 是液相电导率；V_1 是液相体积分数；γ_1 是液相中布莱格曼指数。

当考虑双电层效应时，双电层电容存在于活性颗粒和电解液的界面，能够储存额外的能量并能使突然的脉冲放电电压平稳通过。这时固相电荷守恒方程为

$$\nabla \cdot \left(-\sigma_{\mathrm{s}}^{\mathrm{eff}} \nabla \varphi_{\mathrm{s}} \right) = -S_{\mathrm{a}} \left(j_{\mathrm{n}} + C_{\mathrm{dl}} \left(\frac{\partial \varphi_{\mathrm{s}}}{\partial t} - \frac{\partial \varphi_{\mathrm{l}}}{\partial t} \right) \right) \tag{8.8}$$

式中，j_{n} 为局部电流密度；C_{dl} 为双电层电容。

液相电荷守恒方程为

$$\nabla \cdot \left\{ \sigma_{\mathrm{l}}^{\mathrm{eff}} \left[-\nabla \varphi_{\mathrm{l}} + \frac{2RT}{F} \left[1 + \frac{\partial \ln f}{\partial \ln c_{\mathrm{l}}} \right] \left(1 - t_{+} \right) \frac{\nabla c_{\mathrm{l}}}{c_{\mathrm{l}}} \right] \right\} = -S_{\mathrm{a}} j_{\mathrm{n}} \tag{8.9}$$

8.1.2 质量守恒方程

1. 固相扩散方程

在满足前述假设，电极颗粒为规则圆形颗粒时，锂离子在电极颗粒中的扩散可用菲克定律表示：

$$\frac{\partial c_{\mathrm{s}}(x,t)}{\partial t} + \frac{1}{r^2} \frac{\partial}{\partial r} \left(-r^2 D_{\mathrm{s}}^{\mathrm{eff}} \frac{\partial c_{\mathrm{s}}(x,r,t)}{\partial r} \right) = 0 \tag{8.10}$$

式中，r 表示电极颗粒的径向距离。

2. 液相扩散方程

锂离子在电解液中的流动主要是由浓度梯度和电流梯度引起的，因此可表示为

$$V_{\mathrm{l}} \frac{\partial c_{\mathrm{l}}(x,t)}{\partial t} + \frac{\partial J_{\mathrm{l}}}{\partial x} = \frac{S_{\mathrm{a}} j_{\mathrm{n}}(x,t)}{F} \tag{8.11}$$

式中，J_{l} 是锂离子在电解液中的摩尔通量，它包括两个部分，第一部分是锂离子的扩散，遵循菲克定律，第二部分是电迁移部分，因此式（8.11）可改写为

$$J_{\mathrm{l}} = -D_{\mathrm{l}}^{\mathrm{eff}} \frac{\partial c_{\mathrm{l}}(x,t)}{\partial x} + \frac{i_{\mathrm{l}}(x,t) \cdot t_{+}}{F} \tag{8.12}$$

式中，$D_{\mathrm{l}}^{\mathrm{eff}}$ 是锂离子在液相中的有效扩散系数。

8.1.3 电极动力学

利用电极动力学的 Butlere-Volmer 方程可表示局部电流密度：

$$j_{\mathrm{n}}(x,t) = j_0(x,t) \left\{ \exp\left(\frac{\alpha_{\mathrm{a}} \eta F}{RT} \right) - \exp\left(\frac{\alpha_{\mathrm{c}} (-\eta) F}{RT} \right) \right\} \tag{8.13}$$

式中，α_{a}，α_{c} 分别为阴离子和阳离子的传递系数；j_0 为交换电流密度，可表示为

$$j_0 = F k_0 c_{\mathrm{l}}^{\alpha_{\mathrm{a}}}(x,t) \left(c_{\mathrm{s,max}} - c_{\mathrm{s,surf}}(x,t) \right)^{\alpha_{\mathrm{a}}} c_{\mathrm{s,surf}}^{\alpha_{\mathrm{c}}} \tag{8.14}$$

式中，k_0 是反应速率常数；$c_{\mathrm{s,max}}$ 是电极颗粒锂离子最大浓度；$c_{\mathrm{s,surf}}$ 是电极颗粒表面的锂离子浓度。

η 为电极过电势，可表示为

$$\eta = \varphi_s(x,t) - \varphi_l(x,t) - U_{eq} \tag{8.15}$$

式中，U_{eq} 是电极材料的电动势。

8.2　锂离子电池热模型

由于锂离子电池迅猛发展和良好的应用前景，20 世纪 90 年代，相关科研者开始探索建立热模型来研究锂离子电池的热行为[9-11]。目前最经典、应用最广泛的热模型是 1985 年由美国加州大学伯克利分校的 Bernardi 提出的基于电池系统能量守恒原理[12]，其通过研究电化学反应熵变以及不可逆热等，简化得出了可以有效用于计算和分析电池生热速率的模型公式：

$$q = \frac{I}{V}\left(E_{OC} - U - T\frac{dE_{OC}}{dT} \right) \tag{8.16}$$

式中，I 为电流；V 为电池体积；E_{OC} 为电池平衡电动势；U 为电池工作电压；T 为电池温度。

锂离子电池工作时产生的热量主要包括欧姆热、电化学反应热和极化反应热三部分，其中欧姆热约占总热量的 54%，电化学反应热约占 30%[13]。锂离子电池每单位体积产生的总热量 Q 可表示为

$$Q = Q_{ohm} + Q_{rea} + Q_{act} + Q_{sre} \tag{8.17}$$

式中，Q_{ohm} 为电池内阻产生的欧姆热，是由电流流过电池内部时内阻的欧姆电势降引起的；Q_{rea} 为可逆反应热，是由充放电过程中发生电化学反应引起的；Q_{act} 为电池反应过程中的极化热，是由电流作用在正、负极上发生极化现象产生的；Q_{sre} 为副反应热（正常工作条件下近似为零）。

锂离子电池工作时电极材料的传热控制方程为

$$\rho\, C_p\, \frac{\partial T}{\partial t} = \nabla \cdot (\lambda\, \nabla T) + Q \tag{8.18}$$

式中，ρ 为电极材料的平均密度；C_p 为电极材料的平均热容；λ 为电极材料的平均热传导系数。

根据实际情况的需要，热模型按维度的不同可以分为集中质量模型、一维模型、二维模型和三维模型四类。集中质量模型是将电池整体当作一个质点，电池的温度取为平均值。因此，该模型具有计算量小、误差大的特点。由于方形电池垂直于电极平面方向，以及圆柱形电池半径方向上的热导率较小，其温度差值不明显，为了简便计算，人们建立了重点关注电池某一方向上温度的分布的一维模型。二维模型一般用来研究电池某个截面上的温度分布，相对于一维模型来说更

为完善，但二维模型相对于集中质量模型和一维模型，引进了更多的参数，计算也会相对复杂。为了进一步得到锂离子电池的温度分布云图，弥补二维热模型的缺陷，随着计算机硬件水平质的飞越以及数值仿真技术的开发，人们发展了锂离子电池三维热模型。本书对电池热管理的计算模拟研究以二维或三维热模型为基础。

8.2.1　二维热模型

若忽略副反应，能量守恒控制方程可表示为

$$\rho C_p \frac{\partial T}{\partial t} + \frac{\partial}{\partial x} \cdot \left(-\lambda \frac{\partial T}{\partial x} \right) = q \tag{8.19}$$

式中，ρ 为密度；C_p 为热容；λ 为热导率；q 为生热率。根据锂离子电池产热机理可知，q 可以分为反应热 Q_{rea}，极化热 Q_{act} 和欧姆热 Q_{ohm}。其中反应热为可逆热 Q_{rev}，极化热和欧姆热为不可逆热 Q_{irr}[14-16]。反应热与电极材料的熵变 ΔS 有关，可表示为

$$Q_{rea} = S_a j_n T \frac{\partial U_{eq}}{\partial T} = S_a j_n T \frac{\Delta S}{F} \tag{8.20}$$

式中，开路电压 U_{eq} 是电池温度的函数，可表示为

$$\begin{aligned} U_{eq} &= U_{eq,ref} + \frac{\partial U_{eq}}{\partial T} (T - T_{ref}) \\ &= U_{eq,ref} (SOC, T_{ref}) + \frac{\Delta S(SOC)}{F} (T - T_{ref}) \end{aligned} \tag{8.21}$$

式中，T_{ref} 和 $U_{eq,ref}$ 分别是标准状态下（室温 25 ℃）的温度和电势；SOC 是电池的放电状态，可表示为

$$SOC = \frac{c_s}{c_{s,max}} \tag{8.22}$$

欧姆热可表示为

$$Q_{ohm} = -i_s \cdot \nabla \varphi_s - i_l \cdot \nabla \varphi_l \tag{8.23}$$

极化热可表示为

$$Q_{act} = S_a j_n \eta \tag{8.24}$$

8.2.2　三维热模型

锂离子电池内部能量守恒方程如下所示：

$$\rho C_p \frac{\partial T}{\partial t} = \lambda_x \frac{\partial^2 T}{\partial x^2} + \lambda_y \frac{\partial^2 T}{\partial y^2} + \lambda_z \frac{\partial^2 T}{\partial z^2} + Q_{irr} + Q_{rea} \tag{8.25}$$

$$Q_{\text{rea}} = S_a j_n T \frac{\partial U}{\partial T} \tag{8.26}$$

$$Q_{\text{irr}} = S_a j_n \left(\varphi_s - \varphi_1 - U \right) + \sigma_s^{\text{eff}} \nabla \varphi_s \cdot \nabla \varphi_s + \sigma_1^{\text{eff}} \nabla \varphi_1 \cdot \nabla \varphi_1$$

$$+ \frac{2RT\sigma_1^{\text{eff}}}{F} \left(t_+ - 1 \right) \left[1 + \frac{\partial \ln f}{\partial \ln c_l} \right] \cdot \nabla \left(\ln c_l \right) \cdot \nabla \varphi_1 + \epsilon_c \nabla \varphi_c \cdot \nabla \varphi_c \tag{8.27}$$

锂离子电池为多种不同材料构成的分层结构，其热导系数为各向异性，根据传热原理[17]，它的平均热导系数可以表示为

$$\lambda_x = \lambda_z = \frac{\lambda_{\text{pcc}} L_{\text{pcc}} + \lambda_p L_p + \lambda_s L_s + \lambda_n L_n + \lambda_{\text{ncc}} L_{\text{ncc}}}{L_{\text{ncc}} + L_n + L_s + L_p + L_{\text{pcc}}} \tag{8.28}$$

$$\lambda_y = \frac{L_{\text{ncc}} + L_n + L_s + L_p + L_{\text{pcc}}}{\dfrac{L_{\text{pcc}}}{\lambda_{\text{pcc}}} + \dfrac{L_p}{\lambda_p} + \dfrac{L_s}{\lambda_s} + \dfrac{L_n}{\lambda_n} + \dfrac{L_{\text{ncc}}}{\lambda_{\text{ncc}}}} \tag{8.29}$$

式中，λ_x，λ_y，λ_z 分别为电池在 x，y，z 方向的热导系数。

8.3　锂离子电池应力模型

在电化学反应过程中，锂离子在电极材料中的循环脱嵌过程会引起较大的体积变形，产生的电极应力将导致电极容量的衰退，甚至发生电极颗粒的粉碎与破坏，因此研究电极应力的演化规律具有重要科学意义。Yang 等[18]通过数值计算对球形纳米 Si 颗粒进行应力求解，结果表明球形颗粒表面环向应力为压应力。Garcia 等[19, 20]建立了一个二维模型来研究电极内部的应力，讨论了颗粒大小和位置的重要性。Xiao 等[21]提出了锂离子电池的多物理二维模型，并建立了中尺度代表性体积单元模型来研究颗粒的应力应变关系。这些模型为研究多物理场耦合下电极应力演化规律和破坏预测提供了良好的理论基础。

假设电极材料为各向同性、均匀且线性的弹性固体材料，并忽略电解液对电极的静水压力。这里采用固体力学平衡方程来描述电极内部的应力状态，根据体积元模型，力学平衡方程可表示为

$$\nabla \cdot \boldsymbol{\sigma} = 0 \tag{8.30}$$

对于各向同性材料，应力应变本构关系可表示为

$$\varepsilon_{ij}^e = \frac{1}{E} \left[(1+\nu) \sigma_{ij} - \nu \sigma_{kk} \delta_{ij} \right] \tag{8.31}$$

式中，E 为杨氏模量；ν 为泊松比；δ_{ij} 为克罗内克符号。

在充放电过程中，锂离子在活性电极颗粒晶格中反复嵌入和脱出，这部分由锂离子浓度梯度引起的应变称为扩散应变，可表示为

$$\varepsilon_{ij}^c = \frac{1}{3}\Delta c \varOmega \delta_{ij} \tag{8.32}$$

式中，$\varOmega$ 为电极颗粒的偏摩尔体积；Δc 为浓度梯度。

此外，电池在充放电过程中会产生大量的热量，使电池温度升高，由温度变化产生的热膨胀而引起的应变可表示为

$$\varepsilon_{ij}^{\mathrm{T}} = \alpha \Delta T \delta_{ij} \tag{8.33}$$

式中，α 为电极的热膨胀系数；ΔT 为温度梯度。

综合以上分析，总应变可以写成

$$\varepsilon_{ij} = \frac{1}{E}\Big[(1+\nu)\sigma_{ij} - \nu\,\sigma_{kk}\,\delta_{ij}\Big] + \frac{\varOmega}{3}\Delta c\,\delta_{ij} + \alpha\,\Delta T\,\delta_{ij} \tag{8.34}$$

8.4　锂离子电池电化学–热耦合模型

锂离子电池在放电过程中温度不断升高，而温度又影响电化学反应过程，两者相互作用，互相影响。电化学–热耦合模型是结合锂离子电池的电化学反应和生热过程的模型，主要用于模拟锂离子电池内部温度的分布以及电池平均温度随时间的变化，模型中通常假设电池内部电流密度分布均匀。

从 20 世纪开始，国内外研究者在锂离子电池电化学–热耦合模型的发展上开展了一系列研究，对锂离子电池的数值仿真模拟研究也取得了巨大的突破，这些工作主要有：研究电池的生热特性，结合理论计算和实验验证，得到更加准确的生热速率；建立了多维度的电化学–热耦合模型，使模型更有针对性和实用性，节约了成本；通过实验验证不断优化理论计算方法，使得计算结果的精确度更高，更好地指导电池的参数优化和结构设计；建立电池模块的电化学–热耦合模型，研究电池的散热，提高电池的安全性能、使用效率和寿命[22-26]。

基于8.1节的电化学模型和8.2节单体电池的生热传热机理，本节建立了电化学–热耦合模型，其示意图如图8.2所示。耦合求解时，将电化学反应产生的热量作为传热方程的热源，同时将传热方程求解的温度反馈到电化学模型中，作为电化学反应的温度。通过热量和温度两个变量实现电化学模型和热模型之间的耦合。具体过程如图8.3所示。

耦合计算时，阿伦尼乌斯公式在电化学模型中定量地描述了部分参数随着温度的变化[12, 27-29]：

$$A_i = A_{i,0}\exp\left(\frac{E_{\mathrm{a},i}}{R}\left(\frac{1}{T_{\mathrm{ref}}} - \frac{1}{T}\right)\right) \tag{8.35}$$

式中，$A_{i,0}$ 表示参考温度为常温时 A_i 的取值；活化能 $E_{\mathrm{a},i}$ 决定参数 A_i 随温度的变

化率。

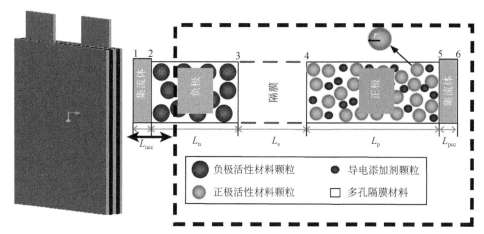

图8.2　电化学-热耦合模型示意图（彩图见封底二维码）

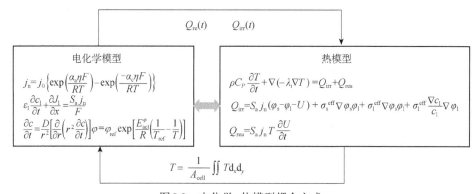

图8.3　电化学-热模型耦合方式

8.5　锂离子电池电化学-力耦合模型

基于电化学和热力学的基本理论，我们采用弹性小变形理论模拟化-力作用下电极材料的锂化变形及应力状态。扩散应变 $\varepsilon_{ij}{}^c$ 和弹性应变 $\varepsilon_{ij}{}^e$ 分别如式（8.28）和式（8.29）所示，总应变可以表示为

$$\varepsilon_{ij} = \varepsilon_{ij}^{e} + \varepsilon_{ij}^{c} \tag{8.36}$$

式中，ε_{ij} 是总应变；ε_{ij}^{e} 是弹性应变；ε_{ij}^{c} 是扩散诱导应变。

在小变形的情况下，几何方程为

$$\varepsilon_{ij} = \frac{1}{2}\left(u_{i,j} + u_{j,i}\right) \tag{8.37}$$

式中，$u_{i,j}$，$u_{j,i}$ 为位移梯度。

在不考虑体力的情况下，力的平衡方程为

$$\sigma_{ji,j} = 0 \tag{8.38}$$

式中，$\sigma_{ji,j}$ 是应力分量一阶导数。

8.6 锂离子电池热–力–化耦合模型

锂离子电池热–力–耦合模型是一个多物理场耦合模型，因此，需要确定电化学参数和多物理场变量之间的关系。电池在电化学循环中，会产生大量的热量，使得电池的温度发生变化。电化学反应对温度是极其敏感的，温度的升高会加速电化学反应的进程；相反，低温会阻滞电化学反应[30-33]。与此同时，锂离子在电极材料中的循环嵌入与脱出，导致电极材料晶体结构发生变化从而产生应力，由锂离子浓度的改变而引起的电极应力称为扩散应力。本节将在电化学模型、热模型和应力模型的基础上，确定多物理场变量与耦合参数的关系，建立锂离子电池热–力–化耦合模型。

耦合求解时，电化学模型与热模型通过温度和热量进行耦合，如 8.4 节中电化学–热耦合模型。力学模型求解时，浓度梯度来源于电化学模型，热模型引起的温度梯度也作用于力学模型，根据力学平衡方程求解的电极应力反馈到电化学模型和热模型中，从而实现电化学模型、热模型和力学模型的多物理场耦合。

1. 固相参数

固相扩散系数 D_s 和反应速率常数 k_s 可表示为

$$D_s = D_s^{\text{ref}} \exp\left[\frac{E_D}{R}\left(\frac{1}{T_{\text{ref}}} - \frac{1}{T}\right)\right] \tag{8.39}$$

$$k_s = k_s^{\text{eff}} \exp\left[\frac{E_k}{R}\left(\frac{1}{T_{\text{ref}}} - \frac{1}{T}\right)\right] \tag{8.40}$$

式中，D_s^{ref}，k_s^{eff} 分别是标准状态下（室温 25 ℃）的固相扩散系数和反应速率常数；E_D 和 E_k 分别是反应活化能和扩散活化能。

基于热力学理论并考虑电解液对活性材料的静水压力，扩散通量 J 可以表示为

$$J = D_s\left(-\frac{\partial c}{\partial x} + \frac{\Omega c}{RT}\frac{\partial \sigma_h}{\partial x}\right) \tag{8.41}$$

式中，σ_h 为静水压力，上式右侧可分为两个部分：第一部分是由浓度梯度引起的扩散，第二部分是由应力梯度引起的浓度扩散。扩散系数 D_s 可以表示为

$$D_s = D_s^{\text{ref}} \exp\left[\frac{E_D}{R}\left(\frac{1}{T_{\text{ref}}} - \frac{1}{T}\right)\right] \times \exp\left(\frac{\gamma\Omega\sigma_h}{RT}\right) \tag{8.42}$$

式中，γ 是无量纲系数，表示扩散活化能线性依赖于静水应力的程度。

2. 液相参数

锂离子在液相传输时，扩散系数 D_1、离子电导率 σ_1 和离子传递数 t^+，与锂离子浓度和温度有关，根据 Valøen 等[34-36]的研究，可以得到

$$D_1^{\text{eff}} = D_1^{\text{ref}} \times 10^{-4.43 - \frac{54.0}{T - 229.0 - 0.05c_1} - 2.2 \times 10^{-4}} \tag{8.43}$$

$$\begin{aligned}
\sigma_1 = 1.12 \times 10^{-4}(&-8.2488 + 0.053248T - 2.9871 \times 10^{-5}T^2 \\
&+ 0.26235c_1 - 9.3063 \times 10^{-3}c_1T + 8.069 \times 10^{-6}c_1T^2 \\
&+ 0.22002c_1^2 - 1.765 \times 10^{-4}c_1^2T \tag{8.44}
\end{aligned}$$

$$t^+ = 2.67 \times 10^4 \exp\left(\frac{833}{T}\right)\left(\frac{c_1}{1000}\right) + 3.09 \times 10^{-3} \exp\left(\frac{653}{T}\right)\left(\frac{c_1}{1000}\right)$$
$$+ 0.517\exp\left(-\frac{49.6}{T}\right) \tag{8.45}$$

锂离子嵌入电极颗粒会引起颗粒晶体结构变化，电极材料的力学性能随之发生改变，其中杨氏模量能准确直观地反映弹性材料力学性能的改变。根据 Yang 等[37]的工作，确定杨氏模量与溶质原子浓度的关系为

$$E = E_0(1 + \chi c) \tag{8.46}$$

式中，χ 为一个常数，表示杨氏模量与单位溶质原子浓度之间的关系。Qi 等[38-40] 利用第一性原理方法，计算得出石墨的杨氏模量与锂离子嵌入的浓度成正比，$\chi = 3$，泊松比为常数。

参 考 文 献

[1] Cai L, White R E. Mathematical modeling of a lithium ion battery with thermal effects in COMSOL Inc. Multiphysics（MP）software[J]. Journal of Power Sources，2011，196（14）：5985-5989.

[2] Guo M，Sikha G，White R E. Erratum：Single-particle model for a lithium-ion cell：Thermal behavior[J]. Journal of the Electrochemical Society，2011，158（5）：S11.

[3] Wu W，Xiao X，Huang X. The effect of battery design parameters on heat generation and utilization in a Li-ion cell[J]. Electrochimica Acta，2012，83（12）：227-240.

[4] Doyle M，Fuller T F，Newman J. Modeling of galvanostatic charge and discharge of the lithium/polymer/insertion cell[J]. Journal of the Electrochemical Society，1993，140（6）：1526-1533.

[5] Fuller T F，Doyle M，Newman J. Simulation and optimization of the dual lithium ion insertion

cell[J]. Journal of the Electrochemical Society, 1994, 141 (1): 1-10.

[6] Pals C R, Newman J. Thermal modeling of the lithium/polymer battery I: Discharge behavior of a single cell[J]. Journal of the Electrochemical Society, 1995, 142 (10): 3274-3281.

[7] Zimmerman W B. Process Modelling and Simulation with Finite Element Methods[M]. New Jersey: World Scientific Publishing Co. Inc., 2004.

[8] Newman J, Tiedemann W. Porous-electrode theory with battery applications[J]. AIChE Journal, 1975, 21 (1): 25-41.

[9] Spotnitz R, Franklin J. Abuse behavior of high-power, lithium-ion cells[J]. Journal of Power Sources, 2003, 113 (1): 81-100.

[10] Mills A, Al-Hallaj S. Simulation of passive thermal management system for lithium-ion battery packs[J]. Journal of Power Sources, 2005, 141 (2): 307-315.

[11] He H, Xiong R, Guo H. Online estimation of model parameters and state-of-charge of LiFePO₄ batteries in electric vehicles[J]. Applied Energy, 2012, 89 (1): 413-420.

[12] Bernardi D, Pawlikowski E, Newman J. A general energy balance for battery systems[J]. Journal of the Electrochemical Society, 1985, 132 (1): 5-12.

[13] Zhang X W. Thermal analysis of a cylindrical lithium-ion battery[J]. Electrochimica Acta, 2011, 56 (3): 1246-1255.

[14] Kizilel R, Sabbah R, Selman J R, et al. An alternative cooling system to enhance the safety of Li-ion battery packs[J]. Journal of Power Sources, 2009, 194 (2): 1105-1112.

[15] Li J, Cheng Y, Jia M, et al. An electrochemical-thermal model based on dynamic responses for lithium iron phosphate battery[J]. Journal of Power Sources, 2014, 255: 130-143.

[16] Fotouhi A, Auger D J, Propp K, et al. A review on electric vehicle battery modelling: From lithium-ion toward lithium-sulphur[J]. Renewable and Sustainable Energy Reviews, 2016, 56: 1008-1021.

[17] Chen S C, Wan C C, Wang Y Y. Thermal analysis of lithium-ion batteries[J]. Journal of the Electrochemical Society, 1996, 143 (9): 111-124.

[18] Yang B, He Y P, Irsa J, et al. Effects of composition-dependent modulus, finite concentration and boundary constraint on Li-ion diffusion and stresses in a bilayer Cu-coated Si nano-anode[J]. Journal of Power Sources, 2012, 204: 168-17.

[19] Chung D W, Ebner M, Ely D R, et al. Validity of the Bruggeman relation for porous electrodes[J]. Modelling and Simulation in Materials Science and Engineering, 2013, 21 (7): 074009.

[20] Garcia R E, Chiang Y M, Carter W C, et al. Microstructural modeling and design of rechargeable lithium-ion batteries[J]. Journal of the Electrochemical Society, 2005, 152 (1):

A255-A263.

[21] Xiao J, Mei D, Li X, et al. Hierarchically porous graphene as a lithium-air battery electrode[J]. Nano Letters, 2011, 11 (11): 5071-5078.

[22] Chen S C, Wan C C, Wang Y Y. Thermal analysis of lithium-ion batteries[J]. Journal of Power Sources, 2005, 140 (1): 111-124.

[23] Li J, Cheng Y, Ai L, et al. 3D simulation on the internal distributed properties of lithium-ion battery with planar tabbed configuration[J]. Journal of Power Sources, 2015, 293: 993-1005.

[24] Kim U S, Yi J, Shin C B, et al. Modelling the thermal behaviour of a lithium-ion battery during charge[J]. Journal of Power Sources, 2011, 196 (11): 5115-5121.

[25] Guo M, Kim G H, White R E. A three-dimensional multi-physics model for a Li-ion battery[J]. Journal of Power Sources, 2013, 240: 80-94.

[26] Ye Y, Shi Y, Tay A O. Electro-thermal cycle life model for lithium iron phosphate battery[J]. Journal of Power Sources, 2012, 217: 509-518.

[27] Tanaka N, Bessler W G. Numerical investigation of kinetic mechanism for runaway thermo-electrochemistry in lithium-ion cells[J]. Solid State Ionics, 2014, 262: 70-73.

[28] Lee Y H, Zhang X Q, Zhang W, et al. Synthesis of large-area MoS_2 atomic layers with chemical vapor deposition[J]. Advanced Materials, 2012, 24 (17): 2320-2325.

[29] Guo M, Sikha G, White R E. Single-particle model for a lithium-ion cell: Thermal behavior[J]. Journal of the Electrochemical Society, 2011, 158 (2): A122-A132.

[30] Wu M S, Liu K, Wang Y Y, et al. Heat dissipation design for lithium-ion batteries[J]. Journal of Power Sources, 2002, 109 (1): 160-166.

[31] Xu M, Zhang Z, Wang X, et al. Two-dimensional electrochemical-thermal coupled modeling of cylindrical $LiFePO_4$ batteries[J]. Journal of Power Sources, 2014, 256: 233-243.

[32] Song L, Evans J W. Electrochemical-thermal model of lithium polymer batteries[J]. Journal of the Electrochemical Society, 2000, 147 (6): 2086-2095.

[33] Smith K, Wang C Y. Power and thermal characterization of a lithium-ion battery pack for hybrid-electric vehicles[J]. Journal of Power Sources, 2006, 160 (1): 662-673.

[34] Zhang G, Yu L, Wu H B, et al. Formation of $ZnMn_2O_4$ ball-in-ball hollow microspheres as a high-performance anode for lithium-ion batteries[J]. Advanced Materials, 2012, 24 (34): 4609-4613.

[35] Doyle M, Newman J, Gozdz A S, et al. Comparison of modeling predictions with experimental data from plastic lithium ion cells[J]. Journal of the Electrochemical Society, 1996, 143 (6): 1890-1903.

[36] Valøen L O, Reimers J N. Transport properties of $LiPF_6$-based Li-ion battery electrolytes[J].

Journal of the Electrochemical Society，2005，152（5）：A882-A891.

[37] Yang F. Diffusion-induced stress in inhomogeneous materials：Concentration-dependent elastic modulus[J]. Science China Physics，Mechanics and Astronomy，2012，55（6）：955-962.

[38] Qi Y，Guo H，Hector L G，et al. Threefold increase in the Young's modulus of graphite negative electrode during lithium intercalation[J]. Journal of the Electrochemical Society，2010，157（5）：A558-A566.

[39] Shenoy V B，Johari P，Qi Y. Elastic softening of amorphous and crystalline Li-Si phases with increasing Li concentration：A first-principles study[J]. Journal of Power Sources，2010，195（19）：6825-6830.

[40] Deshpande R，Qi Y，Cheng Y T. Effects of concentration-dependent elastic modulus on diffusion-induced stresses for battery applications[J]. Journal of the Electrochemical Society，2010，157（8）：A967-A971.

第9章 锂离子电池电极材料多场耦合条件下的物理场

锂离子电池的核心是多物理场（包括电化学场、力学场、热场等）相互耦合。在充放电过程中，锂离子在电极材料中循环嵌入和脱出，其数量和浓度不断发生变化，同时也使电极材料内部产生温度差。温度差和锂离子浓度的变化都会产生应力，且应力对电极材料的使用寿命有很大影响，因此，研究锂离子电池电极材料的多物理场对电极材料的实际使用具有重要意义。

在第8章建立的锂离子电池化-热、化-力及热-力-化耦合模型基础上，本章通过 COMSOL Multiphysics 有限元软件模拟研究了不同耦合条件下电极材料的电化学场、温度场及应力场的分布，为电极材料的结构设计和实际应用提供基础的理论指导。

9.1 锂离子电池化-热耦合条件下的温度场

如第8章所述，求解锂离子电池工作时电极材料的温度场使用的是一维锂离子电池电化学模型和二维电极材料热传导模型相耦合的化-热耦合模型，其有限元模型如图9.1所示。

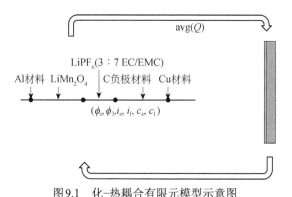

图9.1 化-热耦合有限元模型示意图

图中左侧为一维锂离子电池电化学模型，从左到右依次是 Al 材料、$LiMn_2O_4$ 正极材料、$LiPF_6$ 电解液、C 负极材料、Cu 材料，其长度分别为 10 μm、50 μm、30 μm、50 μm、10 μm，正极材料颗粒的半径是 1.7 μm，负极材料颗粒的半径是

2.5 μm。电极材料内部的初始锂离子浓度为 c_1，锂化时锂离子以周期性的电流密度从正极材料的右端向内部进行扩散；右侧是二维电极材料的热传导模型，其中底部半径为 90 μm，高度为 650 μm。采用三角形网格进行单元划分，其有限元网格如图 9.2 所示，电极材料左侧与热源接触，右侧与外壳材料接触。锂离子电池及其关键材料的热力学参数如表 9.1 所示，其他参数参照 COMSOL Multiphysics 软件中 1-D 锂离子电池中的模型参数。这里利用表 9.1 中的数据及模型中的参数进行计算，通过电化学–热模型将一维锂离子电池产生的热量导入二维电极材料的热传导模型中，进而求出电极材料内部的温度分布，并讨论表面与外界的对流换热系数和表面热辐射率对电极材料温度分布的影响。

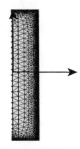

图 9.2　二维电极材料有限元网格划分示意图

表 9.1　锂离子电池及其关键材料的热力学参数

锂离子电池/关键材料	密度 ρ/（kg·m^{-3}）	比热容 C_p/（J·kg^{-1}·K^{-1}）
Al 材料	2770	875
正极材料	2328.5	1269.21
隔膜	1009	1978.2
负极材料	1347.33	1437.4
Cu 材料	8933	385
锂离子电池	2055.2	1399.1

9.1.1　对流换热系数对电极材料温度场的影响

这里采用瞬态模拟研究锂离子电池电化学–电极材料热耦合之间的关系，时间范围为 0~1200 s。规定锂离子电池初始温度和周围空气温度均为 298.15 K，锂离子电池的初始 SOC=10%，电极材料表面与外界的对流换热系数 h=20 W·m^{-2}·K^{-1}，表面热辐射率 β=0。

图 9.3 为 t=900 s、1200 s 时锂离子电池电极材料的温度场分布。从图 9.3 中可以看出，锂离子电池在充放电工作过程中，最高温度出现在电极材料的中心处，表面温度低于中心温度，这与实验[1]十分吻合。图 9.4 为不同时刻电极材料的温度沿 x 方向的分布图，其中 x 为沿水平方向的轴向距离。从图 9.4 中可以看出，随

着时间的增加，电池产生的热量不能及时地传导出去，导致电极材料的温度不断升高，电极材料两端在不同时刻的温度差均约为 2 K。电极材料的最高温度是 326 K，最低温度是 314 K，两者差值是 12 K。

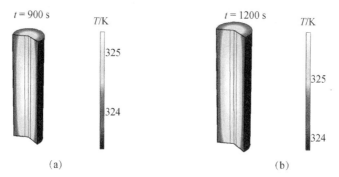

图9.3　电极材料的温度场（彩图见封底二维码）

（a）900 s；（b）1200 s

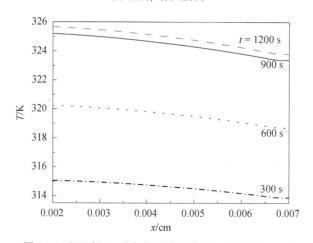

图9.4　不同时间下电极材料的温度沿 x 方向的分布图

接下来研究表面与外界的对流换热系数 $h=10$ W·m^{-2}·K^{-1} 时电极材料的温度分布情况。图9.5为不同时间下电极材料的温度沿 x 方向的分布图，从图9.5中可以看出，随着时间的增加，热量积累得更多，电极材料的最高温度达到了 337 K，最低温度为 315 K，两者相差 22 K，且同一时间下温度分布相对比较平稳。

图9.6为不同对流换热系数对电极材料温度分布的影响，从图9.6中可以看出，在相同时间内表面与外界介质的热交换程度直接影响电极材料的温度分布。若电极材料与外界热交换程度较大，就能使锂离子电池内部的热量更多地传导出去；否则就会产生大量的热累积，从而影响整个电极材料的温度分布。同时可以发现，最高温升与对流换热系数成反比，最大温差随对流换热系数的增大而减

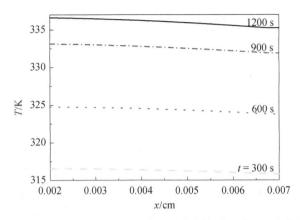

图9.5　$h=10\ W\cdot m^{-2}\cdot K^{-1}$ 时不同时间下电极材料的温度沿 x 方向分布图

小。时间越长，对流换热系数对温度的影响就越大。因此，随着表面与外界热传导系数的降低，电极材料的温度会增加，增大电极材料热失控的危险。改善冷却条件能够增加电极材料的热量传导，选择合适的冷却环境可将电极材料的工作温度控制在合理范围内，从而保证锂离子电池的正常工作。

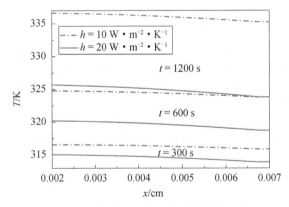

图9.6　不同时间、不同热传导系数电极材料的温度沿 x 方向分布图

9.1.2　表面热辐射率对电极材料温度场的影响

为了研究表面热辐射率对锂离子电池电极材料温度场的影响，这里分别计算了表面热辐射率 $\beta=0$，0.25，0.5 时电极材料沿 x 方向的温度分布，如图9.7所示。从图9.7中可以看出，相同时间下，随着表面热辐射率 β 的增加，热量更容易传导出去，电池温度越低，因此能有效降低电极材料的温度，从而保证锂离子电池的正常工作。并且时间越长，表面热辐射率对温度的影响就越大，这与对流换热系数的影响相似。

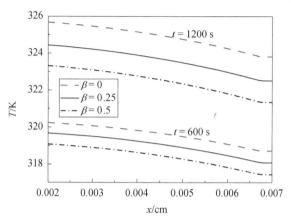

图9.7　不同表面热辐射率对电极材料温度分布的影响（彩图见封底二维码）

9.2　锂离子电池电极材料化-力耦合条件下的多场分析

锂离子电池在充放电过程中，锂离子通过电化学反应嵌入或脱出电极材料，电化学反应的快慢直接影响锂离子电池的充放电速度和使用性能。实验研究发现，电极材料在充放电过程中会发生相变[2-4]，材料属性会随着充电程度而发生相应的变化[5-7]，电极材料也会相应地膨胀和收缩变形或者相变，导致结构发生改变。受电极材料内部膨胀与收缩不均匀及电池外部相邻结构约束的影响，该变形将引发电极应力。下面分别研究空心核-壳和薄膜结构Si负极材料在充电过程中的锂离子浓度场和应力场。其中，锂离子浓度与充电电流密度等因素有关，电极应力则主要是由锂离子的扩散引起的。同时，锂离子浓度与电极应力又与电极材料的结构紧密相关。

9.2.1　空心核-壳结构负极材料化-力耦合条件下的浓度场和应力场分析

空心核-壳结构由于能提高电极材料的力学稳定性和电化学性能而被广泛地应用于锂离子电池电极材料中。图9.8为空心核-壳结构负极材料化-力作用下的有限元模型示意图，其中内部负极材料初始内径为a，外径为b，负极材料外部包覆一层坚硬的外壳，其外径为d。空心核-壳结构负极材料内部为Si材料，其材料参数如表9.2所示。外部为Al_2O_3材料。如图9.8所示，相应的锂离子浓度边界和初始条件为

$$\begin{cases} J(R=b, y=L)=J_0 \\ c(t=0, a<R<b, 0<y<L)=0 \end{cases} \quad (9.1)$$

相应的位移的边界条件为

$$u(R=a, y=0)=0 \tag{9.2}$$

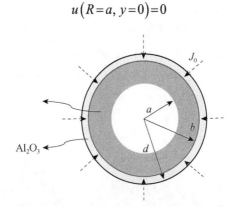

图9.8　空心核–壳结构负极材料有限元模型示意图

表 9.2　Si 负极材料参数[8]

材料属性	符号	数值
颗粒的偏摩尔体积	Ω	$1.2\times10^{-5}\,\mathrm{m^3 \cdot mol^{-1}}$
扩散系数	D_{ref}	$2\times10^{-17}\,\mathrm{m^2 \cdot s^{-1}}$
弹性模量	E	$40\sim160\,\mathrm{GPa}$
泊松比	ν	$0.22\sim0.24$
最大锂离子浓度	c_{max}	$3.6\times10^5\,\mathrm{mol \cdot m^{-3}}$

1. 各向同性情况下浓度场和应力场分析

本部分采用边界网格与四边形网格相结合来进行单元划分，网格的自由度数为42160，图9.9为空心核–壳结构负极材料化–力作用的有限元网格划分示意图。这里采用瞬态求解器进行研究，时间范围为0～100 s，其中内部 Si 负极材料尺寸是 150 nm，半径比为 4，外部 Al_2O_3 材料尺寸是 5 nm，其杨氏模量 $E=300\,\mathrm{GPa}$。$J_0=i_n/F$，其中电流密度 $i_n=30\,\mathrm{A \cdot m^{-2}}$，法拉第常数 $F=96487\,\mathrm{C \cdot mol^{-1}}$，负极材料内部初始锂离子浓度为 0。锂化时，锂离子以恒定流量 J_0 通过负极材料外表面嵌入其内部。

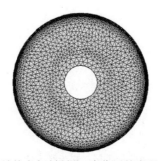

图9.9　空心核–壳结构负极材料化–力作用的有限元网格划分示意图

图 9.10 分别为 t=20 s，80 s，100 s 时部分锂化的空心核-壳结构负极材料中锂离子浓度分布云图，其中红色代表满锂状态，蓝色代表贫锂状态。从图 9.10 中可以看出，Si 负极材料在锂化过程中，其外表面很快达到最大锂离子浓度，即满锂状态，形成 Li$_{3.75}$Si，而内部的锂离子浓度仍为 0，为最初的 c-Si。同时还可以看到明显的相变锂化进程，锂离子浓度在相界面位置处发生突变，相界面的宽度大约为 1 nm，与 Lee[9]的结果十分吻合。

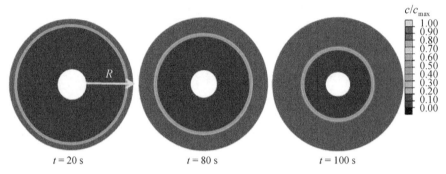

图 9.10　t=20 s，80 s，100 s 时负极材料中锂离子浓度分布云图（彩图见封底二维码）

图 9.11 为不同时间下锂离子浓度沿负极材料半径方向的分布图。从图 9.11 中可以看出，随着锂化时间的增加，相界面不断向内部移动，因此当锂化时间足够长时，整个负极材料会达到稳定的锂离子浓度状态。其对应的不同锂化时间下径向和环向应力如图 9.12 所示，其中 E_{Si} 为 c-Si 的弹性模量。从图 9.12 中可以看出，由于相界面处锂离子浓度的突变，径向和环向应力在相界处发生突变。图 9.12（a）为不同锂化时间下径向应力沿负极材料半径方向的分布，从图 9.12（a）中可以看出，随着锂化时间的增加，σ_r 不断增加，靠近内表面处受拉应力，

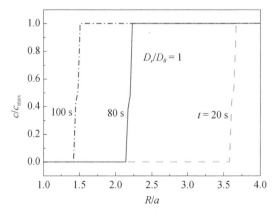

图 9.11　不同时间下锂离子浓度沿负极材料半径方向的分布（彩图见封底二维码）

D_r:L$_i^+$：径向扩散系数；D_θ:L$_i^+$：环向扩散系数

靠近外表面处由于外壳限制而受到压应力，外表面处由于无应力边界条件，σ_r 接近于 0。图 9.12（b）为不同锂化时间下的环向应力沿负极材料半径方向的分布，从图 9.12（b）中可以看出，靠近内表面处受拉应力，靠近表面处受压应力，而表面处由于外壳的限制作用，σ_θ 由压应力转变为大的拉应力。这表明环向应力可能会导致负极材料的开裂和破坏，这与实验结果一致[10]。

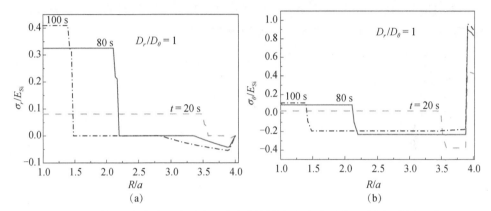

图 9.12　不同时间下径向和环向应力沿负极材料半径方向的分布（彩图见封底二维码）

(a) σ_r；(b) σ_θ

2. 各向异性情况下浓度场和应力场分析

为了研究材料的各向异性对空心核-壳结构负极材料锂化进程的影响，这里假设 D_r/D_θ=0.1，得到对应的锂离子浓度分布和径向与环向应力分布，如图 9.13 所示。与图 9.11 比较发现，各向异性的锂化过程明显快于各向同性的情况，因此相同时间下各向异性的相界面更靠近内表面，其锂化速率更快。

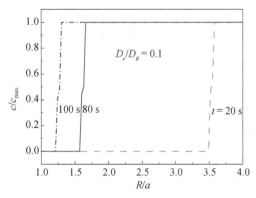

图 9.13　各向异性条件下不同时间锂离子浓度沿负极材料半径方向的分布（彩图见封底二维码）

图 9.14 为对应的不同时间下径向和环向应力沿负极材料半径方向的分布图，从图 9.14（a）中可以看出，径向应力 σ_r 的趋势与各向同性时相似，其内表面处

受拉应力，相界面处的应力发生突变，而外表面处由于无边界应力条件，故σ_r接近于0。图9.14（b）中锂化前期的σ_θ与各向同性时相同，其内表面处受拉应力，相界面处的应力发生突变，靠近外表面处受压应力，外表面处的σ_θ则由压应力转变为拉应力。此外，随着锂化的进行，尤其在锂化后期时，σ_θ在整个负极材料内部都转变为压应力，而靠近外表面处σ_θ则由压应力转变为拉应力，且其数值上比各向同性时表面的环向拉应力更大，这样更容易导致负极材料的破坏和失效。不同扩散系数比情况下环向应力分布对比如图9.15所示。

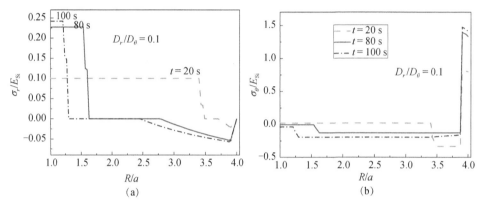

图9.14　各向异性条件下不同时间径向和环向应力沿负极材料半径方向的分布（彩图见封底二维码）
(a) σ_r；(b) σ_θ

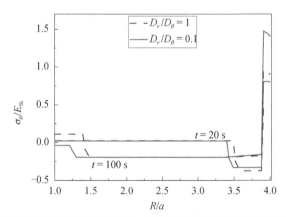

图9.15　不同扩散系数比条件下环向应力沿负极材料半径方向的分布对比图
（彩图见封底二维码）

9.2.2　薄膜结构负极材料化-力耦合条件下的浓度场和应力场分析

图9.16（a）为薄膜结构Si负极材料化-力作用的有限元模型示意图，其中Si负极材料的参数如表9.2所示。基底是刚性材料，其变形可以忽略不计。薄膜的初始厚度为L，薄膜底部附着于基底上，其上表面及两侧处于无应力状态，薄膜的初

始锂离子浓度为0，锂化时薄膜的上表面以恒定流量J_0嵌入其内部。图9.16（b）为薄膜结构Si负极材料化-力作用的有限元网格划分示意图，采用四边形网格画出32928自由度数的网格。材料参数与9.2.1节相同，边界条件及初始条件如下：

$$\begin{cases} J(y=L)=J_0 \\ c(t=0,\,0<y<L)=0 \end{cases} \tag{9.3}$$

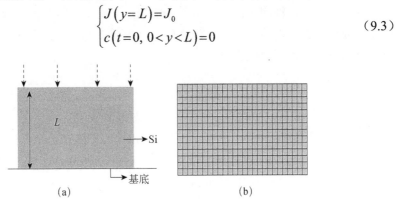

图9.16　（a）薄膜结构Si负极材料示意图和（b）有限元网格划分示意图

1. 各向同性情况下浓度场和应力场分析

本部分采用瞬态求解器进行研究，时间范围为0～500 s，其中Si负极材料的宽度是2 μm，厚度$L=1$ μm，$J_0=i_n/F$，电流密度$i_n=25$ A·m^{-2}。图9.17为$t=300$ s、500 s时薄膜结构Si负极材料中的锂离子浓度分布云图，其中红色部分代表满锂状态，蓝色部分代表贫锂状态。从图9.17中可以看出，在锂化过程中，负极材料上表面很快达到满锂状态，形成Li$_{3.75}$Si；而底部的锂离子浓度仍为0，为最初的c-Si。可以看到存在明显的相变锂化进程，锂离子浓度在相界面位置处发生突变，相界面宽度大约为1 nm，与Lee[9]的结论很吻合。同时还可以看到，由于锂离子的大量嵌入，Si负极材料产生了明显的体积膨胀变形。

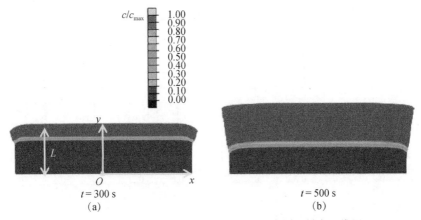

图9.17　负极材料中锂离子浓度分布云图（彩图见封底二维码）

（a）300 s；（b）500 s

图9.18（a）为不同时间下锂离子浓度沿厚度方向的分布图，其中y为沿厚度方向的垂向距离。从图9.18（a）中可以看出，随着锂化时间的增加，相界面不断向底部移动。不同时间下的轴向应力σ_x如图9.18（b）所示，可以看出，随着锂化时间的增加，轴向应力σ_x在不断地增加，其底部受拉应力，表面的应力状态随锂化进程发生较大的变化。在锂化初期，表面为压应力；随着锂化进行，压应力逐渐减小直至转变为拉应力。

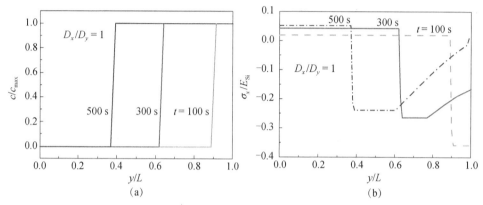

图9.18　不同时间下锂离子浓度和轴向应力沿厚度方向的分布图（彩图见封底二维码）

（a）归一化锂离子浓度；（b）轴向应力σ_x

2. 各向异性情况下浓度场和应力场分析

为了研究各向异性对薄膜结构 Si 负极材料锂化进程的影响，这里假设D_x/D_y=0.1，得到对应的锂离子浓度分布和轴向应力σ_x分布，如图9.19所示。将图9.19（a）与图9.18（a）进行对比发现，各向异性的锂化速率快于各向同性。从图9.19（b）中可以看出，锂化前期的σ_x与各向同性时相同，其底部受拉应力，

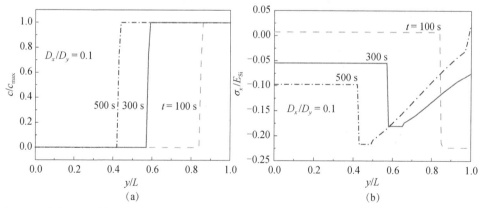

图9.19　各向异性条件下不同时间锂离子浓度和轴向应力沿厚度方向的分布图（彩图见封底二维码）

（a）归一化锂离子浓度；（b）轴向应力σ_x

相界面处的应力发生突变，表面受压应力。但是在锂化后期时，σ_x 在整个薄膜材料内部都转变为压应力，而在表面处 σ_x 则由压应力转变为拉应力。不同扩散系数比情况下轴向应力的对比如图 9.20 所示。

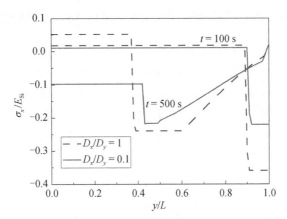

图 9.20　不同扩散系数比情况下轴向应力沿厚度方向的分布对比（彩图见封底二维码）

9.3　锂离子电池电极材料热–力–化耦合条件下的浓度场和应力场

锂离子电池工作过程的复杂性主要是因为其多尺度、多物理场之间的相互影响。锂离子电池内部热–力–化耦合关系如图 9.21 所示，一方面，锂离子通过电化学反应嵌入/脱出电极材料，在电极材料中产生扩散应力，同时扩散应力也会影响化学反应速率，并产生少量的热；另一方面，锂离子电池在电化学反应过程中

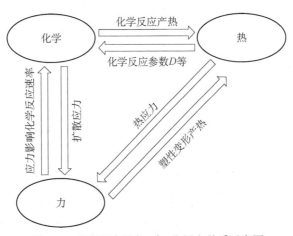

图 9.21　锂离子电池热–力–化耦合关系示意图

伴随着温度的变化，从而在电极材料中产生热应力，同时温度的变化也会影响化学反应参数，如扩散系数D等。由此可以看出，锂离子电池的热、力、化作用是相互耦合的，这为研究锂离子电池电极材料的热-力-化耦合提供了理论基础。

9.3.1 空心核-壳结构正极材料热-力-化耦合条件下的浓度场和应力场分析

图9.22为空心核-壳结构正极材料热-力-化耦合有限元模型示意图，其中内部$Li_yMn_2O_4$材料的内径为R_1，外径为R_2，$Li_yMn_2O_4$材料外部包覆Mn_2O_4材料，其外径为d。$Li_yMn_2O_4$的材料参数如表9.3所示，外部Mn_2O_4的材料参数如表9.4所示。相应的球形和椭球形正极材料有限元网格划示意图如图9.23所示，采用边界网格与四边形网格相结合画出62462自由度数的网格。

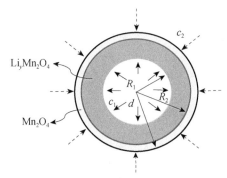

图9.22　正极材料热-力-化耦合有限元模型示意图

表9.3　$Li_yMn_2O_4$材料参数[11-15]

材料参数	数值	单位
颗粒的偏摩尔体积Ω	3.5×10^{-6}	$m^3 \cdot mol^{-1}$
热膨胀系数α	8.62×10^{-6}	K^{-1}
最大锂离子浓度c_{max}	2.29×10^4	$mol \cdot m^{-3}$
扩散系数D_{ref}	7.08×10^{-15}	$m^2 \cdot s^{-1}$
扩散活性能E_{act}	2.0×10^4	$J \cdot mol^{-1}$
弹性模量E	10	GPa
泊松比ν	0.3	—
密度ρ	4202	$kg \cdot m^{-3}$
热容C_p	672	$J \cdot kg^{-1} \cdot K^{-1}$
热导率λ	6.2	$W \cdot m^{-1} \cdot K^{-1}$

表9.4　Mn_2O_4材料参数[16]

材料参数	数值	单位
扩散系数D	7.08×10^{-15}	$m^2 \cdot s^{-1}$
弹性模量E	10	GPa

续表

材料参数	数值	单位
泊松比 ν	0.3	——
颗粒的偏摩尔体积 Ω	3.49×10^{-6}	$m^3 \cdot mol^{-1}$
最大锂离子浓度 c_{max}	2.29×10^4	$mol \cdot m^{-3}$

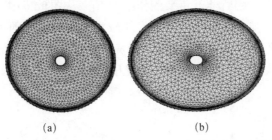

(a)　　　　　　　　　　　　　(b)

图 9.23　（a）球形和（b）椭球形正极材料热–力–化耦合有限元网格划分示意图

瞬态温度场在电极材料两端的分布如 9.1 节所计算的结果，将其作为边界条件导入正极材料的两端。在 COMSOL Multiphysics 有限元软件中，选择二维固体中的热传导、偏微分方程（PDE）、固体力学三个模块，采用全耦合方法、瞬态求解器来研究球形和椭球形空心核–壳结构正极材料热–力–化耦合条件下的浓度场和应力场。

如图 9.22 所示，恒定流量下相应的锂离子浓度边界和初始条件为

$$J\left(R=d\right)=J_0 \tag{9.4}$$

$$c\left(t=0, R_1 < R < R_2\right)=0 \tag{9.5}$$

恒定浓度下相应的锂离子浓度边界和初始条件为

$$c\left(R=R_1\right)=c_1 \tag{9.6}$$

$$c\left(R=R_2\right)=c_2 \tag{9.7}$$

$$c\left(t=0, R_1 < R < R_2\right)=0 \tag{9.8}$$

相应的位移边界条件为

$$u\left(R=R_1\right)=0 \tag{9.9}$$

1. 恒定流量下正极材料热–力–化耦合时的浓度场和应力场

首先分析球形空心核–壳结构 Mn_2O_4 正极材料的浓度场和应力场。这里采用瞬态求解器进行研究，时间范围为 0～1200 s，其中内部 $Li_yMn_2O_4$ 材料尺寸是 9 μm，半径比为 10，$J_0=i_n/F$，电流密度 $i_n=5.2\ A \cdot m^{-2}$，法拉第常数 $F=96487\ C \cdot mol^{-1}$，外部 Mn_2O_4 材料尺寸是 0.5 μm。图 9.24 为 $t=200\ s$、1200 s 时正极材料中的锂离子浓度分布云图，可以看出，随着锂化时间的增加，整个正极材料的锂离子浓度不断增加。图 9.25 为不同时间下锂离子浓度沿半径方向的分布图。从

图9.25中可以看出，随着锂化时间的增加，外部Mn_2O_4材料首先达到较高的锂离子浓度，并且逐渐向正极材料内部扩散，使得锂离子浓度分布更加均匀。因此，若锂化时间足够长，整个正极材料中的锂离子浓度会达到稳定的状态。图9.26为其对应的时间下径向应力σ_r与环向应力σ_θ的分布图。电极材料内部的初始应力在应力场的演变过程中起着非常重要的作用[17, 18]。从图9.26中可以看出，随着锂化时间的增加，σ_r与σ_θ不断增加，较大的应力会导致较低的锂离子浓度和扩散率。σ_r在整个正极材料中都是拉应力，而表面处由于是自由边界条件，故σ_r减为0。σ_θ则在内表面处受拉应力，外表面处受压应力。

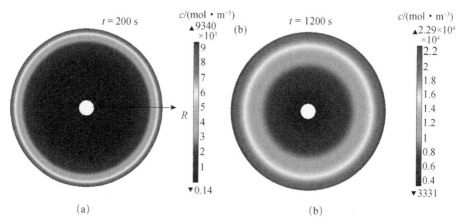

图9.24 正极材料中的锂离子浓度分布云图（彩图见封底二维码）

(a) 200 s；(b) 1200 s

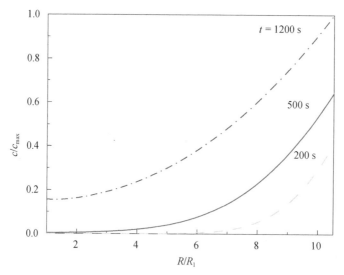

图9.25 不同时间下正极材料的锂离子浓度沿半径方向的分布图

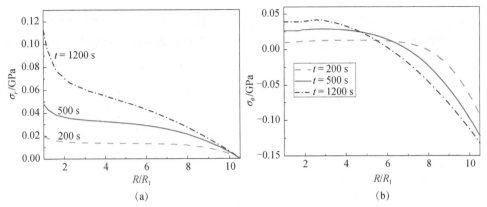

图 9.26　不同时间下径向和环向应力沿半径方向的分布图（彩图见封底二维码）

(a) σ_r；(b) σ_θ

　　为了研究几何形状对正极材料锂化进程的影响，这里将球形和椭球形空心核-壳结构正极材料在热-力-化耦合条件下的锂离子浓度进行比较。图 9.27 为 $t=500\ \mathrm{s}$ 时球形和椭球形正极材料的浓度场云图。可以看出，由于几何形状因素的影响，相同情况下椭球形正极材料的锂化速率明显快于球形正极材料的锂化速率。

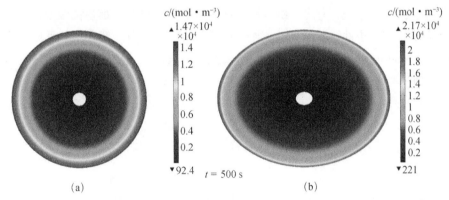

图 9.27　$t=500\ \mathrm{s}$ 时正极材料热-力-化耦合下的锂离子浓度场云图（彩图见封底二维码）

（a）球形空心核-壳结构正极材料；（b）椭球形空心核-壳结构正极材料

　　接下来研究椭球形空心核-壳结构正极材料的锂离子浓度场和应力场。仍采用瞬态求解器研究，时间范围为 0～650 s，其中正极材料的长短轴比为1.25，内部 $\mathrm{Li_yMn_2O_4}$ 材料的尺寸是 9 μm，其内外半径比为10，外部 $\mathrm{Mn_2O_4}$ 材料的尺寸是 0.5 μm，$J_0=i_n/F$，电流密度 $i_n=5.3\ \mathrm{A\cdot m^{-2}}$。图 9.28 为不同时间下锂离子浓度沿半径方向的分布图，其中 R 为距正极材料内表面（$\theta=0°$）的径向距离。可以看出，随着锂化时间的增加，锂离子逐渐向正极材料的内部进行扩散，最终使得正极材料中的锂离子浓度达到稳定状态。可以明显看到在正极材料的界面处锂离子浓度发生了突变,这是由于几何形状的影响,导致两种材料的界面处锂离子的扩散速率不一致。

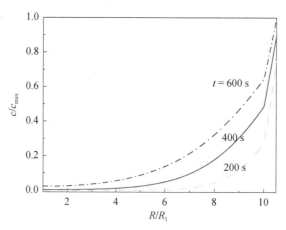

图9.28　不同时间下锂离子浓度沿半径方向的分布图

图9.29为对应时间下径向应力σ_r与环向应力σ_θ分布图,可以看出,在R方向上,椭球结构正极材料的应力趋势和球结构正极材料的应力趋势相同,随着锂化时间的增加,σ_r与σ_θ应力均不断增加。σ_r在整个正极材料中都是拉应力,表面处由于其自由边界条件σ_r减为0。σ_θ则在内表面处受拉应力,外表面处受压应力。可以看到环向应力σ_θ在正极材料的界面处发生突变,这是由锂离子浓度在界面处的变化而导致的。

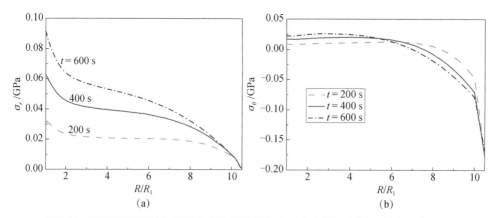

图9.29　不同时间下径向和环向应力沿半径方向的分布图(彩图见封底二维码)
(a) σ_r; (b) σ_θ

最后比较不同长短轴比a/b对恒定流量下正极材料热-力-化耦合时径向应力

和环向应力的影响。图9.30为不同长短轴比a/b下椭球形正极材料热-力-化耦合时的σ_r与σ_θ沿半径方向的分布图，从图中可以看出，随着长短轴比a/b的减少，σ_r和σ_θ均不断增大，这将会增大正极材料破坏的危险。因此，可以通过控制正极材料的几何形状来改善循环性能，减少正极材料破坏的概率，提高正极材料的安全性能。

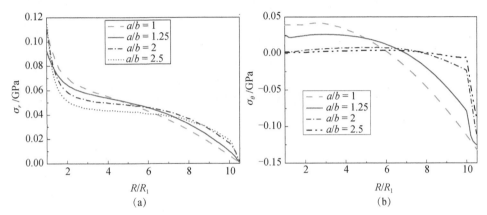

图9.30　不同长短轴比a/b下径向和环向应力沿半径方向的分布图（彩图见封底二维码）

(a) σ_r；(b) σ_θ

2. 恒定浓度下正极材料热-力-化耦合时的浓度场和应力场

锂离子电池在工作过程中，随着锂离子循环嵌入/脱出正极材料，会在正极材料内部产生浓度差，因此有必要研究不同浓度比（c_1/c_2）锂化时空心核-壳结构正极材料在热-力-化耦合作用下的锂离子浓度场和应力场。

首先研究不同浓度比锂化条件下球形空心核-壳结构Mn_2O_4正极材料的锂离子浓度场和应力场。同样采用瞬态求解器，时间范围为$0 \sim 1200$ s，其中内部$Li_yMn_2O_4$材料的尺寸是9 μm，半径比为10，分别选取$c_1/c_2 = 1$、2、5，c_1、c_2分别为内、外表面的初始锂离子浓度，外部Mn_2O_4材料的尺寸是0.5 μm。

不同浓度比锂化情况下（$t = 1200$ s）锂离子浓度沿半径方向的分布如图9.31所示。从图中可以看出，最大锂离子浓度出现在正极材料的表面，使得锂离子向正极材料的内部进行扩散，并且随着c_1/c_2的增加，正极材料内部浓度差不断增加。当锂化时间足够长时，正极材料的锂离子浓度将约等于初始浓度c_1。对应的径向应力σ_r与环向应力σ_θ的分布如图9.32所示，从图中可以看出，在$Li_yMn_2O_4$材料内部σ_r与σ_θ都是压应力，表面处由于自由边界条件σ_r为0。随着c_1/c_2的增加，σ_r与σ_θ压应力在数值上不断减少，且σ_r与σ_θ在正极材料的界面处发生突变，这是由界面处位移的约束条件导致的。

接着研究不同浓度比锂化条件下椭球形空心核-壳结构Mn_2O_4正极材料的锂

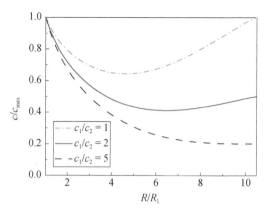

图 9.31　不同 c_1/c_2 下正极材料中锂离子浓度沿半径方向的分布图（彩图见封底二维码）

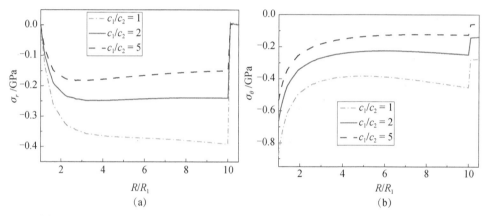

图 9.32　不同 c_1/c_2 下径向和环向应力沿半径方向的分布图（彩图见封底二维码）

(a) σ_r；(b) σ_θ

离子浓度场和应力场。仍采用瞬态求解器，时间范围为 $0\sim1200\ \text{s}$，其长短轴比为 1.25，内部 $\text{Li}_y\text{Mn}_2\text{O}_4$ 材料的尺寸是 $9\ \mu\text{m}$，半径比为 10，分别选取 $c_1/c_2=1$、2、5，外部 Mn_2O_4 材料的尺寸是 $0.5\ \mu\text{m}$。不同浓度比锂化情况下（$t=1200\ \text{s}$）锂离子浓度沿半径方向的分布如图 9.33 所示。从图中可以看出，与球结构类似，随着 c_1/c_2 的增加，正极材料内部的锂离子浓度差不断增加，锂离子浓度在正极材料的界面处发生突变，这是由于几何形状的影响，两种材料在界面处锂离子的扩散速率不一致。

　　图 9.34 为其对应的径向应力 σ_r 与环向应力 σ_θ 沿半径方向的分布图，从图中可以看出，椭球形正极材料的应力变化趋势和球形正极材料相似，在整个正极材料内部 σ_r 与 σ_θ 都是压应力，在正极材料的表面处由于自由边界条件 σ_r 为 0。随着 c_1/c_2 的增加，σ_r 与 σ_θ 压应力在数值上不断减少，且 σ_r 与 σ_θ 在核-壳结构正极材料的界面处发生变化，这是由界面处锂离子浓度的变化而导致的。

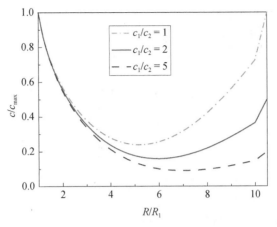

图 9.33　不同 c_1/c_2 下正极材料中的锂离子浓度沿半径方向的分布图（彩图见封底二维码）

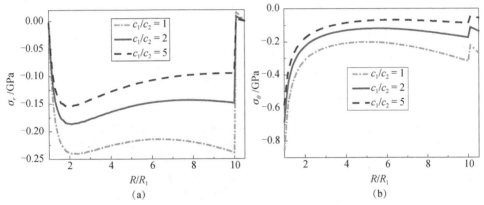

图 9.34　不同 c_1/c_2 下径向和环向应力沿半径方向的分布图（彩图见封底二维码）

(a) σ_r；(b) σ_θ

　　最后比较不同长短轴比 a/b 对恒定浓度下（$c_1=c_2$）正极材料径向应力和环向应力的影响。图 9.35 为不同长短轴比 a/b 下正极材料 σ_r 与 σ_θ 沿半径方向的分布图，从图中可以看出，随着长短轴比 a/b 的增加，σ_r 和 σ_θ 都是先减小后增加，且在材料内部始终是压应力，在表面处，由于自由边界条件，σ_r 和 σ_θ 为 0。这再次表明正极材料的几何形状对其热-力-化耦合时的浓度场和应力场有很大影响，可以通过控制正极材料的几何形状改善正极材料的循环性能，提高正极材料的安全性能。

9.3.2　两球形正极颗粒相接触下热-力-化耦合作用的浓度场和应力场分析

　　这部分将考虑恒定流量下两球形正极颗粒相接触时其热-力-化耦合的锂离子浓度场和应力场。采用瞬态求解器，时间范围为 0～1200 s，其中内部 $Li_yMn_2O_4$

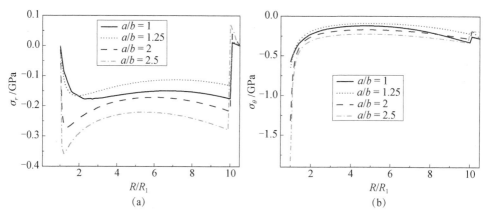

图9.35　不同长短轴比 a/b 下径向和环向应力沿半径方向的分布图（彩图见封底二维码）

(a) σ_r；(b) σ_θ

材料尺寸是 8 μm，半径比为 5，$J_0=i_n/F$，电流密度 $i_n=5$ A·m^{-2}，外部 Mn$_2$O$_4$ 材料尺寸是 0.5 μm，两球形正极颗粒尺寸相同，且相互接触，其有限元模型如图9.36（a）所示，对应的有限元网格划分示意图如图9.36（b）所示。材料参数、边界条件及初始值与9.3.1节相同。两球形正极颗粒内部初始锂离子浓度为 0，锂化时，锂离子以恒定流量 J_0 通过两球形正极颗粒的外表面嵌入其内部。

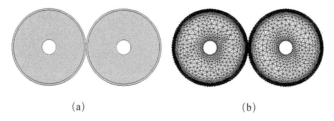

图9.36　两球形正极颗粒相接触（a）有限元模型示意图和（b）有限元网格划分示意图

　　图9.37 为 $t=800$ s 时两球形正极颗粒不接触和相接触情况下的锂离子浓度场分布云图。可以看出，随着锂化时间的增加，两颗粒接触时锂离子扩散更均匀。在接触区域，锂离子浓度明显低于周边区域，为此进一步研究两球形正极颗粒相接触时径向应力 σ_r 与环向应力 σ_θ 的分布。如图9.38所示，接触区域 σ_r 为很大的压应力，从而导致锂离子浓度降低，减缓锂离子嵌入的能力，使得这部分锂离子的容量和电势降低，这与实验观察结果一致[19]。由此可见，应力对正极材料的锂化进程具有较为明显的影响，反映为压应力阻碍锂离子的进入，导致更大的过电势，降低锂离子浓度。

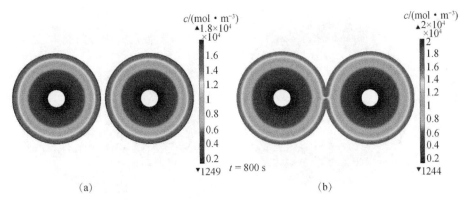

图 9.37　t=800 s 时两球形正极颗粒热-力-化耦合时的锂离子浓度场分布云图

（彩图见封底二维码）

（a）不接触时；（b）相接触时

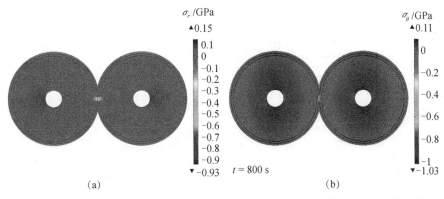

图 9.38　t=800 s 时两球形正极颗粒相接触下热-力-化耦合时的 σ_r 和 σ_θ 分布云图

（彩图见封底二维码）

（a）σ_r；（b）σ_θ

9.3.3　二维螺旋卷绕锂离子电池热-力-化耦合条件下的物理场[20]

下面对螺旋卷绕结构的圆柱形锂离子电池在热-力-电耦合条件下的物理场进行分析。模型正极材料为 LiMnO$_4$，负极材料为多孔石墨碳，电解液为 LiPF$_6$，隔膜为浸满电解液的聚合物多孔薄膜 LiPF$_6$（1：2）EC/DMC 和 P（VDF-HFP），正极集流体为铝，负极集流体为铜。模型的几何结构如图 9.39 所示，电池的几何参数与电化学参数如表 9.5 所示，热性能参数如表 9.6 所示。该模型的输出是电池工作电压、温度、热源分析和电极的应力状态。选择瞬态求解器求解，所有变量的相对容差为 10^{-3}，并测试所有模型解决方案的网格独立性。

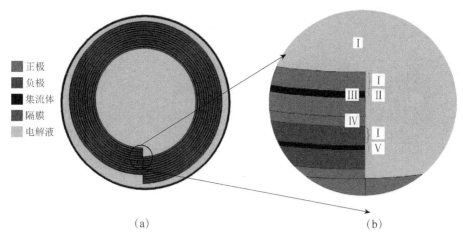

图9.39　（a）模型几何示意图和（b）边界示意图（彩图见封底二维码）

Ⅰ是电极与电解液边界、Ⅱ是正极集流体始端、Ⅲ是集流体与电极界面、Ⅳ是隔膜与电极界面、
Ⅴ是负极集流体始端

表9.5　模型的几何参数和电化学参数[13, 21-26]

材料参数	单位	负极集流体	负极	隔膜	正极	正极集流体
c_1^0	mol · m^{-3}	—	—	1×10^3	—	—
c_s^0	mol · m^{-3}	—	2.07×10^4	—	4.0×10^3	—
$c_{s,max}$	mol · m^{-3}	—	2.6×10^4	—	2.3×10^4	—
i_{app} (1C)	A · m^{-2}	—	3.3×10^4	—	—	—
D_s^{ref}	m^{-2} · s^{-1}	—	3.9×10^{-14}	—	1.0×10^{-13}	—
D_1^{eff}	m^{-2} · s^{-1}	—	—	式（8.43）	—	—
k_s	—	—	式（8.40）	—	式（8.40）	—
t^+	—	—	—	式（8.45）	—	—
$E_{s,D}$	kg · mol^{-1}	—	20	—	68	—
$E_{1,k}$	kg · mol^{-1}	—	30	—	20	—
T_{amb}, T_{ref}	K	—	298.15	—	—	—
w_i	m	18×10^{-6}	88×10^{-6}	25×10^{-6}	80×10^{-6}	25×10^{-6}
α_α, α_c	—	—	0.5	—	0.5	—
E	GPa	110	式（8.46）	—	式（8.46）	70
ν	—	0.35	0.3	—	0.3	0.33
Ω	m^3 · mol^{-1}	—	4.9×10^{-6}	—	3.5×10^{-6}	—
γ_i	—	—	1.5	1.5	1.5	—

续表

材料参数	单位	负极集流体	负极	隔膜	正极	正极集流体
ε_p	—	—	0.14		0.19	
ε_l	—	—	0.357	0.72	0.444	—
ε_f	—	—	0.03		0.07	—
R_0	μm	—	12.5		8	—

表 9.6　模型的电池热性能参数[21, 27, 28]

材料	密度 ρ/ $(kg \cdot m^{-3})$	热容 C_p/ $(J \cdot kg^{-1} \cdot K^{-1})$	热导率 λ/ $(W \cdot m^{-1} \cdot K^{-1})$	热膨胀系数 α/ $(\times 10^{-6} K^{-1})$	电导率 σ/ $(\times 10^7 S \cdot m^{-1})$
负极	1900	881	1.04	4	100
正极	4140	700	1.48	8.62	3.8
隔膜	900	1883	0.5	—	—
电解液	1129.95	2055	0.6	—	式（8.44）
铜膜	8700	385	398	17	6
铝膜	2700	900	237	23	3.77
不锈钢	7850	475	44.5	—	—

边界条件和初始值：

电极与电解液，隔膜与电解液的边界Ⅰ，热通量、离子通量和离子电流是连续的，固相电流是绝缘的，可表示为

$$n \cdot i_s = 0, \quad n \cdot i_1|_{I_+} = n \cdot i_1|_{I_-}, \quad n \cdot J_1|_{I_+} = n \cdot J_1|_{I_-}, \quad n \cdot q|_{I_+} = n \cdot q|_{I_-} \quad (9.10)$$

集流体与电解液的边界Ⅱ，热通量是连续的，离子通量、离子电流和固相电流是绝缘的，可表示为

$$n \cdot q|_{I_+} = n \cdot q|_{I_-}, \quad n \cdot i_s = n \cdot i_1 = n \cdot J_1 = 0 \quad (9.11)$$

集流体和电极的边界Ⅲ，热通量和固相电流是连续的，离子通量和离子电流是绝缘的，可表示为

$$n \cdot i_s|_{III_+} = n \cdot i_s|_{III_-}, \quad n \cdot q_{III_+} = n \cdot q_{III_-}, \quad n \cdot i_1 = n \cdot J_1 = 0 \quad (9.12)$$

电极和隔膜的边界Ⅳ，热通量、离子通量和离子电流是连续的，固相电流是绝缘的，可表示为

$$n \cdot i_s = 0, \quad n \cdot i_1|_{IV_+} = n \cdot i_1|_{IV_-}, \quad n \cdot q|_{IV_+} = n \cdot q|_{IV_-}, \quad n \cdot J_1|_{IV_+} = n \cdot J_1|_{IV_-} \quad (9.13)$$

边界Ⅱ，正极集流体末端施加初始电流密度$-i_{app}$，可表示为

$$n \cdot i_s = -i_{app} \quad (9.14)$$

边界Ⅴ，负极集流体末端接地，电势为零，可表示为

$$\phi_1 = 0(V) \quad (9.15)$$

电解液和电池外壳边界Ⅵ，热通量是连续的，离子通量、离子电流和固相电流是绝缘的，可表示为

$$n \cdot q|_{VL_+} = n \cdot q|_{VL_-}, \quad n \cdot i_1 = n \cdot i_s = n \cdot J_1 = 0 \tag{9.16}$$

电池外壳和空气接触的边界Ⅵ，根据牛顿冷却定律和辐射定律，可得到电池与外界的能量交换边界条件，表示为

$$-\lambda \nabla T = -h(T_{amb} - T) - \xi \beta (T_{amb}^4 - T^4) \tag{9.17}$$

式中，λ 为电池外壳材料的热导率；h 为对流系数（h=7.17 W·m^{-2}·K^{-1}）[29]；T_{amb} 为周围环境温度；β 为斯特藩-玻尔兹曼常量；ξ 是电池外壳辐射强度常数，对于不锈钢外壳，其值为0.8[29]。

对于力的边界条件，在此将电极和集流体假设为弹性材料，忽略电解液的静水压力，将初始电流密度的正极集流体末端和接地的负极集流体末端固定，即位移为零，可表示为

$$u = 0 \tag{9.18}$$

初始时刻，假设：

$$c_s = c_s^0, \quad c_1 = c_1^0 \tag{9.19}$$

$$\phi_s = \begin{cases} 0 & (ne) \\ \phi_s^0 & (pe) \end{cases} \tag{9.20}$$

$$\phi_s = \phi_s^0 \quad (ne, pe, sp) \tag{9.21}$$

$$T = T_{ref} \tag{9.22}$$

$$u = 0 \quad (pe, ne) \tag{9.23}$$

$$\frac{\partial u}{\partial t} = 0 \quad (pe, ne) \tag{9.24}$$

式中，ne指负极；pe指正极；sp指隔膜。

1. 电化学场分析

1）放电曲线

图9.40（a）是参考电极开路电压。可以看到，放电初始有一个电压降，这是由电池极化引起的，随后进入稳定放电平台。图9.40（b）是不同放电倍率下的放电曲线，由图可知，放电曲线有两个放电平台，且放电平台处于3.6～3.9 V，这与锰酸锂的氧化还原反应的电化学性能高度吻合。放电末期，由于极化，电池出现大的电压下降。放电结束，电压下降至3 V左右。为了检验该理论计算模型的正确性，用"新威"5 V、6 A的电池测试仪对额定容量为1800 mA·h的商业18650锰酸锂离子电池进行了实验验证。实验中，电池先以1800 mA电流恒流充电，电压到达4.2 V后恒压充电直至电流小于20 mA停止充电。充电结束

后，静置 10 min。随后锂离子电池分别以 1C、2C 和 3C 放电倍率放电，截止电压为 3.0 V。实验数据与模型计算曲线吻合度较高，仅略小于计算值。这种差异可能是由于商业电池的设计和热力学参数与模型设定的参数不一致。例如，制造商提供的电池容量总是低于实际容量，这会对电池性能有影响。此外，模型中采用的开路电势和熵变不是来源于实验所测，而是通过已发表的文献确定[30]。

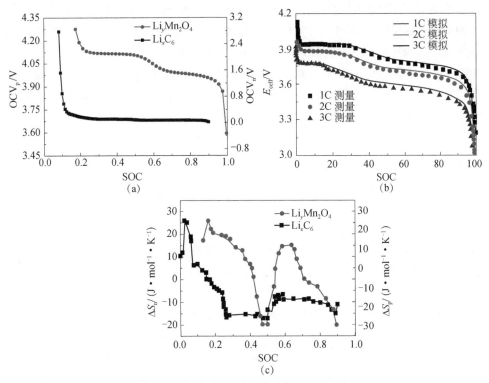

图9.40　（a）参考电极开路电压变化图；（b）放电曲线变化图；（c）参考电极熵变图[30]
（彩图见封底二维码）

2）边缘效应

圆柱形锂离子电池是由活性电极、隔膜和集流体逐层卷绕而成的，电池中心及电极层与外壳的间隙均充满了电解液，如图9.39（圆柱型螺旋电池横截面示意图）所示。可以观察到最内层电极与中心的电解液直接接触，最外层电极与电池和外壳间隙中的电解液直接接触，而且电极层内外两端分别存在唯一直接同时接触集流体（正极施加电流末端与负极接地末端）与电解液的活性电极部分。此外，电极层内部的活性电极仅与隔膜层接触，在电池充放电过程中，由于几何效应的不同，几何边缘与电池内部电极层之间的电化学反应进程相对于平均反应过程必然存在差异。

如图9.41所示，锂离子电池在1C放电倍率下，正负极SOC状态、电解液锂离子浓度和液相电势都表现出这种边缘效应。图9.41（a）和（b）为不同放电时间下，负极SOC状态。由于电池处于放电状态，锂离子从负极颗粒脱出，所以SOC状态值随时间逐渐减小，但是在比较整个电池电极的放电状态时，明显呈现出一种不均匀的状态。例如，1800 s时，负极最外层SOC状态为0.65，负极最内层与电解液直接接触部分为0.2，负极中心层平均SOC状态值为0.5左右。在3600 s放电结束时，最内层与电解液直接接触部分已经接近0，表示电极放电基本完成，电极中心层SOC状态值下降至0.3左右，但是最外层SOC状态值依旧为0.65，与初始状态变化不大，表示外层电极几乎没有参与工作。正极SOC状态同样存在边缘效应。如图9.41（c）所示，在1800 s时，电极内层SOC状态值为0.2，这与正极初始状态几乎没有差别。电极中心层SOC状态值为0.55左右，表示这一部分电极材料已经开始工作。在整个放电过程中，负极最外层和正极最内层的电极材料由于与电解液直接接触，SOC状态几乎没有发生变化，这表明这部分电极材料并没有发生电化学反应，造成了电极材料的极大浪费。

从图9.41（e）～（h）可以看出，锂离子浓度和液相电势的变化同样表现出了边缘效应。电池放电时，内层正极层固相锂离子浓度几乎没有增加，外层负极层锂离子浓度也没有减少，同时这两部分的液相电势与中间电极层存在较大差异。边缘效应反映了电池放电的不均匀现象，这不仅会导致电极材料的浪费，而且也会加剧应力的不均匀性，可能导致电极的破坏，因此建议在设计电池时应该考虑这种边缘效应，例如，不在电极卷绕层内层和外层添加活性材料。

2. 温度场分析

接下来讨论在自然对流（$h=3$ W·m^{-2}·K^{-1}）情况下，不同倍率（1C、2C和3C）下电池平均温度随时间的变化规律。规定电池初始温度和环境温度均为293.15 K，锂离子电池的初始SOC为10%，表面辐射率 $\beta=0$。如图9.42所示，电池温度随时间的增加而逐渐增加。1C放电，电池温度增加2.1 K；2C放电，电池温度增加5.1 K；3C放电，电池温度增加7 K。同时可以观察到，小倍率放电时，电池温度在放电初始时上升较慢，在放电结束前上升较快。这一方面是因为放电末端电池极化增强，极化热增加；另一方面是由于放电状态的深入，正极嵌入锂离子浓度增加，使锂离子嵌入变得困难，内阻增大，热量增加。此外，从图9.42还可发现，随着放电倍率的增加，电池温度更加接近线性变化，这是因为随着放电倍率的增加，电池热生成中欧姆热占主导作用。

这里采用"鑫斯特"热电偶温度计对电池进行了实时温度记录，实验中采用了四个热电偶分别紧密贴在电池表面四个位置，并用锡纸紧紧包覆住热电偶，图9.42中数据点为四个测试点温度的平均值。从图9.42中可以看出，实验数据与计

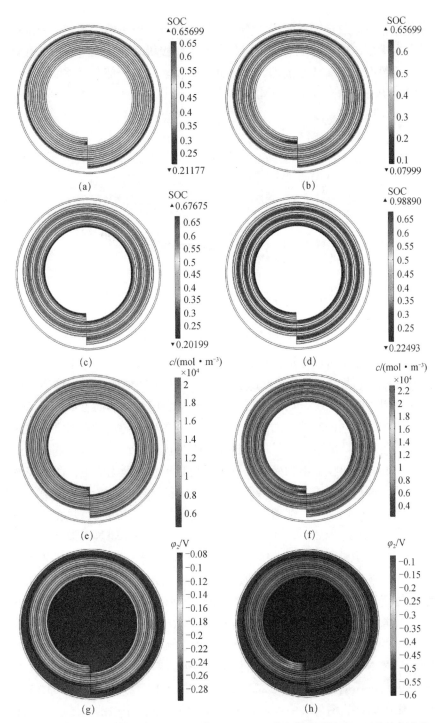

图9.41   1800 s：（a）负极SOC；（c）正极SOC；（e）嵌入锂离子浓度；（g）液相电势。
3600 s：（b）负极SOC；（d）正极SOC；（f）嵌入锂离子浓度；（h）液相电势（彩图见封底二维码）

算曲线基本一致。放电初始阶段，吻合程度最高，放电末端出现了一定的偏离，这是由于本模型忽略了电池的副反应和电池正负极极耳的接触电阻，导致计算温度低于实验数据。随着放电的深入，热量不断积累，这一部分误差随之增大。该结果表明，所采用的热模型是真实可靠的。

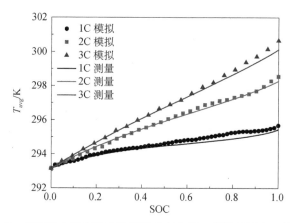

图9.42　不同放电倍率下电池的温度变化图（彩图见封底二维码）

　　通过前面的分析可以知道，锂离子电池在充放电过程中的电池热源主要包括反应热 Q_{rea}、极化热 Q_{act} 和欧姆热 Q_{ohm}，在此分析不同放电倍率下锂离子电池各个热源随时间的变化情况，如图9.43所示。结果表明，总体而言电池各部分热源的绝对值都随着放电倍率的增加而变大。反应热在放电初期呈现出吸热反应，随后转变为放热反应，放电结束时，又转变为吸热反应，这与反应热的表达式取决于熵变是一致的，即在放电初始电极材料熵变为正，表现为吸热，随后熵变为负表现为放热，最后又转变为正（吸热）；极化热和欧姆热一直为放热状态，极化热在放电结束时达到最大。锂离子电池在低倍率放电下，电池总热在放电初期表现为吸热，后期表现为放热，这是因为，此时极化热和欧姆热都很小，主要热源以反应热为主，电池总热变化趋势与反应热变化趋势一致；随着放电倍率的增加，欧姆热和极化热大大增加，电池总热一直表现为放热状态，总热变化趋势逐渐与欧姆热变化趋势一致。观察图9.43（d）可以看到，5C放电倍率下，电池热源主要由欧姆热控制，欧姆热所占比例超过90%。

　　随着锂离子电池的广泛应用，锂离子电池在实际应用中面临着越来越大的温度挑战，环境温度的变化会改变电池热源产热的变化。图9.44为1C放电倍率下，不同热源在环境温度分别为263.15 K、273.15 K、293.15 K和303.15 K下随时间的变化情况。从图9.44中可以看出，低温时，锂离子电池热源由欧姆热占主导作用。随着温度的降低，欧姆热占的比例不断加大，在温度为263 K时，锂

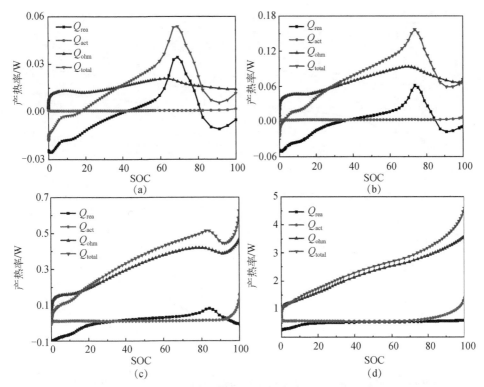

图 9.43　不同放电倍率电池热源产热率随时间变化（彩图见封底二维码）

(a) 0.5C；(b) 1C；(c) 2C；(d) 5C

离子电池总热几乎由欧姆热所决定。这是因为温度下降时，锂离子在液相的扩散受到阻碍，同时锂离子在固相电极颗粒中的嵌入和脱出也受到阻碍，导致了欧姆电阻的增加。同时，低温下电池电化学反应减慢，因此反应热所占比例减小，欧姆热所占比例增加。此外在低温时，反应热一直处于吸热状态，根据反应热与电极材料熵变的关系可知，锂离子电池电化学反应还未反应完全，电池放电已经结束，放电容量大大降低。随着温度的提高，电化学反应加快，锂离子扩散阻碍减弱，因此反应热开始占据较大比例（忽略了锂离子电池在高温下的副反应）。

图 9.45 计算了环境温度分别为 263.15 K、273.15 K、293.15 K 和 303.15 K 时的正、负极平均放电状态（SOC）。室温 298.15 K 时电池标准放电容量为 17.5 A·h。从图 9.45（a）中可以看出，环境温度为 263.15 K 时，负极 SOC 状态仅从初始状态的 0.55 下降到了 0.5。随着环境温度的增加，负极放电状态越深入，当环境温度为 303 K 时，负极 SOC 状态下降至 0.02，负极几乎放电完全；对比图 9.45（b）电池在不同环境温度的放电容量图，可知电池在 263.15 K 下，放电容量仅为 2 A·h。随着温度的增加，电池放电容量逐渐增加，当温度达到 303.15 K 时，放

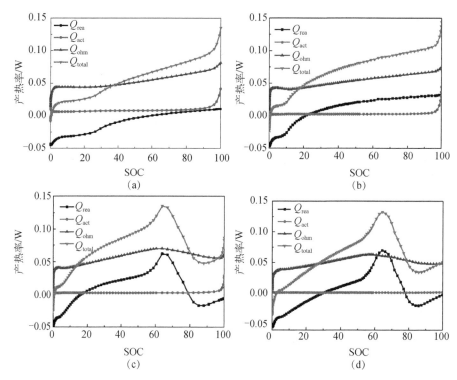

图 9.44　不同环境温度下电池热源产热率随时间的变化（彩图见封底二维码）

(a) 263.15 K；(b) 273.15 K；(c) 293.15 K；(d) 303.15 K

电容量已经达到最大值 17.5 A·h，这种趋势与前文的结论和实验数据是吻合的。

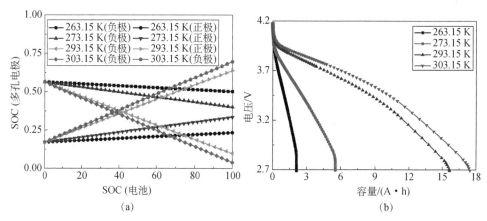

图 9.45　不同温度下（a）电极 SOC 状态变化和（b）电池容量衰减（彩图见封底二维码）

3. 应力场分析

　　锂离子在电极材料的脱嵌过程中会产生锂化应力，同时由于电池内部的温度变化会引起热膨胀，从而产生热应力。电极材料中由体积膨胀产生的内应力超过临界值时将会导致电极材料的破坏失效，降低电池的循环寿命和容量，这严重制约了锂离子电池的应用[31, 32]。下面基于热–力–化耦合模型，计算了电极在锂离子电池充放电过程中的应力演化。图9.46是电极部分的几何示意图。

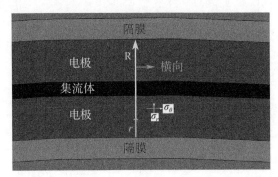

图9.46　活性电极层应力示意图（彩图见封底二维码）

图9.47是二维卷绕锂离子电池模型正极电极层（活性电极和集流体）和负极电极层中环向应力σ_θ和径向应力σ_r随时间的变化。环向应力σ_θ远大于径向应力σ_r，比如，t=1800 s时，正极环向应力σ_θ在 0.4 GPa 左右，而径向应力仅为0.001 GPa 左右，这与活性电极颗粒的破坏主要是由环向应力造成的结论是一致的[13]。电极应力由于锂离子的嵌入呈压应力，集流体由于电极层膨胀的环向拉应力作用表现为拉应力，其应力值远大于电极应力，这是因为集流体材料是铜膜与铝膜，相同的体积变形下，集流体大的杨氏模量导致了大的应力。活性电极层和集流体界面处大的应力梯度是活性电极颗粒脱落的主要原因[33]。图9.47（a）是正极应力随时间的变化图，可以发现，电极应力随时间逐渐增加。这是因为在电池放电过程中锂离子嵌入正极，随着锂嵌入浓度的增加，电极应力逐渐增加。同时还可以发现，电极应力从隔膜至集流体逐渐减小，这是因为电化学反应发生在隔膜与活性电极层的接触面，因此接触面嵌入的锂离子浓度最大，率先达到锂浓度最大值。当t>1200 s时，靠近隔膜处的电极应力接近稳定，即表面嵌入锂离子浓度达到最大。在表面与内部的浓度差和电势差的作用下，锂离子继续向内部扩散，随后电极靠近集流体部分的应力逐渐增加，最终达到稳定，整个电极锂离子浓度趋于饱和，放电结束。图9.47（b）是负极应力随时间的变化，其变化趋势与正极相反，因为在电池放电过程中锂离子从负极中脱出，压应力减小，靠近隔膜的负极中的锂离子最先从负极中脱离，因此最早达到应力释放状态，即σ_θ=0。

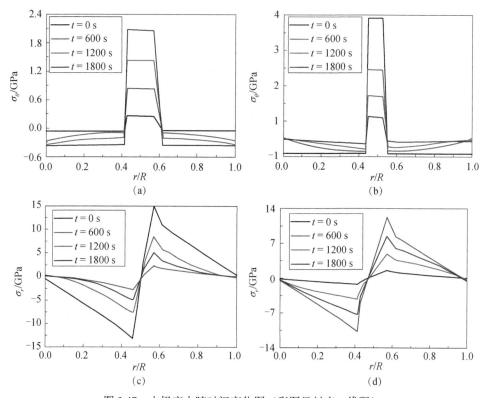

图 9.47　电极应力随时间变化图（彩图见封底二维码）
（a）正极环向应力；（b）负极环向应力；（c）正极径向应力；（d）负极径向应力

参 考 文 献

[1] Valøen L O，Reimers J N. Transport properties of LiPF$_6$-based Li-ion battery electrolytes[J]. Journal of the Electrochemical Society，2005，152（5）：A882.

[2] Zuo P，Zhao Y P. A phase field model coupling lithium diffusion and stress evolution with crack propagation and application in lithium ion batteries[J]. Physical Chemistry Chemical Physics，2015，17（11）：287-297.

[3] Han B C，van der Ven A，Morgan D，et al. Electrochemical modeling of intercalation processes with phase field models[J]. Electrochimica Acta，2004，49（26）：4691-4699.

[4] Walk A C，Huttin M，Kamlah M. Comparison of a phase-field model for intercalation induced stresses in electrode particles of lithium ion batteries for small and finite deformation theory[J]. European Journal of Mechanics A-Solids，2014，48：74-82.

[5] Shenoy V B，Johari P，Qi Y. Elastic softening of amorphous and crystalline Li-Si phases with increasing Li concentration：A first-principles study[J]. Journal of Power Sources，2010，195

（19）：6825-6830.

[6] Qi Y，Guo H，Hector L G，et al. Three fold increase in the Young's Modulus of graphite negative electrode during lithium intercalation[J]. Journal of the Electrochemical Society，2010，157（5）：A558-A566.

[7] Gao Y F，Zhou M. Coupled mechano-diffusional driving forces for fracture in electrode materials[J]. Journal of Power Sources，2013，230：176-193.

[8] Chen L，Fan F，Hong L，et al. A phase-field model coupled with large elasto-plastic deformation：Application to lithiated silicon electrodes[J]. Journal of the Electrochemical Society，2014，161（11）：F3164-F3172.

[9] Lee S W，McDowell M T，Choi J W，et al. Anomalous shape changes of silicon nanopillars by electrochemical lithiation[J]. Nano Letters，2011，11（7）：3034-3039.

[10] Ma Z S，Xie Z C，Wang Y，et al. Failure modes of hollow core-shell structural active materials during the lithiation-delithiation process[J]. Journal of Power Sources，2015，290：114-122.

[11] Wu W，Xiao X，Huang X. The effect of battery design parameters on heat generation and utilization in a Li-ion cell[J]. Electrochimica Acta，2012，83：227-240.

[12] Zhang X，Shyy W，Sastry A M. Numerical simulation of intercalation-induced stress in Li-ion battery electrode particles[J]. Journal of the Electrochemical Society，2007，154（10）：A910.

[13] Doyle M，Newman J，Gozdz A S，et al. Comparison of modeling predictions with experimental data from plastic lithium ion cells[J]. Journal of the Electrochemical Society，1996，143（6）：1890-1903.

[14] Shackelfor F，Alexande W. Materials Science and Engineering Handbook[M]. Florida：CRC Press，2001.

[15] Srinivasan V，Wang C Y. Analysis of electrochemical and thermal behavior of Li-ion cells[J]. Journal of the Electrochemical Society，2003，150（1）：A98-A106.

[16] Zhou W. Effects of external mechanical loading on stress generation during lithiation in Li-ion battery electrodes[J]. Electrochimica Acta，2015，185：28-33.

[17] Cheng Y T，Verbrugge M W. Evolution of stress within a spherical insertion electrode particle under potentiostatic and galvanostatic operation[J]. Journal of Power Sources，2009，190（2）：453-460.

[18] Zhu J，Zeng K，Lu L. Cycling effects on surface morphology，nanomechanical and interfacial reliability of $LiMn_2O_4$ cathode in thin film lithium ion batteries[J]. Electrochimica Acta，2012，68：52-59.

[19] Xu R，Zhao K. Mechanical interactions regulated kinetics and morphology of composite

electrodes in Li-ion batteries[J]. Extreme Mechanics Letters, 2016, 8: 13-21.

[20] Duan X, Jiang W, Zou Y, et al. A coupled electrochemical-thermal-mechanical model for spiral-wound Li-ion batteries[J]. Journal of Materials Science, 2018, 53 (15): 10987-11001.

[21] Li J, Cheng Y, Jia M, et al. An electrochemical-thermal model based on dynamic responses for lithium iron phosphate battery[J]. Journal of Power Sources, 2014, 255: 130-143.

[22] Kizilel R, Sabbah R, Selman J R, et al. An alternative cooling system to enhance the safety of Li-ion battery packs[J]. Journal of Power Sources, 2009, 194 (2): 1105-1112.

[23] Xiao X, Wu W, Huang X. A multi-scale approach for the stress analysis of polymeric separators in a lithium-ion battery[J]. Journal of power sources, 2010, 195 (22): 7649-7660.

[24] Johnson B A, White R E. Characterization of commercially available lithium-ion batteries[J]. Journal of Power Sources, 1998, 70 (1): 48-54.

[25] Zhang X, Shyy W, Sastry A M. Numerical simulation of intercalation-induced stress in Li-ion battery electrode particles[J]. Journal of the Electrochemical Society, 2007, 154 (10): A910-A916.

[26] Ye Y, Shi Y, Cai N, et al. Electro-thermal modeling and experimental validation for lithium ion battery[J]. Journal of Power Sources, 2012, 199: 227-238.

[27] Somasundaram K, Birgersson E, Mujumdar A S. Thermal-electrochemical model for passive thermal management of a spiral-wound lithium-ion battery[J]. Journal of Power Sources, 2012, 203: 84-96.

[28] Wu W, Xiao X, Huang X, et al. A multiphysics model for the *in situ* stress analysis of the separator in a lithium-ion battery cell[J]. Computational Materials Science, 2014, 83: 127-136.

[29] Kim G H, Pesaran A, Spotnitz R. A three-dimensional thermal abuse model for lithium-ion cells[J]. Journal of Power Sources, 2007, 170 (2): 476-489.

[30] Mottard J M, Hannay C, Winandy E L. Experimental study of the thermal behavior of a water cooled Ni-Cd battery[J]. Journal of Power Sources, 2003, 117 (1): 212-222.

[31] Deshpande R D, Bernardi D M. Modeling solid-electrolyte interphase (SEI) fracture: Coupled mechanical/chemical degradation of the lithium ion battery[J]. Journal of the Electrochemical Society, 2017, 164 (2): A461-A474.

[32] Yang F. Interaction between diffusion and chemical stresses[J]. Materials Science and Engineering: A, 2005, 409 (1-2): 153-159.

[33] Yang F. Diffusion-induced stress in inhomogeneous materials: Concentration-dependent elastic modulus[J]. Science China Physics, Mechanics and Astronomy, 2012, 55 (6): 955-962.

第 10 章　锂离子电池高低温条件下的电化学性能

随着世界各国新能源战略的布局，以及锂离子电池本身诸多不可替代的优点，其在电动汽车领域有着巨大的市场需求，甚至对航空、航天、军事领域都具有极大的诱惑力[1-3]。在空天技术上，若能将锂离子电池用于航天器中，能大幅减少航天器电源系统的质量和体积，减少发射成本，增加航天飞行器的有效载荷，提高卫星使用效率，从而产生明显的技术经济效益。然而，太空环境相比于地球更加复杂多变，极冷极热现象交替出现，且存在大量辐射。太空中的平均温度为−270.3 ℃，还存在由各种辐射形成的宇宙射线，且太空器件中的电池要求在轨道工作的寿命高达 10 年以上[4-6]。因此，为了优化锂离子电池性能，当前各国对航空航天用锂离子蓄电池的研究投入很大，并成功地在航天航空器里使用了锂离子电池组（图 10.1），其在运行期内服役良好。在军事领域上，如果能将锂离子电池成功应用于军用设备，将会大大降低成本，也可以促进武器朝着灵活、机动的方向转变。由于它的这些优点，21 世纪以来世界各发达国家都在进行积极开发探索。例如，美国 Tadiran 电池公司推出的新型锂离子电池，具有长寿命、高能量、超高低温特性和极其微弱的自放电特性，可适用于极端军事环境，已经被广泛地应用于远程无线传感器、夜视系统、紧急定位器、陆军战车、全球定位系统（GPS）跟踪装置等军事设备的电池供电装置和便携式军用级计算机上[7]。

图 10.1　使用锂离子电池组的航空航天器

10.1   锂离子电池不同温度下放电行为存在的问题

锂离子电池拥有众多优点，但在不同温度范围内使用时也相应存在很多缺点。据了解，军工锂离子电池产品最低放电温度范围是-20～-40 ℃，而大部分电解液会在-40 ℃时凝固。虽然溶剂混合后熔点会降低，但是常规电解液中过多的碳酸乙烯酯（>25%）仍然会使其无法在极低温度下使用[8, 9]。

锂离子电池在不同温度范围工作会呈现不同的特性。常规产品最低放电温度为-10～-20 ℃，这个温度下现有锂离子电池产品仅能进行放电。对电化学体系而言，在低温放电过程中锂离子电池的电化学极化、浓差极化增加[10, 11]；特殊设计可以满足充电的温度范围在-10～10 ℃，这时锂离子电池可以满足充电，但此时电池充电易发生析锂且锂离子无法嵌入；20～45 ℃是锂离子电池适宜的工作温度，在这一温度范围内存储和工作时，发生各种副反应的速度和可能性最低；45～55 ℃为锂离子电池的高温循环温度，此时锂离子电池特别是锰酸锂正极易发生歧化反应和Mn溶解，并大幅降低电池容量，这也是其高温性能较差的根本原因；55～90 ℃为锂离子电池常用高温存储温度，是锂盐（$LiPF_6$）、正负电极材料及SEI膜的分解温度，反应会产生气体并降低可循环锂离子[12-14]。

当锂离子电池在常温环境下放电时，电池整体循环性能、电压平台表现最优。随着放电的进行，锂离子电池温度不断升高，如果不及时进行散热，当温度上升到一定值时，一方面会造成锂离子电池正电极活性材料结构的不稳定，易发生锂离子的回嵌以及活性材料的腐蚀，同时还存在金属离子的溶解（主要是$LiMn_2O_4$）、正电极材料的分解反应等，这些将使电池性能劣化；另一方面，当锂离子电池温度升高时，电解液自身组分也会发生氧化分解反应，产生气体，使锂离子电池内部电压升高、电池鼓胀、极片接触不良，导致极片上电流分布不均匀，高电流密度区活性颗粒破裂，进一步加速活性物质的退化，最终发生厚度膨胀。若继续放电，将可能导致温度进一步升高，以至于产生热失控现象，甚至还可能引起锂离子电池的起火、爆炸等现象发生[15-17]。

电动小汽车、笔记本、照相机、智能手机、军用小型侦察机、移动不间断电源（UPS）、信号电源以及小型动力设备等需要锂离子电池作为动力电源，这对锂电池提出了低温性能的要求。目前，国内外相关单位在低温环境下对锂离子电池性能方面也进行了一些研究[18-20]。曾有报道：商品化的ICR18650锂离子电池在-40 ℃条件下，仅能实现相对于20 ℃条件下的比能量的5%、比功率的1.25%[21]。此外，航空航天领域使用的储能装置对锂离子电池的低温性能有更高的要求，一般要其在-40 ℃左右环境下仍能正常工作，这不可避免地需要用到性能优良、温度使用范围宽的锂离子电池。我国正在紧锣密鼓地开展的太空宇宙飞行、登月计划等太空探索项目，也都需要使用高性能的储能电源，特别是锂离子电池。因此，开发低温下性能优良的锂离子电池对于人们日常生活水平的提高和我国军事与航空航天事业的发展有重大意义[22-25]。相比于常温条件，低温条件下锂离子电池的电解液黏度增大，甚至部分发生凝固，直接导致电池的内部阻抗增大。同时，低温条件下，电解液与负极、隔膜之间相容性变差，极化增强，充放电过程中负极析锂严重，而锂活性强，易与电解液发生不可逆反应，造成 SEI 膜厚度的增加，电解液将被消耗和分解。此外，低温条件下锂离子在正负电极材料以及电解液中的扩散性能降低，电荷转移阻抗增大。因此，在低温条件下放电，锂离子电池的容量挥发大，若此时还对其进行充放电循环使用，将会进一步造成锂离子电池的性能减退、容量衰减，形成不可逆的容量损失[20, 26, 27]。

中国疆域辽阔，不仅有雄伟的高原、起伏的山岭、广阔的平原、低缓的丘陵，还有四周群山环绕、中间低平的各种大小盆地。从南到北跨越了赤道带、热带、亚热带、暖（南）温带、中温带和寒（北）温带等 6 个温度带，南北温差非常大，气温最低的黑龙江漠河地区冬季低温可达−52 ℃，而温度最高的新疆的吐鲁番盆地夏季最高温度为 49.6 ℃。因此，研制生产具有较宽温度使用范围的锂离子电池，特别是提高低温环境的工作性能，是其广泛应用所要迫切需要解决的问题。锂离子电池的低温性能主要与锂离子在活性材料中的扩散能力、电极界面性能及电解液的低温导电能力等有关，而导电剂、黏结剂、电解液及电极材料作为锂离子电池的重要组成部分，对锂离子及电子的迁移有一定的影响。如导电剂的形状、黏结剂的类型（对材料的黏附力不同）、电解液的电导率，以及正极材料的型号及类型等。同时，制备工艺也会对电池性能产生一定的影响，如合成方式。以前对于这些问题的研究主要集中在实验上，这对实验设备及实验操作都有严格要求，并且整个过程所花人力、物力较大。因此，随着锂离子电池产品的普及以及更高的性能要求，采用数值模拟的方法对锂离子电池在不同温度下放电的电化学行为和热行为进行研究，有利于指导实验、节约研发成本、提升研发效率，对提升锂离子电池产品的性能和质量具有重要作用。

10.2　常温下 $LiMn_2O_4$ 锂离子电池放电过程的电化学−热研究[28]

本节基于锂离子电池一维电化学−三维热耦合模型，分别对锂离子电池在常温下的电化学行为和热行为进行了模拟，分析电极材料中锂离子浓度分布的动态演变规律、电化学过程的影响因素，不同放电倍率下可逆热和不可逆热随电池放电时间的变化特性，以及不同对流换热环境下锂离子电池的温度变化规律。研究对象是 11.5 A·h 商业锰酸锂（$LiMnO_4$）动力电池（90 mm×57 mm×25 mm），主要设计参数见表 10.1。其中一维电化学模型示意图如第 8 章图 8.1 所示，边界条件如式（10.1）和式（10.2）所示。

表 10.1　电池的电极工艺参数和电化学参数

	负极	正极	隔膜	电解液	负集流体	正集流体
电极体积分数/%	50[a]	49[a]				
电解质体积分数/%	33[a]	54[a]	33.2[a]			
电极厚/μm	120[a]	150[a]	30[a]		10[d]	15[d]
粒径/μm	12.5[a]	8.5[a]				
锂离子浓度						
电解液浓度/（mol·m⁻³）				1200[a]		
最大固相浓度/（mol·m⁻³）	26 390[b]	22 860[b]				
初始固相浓度/（mol·m⁻³）	19 530[a]	8 000[a]				
动力学和传输特性						
电荷转移系数	0.5	0.5				
液相扩散系数/（m²·s⁻¹）				式（8.43）		
双电层电容/（F·m⁻²）	0.2	0.2				
固相扩散系数/（m²·s⁻¹）	式（8.39）	式（8.39）				
扩散活化能/（kJ·mol⁻¹）	35[c]	31.5[d]				
反应速率常数/（m²·⁵·mol⁻⁰·⁵·s⁻¹）	式（8.40）	式（8.40）				
扩散活化能/（kJ·mol⁻¹）	20[c]	32.6[d]				
电极电导率/（S·m⁻¹）	100	3.8				
液相电导率/（S·m⁻¹）				式（8.44）		
热力学因子				式（10.3）		
传递系数				式（8.45）		
常数						
参考温度/K				298.15		
法拉第常数/（C·mol⁻¹）				96487		

a-参考文献[29]；b-参考文献[30]；c-参考文献[31]；d-估值。

边界条件：

$$\varphi_{c|x=0} = 0 , \qquad -\sigma_c \nabla \varphi_{c|x=L_{ncc}+L_n+L_s+L_p+L_{pcc}} = -I_{app} \tag{10.1}$$

$$-\sigma_s^{eff} \nabla \varphi_{s|x=L_{ncc}+L_n} = 0 , \qquad -\sigma_s^{eff} \nabla \varphi_{s|x=L_{ncc}+L_n+L_s} = 0 \tag{10.2}$$

热力学因子：

$$v = 0.6 - 7.59 \times 10^{-3} \sqrt{c_l} + 0.98[1 - 5.2 \times 10^{-7.5}(T - 294)\sqrt{c_l^3}] \tag{10.3}$$

10.2.1　模型验证

锂离子电池电化学-热模型可以通过其电化学性能来验证，实验数据来源于商业 $LiMn_2O_4$ 电池[29]。图 10.2 是在 0.5C、1C、2C 放电倍率下，模拟得到的电池放电曲线与实验结果的对比图。从图中可以看出，模拟数值和实测值虽然稍有偏差，但是电压的基本趋势变化具有较高的吻合性。此外，还可以看到不同放电倍率下，放电曲线变化趋势一致，这表明该模型具有较高的可靠性。

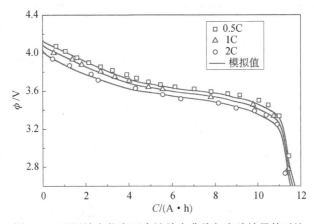

图 10.2　不同放电倍率下电池放电曲线与实验结果的对比

10.2.2　锂离子电池放电过程中的电化学研究

1. 脉冲放电电化学行为的动态演变

实际应用中，锂离子电池通常在脉冲环境中工作，如电动汽车的加速过程。锂离子电池的极化过程包含反应物质在固相和液相中的传递过程，分析锂离子在固相和液相中的动态演变不仅对实际应用有帮助，对锂离子电池极化分析也有重要作用。

图 10.3 是锂离子电池在 0.5C 和 2C 放电倍率下放电 400 s，然后开路至 2000 s 时电解液中锂离子浓度的变化情况，其中 $b_{2,3}$ 代表边界 2 和边界 3 的中点（边界示意请参看第 8 章图 8.1）。从图中的结果可以看出，放电时电解液中的锂离子浓度在 0～170 s 时间段快速上升，并且在负极厚度方向呈现出浓度梯度，从 b_2 到 b_3 浓度逐渐减小。在 170～400 s 时间段浓度值基本保持恒定。在开路过程中，浓度值慢慢地进行自我调整而达到平衡。对两幅图中的结果进行对比，可以得出，放电倍率越大，自我调整的时间越长。此外，最终平衡时电解液的浓度值比初始浓度值均有所增加，0.5C 放电倍率下增加了 $1.3\ mol \cdot m^3$，2C 倍率下增加了 $10.1\ mol \cdot m^{-3}$，这主要是由于在计算过程中考虑了双电层效应。

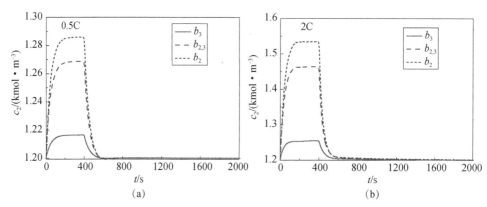

图10.3　（a）0.5C和（b）2C放电倍率下电解液中锂离子浓度分布
（彩图见封底二维码）

　　固相锂离子活性颗粒在半径方向上的浓度梯度是表征其内部浓度极化的最好方式。大的浓度梯度意味着大的浓度极化，这会引起大的扩散压应力。若压力过大将会导致活性颗粒的破裂，进而使得锂离子电池性能变差、电池容量减少[32]。为了研究负极活性颗粒内部的浓度梯度，这里首先对锂离子电池在0～200 s时以1C进行放电，然后开路至2000 s。选取边界3上的活性颗粒作为研究对象，在活性颗粒半径方向将其分为5个部分，作为研究点。其中r/R_p=0表示活性颗粒的中心位置，r/R_p=1表示活性颗粒的表面位置。图10.4是通过模拟得到的锂离子浓度在负极活性颗粒半径方向上的分布。从图中可以看出，活性颗粒中半径方向上选取的5个部分的锂离子浓度在0～200 s放电时均变化显著，且越靠近活性颗粒的表面浓度减小得越快、越大。这意味着电极活性颗粒内部的锂离子浓度分布存在不均匀性，具有局部依赖性。在200 s的开路瞬间，锂离子浓度均急剧增高，随后缓慢增加，直至稳定状态。这个过程是由活性颗粒内部锂离子的自由扩散形成的。

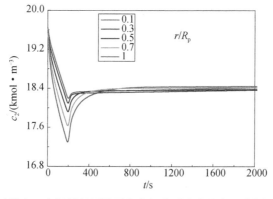

图10.4　1C脉冲放电，电极材料活性颗粒中锂离子浓度分布（彩图见封底二维码）

　　图10.5是锂离子电池通过脉冲放电得到的电压随时间的变化情况。放电时正极材料中锂离子浓度不断增加，且各处浓度值不同导致各处电压值也不同。开路时欧姆降消失，电压开始恢复。因此，模拟得到的电压随时间的变化呈现锯齿状演化。放电200 s时，边界点5的电压降得比边界点4更大，这是因为电池正极在厚度方向上存在欧姆电阻，导致在边界点5和4之间形成了电压降。200~2000 s为开路，在开路期间电压的变化分为两个阶段：第一阶段是当放电瞬间终止时（200 s），边界点5和4的电压均突然急剧增加，这是由欧姆极化在开路瞬间的突然消失引起的；第二阶段是电压呈弧形缓慢回升直到稳定的过程，这主要是由于，开路下锂离子浓度的扩散是一个缓慢的过程，锂离子浓度慢慢达到平衡，电压保持不变。

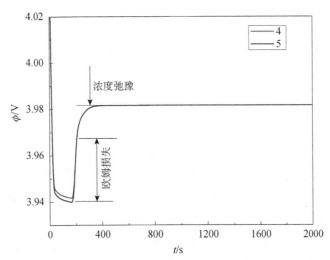

图10.5　电池在1C脉冲放电下，边界点4和5电压的变化（彩图见封底二维码）

2. 锂离子电池电化学过程的影响因素

　　锂离子电池电极过程复杂，影响因素众多。Nyman 等[33]的研究表明，锂离子电池中的扩散极化占电池总极化的比例高达40%。并且，随着放电电流的增大以及放电过程的继续进行，扩散极化所占的比例还会继续增大。图10.6是锂离子电池在1C放电下500 s、1500 s、3000 s时，正负电极各处活性颗粒中心和表面锂离子的浓度分布曲线图。从图中可以看到，随着放电的进行，正、负电极活性颗粒中心与表面的锂离子浓度差均在不断缩小。这是由于，随着放电的进行，电池的温度不断升高，促进了电极材料中锂离子的扩散。从图中所选的三个放电时刻也可以看出，负极活性颗粒中心与其表面的锂离子浓度差值均大于正极，这是因为，所选的材料负极活性颗粒半径大于正极，扩散系数却小于正极，故锂离子从负极颗粒中心扩散到表面所需的时间（r^2/D_s）大于正极，导致负极中的浓度极化大于正极。从图中还可以得到，正负电极在厚度方向上也存在着浓度差，这是因为，电极本身是多孔结构，电解液浸润在其中，且锂离子必须通过电解液才能运输到活性物质颗粒表面。由于电极本身存在一定的厚度，电解液渗入电极内部靠近正集流体附近的孔结构中有一定的距离。因此，电极表面靠近正极隔膜的活性物质比内部靠近正集流体的部分先参与反应，使得电极厚度方向上产生了锂离子浓度差，形成了扩散极化。另外，负极厚度方向上的活性物质中锂离子浓度差大于正极，说明这部分的极化也是负极大于正极。

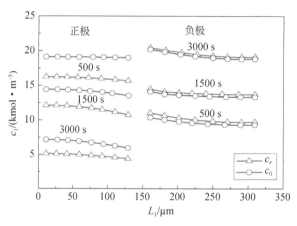

图10.6　电池以1C放电不同时间时，正负电极各处活性颗粒中锂离子浓度分布

图10.7是锂离子电池在不同活性颗粒半径下，以1C放电500 s时，正、负电极材料中各位置处活性颗粒表面和中心锂离子浓度变化图。从图中可以看到，当活性颗粒的半径为原来的一半时，其表面锂离子浓度和中心锂离子浓度的差值明显减小；当活性颗粒的半径为原来的两倍时，其表面和中心锂离子的浓度差值比原来明显增大。这表明，活性颗粒半径大小与其电极中的固相浓度极化有着密切关系，活性颗粒半径越大，其固相浓度极化越严重；活性颗粒半径越小，其固相浓度极化有所减小。因此，可以得出，减小正、负电极中的活性颗粒半径能够有效减小电极材料中的固相浓度极化。其主要原因是：若活性颗粒半径减小，则在充放电过程中锂离子嵌入和脱出时的路程将会缩短，而在这个过程中锂离子在电极中的扩散系数基本不变，因此活性颗粒中表面和中心的锂离子浓度达到平衡所需要的时间减少。此外，根据已知的比表面积计算公式（6.2）可知，活性颗粒的半径越小，其比表面积越大，在给定的相同放电电流密度下，大的比表面积对应着小的电极表面电流密度。这样，在多重有利的影响条件下，有利于半径小的活性颗粒的扩散，从而使得固相中的浓度扩散极化减小。

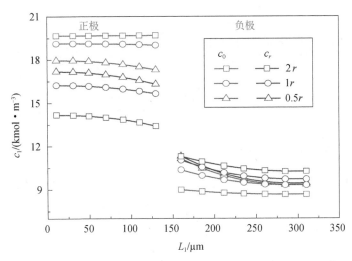

图10.7　电池1C放电下500 s时，不同粒径下活性颗粒中锂离子浓度分布
（彩图见封底二维码）

10.2.3　锂离子电池放电过程中的热效应

　　温度对锂离子电池的性能有着重要的影响，温度过高、过低以及分布不均都会影响电池性能，降低电池的使用寿命，甚至可能引起电池的热失控和起火爆炸等安全事故[34-36]。随着科技的进步以及人们生活质量的提高，对高容量锂离子电池的性能需求进一步提升，这使得锂离子电池的原材料和加工工艺需要进一步优化。同时，高容量锂离子电池能释放出大的能量，具有大的产热能力，因此需要特别重视热管理系统的设计[37-39]。由此可见，对高容量锂离子电池开展热效应的研究是非常有必要的。

　　1. 锂离子电池放电过程中的热源分析

　　图10.8是锂离子电池以0.2C、0.5C、1C、2C放电，所产生的总热、可逆热、不可逆热随时间的变化图。从图中可以看出，在不同的放电倍率下可逆热均呈现出先吸热后放热的过程，而不可逆热则始终是放热过程，并且放热量随着放电倍率的增大而增加。总热量在低的放电倍率下表现出先吸热后放热过程，随着放电倍率的增大，吸热过程逐渐消失，只出现放热过程。这主要是由于，在低的放电倍率下，电池内的极化较小，放电初始时放出的热量比电池内部化学反应所需要吸收的热量少，所以呈现吸热的表现；随着放电倍率的增大，锂离子电池内部的极化逐渐增加，以至于产生的总热量逐渐地大于化学反应所需要吸收的热量，故出现了锂离子电池的总热一开始就呈现出放热的状态。

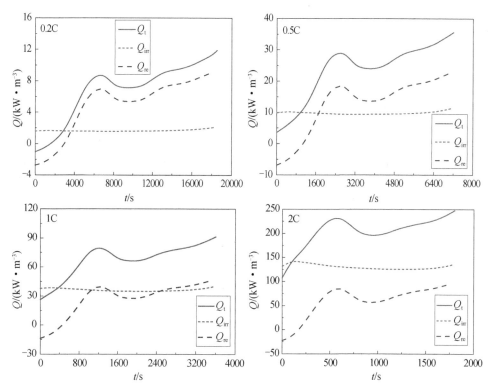

图10.8　不同放电倍率下，电池的总热、可逆热、不可逆热随时间的变化

（彩图见封底二维码）

由第9章锂离子电池热模型的分析可知，热源分为可逆热和不可逆热，如果忽略放电过程中的副反应[40]，则可逆热和不可逆热与电流的关系可表示为

$$\frac{Q_{irr}}{Q_{rea}} = \frac{I(U_{avg} - V_{cell})}{IT(dU_{avg}/dT)} \approx \frac{I^2 R_{cell}}{IT(dU_{avg}/dT)} = I\frac{R_{cell}}{T(dU_{avg}/dT)} \tag{10.4}$$

式中，I代表工作电流；U_{avg}代表平衡电势；V_{cell}代表电压；T为温度；dU_{avg}/dT代表电压的温度系数；R_{cell}代表内部电阻。

在不同放电倍率下，可逆热与不可逆热的变化趋势基本一致。其中，可逆热的变化较为明显，不可逆热变化则较小。随着放电的进行，电阻和极化均减小，使得不可逆热稍稍下降。放电结束时，由于开路电压急剧下降，电池内部极化增大，使不可逆热有所回升，特别是在1C和2C放电倍率下更为明显。当放电倍率增加到1C和2C时，不可逆热逐步超过了可逆热，代替可逆热在总产热中占据主导地位，并且不可逆热分别是0.5C放电下的4倍和14倍，与式（10.5）中得到的不可逆热与放电电流平方成正比的关系基本一致。此外，根据式（10.5）可知，可逆热与放电电流成正比。由此可得在小放电倍率下，可逆热占主导地位，在大放电倍率下不可逆热占主导地位。这一推论与模拟结果一致。

2. 锂离子电池放电过程的温度变化

图 10.9 展示了放电倍率为 0.2C、0.5C、1C、2C，放电结束时锂离子电池在 xz 方向上的温度剖面图。在四幅云图中均可以看到，锂离子电池放电结束时最高温度出现在锂离子电池的几何中心偏下处的位置，在靠近左右极耳的部分温度有所降低，极耳的温度相对于锂离子电池其他位置都要低，且右边极耳的温度低于左边极耳的温度。主要原因是，锂离子电池的右极耳是由铜材料制成的，其热导系数大于铝材料做成的左极耳，而且两边极耳材料的热导率远大于电池材料本身的热导率，故两边极耳出现了温度差异以及靠近极耳的温度低于其他位置的现象。

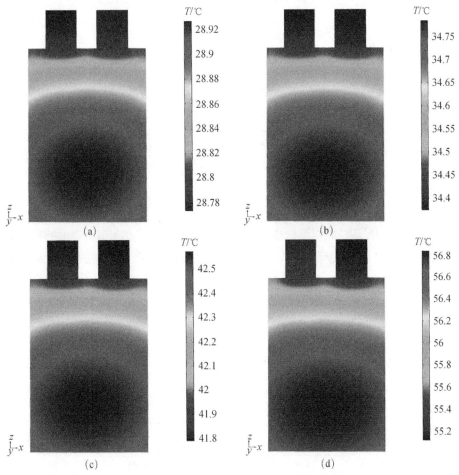

图10.9　不同放电倍率下放电结束时的电池温度分布（彩图见封底二维码）

(a) 0.2C；(b) 0.5C；(c) 1C；(d) 2C

　　图10.10呈现了锂离子电池以0.2C、0.5C、1C、2C时放电，电池温度随放电容量的变化曲线图。由图可见，放电倍率越大，电池温度在整个放电过程中升高得越快，这是因为，大的放电倍率下通过电池的电流越大，产生的热量越多。小的放电倍率下，电池开始时的温度基本保持不变，随后温度升高较快，然后基本保持恒定，最后又快速升高。这是由于，在低的放电倍率下可逆热在总产热中占主导地位，且其是波浪式变化的。因此，总热源为波浪式变化，且在低的放电倍率时锂离子电池的温度也会出现类波浪式形状。大放电倍率时，不可逆热在总产热中占主导地位，总热源的波浪式变化不明显，故电池温度呈现出一直升高的特点。同时，在图中还可以看到，电池以大倍率放电时，放电结束时其温度已经达到了非常大的值，必须对其进行散热处理以免发生热失控。接下来将对流传热系数$h=7.17\ \mathrm{W\cdot m^{-2}\cdot K^{-1}}$增大到$h=15\ \mathrm{W\cdot m^{-2}\cdot K^{-1}}$，比较电池温度的变化。

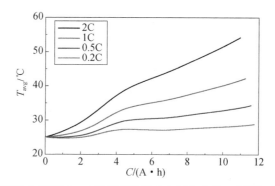

图10.10　不同放电倍率下，电池温度随放电容量的变化（彩图见封底二维码）

　　从图10.11中发现，将对流传热系数增大到$h=15\ \mathrm{W\cdot m^{-2}\cdot K^{-1}}$时，电池的平均温度有了明显的降低，且放电倍率越大，不同对流换热系数所产生的温度差值越大。

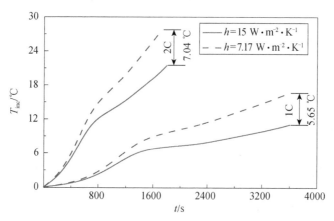

图10.11　不同倍率放电和不同对流传热条件下，电池温度随时间的变化

10.3　低温下 LiMn₂O₄ 锂离子电池放电过程的电化学−热研究

前文通过对常温下锂离子电池放电过程的电化学和热行为的研究，初步获得了锂离子电池放电过程中电化学的影响因素和放电过程中热源产生的特点，探索了电池热管理系统的优化设计。下面将对低温下锂离子电池的放电特性进行仿真研究。

10.3.1　模型的有效性分析

本小节模拟了放电倍率为 1C，外部环境温度分别为−15 ℃、0 ℃、25 ℃时锂离子电池的放电曲线，以及外部环境温度为−15 ℃，放电倍率分别为 0.5C、1C、2C 时锂离子电池的放电曲线，如图 10.12 和图 10.13 所示。得到的锂离子电池电压随容量的变化趋势和 Yi 等[19]在低温下类似条件中模拟得到的电压容量变化趋势基本一致。同时，由图 10.12 可知，环境温度越高，电池的放电电压平台越高，且平稳性更好。这是因为，锂离子扩散迁移速率以及电子导电率等随温度的增加而增大，从而使得高的环境温度下极化减小，电压降减小。从图 10.13 中可以看到，−15 ℃时放电倍率越大，锂离子电池初始放电过程中的电压降越大。这主要是由于，大的放电倍率下具有大的放电电流密度，在电池内部，欧姆电阻相同时，大的电流密度就形成了大的电压。随后电池的电压出现缓慢回升的现象，这是因为，随着放电的进行，电池自身的产热引起了温度的升高，导致电池欧姆电阻减小，最终使得电压降减小。以上模拟结果符合相关理论知识推导，这说明本模型的模拟结果具有可靠性。

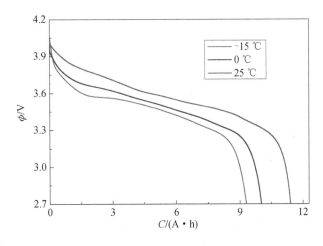

图 10.12　不同环境温度下 1C 放电时的容量电压曲线（彩图见封底二维码）

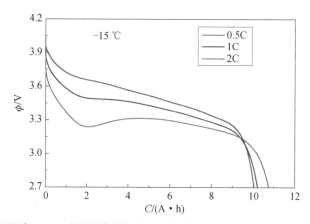

图10.13　外部温度-15 ℃时不同放电倍率下电池的电压容量曲线（彩图见封底二维码）

10.3.2　低温下锂离子电池放电过程的电化学研究

为了研究锂离子电池在低温环境下放电容量挥发大的原因，这里模拟了锂离子电池在环境温度为-15 ℃和0 ℃，1C放电结束时，电池正、负电极材料中活性颗粒表面与中心的锂离子浓度差（取正值）的变化情况。从图10.14可以清晰地看出，在环境温度为-15 ℃时，活性颗粒中心与表面的锂离子浓度差值明显大于环境温度为0 ℃时的差值，其中负极活性颗粒中心和表面的锂离子浓度差值大于正极。在电极厚度方向上的差值，也是环境温度为-15 ℃时的值大于环境温度为0 ℃时的值，同时，负极厚度方向上的差值大于正极上的差值。其原因是，环境温度越低，锂离子的扩散速率越小，极化越大，负极活性颗粒的半径大于正极，导致负极扩散能力小于正极。

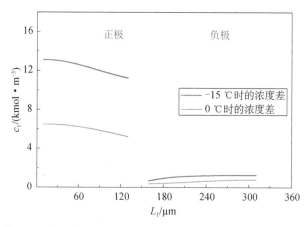

图10.14　不同温度下1C放电结束时，活性颗粒表面和中心锂离子浓度差（彩图见封底二维码）

图10.15是放电结束后将锂离子电池在不同环境温度下充分静置，得到的锂

离子电池正负电极中活性颗粒中心和表面的锂离子浓度的变化平衡图。从图10.15中可以看到，当环境温度为-15 ℃时，静置下正负电极材料中活性颗粒中心和表面锂离子浓度值达到平衡所需的时间远大于环境温度为0 ℃时的时间。这是因为，环境温度越低，锂离子的自由扩散越慢，所需时间越多。这也说明，如果锂离子电池在低温下使用，为保证不造成其容量的严重损失应进行有条件使用。

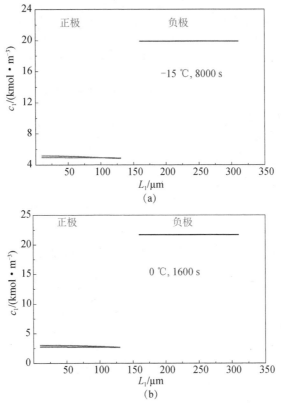

图10.15　充分静置下锂离子浓度平衡分布图（彩图见封底二维码）

（a）环境温度为-15 ℃；（b）环境温度为0 ℃

接下来用同样的方法研究锂离子电池在环境温度为-15 ℃和25 ℃，以1C放电结束时，电解液中锂离子浓度在厚度方向上的分布。从图10.16中看到，放电结束时，电解液中锂离子浓度负极区域大于正极，符合放电过程中锂离子从负极中脱出嵌入正极，最后形成锂离子浓度负极高、正极低的状态。在图中还可以清晰地看到，环境温度为-15 ℃时，负极和正极中电解液的锂离子浓度差大于环境温度为25 ℃时的锂离子浓度差，这就意味着，环境温度不仅对固相中锂离子的扩散有影响，对电解液中锂离子扩散和由此形成的浓度极化也有着重要影响。

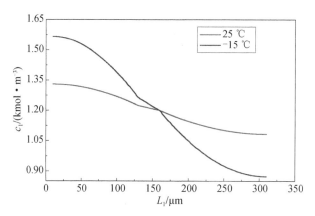

图10.16　不同环境温度1C放电结束时，电解液中锂离子浓度分布（彩图见封底二维码）

　　图10.17是放电结束后充分静置下，锂离子浓度达到平衡的示意图。从图中可以发现，环境温度为-15 ℃时电解液中的锂离子浓度相对于环境温度为25 ℃时，其达到平衡所需要的时间更长，但平衡时的锂离子的浓度差却更大。这是因为，环境温度越低，电解液的黏度增加、流动性变差，同时电解液的导电率降低，液相中锂离子在电极材料厚度上的自由扩散速率将减小。低温下放电，固相和液相中锂离子的浓度存在不均衡性，这就造成了放电过程中锂离子电池的电化学极化、浓差极化、欧姆极化的增强，最终形成了电池的低温症状。

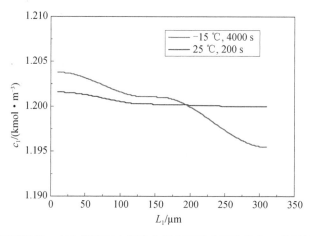

图10.17　不同环境温度，充分静置下电解液中锂离子浓度平衡分布（彩图见封底二维码）

10.3.3　低温下锂离子电池放电过程的热研究

　　1. 环境温度对电池温度的影响

　　图10.18是环境温度为-15 ℃、0 ℃、25 ℃时，锂离子电池在1C放电过程中温度随放电容量的变化曲线图。从图中可以看到，在放电开始时电池温度升高很

快，中间阶段温度增长较慢，结束时温度又增长迅速。从图中还可以看到环境温度对电池温度的增长有很大的作用，环境温度越低，在放电时间内电池温度增长得越快，最后达到的温度值越大。这是因为，环境温度越低时，电极和电解液材料中锂离子的扩散速率越小，电导率越小则内部的电阻值越大，这就形成了锂离子电池的浓度极化、欧姆极化越大的现象，以致电池在放电开始过程中不可逆热在总产热中占主导地位，且总产热也大于原来的总产热。随着放电的进行，锂离子电池温度不断升高，电池内部锂离子的扩散速率不断增大，电池中的浓度极化减弱、内部电阻减小，不可逆热减小。最后电池温度的急剧升高则是由放电结束时过电压的急剧增大造成的。

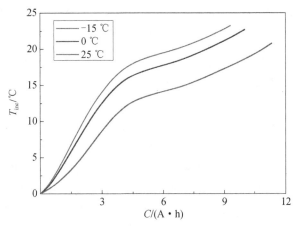

图10.18　不同环境温度下 1C 放电，电池温度随放电容量的增长（彩图见封底二维码）

　　图 10.19 是锂离子电池在环境温度-15 ℃下以 1C 放电，电池外部是恒温装置，温度为 0 ℃、25 ℃、45 ℃时，电池温度的增长随放电容量的变化曲线图。从图中可以看到，当环境温度为-15 ℃、以 1C 放电时，与无恒温装置的电池相比，在电池外部安装恒温装置可使电池在放电过程中温度上升明显增快，放电结束时该电池的温度也远大于无恒温装置的电池。三种恒温装置的对比发现，恒温装置温度为 45℃时，电池温度增长得最快，放电结束时达到的温度值最大。出现以上现象的原因是，锂离子电池的热传递需要一个过程，恒温装置的温度越高，电池外表面的温度由于热传导的存在，在放电初期会明显高于内部温度，使得在放电初期电池平均温度增长得快；恒温装置一直和电池本身进行着热传递，而且在很长一段放电时期内外部温度高于电池本身温度，这样就减少了电池本身热的流失，有利于其温度的提高。同时还发现，锂离子电池在低温环境下放电时，在外部加一个恒温装置有利于延长电池的工作时间，减少电池的容量挥发。工作时间的延长使得整个放电过程的产热总量增加，电池温度值增大。

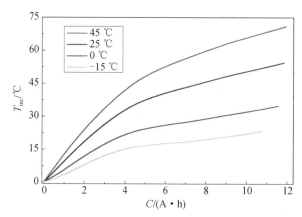

图10.19   环境温度-15 ℃、1C放电，不同恒温装置时，锂离子电池温度变化的对比

（彩图见封底二维码）

2. 外部温度及放电倍率对电池最高温和最低温的影响

锂离子电池整体温度均匀性对电池的性能至关重要。如果锂离子电池各处温度不一致，则在放电过程中各处的反应速率不同，造成有些位置先反应，有些位置后反应，最终导致锂离子电池部分位置的活性材料先反应完，这样会造成锂离子电池的不可逆损伤以及资源的浪费。并且，温差越大，对整个锂离子电池的伤害也将越严重。局部高温还会构成锂离子电池局部的破坏，最终影响电池整体性能，使得锂离子电池寿命缩短。局部温度过高还可能会出现整个锂离子电池的热失控甚至爆炸等情况的发生。因此，时时关注不同放电条件下锂离子电池最高温度和最低温度的变化，以及它们之间的差值对锂离子电池热性能的研究非常重要。

图10.20模拟了锂离子电池在不同环境温度下以相同倍率（4C）放电时电池的最高、最低温度的变化情况。从图中可以看出，与环境温度为25 ℃时相比，环境温度为-15 ℃时，锂离子电池的温度增长得更快且最后达到的温度值更高，其最低与最高温度之间差值也更大。这说明，低温环境下电池的极化作用对锂离子电池温度的升高以及最高和最低温度的差值有着重要影响。

图10.21模拟得到了环境温度为-15 ℃以2C放电时，使用外部恒温装置给锂离子电池分别提供25 ℃、45 ℃的外部温度，锂离子电池最高、最低温度的变化图。总体来说，电池在放电过程中的最高温度和最低温度的差值非常小，远小于无外部恒温装置时的值。电池的最高、最低温度差值只在放电初期和放电结束时稍大，说明在此放电过程中，锂离子电池整体温度的均匀性非常好。放电初期最高和最低温度差值稍大是因为，锂离子电池本身的温度和外部恒温装置温度差较大，而锂离子电池的表面和恒温装置内的温度进行热传导达到一致需要一定的时

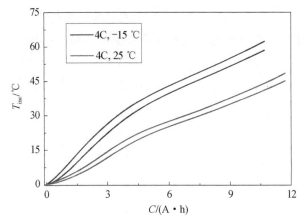

图10.20　不同环境温度相同倍率放电，电池最高和最低温度随容量的变化
（彩图见封底二维码）

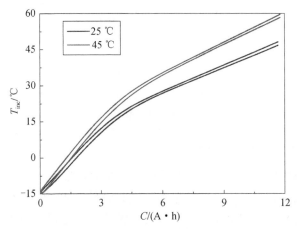

图10.21　环境温度-15 ℃、2C放电，不同外部温度时电池最高、最低温度随容量的变化
（彩图见封底二维码）

间，这就导致锂离子电池在放电初期表面温度大于内部温度，出现电池最高温度和最低温度差值在放电初期稍大的现象。但是随着放电的进行，整个外部和电池热传导也将基本完成，电池本身产热不断增加。因此，电池的最高、最低温度的差值逐渐缩小，电池整体温度的均匀性增强。这说明锂离子电池在低温下放电，增加外部恒温装置有利于其性能的改进。

　　从日常生活经验可以发现，放电电流的大小会对锂离子电池有着重要的影响。图10.22是锂离子电池在相同环境温度（-15 ℃）不同放电倍率下电池最高和最低温度随容量的变化图。从图中可以看到，锂离子电池在相同温度下放电，放电倍率越大电池的最高温度值越大，最高、最低温度之间的差值也越大，这个现象贯穿锂离子电池的整个放电过程。在大的倍率下放电锂离子电池的总产热量非常大，这时锂离子电池内部的热量会急剧膨胀、温度迅速升高，而电池的温度从内部传导到表面是一个过程，这就使得其外部温度小于内部温度，导致两者存在温度差，形成温度不均匀性。因此，电池在低温下小倍率放电有利于其健康。

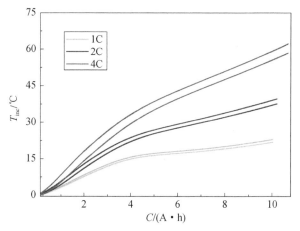

图10.22 环境温度-15℃时不同倍率放电，电池最高、最低温度随容量的变化

（彩图见封底二维码）

10.3.4 低温下锂离子电池的优化设计

从锂离子电池低温下放电的一系列模拟结果可以发现，锂离子电池在低温下的性能与常温相比有很多不足。如果不改进其低温放电性能，不仅会限制锂离子电池的应用，而且会造成资源的极大浪费。因此，有必要对锂离子电池热管理系统和电极材料进行优化研究。

1. 热管理系统的设计对电池性能的优化

通过以上对不同环境温度下锂离子电池放电结果的对比发现，环境温度对锂离子电池的作用非常大。因此，在低温环境下使用锂离子电池时，可以考虑在其外部加上一个外部恒温装置。通过这种思路模拟得到了锂离子电池在环境温度为-15 ℃以1C放电，添加外部恒温装置并设置其温度为0 ℃、25 ℃、45 ℃时的放电曲线与无外部恒温装置时放电结果的对比图。从图10.23中可以很清晰地看到，在锂离子电池外部添加恒温装置，能够很有效地改进锂离子电池的放电性能。此时，其放电平台更平整，放电容量更大，在低温环境下的大容量挥发现象逐渐消失。

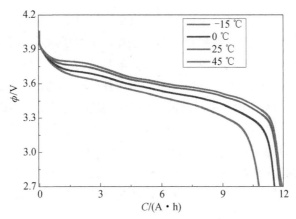

图10.23　环境温度−15 ℃、1C放电，增加不同温度外部恒温装置时电池电压容量的对比曲线（彩图见封底二维码）

　　由于低温环境下锂离子电池放电初始时就会生成大量热，在随后放电过程中还会不断产热，如果能将电池本身所产生的热量利用起来，在理论上可以改进电池的低温放电性能。因此，接下来模拟了锂离子电池在绝热（$h=0$ W·m^{-2}·K^{-1}）、自然对流（$h=7.17$ W·m^{-2}·K^{-1}）、强制对流（$h=25$ W·m^{-2}·K^{-1}）、恒温（$h=\infty$ W·m^{-2}·K^{-1}）等条件下以1C放电时，锂离子电池温度随放电容量的变化情况，如图10.24所示。从图中可以看到，在绝热的情况下，电池从开始放电到放电结束温度升高了近53 ℃；在自然对流情况下，电池的温度升高了近25 ℃；而在强制对流情况下电池的温度仅升高了10 ℃左右，放电结束时锂离子电池的整体温度仍在零度以下；当对流换热系数为无穷大时，放电过程中锂离子电池温度基本与环境温度保持一致。通过以上四种情况下的模拟结果可知：锂离子电池放电过程中自身所产生的热量是巨大的。若能将其收集起来加以利用，则可以提高

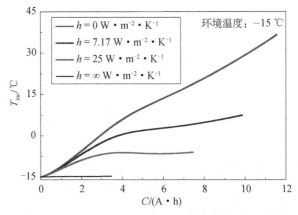

图10.24　不同对流换热条件下1C放电，电池温度随容量的变化曲线（彩图见封底二维码）

锂离子电池放电过程中的环境温度，进而有效改进锂离子电池在低温下放电的电化学热性能；若让电池始终保持在低温下工作，甚至还对其进行强制散热，会严重影响锂离子电池放电性能，最终导致其放电容量的严重降低。

为了进一步直观地观察上述情况下放电时锂离子电池内部的温度分布，这里选取放电结束时锂离子电池在 xy 截面上的四幅温度剖面图，如图10.25所示。从图中可以发现，在绝热条件下（图10.25（a）），锂离子电池外表面的温度大于电池内部温度，并且与其他三种情况相比，其在 xy 截面的温度差值最小，温度的均匀性最好；而在恒温条件下（图10.25（d）），锂离子电池的内部温度大于外部温度，整体温度均匀性相对最差。此外，随着对流换热系数的增大，电池整体温度下降明显。

对此，进一步模拟得到了锂离子电池在以上条件下的电压容量变化曲线（图10.26）。从图中可以看到，外部对流换热条件对锂离子电池的放电容量有着重要影响。外部对流换热系数越大时，电池能释放出的容量越小；外部对流换热系数无穷大，即电池保持恒温时，电池释放的容量最小，仅为自然对流换热下的34%；强制对流换热下，电池释放的容量也仅有自然对流换热下的89%左右。而在绝热环境下，锂离子电池的放电平台平稳，最终释放的容量基本达到了常温下的状态。因此，通过以上结果可以得出以下结论：当锂离子电池在低温环境下使用时，减小对流换热系数能有效提升其性能，增大其额定容量的释放；保持绝热状态则能很好地改变低温下电池容量挥发大的不良局面，有效提高电池的容量释放。

2. 电极材料的设计对电池性能的优化

锂离子电池对制造工艺的技术要求非常严格，同时，电极材料的设计对电池性能也有非常重要的作用。锂离子的扩散与电池的温度和扩散颗粒的半径都有着密切的关系，环境温度越高、活性颗粒半径越小，越有利于扩散。若在低温环境下，同时减小正负电极材料的活性颗粒半径将有利于锂离子的扩散，减小电池的浓度极化，进而减小其容量的挥发。图10.27是锂离子电池在环境温度为-15 ℃、倍率为1C放电时，将正负电极材料中活性颗粒半径改为原来的1/5和1/2时的放电电压随容量变化的曲线图。从结果中看到，减小电极材料活性颗粒半径可有效促进锂离子电池容量的释放。当活性颗粒半径为原来的1/2时，对锂离子电池性能的改进非常大，放电平台和释放的容量都有显著的改善。但将活性颗粒半径继续减小到原来的1/5时，电池放电平台的提高已经不太明显，电池容量的进一步释放也有所滞缓，其对电池整体性能的改善变弱。电极材料中活性颗粒的半径越小，对锂离子电池电极材料的制造技术要求越高。这不仅增大了技术难度，也会增加制造成本，所以，必须对颗粒尺寸、制造工艺、成本、电池性能进行综合

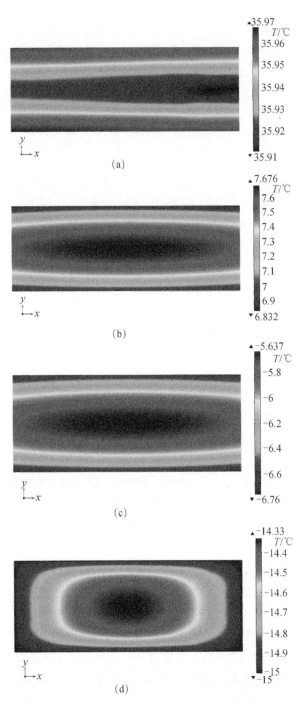

图 10.25　不同对流换热条件下以 1C 放电，放电结束时电池温度分布（彩图见封底二维码）

(a) h=0 W·m^{-2}·K^{-1}；(b) h=7.17 W·m^{-2}·K^{-1}；(c) h=25 W·m^{-2}·K^{-1}；

(d) h=∞ W·m^{-2}·K^{-1}

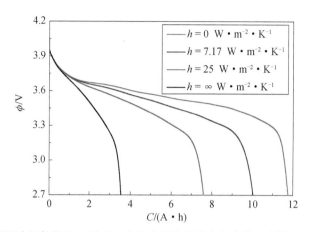

图10.26　不同冷却条件下1C放电，电池电压容量的变化曲线（彩图见封底二维码）

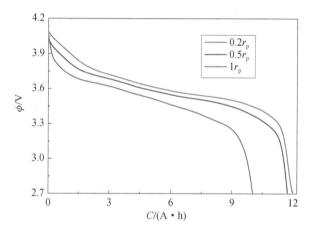

图10.27　环境温度为-15 ℃、1C放电时，不同活性颗粒粒径对电池电压容量的影响
（彩图见封底二维码）

r_p指活性颗粒粒径

考虑，以求最优化。

　　为进一步分析正负极材料尺寸对电池性能的影响，接下来分别模拟得到了单独将正极活性颗粒半径改为原来的1/5和1/2，以及负极活性颗粒半径改为原来的1/5和1/2时，电池的放电电压容量变化曲线图。通过图10.28（a）和图10.28（b）的对比发现，相同外部环境和放电倍率条件下，正负电极材料的大小对锂离子电池的性能都具有一定的影响，负极材料活性颗粒半径的影响更大、效果更明显。当负电极中活性颗粒半径降低为原来的1/2时，其放电电压平台得到了明显升高，且释放的电容也明显增大，而继续降低颗粒半径至原来的1/5时，仅仅使放电平台有稍许提升，而未能进一步释放其容量；将正电极材料中活性颗粒半径改为原来的1/5和1/2时，电池的放电平台和放电容量不仅没有得到改善，反而还

不及原来的效果，可见并非电极材料活性颗粒越小对电池性能一定越好。

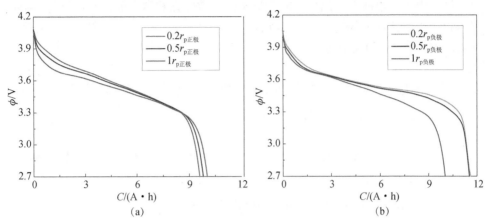

图10.28　不同活性颗粒粒径电池电压容量的变化曲线（彩图见封底二维码）

(a) 正极材料；(b) 负极材料

　　锂离子电池正负电极材料均为多孔结构，这有利于电解液充分浸润到电极材料中与其接触和反应。电极孔隙率是表征电极结构的重要参数，它是指电极中孔隙体积与其表观体积的比率。如果电极孔隙率过大，虽然电极孔隙中的电解液具有较好的有效传输性能，但是电极组分颗粒之间的接触较差，这不仅使电极的电子导电性能较差，而且使电极的机械稳定性也变差，同时还造成电池的体积比能量降低。如果电极孔隙率过小，虽然电极的电子导电性能得到提高，但是电解液的有效传输性能降低，这也会导致电池性能降低。因此，正负电极材料的孔隙率对于锂离子电池有着重要影响，在相同的电极厚度下改变电极材料的孔隙率，可以改变其运输和携带活性材料的量。因此，针对不同工况，选择合适的孔隙率是很有必要的。图10.29模拟得到了锂离子电池在不同孔隙率下的放电曲线，从图

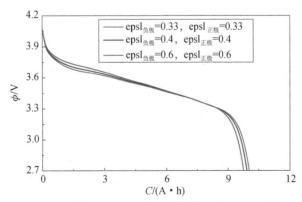

图10.29　−15 ℃、1C放电时，电极材料不同孔隙率对电池电压容量的影响

（彩图见封底二维码）

中可以看到，锂离子电池的容量在大孔隙率时有所减小而在小孔隙率下却有所增加。这是由于，电池在低温放电时锂离子的扩散能力和自身的产热量不足，导致固相和液相中锂离子的迁移受限。如此时电极材料中孔隙空间体积增加，孔隙度越高，则其活性物质就越少。

10.4　高温下 LiMn₂O₄ 锂离子电池放电过程的电化学-热研究[41]

为对比高温下 LiMn₂O₄ 锂离子电池的电化学热行为，本节引用肖忠良教授课题组的研究成果，相关参数和模型请参考文献[41]。

10.4.1　高温下 LiMn₂O₄ 锂离子电池的电化学性能

图 10.30 为 40 ℃和 50 ℃时不同倍率下的 LiMn₂O₄ 电池放电比容量与电压的关系图。如图所示，在 40 ℃和 50 ℃下曲线均未表现出良好的放电平台。40 ℃时 0.1C、0.2C、0.5C、1C 和 2C 下的放电比容量分别为 108 mA·h·g⁻¹，103 mA·h·g⁻¹、101 mA·h·g⁻¹、93 mA·h·g⁻¹ 和 90 mA·h·g⁻¹；50 ℃时 0.1C、0.2C、0.5C、1C 和 2C 下的放电比容量分别为 100 mA·h·g⁻¹、95 mA·h·g⁻¹、93 mA·h·g⁻¹、90 mA·h·g⁻¹ 和 82 mA·h·g⁻¹。从上述数据可以看出，在温度分别为 40 ℃和 50 ℃时，随着充放电倍率由 0.1C 升高到 2C，比容量均下降了 18 mA·h·g⁻¹；在充放电倍率 0.1C 时，随着温度由 40 ℃向 50 ℃升高，比容量降低了 8 mA·h·g⁻¹。其原因可能是，随着充放电电流的增大，电池内部极化作用增强，LiMn₂O₄ 活性物质的结构发生了一定程度的破坏，使得电池容量发生衰减。而随着温度的升高，电池内部化学反应加快，副反应加剧，使电池的电化学性能降低。从图 10.30（a）可以看出，在 0.1C 和 0.2C 倍率下，电压在从 4.2 V 到 3.9 V 的下降过程中，平坦度较接近；当倍率升高到 0.5C、1C 和 2C 时，电压在

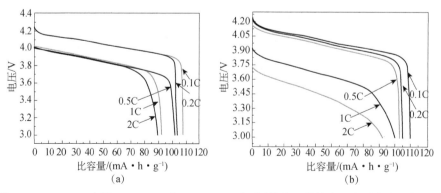

图 10.30　LiMn₂O₄ 电池（a）40 ℃和（b）50 ℃时不同倍率下的放电比容量与电压的关系

4.0 V 和 3.8 V 之间的平坦度区别不大。由图 10.30（b）中曲线可以看到，在倍率为 0.1C、0.2C、0.5C 下，电压在 4.2 V 到 3.9 V 之间的下降趋势接近，但继续升高倍率至 1C 时，电压明显变得陡峭，当倍率达到 2C 时电压几乎呈直线下降。从上述结果可以看出，温度和充放电倍率均会影响电池的性能。而较高温度和较大充放电电流会导致电池的容量衰减过快，影响电池的电化学性能和寿命。

10.4.2　高温下 LiMn$_2$O$_4$ 锂离子电池的热行为

图 10.31 和图 10.32 分别为 40 ℃ 和 50 ℃ 下 LiMn$_2$O$_4$ 电池在 0.1C、0.2C、0.5C、1C 和 2C 倍率下充放电的热流和电压变化曲线。由图可以看出，所有热流曲线在充电过程和放电过程中均有较为明显的一个或多个放热峰。在 2C 充放电过程中，峰形较尖，表现出较快的放热速度，其原因可能是，充放电电流较大，使得电池内部化学反应速度加快，放热较快。在 1C 充电过程中只有一个放热峰，而从放电过程可以看出是两个放热峰的叠加。当充放电倍率继续减小至 0.2C 和 0.5C 时，峰形较圆，产热速度减慢，在充电过程中当电压达到约 4.0 V 时出现第二个峰，放电过程电压在 3.9 V 附近出现第二个峰。充放电过程均表现为两个放热峰的叠加，表明电池内部电极反应分为两步，这种现象有待进一步的深入研究。在 0.1C 的热流曲线中可以看到，在充电过程初始阶段有明显的吸热峰，随后伴随着较强的放热峰。而在放电过程中，只表现为放热行为。其原因可能是，电极反应在刚开始主要是脱嵌锂吸热可逆反应过程，随着电池内部的电阻和极化的增大，电池的不可逆反应加剧，表现出显著的放热现象。Song 等[42]也得到同样结论。

综合图 10.31 和图 10.32 可以得出以下结论：在低倍率的充电反应中，电池内部可逆的脱嵌锂过程产生吸热效应，放热反应由可逆热和不可逆热共同决定。随着充放电电流的增大，电池内部反应速率增大，电池内部极化增大，内阻增大，副反应加剧，克服电阻产生的不可逆热远超过电池内部的可逆化学反应热，当充放电倍率高于 0.2C 时，电池内部不可逆热是热生成的主要来源。

10.4.3　高温下 LiMn$_2$O$_4$ 锂离子电池的热力学参数

表 10.2 和表 10.3 是计算得到的 40 ℃ 和 50 ℃ 下，0.1C、0.2C、0.5C、1C 和 2C 下的 LiMn$_2$O$_4$ 电池一个充放电循环过程中充电过程产生的热 q_{ch}、放电过程中产生的热 q_{disch}、一个循环过程中的总产热量 q_{total}，以及一个循环的反应总电量 Q、反应总物质的量 n 和反应的焓变值 $\Delta_r H_m$。

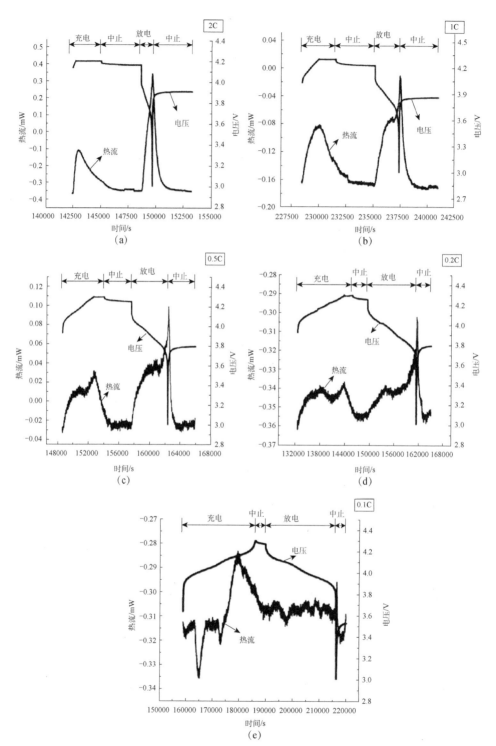

图 10.31　LiMn₂O₄电池在 40 ℃下、不同倍率充放电时的热流、电压随时间变化曲线

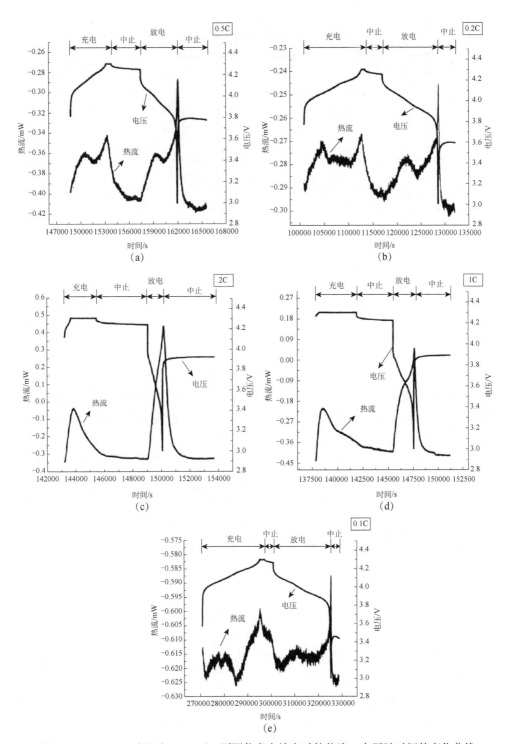

图 10.32　LiMn₂O₄ 电池在 50 ℃下、不同倍率充放电时的热流、电压随时间的变化曲线

表 10.2　40 ℃下 LiMn$_2$O$_4$电池的热力学参数

倍率	q_{ch}/mJ	q_{disch}/mJ	q_{total}/mJ	Q/C	n/（×10^{-5}·mol^{-1}）	ΔH/（kJ·mol^{-1}）
0.1C	−89.263	−100.556	−189.819	3.934	4.077	−4.656
0.2C	−188.563	−197.723	−386.286	2.962	3.070	−12.583
0.5C	−191.523	−304.421	−495.944	3.749	3.886	−12.762
1.0C	−189.990	−238.664	−428.654	2.996	3.105	−13.805
2.0C	−217.969	−434.933	−652.902	2.921	3.027	−21.569

表 10.3　50 ℃下 LiMn$_2$O$_4$电池的热力学参数

倍率	q_{ch}/mJ	q_{disch}/mJ	q_{total}/mJ	Q/C	n/（×10^5·mol^{-1}）	ΔH/（kJ·mol^{-1}）
0.1C	−145.675	−146.419	−292.094	5.083	5.267	−5.546
0.2C	−197.534	−199.472	−397.006	3.783	3.920	−10.128
0.5C	−198.426	−247.103	−445.529	3.552	3.681	−12.103
1.0C	−465.383	−661.338	−1126.721	3.518	3.646	−30.903
2.0C	−419.891	−687.008	−1106.899	3.425	3.549	−31.190

从表 10.2 和表 10.3 可以看出以下几点。①在相同的温度下，随着充放电倍率由 0.1C 增大到 2C，q_{ch}、q_{disch}、q_{total} 的值呈阶梯级增长。充放电电流的大小影响电池热的产量输出。其原因为，随着充放电电流的增大，电池极化增大，产生的极化热增大，使得电池总产热量增大。要使电池维持在一定的安全系数之内，充放电倍率应尽可能得低，这与本章前述常温与低温下的结果相一致。②在相同充放电倍率的情况下，环境温度由 40 ℃上升到 50 ℃时，q_{ch}、q_{disch}、q_{total} 的值也依次增长。但在 0.1C、0.2C、0.5C 倍率下增长率较小，而在 1C 和 2C 下产热量增长倍率较高。环境温度越高，电池内部反应越快，电池内部极化作用相应减小。但温度越高，电池内部副反应越剧烈，不仅产生更多的副反应热，而且会破坏电池内部活性材料的结构，总体上影响电池的总热产量。③反应焓变比总产热量更能反映锂离子电池的热特性。在 40 ℃和 50 ℃下随着充放电倍率的增大，反应焓变值均增长，焓变值越大，电池产热量越多，电池的安全性能越差。

参 考 文 献

[1] 刘伶，孙克宁，张乃庆，等. 空间用锂离子电池的研究进展[J]. 功能材料信息，2006，（3）：22-24.

[2] 张舒，王少飞，凌仕刚，等. 锂离子电池基础科学问题（X）——全固态锂离子电池[J]. 储能科学与技术，2014，3（4）：376-394.

[3] 李凌云，任斌. 我国锂离子电池产业现状及国内外应用情况[J]. 电源技术，2013，37

（5）：883-885.

[4] Walker W，Ardebili H. Thermo-electrochemical analysis of lithium ion batteries for space applications using thermal desktop[J]. Journal of Power Sources，2014，269（4）：486-497.

[5] Walker W，Yayathi S，Shaw J，et al. Thermo-electrochemical evaluation of lithium-ion batteries for space applications[J]. Journal of Power Sources，2015，298：217-227.

[6] Walker W，Ardebili H. Thermo-electrochemical analysis of lithium ion batteries for space applications using thermal desktop[J]. Journal of Power Sources，2014，269：486-497.

[7] Tadiran公司推出新型锂离子电池适用于极端军事环境[J]. 电源技术，2014，（4）：597.

[8] Smart M C，Ratnakumar B V，Chin K B，et al. Lithium-ion electrolytes containing ester cosolvents for improved low temperature performance[J]. Journal of the Electrochemical Society，2010，157（12）：A1361.

[9] Smart M C，Ratnakumar B V，Whitcanack L D，et al. Improved low-temperature performance of lithium-ion cells with quaternary carbonate-based electrolytes[J]. Journal of Power Sources，2003，119-121：349-358.

[10] Jow T R，Marx M B，Allen J L. Distinguishing Li$^+$ charge transfer kinetics at NCA/electrolyte and graphite/electrolyte interfaces，and NCA/electrolyte and LFP/electrolyte interfaces in Li-ion cells[J]. Journal of the Electrochemical Society，2012，159（5）：A604-A612.

[11] Cho H M，Choi W S，Go J Y，et al. A study on time-dependent low temperature power performance of a lithium-ion battery[J]. Journal of Power Sources，2012，198（1）：273-280.

[12] Zhao G，Xu F. Cycling stability of Li-ion batteries at elevated temperature[J]. International Journal of Electrochemical Science，2018，13：8543-8550.

[13] Plylahan N，Kerner M，Lim D H，et al. Ionic liquid and hybrid ionic liquid/organic electrolytes for high temperature lithium-ion battery application[J]. Electrochimica Acta，2016，216：24-34.

[14] Plylahan N，Kerner M，Lim D H，et al. Corrigendum to "Ionic liquid and hybrid ionic liquid/organic electrolytes for high temperature lithium-ion battery application" [Electrochim. Acta，2016，216（20）：24-36][J]. Electrochimica Acta，2017，233：294.

[15] Wright D R，Garcia-Araez N，Owen J R. Review on high temperature secondary Li-ion batteries[J]. Energy Procedia，2018，151：174-181.

[16] Kim G H，Pesaran A，Spotnitz R. A three-dimensional thermal abuse model for lithium-ion cells[J]. Journal of Power Sources，2007，170（2）：476-489.

[17] Ouyang D，Weng J，Hu J. Effect of high temperature circumstance on lithium-ion battery and the application of phase change material[J]. Journal of the Electrochemical Society，2018，166（4）：A559-A567.

[18] Mohamad A A，Shabani B. An experimental study of a lithium ion cell operation at low temperature conditions[J]. Energy Procedia，2017，110：128-135.

[19] Yi J，Kim U S，Shin C B，et al. Modeling the temperature dependence of the discharge behavior of a lithium-ion battery in low environmental temperature[J]. Journal of Power Sources，2013，244（5）：143-148.

[20] Ji Y，Zhang Y，Wang C Y. Li-ion cell operation at low temperatures[J]. Journal of the Electrochemical Society，2013，160（4）：A636-A649.

[21] Nagasubramanian G. Electrical characteristics of 18650 Li-ion cells at low temperatures[J]. Journal of Applied Electrochemistry，2001，31（1）：99-104.

[22] Zhu G，Wen K，Lv W，et al. Materials insights into low-temperature performances of lithium-ion batteries[J]. Journal of Power Sources，2015，300：29-40.

[23] Zhang N，Deng T，Zhang S，et al. Critical review on low-temperature Li-ion/metal batteries[J]. Advanced Materials，2022，34：2107899.

[24] Ma S，Jiang M，Tao P，et al. Temperature effect and thermal impact in lithium-ion batteries：A review[J]. Progress in Natural Science：Materials International，2018，28（6）：653-666.

[25] 吴仕明，杨晨，戴宝嘉，等. 锂离子蓄电池技术在空间领域的应用[C]//小卫星技术交流会. 北京，2011.

[26] Tippmann S，Walper D，Balbo L，et al. Low-temperature charging of lithium-ion cells part I：Electrochemical modeling and experimental investigation of degradation behavior[J]. Journal of Power Sources，2014，252：305-316.

[27] Seong Kim U，Yi J，Shin C B，et al. Modeling the dependence of the discharge behavior of a lithium-ion battery on the environmental temperature[J]. Journal of the Electrochemical Society，2011，158（5）：A611.

[28] Duan X T，Wu P，Ma Z S，et al. Modelling temperature effects for prismatic lithium manganese oxide batteries[J]. Materials Focus，2018，7（2）：207-216.

[29] Ye Y，Shi Y，Cai N，et al. Electro-thermal modeling and experimental validation for lithium ion battery[J]. Journal of Power Sources，2012，199（1）：227-238.

[30] Doyle M，Newman J，Gozdz A S，et al. Comparison of modeling predictions with experimental data from plastic lithium ion cells[J]. Journal of the Electrochemical Society，1996，143（6）：1890-1903.

[31] Li J，Cheng Y，Jia M，et al. An electrochemical-thermal model based on dynamic responses for lithium iron phosphate battery[J]. Journal of Power Sources，2014，255（6）：130-143.

[32] Wang C，Ma Z，Wang Y，et al. Failure prediction of high-capacity electrode materials in lithium-ion batteries[J]. Journal of the Electrochemical Society，2016，163（7）：A1157-

A1163.

[33] Nyman A，Zavalis T G，Elger R，et al. Analysis of the polarization in a Li-ion battery cell by numerical simulations[J]. Journal of the Electrochemical Society，2010，157（11）：A1236-A1246.

[34] Wang Q，Ping P，Zhao X，et al. Thermal runaway caused fire and explosion of lithium ion battery[J]. Journal of Power Sources，2012，208：210-224.

[35] Wang Q，Ping P，Zhao X，et al. Thermal runaway caused fire and explosion of lithium ion battery[J]. Journal of Power Sources，2012，43（24）：210-224.

[36] Feng X，He X，Ouyang M，et al. Thermal runaway propagation model for designing a safer battery pack with 25 A·h LiNi$_x$Co$_y$Mn$_z$O$_2$ large format lithium ion battery[J]. Applied Energy，2015，154：74-91.

[37] Zhang S，Zhao R，Liu J，et al. Investigation on a hydrogel based passive thermal management system for lithium ion batteries[J]. Energy，2014，68（4）：854-861.

[38] Khateeb S A，Farid M M，Selman J R，et al. Design and simulation of a lithium-ion battery with a phase change material thermal management system for an electric scooter[J]. Journal of Power Sources，2004，128（2）：292-307.

[39] Ye Y，Saw L H，Shi Y，et al. Numerical analyses on optimizing a heat pipe thermal management system for lithium-ion batteries during fast charging[J]. Applied Thermal Engineering，2015，86：281-291.

[40] Bernardi D，Pawlikowski E，Newman J. A general energy balance for battery systems[J]. Journal of the Electrochemical Society，1984，132（1）：5-12.

[41] 周英. 锰酸锂电池的热电化学性能研究[D]. 长沙：长沙理工大学，2014.

[42] Song L，Li X，Wang Z，et al. Thermal behaviors study of LiFePO$_4$ cell by electrochemical-calorimetric method[J]. Electrochimica Acta，2013，90：461-467.

第 11 章　相变材料在锂离子电池热管理中的应用

如前所述，锂离子电池的工作温度直接影响其工作性能、寿命以及安全性。因此，对锂离子电池进行热管理是十分必要的。与电池热管理相关的工作最早见于 20 世纪 80 年代，但 1998 年之前由于电池普遍用于小型化的设备中，电池热管理的相关工作鲜见报道。1999 年之后，电动汽车开始普及后，动力电池热问题日益突出，电池热管理的相关工作才开始系统化。

11.1　电池热管理系统概述

目前，电池热管理系统（battery thermal management system，BTMS）通常采用四种方式：空气冷却（空冷）、液体冷却（液冷）、热管冷却和相变材料冷却。同时，还有许多新型的冷却方式，如冷板冷却和热电冷却，逐渐用于电池热管理系统。然而，电池热管理系统不限于冷却，一些新设备管理系统还具有加热功能，以保证设备可以在较低的环境温度下运行。下面，主要对空气冷却、液体冷却和相变材料冷却三种方式进行简介。

1. 空气冷却系统（air cooling system，ACS）

空气冷却是利用空气与电池的接触，通过强制冷却与电池进行热交换，并将电池热量快速带入外界环境中消散的方式。根据是否需要外加功率提供风速，其可分为主动式和被动式。对于空气冷却系统，可利用外加风扇强制产生气流通风；也可与整车设计结合，依据车速自然形成的气流将热量带走。根据气体与电池接触方式的不同，一般可分为串行通风和并行通风。

空气冷却结构简单（图 11.1），与电池组结构适应性大，又因为价格低廉和安全等优点，成为目前应用最为广泛的热管理系统方式。但是对于持续高倍率放电的工况，空冷散热系统散热效率不高，不能及时地将热量导出，并且空冷散热系统不能保持电池组足够优良的温度一致性。此外，空冷还要求足够大的电池储存空间。

2. 液体冷却系统（liquid cooling system，LCS）

空气冷却已经无法满足电池日益增长的散热需求，散热效果更好的液体冷却热管理越来越流行。液体冷却（图 11.2）是利用液体与电池接触，吸收并传递热

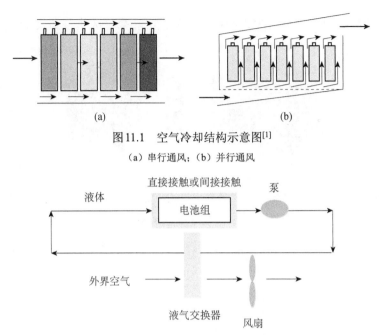

图11.1　空气冷却结构示意图[1]

（a）串行通风；（b）并行通风

图11.2　液体冷却系统示意图[2]

量的方式，一般要求液体具有高热容量和高热导率。相对于空气冷却，液体冷却具有更高的冷却效率，温度分布更加均匀。目前液冷系统广泛应用的液体是水溶液。

　　液冷热管理根据液体的换热方式分为主动和被动两种方式。被动式是冷却液的热量通过换热器跟外界流动的空气进行换热，主动式则是加入了车载制冷系统，在外界环境散热无法满足需求时，可以对液体进行降温处理从而降低电池表面温度。

　　冷却液与电池接触的方式也可分为两种，一种是冷液和电池表面直接接触，为保证绝缘性，防止系统电短路，一般是纯水或冷却油。该方式可以充分保证系统温度均衡，但这些冷液一般黏度较高从而降低了散热效果。另一种是间接传热辅助，为了避免电短路，电池冷却系统通常采用水作为冷却剂，采用间接传热辅助，如冷却板[3]（图11.3）、夹套和管[4-6]等，将水与电池分开，冷板作为中间载体，不要求液体绝缘，故可以选用高热导率的液体，如水、乙二醇，甚至是液体金属等。

　　3. 相变材料冷却系统

　　相变材料（PCM）冷却是利用材料的相变潜热吸收电池热量并释放的一种散热方式。相变材料具有特定的相变转换温度，因此需要选择相变温度处于电池组温度变化范围的相变材料[7-9]。相变材料具有结构简单、成本低廉、温度分布均匀和潜热吸热巨大等优点。根据热传导散热机理和相变材料散热原理，人们发展了热管散热系统，利用气体蒸发通过热导管在冷凝端冷却吸收热量，循环散热来提高散热效率[10]。图11.4为相变材料冷却系统和热管散热冷却系统示意图。

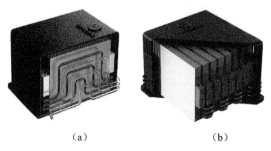

（a）　　　　　　　　　　　　　　（b）

图11.3　（a）为冷却通道截面图；（b）为液体冷却溶液的电池组渲染图[3]（彩图见封底二维码）

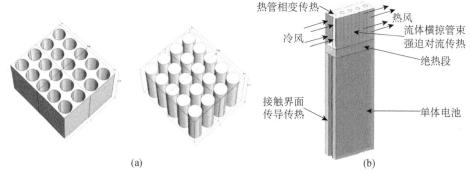

（a）　　　　　　　　　　　　　　　　　（b）

图11.4　（a）相变材料冷却系统示意图；（b）热管散热冷却系统示意图[10, 11]

以上几种主流的热管理方式各自的优缺点明显，表11.1为几种主要散热方式的对比[12]。

表 11.1　几种主要散热方式的对比

冷却方式		空气冷却	液体冷却	相变材料冷却
优点		结构简单、质量较小	传热有效、温度均匀	可回收产生的热量
		无漏液、成本低	可与车辆冷却系统结合	相变过程体积变化小、相变潜热大
		无有害气体产生，可以有效通风	与电池壁面之间热交换系数高	温度平台较宽
缺点		冷却速度较慢，吸入的空气必须经过过滤处理	质量较大、存在漏液的情况	需要附加其他散热系统
		受环境影响较大	可能需要水套、热交换器等部件	相变材料热导率较低

11.2　相变材料（PCM）在电池热管理系统中的应用

近年来，由于相变材料的巨大潜力，已被应用于空调[13]、太阳能[14]、建筑[15]

和电子设备[16]，在 BTMS 系统中也得到了很好的应用。石蜡由于其安全性、可靠性、无毒性、化学稳定性、低成本以及相变过程中的体积变化小，并且可通过成分调节获得更大的熔点和相变潜热等优点成为一种优秀的相变材料。为了达到电池热管理系统的目标温度，经常使用大量相变冷却材料，因此工业级石蜡的优势更加明显，备受青睐。

　　为了总结和理解相变材料的固液过程，特别是石蜡的整个相变现象，图 11.5 给出了其相变过程示意图。从差示扫描量热计的晶体结构变化可以看出，某些石蜡的固-固相变化较为精细，导致热曲线出现较小峰值。在固-固相变过程中存在两种相：一种为 β 相，发生在低温下，称为过渡点；另一种为 α 相，其温度高于 β 相，但仍远低于石蜡的熔化温度。简而言之，在固-固相转变过程中，低温相转变为高温相，然后进入到混合区[17]。因此，混合区由固相和液相的一部分组成，直到熔点接近，将固态转化为全液态，其中的潜热称为熔化热。为简便起见，这里将相变热（固-固相变时的潜热）和熔合热加在一起，因此总的热效应导致总潜热的储存/释放。综上所述，石蜡的相变现象是在两种温度下完成的：第一个是固-固相开始相互转化的转变温度，第二个是固-液相停止相互转化形成独立液相时的熔化温度。

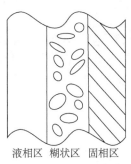

液相区　糊状区　固相区

图 11.5　相变过程示意图

　　Al-Hallaj 等[18]较早地将相变材料应用于锂离子电池，得出在电池产生较大热量的情况下（如大电池组或大倍率充放电），相变储热的散热效果比风冷效果好，并且在电池的温度一致性方面相变储热有着绝对优势，证明了相变储热用于电池热管理系统的可应用性。随后，Al-Hallaj 等[19]将相变材料填充在电池之间的空隙中，发现能有效降低电池组的最高温度，并能大幅提升电池组温度的均一性。之后，为了提高基于相变材料的 BTMS 的性能，Al-Hallaj[20]的不同研究小组进行了一系列研究。基于 BTMS 的电池组相变材料热管理的不同配置如图 11.6 所示。与单柱形电池相比，BTMS 使用的柱形电池组的最低维持温度低于 38.7 ℃。Zhang 等[21]将相变材料用于老化的 LiFePO4 动力电池系统中。与其他热管理方法相比，相变材料可以使温度分布更均匀。然而，由于相变材料的热导率通常较低，不能立即进行传热，只有当相变温度低于318.15 K时才有利于热扩散[22]。为此，不少学者研究了提高相变材料热导率的各种方法。由于金属颗粒的高导电性，相变材料中加入了铜颗粒[23]、泡沫铝颗粒[24]、镍颗粒[25]等材料。Ji 等[26]在相变材料中加入超薄石墨泡沫材料，提高了导热性。随着体积分数从0.8%提高到1.2%，相变材料的热导率提高了18倍。此外，Duan 和 Naterer[27]设计了两种不同的冷却系统。一种方法是加热器被相变材料圆筒包围，另一种方法是加热器被相变材料夹套包裹。他们的结论是，这两种设计可以很好地控制加热器的温度。Al-Hallaj 等[28]将膨胀石墨浸渍在相变材料中，使 BTMS 系统的性能有了显著提高。Dincer 等[29]对基于相变材料的BTMS 系统进行传热研究发现，当相变材料厚度为12 mm时，最高温度降低3.04 K。当相变材料厚度为3 mm时，温度分布变得更加均匀。Hémery 等[30]提出一种基于相变材料的新型冷却系统，采用主动

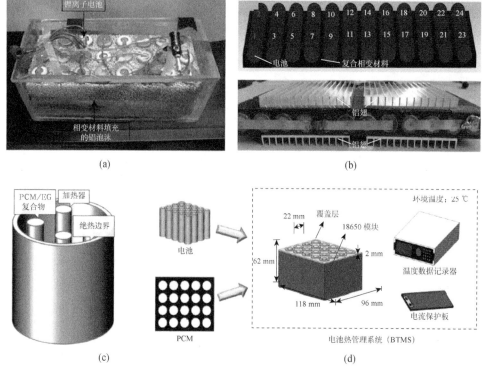

图11.6　（a）泡沫铝包裹18个电池（3S6P）的系统实验设置[28]；（b）实验研究用24个L-CPCM电池模块和铝翅电池模块的横截面图[33]；（c）PCM/EG复合材料四电加热器实验装置示意图[34]；（d）采用石蜡、EG、环氧树脂等作为相变材料的20个电池的相变材料热管理系统[35]
（彩图见封底二维码）

液体冷却方法，液体的热交换作用明显增强。Wu 等[31]设计了一种用于电子器件的相变材料板，该系统具有比自然空气冷却更好的热性能，可以用于各种实际应用。Zhang 等[32]采用强制空气冷却的方法建立了一个有效的相变材料热管理系统，他们认为风速起着重要作用，系统性能良好。此外，他们还将扩展的基于图形的相变材料应用于 BTMS 系统，发现当相变材料的熔点为 317.15 K 时，电池组的温度可以得到很好的控制。

综上所述，在目前主要的电池热管理方式中，风冷和液冷需要风扇及泵等额外的供能部件，不仅增加能耗，还占用大量空间，这对续航本来就不长的电动车而言是非常不友好的。相变材料利用相变潜热来吸收电池在充放电过程中生成的热量进行热管理，不仅没有能量继生损失，同时由于相变过程是等温的，还有利于保持各个电池温度的均匀性。

11.3　相变材料对单体电池温度分布的影响

11.3.1　基于二维热模型的单体电池热管理系统

1. 模型的建立

为简化计算，本小节工作基于锂离子电池一维电化学–二维热耦合模型，其有限元模型示意图见图 11.7，因此依旧遵循第 6 章所述电化学控制方程和能量守恒方程。

在一维锂离子电池电化学模型中，从左到右依次是 Cu 材料、C 负极材料、$LiPF_6$ 电解液、$LiMn_2O_4$ 正极材料、Al 材料，其长度分别为 10 μm、50 μm、20 μm、50 μm、10 μm，正极材料颗粒的半径是 1.7 μm，负极材料颗粒的半径是 2.5 μm。电极材料内部的初始锂离子浓度为 c_1，锂化时锂离子以周期性的电流密度从正极材料的右端向内部进行扩散；在二维电极材料热传导模型中，底部半径为 90 μm，高度为 650 μm。采样三角形网格进行单元划分，其有限元网格如图 11.7（a）所示。相变散热材料作为外层包覆，厚度选取为 4 mm（2 倍于电池轴心径），如图 11.7（b）所示。电极材料左侧与热源接触，右侧与外壳材料接触。

这里采用有限元软件 COMSOL Multiphysics 模拟研究电极材料的温度情况及影响因素。研究时间范围为 0～1500 s。规定锂离子电池初始温度和周围空气温度为 298.15 K，锂离子电池的初始 SOC=10%，电极材料表面与外界的对流换热系数为 h=10 W·m^{-2}·K^{-1}，相变材料的热导率为 0.2 W·m^{-1}·K^{-1}。锂离子电池及其关键材料的热力学参数如表 11.2 所示，其他参数参照 COMSOL Multiphysics 软件中一维锂离子电池中的模型参数。

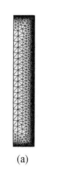

(a)　　　　　　　　　　　　　　　　(b)

图11.7　二维电极材料网格划分示意图：（a）无相变材料包覆的锂离子电池；
（b）相变材料包覆的锂离子电池

表 11.2　锂离子电池及其关键材料的热力学参数

锂离子电池材料	密度 ρ/（kg·m^{-1}）	比热容/（J·kg^{-1}·K^{-1}）	热导率/（W·m^{-1}·K^{-1}）
Al材料	2770	875	200
正极材料	2328.5	1269.21	5
隔膜	1009	1978.2	1
负极材料	1347.33	1437.4	5
Cu材料	8933	385	380
锂离子电池	2055.2	1399.1	29.6
相变材料	798.4	2400	0.2

2. 二维热模型下单体电池热性能

1）相变材料厚度对电池温度的影响

为了寻找最佳的相变材料厚度，这里分别设定了 2 mm（电池轴心半径）、4 mm、6 mm 作为相变材料石蜡的包覆厚度，在不同的放电倍率下，得到了如图 11.8 所示的结果。从图中可以看出，在 10C 的倍率下充放电，1500 s 后 2 mm 相变材料包覆的电池温度升高近 50 K，4 mm 和 6 mm 相变材料包覆的电池温度升高为 33 K 左右。可见在高倍率下，2 mm 相变材料包覆的电池其温控效果远不如 4 mm 和 6 mm 相变材料包覆的电池。而在 3C 的标准充放电倍率下，三种不同厚度相变材料包覆的电池其温度升高相差无几，均为 15 K 左右。这是因为，随着热量的吸收，温度增加，当相变材料的温度升高值达到相变温度（20 K 附近）时就会发生相变；当相变材料完全熔化之后，电池开始升温；在高倍率充放电情况下，电池产热相对较大，2 mm 厚度的相变材料可能已经完全熔化，电池温度快速升高，而 4 mm 和 6 mm 厚度的相变材料尚未完全熔化，所以温度增加较慢，且增加值相当；当放电倍率较低时，电池所产总热相对较少，三种厚度的相变材料均未完全熔化，所以温度相差无几。

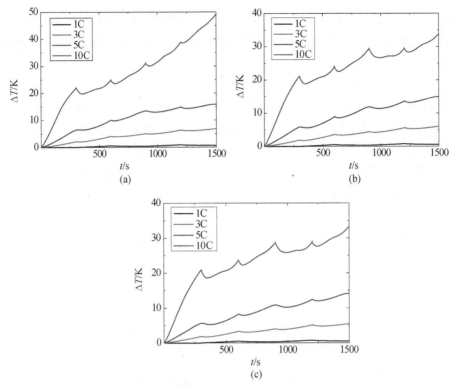

图 11.8　不同放电倍率下不同厚度的相变材料包覆电池的温差图（彩图见封底二维码）

（a）2 mm；（b）4 mm；（c）6 mm

为了更直观地对比标准充放电倍率下不同厚度相变材料的温控效果，图 11.9 给出了 3C 放电倍率下的电池温度对比情况。可以看出：标准放电倍率下不同厚度相变材料包覆的电池，其温度差别不大，仅有 2 K 左右；但是，在高倍率充放电情况下，2 mm 相变材料包覆的电池温度升高近 50 K，而 4 mm 和 6 mm 相变材

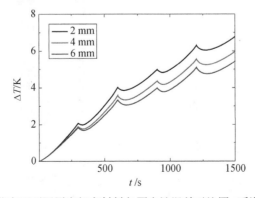

图 11.9　3C 放电倍率下不同厚度相变材料包覆电池温差对比图（彩图见封底二维码）

料包覆的电池温度升高仅33 K左右，2 mm相变材料的温控效果明显差于4 mm和6 mm的相变材料。综合以上分析和电池体积方面的考虑，得出结论：4 mm相变材料包覆的电池温控效果最佳。

2）充放电倍率对电池温差的影响

这里选定4 mm（电池轴心半径）作为相变材料（石蜡）的包覆厚度，在不同充放电倍率下模拟循环充放电操作。循环充放电1500 s后其温度云图如图11.10所示。从图中可以看出，低倍率下电池升温并不明显，高倍率下电池温度也得到了很好的控制，且电池的温度分布比较均匀。尽管电池与相变材料的温差比较明显，但仍在5 K以内。

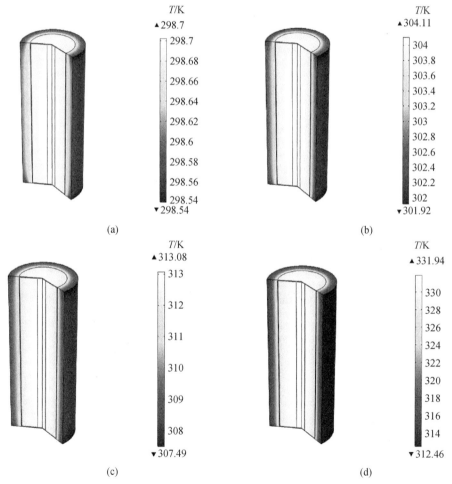

图11.10　4 mm相变材料包覆的电池温度云图（彩图见封底二维码）

(a) 1C；(b) 3C；(c) 5C；(d) 10C

为了说明相变材料在电池温度控制中的作用，将无相变材料包覆的锂离子电池在相同条件下进行模拟，得到图 11.11。可以看出，随着时间的增加，热量不能及时地传导出去，在 10C 放电倍率下温度已经升高 66 K，而 3C 和 5C 的温度分别升高 8 K 和 21 K，可见无相变材料包覆的锂离子电池在高倍率充放电情况下很可能出现热失控现象，同时也表明相变材料对电池的控温作用明显。

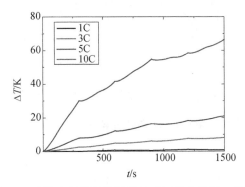

图 11.11　无相变材料包覆的电极材料的温差随时间的变化图（彩图见封底二维码）

3）相变材料热导率对电池温度的影响

由于石蜡热导率通常较低，严重影响了电池的散热效果，因此这里选取高热导率的石蜡石墨复合材料，其热导率为 16 W·m^{-1}·K^{-1}、厚度为 4 mm，通过有限元模拟计算出不同放电倍率下电池的升温情况，如图 11.12 所示。从图中可以看出，10C 倍率下，当温度升高 20 K 后趋势明显放缓，处于相变阶段。相变结束后电池温度上升的速度依旧不快，1500 s 循环充放电结束后，温度升高 25 K 左右，明显优于 4 mm 普通石蜡材料包覆的电池（约 33 K）。图 11.13 对比了 3C 倍率下 4 mm 石蜡石墨复合材料和普通石蜡材料对电池升温的影响，发现两者温度仅相差 1 K 左右。综合考虑可知，在高倍率下，石蜡石墨复合材料包覆的电池其温控效果明显优于普通石蜡材料包覆的电池。

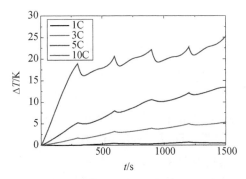

图 11.12　不同放电倍率下石蜡石墨复合材料包覆的电池升温情况（彩图见封底二维码）

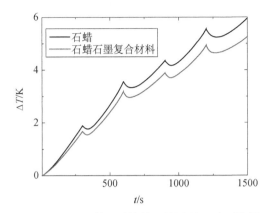

图11.13　3C倍率下石蜡包覆与石蜡石墨复合材料包覆的电池温度对比图（彩图见封底二维码）

11.3.2　基于三维热模型的单体电池热管理系统

1．三维散热模型的建立

为提高模型的准确性，这里以三维热管理系统模型研究单体电池在相变材料的作用下其温度分布情况。通过建立基于相变材料高温散热低温保温的方形单体电池模型（图11.14），研究电池的高温散热低温保温性能。

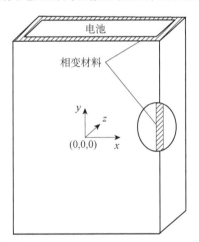

图11.14　单体电池相变材料热管理系统模型

在这里考虑相变材料的热容和密度是变化的。Kaplan 等[36, 37]指出可以用显热容法在COMSOL中建立相变材料模型。相变材料相变可以被分为三个阶段：未熔化的固态，熔融的固相和液相混合态和全熔化之后的液态。第一个和第三个阶段在模型中被认定为简单相，即固相和液相，中间相可认定为固相和液相的混合物。在相变期间，相变材料能存储大量能量使温度接近恒定，像一个大的电容，相变材料存储的热量称为潜热。相变材料的相变过程如图11.15所示，可见相变材料的相变温度为定值或某个温度范围，当相变材料开始熔化后其焓会急剧增加。

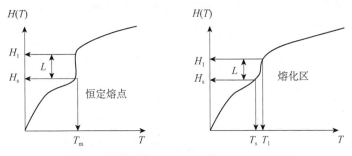

图 11.15   相变材料焓值随温度变化示意图[38]

对于耦合传热问题，这里考虑了所有表面的自由对流，包括电池和相变材料与环境空气的界面，其中对流换热系数为 $h=1\ \mathrm{W\cdot m^{-2}\cdot K^{-1}}$，$T_{amb}=293.15\ \mathrm{K}$。以方形动力电池为研究对象，相变材料选用正十八烷，根据文献所述[29]，正十八烷的计算值为 $T_{solidus}=301.15\ \mathrm{K}$，$T_{liquidus}=303.15\ \mathrm{K}$，熔化潜热为 $225\ \mathrm{kJ\cdot kg^{-1}}$，其热容、热导率和密度模拟如下的分段函数：

$$C_p=\begin{cases}2150\ \mathrm{J\cdot kg^{-1}\cdot K^{-1}}, & T_{solidus}>T\ \text{固相}\\ 112500\ \mathrm{J\cdot kg^{-1}\cdot K^{-1}}, & T_{solidus}<T<T_{liquidus}\ \text{两相区}\\ 2180\ \mathrm{J\cdot kg^{-1}\cdot K^{-1}}, & T>T_{liquidus}\ \text{液相}\end{cases} \tag{11.1}$$

$$\lambda=\begin{cases}0.358\ \mathrm{W\cdot m^{-1}\cdot K^{-1}}, & T_{solidus}>T\ \text{固相}\\ 0.255\ \mathrm{W\cdot m^{-1}\cdot K^{-1}}, & T_{solidus}<T<T_{liquidus}\ \text{两相区}\\ 0.152\ \mathrm{W\cdot m^{-1}\cdot K^{-1}}, & T>T_{liquidus}\ \text{液相}\end{cases} \tag{11.2}$$

$$\rho=\begin{cases}814\ \mathrm{kg\cdot m^{-3}}, & T_{solidus}>T\ \text{固相}\\ 769\ \mathrm{kg\cdot m^{-3}}, & T_{solidus}<T<T_{liquidus}\ \text{两相区}\\ 724\ \mathrm{kg\cdot m^{-3}}, & T>T_{liquidus}\ \text{液相}\end{cases} \tag{11.3}$$

2. 三维散热模型下单体电池的热性能

1）放电倍率对电池温度的影响

对 1C、2C、3C、4C、5C、6C 六种不同倍率下系统的热效应和温度分布进行比较，得到了单体电池在不同放电倍率下的温度随时间的变化，如图 11.16 所示。放电倍率从 1C 增加至 6C 时，电池表面的最高温度也相应增加。$t=2400\ \mathrm{s}$ 时，各放电电流下对应的最高温度分别为 297.76 K、301.74 K、304.66 K、308.18 K、314.35 K 和 337.66 K。放电倍率为 6C 时，最高温度已超过 50 ℃，这是由于相变材料完全熔化导致的冷却失效。各倍率对应温差为 0.06 K、0.69 K、1.55 K、2.76 K、4.44 K 和 2.73 K。温差随倍率增大而增大，且倍率越大，增长相同倍率其温差增长速度越快，6C时温差突然变小，可能是因为相变材料完全熔化，电池温度一致升高。由此可见，6C的倍率可能已超过电池安全工作温度，因此下面仅讨论1C到5C倍率放电的温度变化情况。

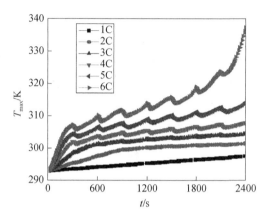

图11.16　不同倍率下单体电池随时间温度变化图（彩图见封底二维码）

图11.17为1C和5C倍率下在单体电池模块内部的温度分布情况，放电时间为2400 s。从图中来看，1C倍率下系统升温较小，约为4 K，且温度均匀性很好；5C倍率下系统最高温度升高已超过20 K，且温差也超过10 K，降温效果和均匀性均不理想。此时，系统最低温度已至303.15 K，达到相变温度，表明在5C倍率下放电2400 s，相变材料几乎完全熔化，潜热耗尽，因而控温效果较差。可以推测，在高于5C的倍率下相变材料将会完全冷却失效。此外，由于相变材料的热导率低于电池的热导率，相变材料与电池接触界面的温度明显高于相变材料与外界环境接触面的温度，故电池中心温度较高。随着放电时间的继续增加，温度不断升高，内侧相变材料开始熔化，这时相变材料主要以潜热形式继续吸热。从电池模块内部的温度分布可以看出，当电池外包裹的相变材料的热导率远小于电池自身的热导率时，相变材料虽然能依靠潜热降低电池内部的最高温度，但容易出现内侧相变材料完全熔化而外侧相变材料尚未熔化的情况。但随着倍率增大，温度升高，内外部相变材料均几乎完全熔化。

再看温度云图11.18由于电池自身内热阻的存在，xz方向与y方向电池的热导率存在差异，热量在单体电池xz面的分布也呈现更为明显的不均匀性，且随着倍率的增加，不均匀性越明显。

2）相变潜热对温度分布的影响

不同相变潜热下单体电池的最高温度 T_{max} 和最大温差 ΔT 随时间的变化曲线如图11.19和图11.20所示。相变潜热分别设置为112.5 kJ·kg^{-1}，225 kJ·kg^{-1}，450 kJ·kg^{-1}，900 kJ·kg^{-1}，1125 kJ·kg^{-1}，1350 kJ·kg^{-1}，1800 kJ·kg^{-1}，

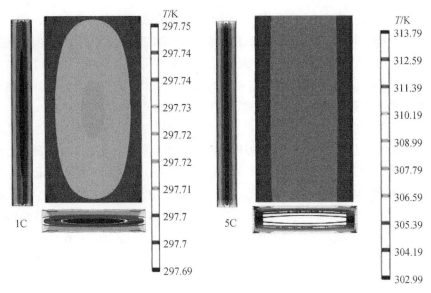

图11.17 1C和5C倍率下电池三面（包括相变材料）的等温线图（彩图见封底二维码）

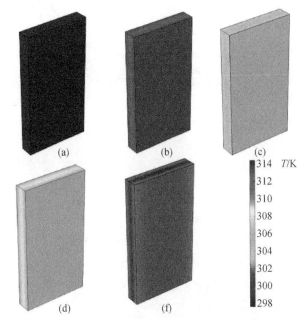

图11.18 （a）1C、（b）2C、（c）3C、（d）4C、（f）5C倍率下的电池温度云图
（彩图见封底二维码）

$2250 \ \text{kJ} \cdot \text{kg}^{-1}$，$2700 \ \text{kJ} \cdot \text{kg}^{-1}$ 以及 $3150 \ \text{kJ} \cdot \text{kg}^{-1}$。其中，相变材料的相变温度为 $301.15 \ \text{K}$。从图11.19中可以发现，单体电池的最高温度随着相变潜热的增加而减小。当相变材料的相变潜热由 $112.5 \ \text{kJ} \cdot \text{kg}^{-1}$ 增加至 $900 \ \text{kJ} \cdot \text{kg}^{-1}$ 时，电池最高温

度由337.06 K减小至308.11 K。但是，当相变材料的相变潜热由900 kJ·kg⁻¹增加至3150 kJ·kg⁻¹时，T_{max} 仅由308.11 K减小至304.25 K。可见，当相变潜热为900 kJ·kg⁻¹时，已经足以吸收该参数设置下单体电池的大部分产热，最大温度在更大的相变潜热条件下仅降低了少许，平均每增加450 kJ·kg⁻¹降低0.8 K。电池的最大温差随时间的变化具有相似的趋势，且在不同潜热下最大温差均小于5 K，满足电池安全工作温差。值得一提的是，当相变潜热为112.5 kJ·kg⁻¹时，电池最高温度为337.06 K，温差仅为1.2 K。结合温度时间变化曲线发现，在1800 s后温度上升速度骤然变快，这表明1800 s时相变材料已完全转化为液相，之后相变材料冷却失效，且因相变材料的热导率不高，相变材料与电池升温速度加快，故温差减小。综合考虑最高温度和温差，相变材料的最佳相变潜热推荐为900 kJ·kg⁻¹，可以有效提高电池散热能力以及保证温差在安全阈值内。（因曲线密集，这里略过1350 kJ·kg⁻¹，1800 kJ·kg⁻¹，2700 kJ·kg⁻¹，改为在表11.3中说明）

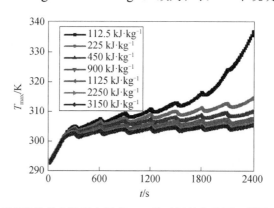

图11.19　不同相变潜热的电池最高温度 T_{max} 随时间的变化图（彩图见封底二维码）

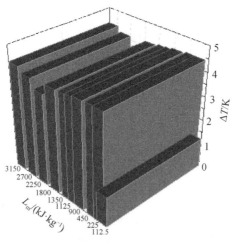

图11.20　不同潜热下电池在2400 s时的温差

表 11.3　潜热为 1350 kJ·kg⁻¹，1800 kJ·kg⁻¹，2700 kJ·kg⁻¹的电池最大温度和温差

潜热	T_{max}/K	ΔT/K
1350 kJ·kg⁻¹	307.29	4.26
1800 kJ·kg⁻¹	306.27	4.21
2700 kJ·kg⁻¹	304.25	4.14

3）相变温度对电池温度的影响

不同相变温度下电池的最高温度和最大温差随时间的变化曲线如图 11.21 和图 11.22 所示。相变材料的相变温度分别选为 296.15 K、301.15 K、306.15 K、311.5 K、316.15 K、321.15 K 和 326.15 K。其中，相变材料的相变潜热设置为 900 kJ·kg⁻¹。当相变温度由 296.15 K 增大至 306.15 K 时，电池组的最高温度基本以 4 K 等差增长，这主要是因为这三种相变温度下相变材料未完全熔化，其相变潜热没有完全利用。相变材料的相变时间有所差异，相变温度越低，越早发生相变，电池最高温度越低。当相变温度由 311.15 K 增加至 316.15 K 时，电池的最高温度基本一致，这是定值潜热完全得到利用的缘故。当相变材料的相变温度由 321.15 K 增大至 326.15 K 时，电池的最高温度由 313.83 K 增加至 314.85 K。此外，从图中可以看到，相变温度由 306.15 K 增加至 326.15 K 时，600 s 前的线图数据极为接近。这是因为 t=600 s 时电池的最高温度才刚开始达到相变材料的相变温度（306.15～326.15 K），故在 t=600 s 前相变材料的相变潜热未得到利用，因此电池温度上升情况相似。t=600 s 后相变材料开始发生相变，温度上升变缓。当相变材料完全熔化后，由于相变材料较低的热导率，电池温度继续上升。不同相变温度下电池组的最大温差随时间的变化规律与不同潜热的较为相似。在相变材料发生相变的过程中，电池组的最高温度和最大温差均随时间缓慢增长。当相变温度由 296.15 K 增大至 326.15 K 时，放电 2400 s 后电池最大温差均在 4.4 K 以内，属于安全温差阈值范围内。但是，电池的安全工作区间为 293.15～313.5 K，相变材料的相变温度不应超过 313.15 K，因此推荐相变材料的相变温度范围为 296.15～311.15 K。

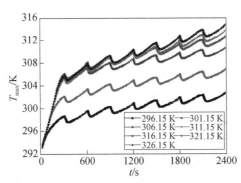

图 11.21　不同相变温度下电池的最高温度随时间的变化曲线（彩图见封底二维码）

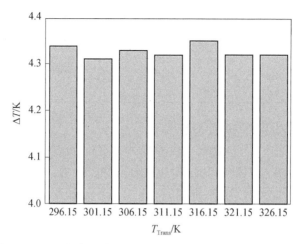

图11.22   不同相变温度下电池的最大温差在2400 s时的柱状图

4）热导率、潜热和密度对温度分布的影响

设置相变材料熔点为301.15 K，密度为750 kg·m⁻³，潜热为112.5 kJ·kg⁻¹，放电倍率为5C，计算得到热导率分别为 0.25 W·m⁻¹·K⁻¹、0.5 W·m⁻¹·K⁻¹、1 W·m⁻¹·K⁻¹、2 W·m⁻¹·K⁻¹ 和 4 W·m⁻¹·K⁻¹ 时电池最高温度随时间的变化情况，如图 11.23 所示。没有填充相变材料，电池在 2400 s 时的最大温度达到 421 K，且电池温度随时间明显升高。填充相变材料后，最高温度随时间呈现先增加明显后逐渐平缓最后又快速上升的趋势，相较于无相变材料包裹的电池，最高温度明显降低。当热导率分别为 0.25 W·m⁻¹·K⁻¹、0.5 W·m⁻¹·K⁻¹、1 W·m⁻¹·K⁻¹、2 W·m⁻¹·K⁻¹ 和 4 W·m⁻¹·K⁻¹ 时，电池放电 2400 s 后的最高温度分别为 340.55 K、340.39 K、340.28 K、340.24 K 和 340.21 K，几乎相同。从理论上说，相变材料的热导率越高，其热扩散率越大，温度能在整个相变材料中传递得更远，相变材料温度均匀性越佳。一定范围内，尤其在相变材料未熔尽区域，随着相变材料热导率的增加，温降效果越好。然而模拟结果表明，热导率对电池温度的影响几乎可以忽略。结合图11.23发现，在接近2100 s时各组温度上升速度加快，且趋于一致，这表明相变材料已完全熔化而冷却失效。由此可以推测，热导率在相变材料完全熔尽的情况下对电池最高温度几乎没有影响。

设置相变材料熔点为301.15 K，定潜热为112.5 kJ·kg⁻¹，考虑密度分别为 450 kg·m⁻³、600 kg·m⁻³ 和 750 kg·m⁻³，以及热导率分别为0.25 W·m⁻¹·K⁻¹、0.5 W·m⁻¹·K⁻¹、1 W·m⁻¹·K⁻¹、2 W·m⁻¹·K⁻¹ 和 4 W·m⁻¹·K⁻¹，两者对电池温度分布的综合影响，如图11.24所示。从图中可以看出，所有密度为 450 kg·m⁻³ 的组在1320 s时最高温度上升曲线趋于一致；所有密度为 600 kg·m⁻³ 的组在1620 s时最高温度上升曲线趋于一致；所有密度为 750 kg·m⁻³ 的组在2100 s时最高温度

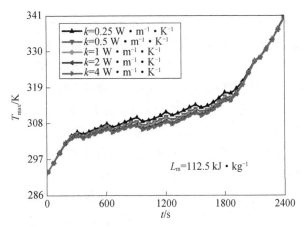

图11.23　相变材料热导率对电池最高温度的影响（彩图见封底二维码）

上升曲线趋于一致，并且其上升速度都加快。这同样也是因为相变材料完全熔化后导致的温度快速上升。由此可以得出，密度越低，相变材料耗尽潜热的速度就越快。此外在2400 s时，450 kg·m^{-3}组中电池最高温度约370.5 K；在600 kg·m^{-3}组中电池最高温度约355.5 K，在750 kg·m^{-3}组的电池最高温度约340.5 K，基本呈现15 K的等差，而相变材料的密度也呈150 kg·m^{-3}的等差。所以这里可以推测，潜热用尽后，电池表面上升的温度梯度和传热介质的密度存在比例关系。从图11.24还可看出，电池的整体冷却效果并不好，最低的340.15 K也超过电池安全工作阈值293.15～313.15 K，这主要还是由定潜热112.5 kJ·kg^{-1}太低造成的。据此可以推测，相对材料的潜热对电池温度的影响最大；密度影响次之，但仍对温度有较大影响；热导率影响最小，且基本只影响未熔尽区域，对完全熔化区域几乎没有影响。下面改变潜热得到更多实例来佐证这一结论。

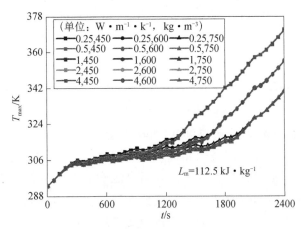

图11.24　定潜热112.5 kJ·kg^{-1}，同时改变热导率和密度，电池最高温度随时间的变化

（彩图见封底二维码）

当定潜热为 225 kJ·kg^{-1} 时，考虑密度为 450 kg·m^{-3}、600 kg·m^{-3} 和 750 kg·m^{-3} 和热导率分别为 0.25 W·m^{-1}·K^{-1}、0.5 W·m^{-1}·K^{-1}、1 W·m^{-1}·K^{-1}、2 W·m^{-1}·K^{-1} 和 4 W·m^{-1}·K^{-1}，两者对电池温度分布的综合影响，如图 11.25 所示。从图中可以看出，所有密度为 450 kg·m^{-3} 的组在 2100 s 时最高温度上升曲线趋于一致，与图 11.24 趋势一致；而 600 kg·m^{-3} 和 750 kg·m^{-3} 组的温度变化却与图 11.24 的变化趋势大相径庭。这是由这两组相变材料都未完全熔化所致，再次验证了图 11.24 所得出的结论：密度越低，相变材料耗尽潜热的速度越快。此外，图 11.25 中电池的整体温度上升趋势较图 11.24 缓慢得多，最高约为 342 K，最低约为 310 K，最低温度已在安全阈值 313.15 K 以内。这也再次验证了图 11.24 的结论，即对电池温度来说，潜热影响最大，密度影响次之，热导率影响最小。此外，本组的定潜热 225 kJ·kg^{-1}，密度为 450 kg·m^{-3} 和上组的定潜热 112.5 kJ·kg^{-1}，密度为 750 kg·m^{-3} 的变化路径极为相似，最大温度分别为 341.16 K 和 340.5 K，极为接近，这里可以推测，潜热和密度可能存在反比关系，即两者的乘积为某个定值。对比本组 450 kg·m^{-3} 和 600 kg·m^{-3} 与 750 kg·m^{-3} 的温度变化曲线也可得出，热导率基本只影响未熔尽相变材料区域，对完全熔化区域影响很小。

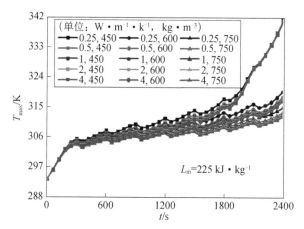

图 11.25　定潜热 225 kJ·kg^{-1}，同时改变热导率和密度，电池最高温度随时间的变化
（彩图见封底二维码）

定潜热 450 kJ·kg^{-1} 和定潜热 900 kJ·kg^{-1} 改变热导率和相变材料的密度，电池最高温度随时间的变化情况较为相似，如图 11.26 和图 11.27 所示，这里一并说明。它们均未出现后面的突升曲线，表明电池均未用尽相变材料的潜热，并且 450 kJ·kg^{-1} 和 900 kJ·kg^{-1} 组的最高温度分别为 313.1 K 和 310.04 K，均在电池安全工作温度范围内，说明增大潜热才是相变储热进行热管理最有效的方法。此外，增大潜热后，在未熔尽相变材料区，密度对温度的影响变小，同时热导率的

影响变大。可以看出在未熔尽区，热导率越大，密度越大，系统散热效果越好。

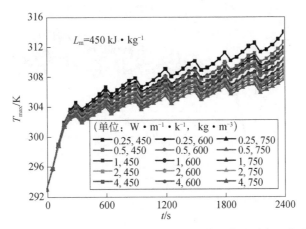

图11.26　定潜热 450 kJ·kg⁻¹，同时改变热导率和密度，电池最高温度随时间的变化
（彩图见封底二维码）

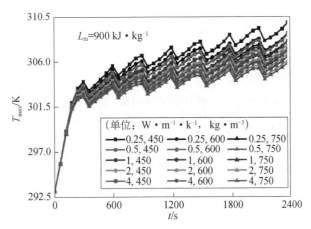

图11.27　定潜热 900 kJ·kg⁻¹，同时改变热导率和密度，电池最高温度随时间的变化
（彩图见封底二维码）

　　定潜热 1800 kJ·kg⁻¹ 改变热导率和相变材料的密度，电池最高温度随时间的变化情况如图11.28。从图中可以看出，前 180 s 电池与相变材料或者空气之间的温差较小，电池产生的热量主要以显热的形式储存在电池内部，电池温度急剧增大，无论有没有填充相变材料或填充相变材料的热导率和密度如何变化，温度变化趋势几乎一致。随后到相变材料相变之前，由于电池自身导热作用和相变材料的吸热作用，温度上升变缓，且随着热导率增加，电池最大温度降低，最高仅为 307.8 K，温度梯度也进一步缩小。改变热导率从 0.25 W·m⁻¹·K⁻¹ 至 0.5 W·m⁻¹·K⁻¹，以及改变密度从 450 kg·m⁻³ 到 750 kg·m⁻³（近二倍数改变），曲线几近重合。在高潜热

下，未熔尽区域，相变材料的热导率和密度的影响基本相等。

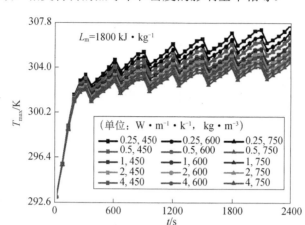

图11.28　定潜热1800 kJ·kg⁻¹，同时改变热导率和密度，电池最高温度随时间的变化
（彩图见封底二维码）

11.4　相变材料对锂离子电池组温度分布的影响

11.4.1　相变材料对电池组温度的控制

本节仍基于一维电化学–二维热耦合模型，采用瞬态模拟来研究锂离子电池的温度分布，研究时间范围为0~2100 s。规定锂离子进行一次循环充放电的时间是600 s，且电池初始温度和周围空气温度均为298.15 K，锂离子电池的初始SOC=10%，电极材料表面与外界的对流换热系数h=5 W·m⁻²·K⁻¹。

从前文可知，相变材料对电池的温控效果较好，因此本节根据不同堆叠方式、有无相变材料，给出了四种电池组模型，并在COMSOL中以3C放电倍率进行模拟，三次充放电循环后得到了四种电池组模型的温度云图（图11.29）。从图中可以看出，交叉堆叠的电池组由于电池之间的间距较小，电池热量较难散发出去，故电池组中心温度较高，且与电池组周边温度相差较大；整齐堆叠的电池组由于电池间的间隔比较大，热量较容易散发出去，故电池组温差相比于交叉堆叠的电池组小约3 K。此外，电池在不同方向的温度分布不同，这是电池组在不同方向上的热导率不同引起的。

图11.30为四种情况下的温度对比。从图中可以看到，没有相变材料的电池温度基本在313 K左右，而在添加相变材料之后，两种堆叠方式下电池组的温度都有了3 K左右的下降，出现了明显的相变温度平台。可见，相变材料对电池组温度起到了良好的调控作用。此外，有相变材料包覆的交叉堆叠电池组其温度略

高于有相变材料包覆的整齐堆叠电池组。从图中还可以看出，在 3C 放电倍率下，循环充放电 2100 s，相变材料依旧没有完全熔化。

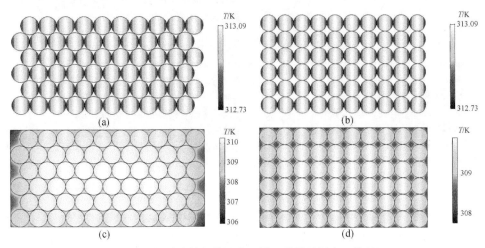

图 11.29　四种电池组的温度云图（彩图见封底二维码）

（a）交叉堆叠无相变材料；（b）整齐堆叠无相变材料；（c）交叉堆叠有相变材料；（d）整齐堆叠有相变材料

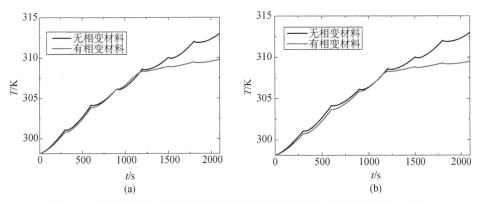

图 11.30　不同堆叠方式下有无相变材料的温度对比图（彩图见封底二维码）

（a）交叉堆叠；（b）整齐堆叠

由上分析可知，有相变材料包覆的整齐堆叠的电池组温度最低，且温度均匀性更好。

11.4.2　相变材料厚度对电池组温度的影响

为了探究相变材料的最佳厚度，这里设计了两边间隙距离分别为 2 mm、4 mm 的模型，以两种不同堆叠方式、在 3C 放电倍率下进行模拟，得到电池组温度分布（图 11.31）。从温度云图上看，厚度对电池组温度的影响并不明显，两种不同堆叠的电池组最高温度均仅有 309 K 左右。

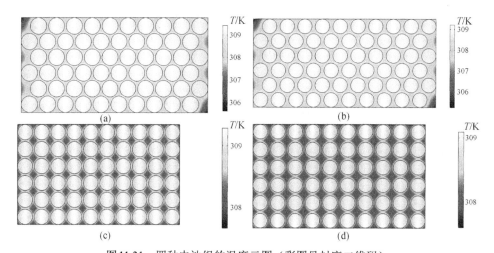

图11.31　四种电池组的温度云图（彩图见封底二维码）

（a）2 mm交叉堆叠；（b）4 mm交叉堆叠；（c）2 mm整齐堆叠；（d）4 mm整齐堆叠

　　为了对不同厚度的相变材料所控制的电池组温度进行清晰的对比，这里将不同厚度的相变材料所包覆的电池组在3C放电倍率下的数据进行作图处理，得到图11.32。可以看出，在3C放电倍率下，两种不同堆叠方式下电池温度变化均不明显，可见相变材料的厚度对电池组温度的影响并不显著。在循环充放电过程中，温度达到相变温度后，虽然大量的热量被吸收，但温度基本保持不变，并且这种状态持续到相变材料完全熔化。在3C放电倍率下，循环充放电2100 s后两种厚度的相变材料依旧没有完全熔化，电池组温度变化在2 K以内，可以忽略不计。由此可知，在相变材料完全熔化之前，其厚度对电池组温度的影响不明显。

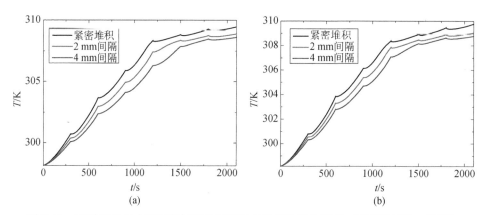

图11.32　两种堆叠方式下相变材料的厚度对电池组温度的影响（彩图见封底二维码）

（a）整齐堆叠的电池组；（b）交叉堆叠的电池组

　　为了对两种不同堆叠方式两边紧靠有相变材料的电池组进行比较，这里将这两组数据进行绘图处理，得到了图11.33。从图可以看出，在3C放电倍率下，两种电池组的温度均在309 K附近，相差非常小。整齐堆叠的电池组由于间隙略大于交叉堆叠的电池组，故散热效果稍好，但考虑到电池组体积，一般采用交叉堆叠的方式。

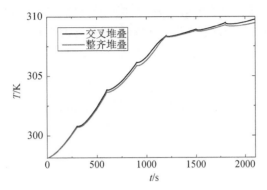

图11.33　两种堆叠方式电池组的温度对比图（彩图见封底二维码）

11.4.3　不同因素对电池组停止充放电后散热效果的影响

石蜡作为相变材料其热导率通常较低，严重影响了电池的散热效果。在此采用瞬态模拟来研究电池组在停止充放电后的散热情况，研究时间范围为0～4200 s。规定锂离子电池初始温度和周围空气温度均为298.15 K，锂离子电池的初始SOC=10%，假定电池在0～2100 s进行充放电操作，在2100～4200 s停止充放电，将不同条件下电池的散热情况进行对比。

1. 相变材料对电池组停止充放电后的散热影响

这里选择有相变材料包覆、交叉堆叠、两边紧靠的电池组，与没有相变材料包覆的电池组进行对比，假定电极材料表面与外界的对流换热系数$h=10\ \mathrm{W \cdot m^{-2} \cdot K^{-1}}$，通过有限元模拟计算得出3C放电倍率下的电池温度云图（图11.34）。从图可以看出，有相变材料包覆的电池组温差更小，温度分布更加均匀，最高温度也更低，温控性能优于无相变材料包覆的电池。

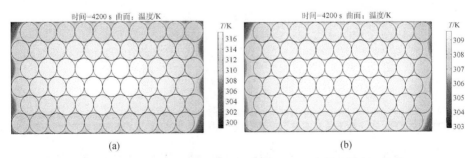

图11.34　有无相变材料包覆的电池组温度对比（彩图见封底二维码）

（a）无相变材料包覆的电池组；（b）有相变材料包覆的电池组

　　为了更好地对电池组散热的情况进行对比，这里绘制了有无相变材料包覆的电池组温度随时间的变化图（图11.35）。从图中可以看出，有相变材料包覆的电池组，其温度在停止充放电之后很难下降，温度仅下降了2 K左右；而无相变材料包覆的电池组温度下降了6 K，两相对比，有相变材料包覆的电池组效果反而不好。这主要是因为，石蜡作为相变材料其热导率通常较低，与外界的传热性能不好，严重影响了电池的散热效果。

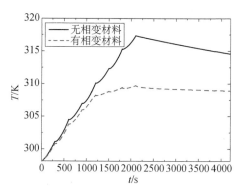

图 11.35　有无相变材料包覆的电池组温度随时间的变化图

2. 对流系数对相变材料包覆的电池组的散热影响

　　由于自然空气对流情况下有相变材料包覆的电池组停止充放电后的散热效果不理想，故设定表面与外界的对流换热系数$h=50 \text{ W}\cdot\text{m}^{-2}\cdot\text{K}^{-1}$，强制空气对流情况下普通石蜡包覆的电池组停止充放电后的温度分布情况，如图11.36所示。从温度分布图可以看出：尽管电池组内部温差大于自然空气对流情况下的温差，但是电池组明显散热较快。在4200 s时，最低处温度已经降至299 K，具体散热情况还需要进一步比较。

时间=4200 s 曲面：温度/K

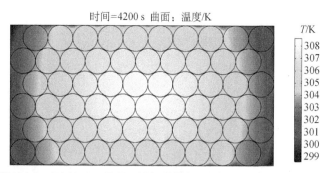

图11.36　强制空气对流情况下普通石蜡包覆的电池组温度分布（彩图见封底二维码）

　　图11.37是对流换热系数分别为$10 \text{ W}\cdot\text{m}^{-2}\cdot\text{K}^{-1}$和$50 \text{ W}\cdot\text{m}^{-2}\cdot\text{K}^{-1}$情况下相变材料包覆的电池组温度随时间的变化情况。从图中可以看出，对流换热系数为

10 W·m⁻²·K⁻¹ 时，电池组温度在停止充放电之后很难下降，在经过 2100 s 的自然冷却之后温度仅下降了 2 K 左右；而在对流换热系数为 50 W·m⁻²·K⁻¹ 时，电池组温度下降大约有 6 K。因此可以看出，对于基于相变材料热管理系统的电池组而言，自然冷却对电池组的散热十分有效，可考虑将空气冷却与相变材料冷却结合进行温控。

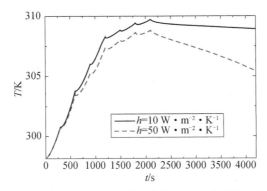

图11.37　不同对流换热系数下电池组温度随时间变化图

3. 热导率对相变材料包覆的电池组的散热影响

由于石蜡的热导率通常较低，严重影响了电池的散热效果，因此这里选取了一种高热导率（$\lambda = 16$ W·m⁻¹·K⁻¹）的石蜡石墨复合材料包覆的电池组，与之进行对比，对流换热系数 $h = 50$ W·m⁻²·K⁻¹。通过有限元模拟计算得出 3C 放电倍率下电池组的温度云图（图 11.38）。可以看出，石蜡石墨复合材料包覆的电池组，其内部温度分布十分均匀，明显优于石蜡相变材料包覆的电池组。

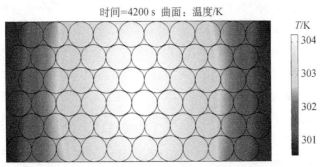

图 11.38　强制空气对流情况下石蜡石墨复合材料包覆的电池组的温度分布（彩图见封底二维码）

为了更好地对两种热导率不同的相变材料包覆的电池组进行对比，这里绘制了对流换热系数为 50 W·m⁻²·K⁻¹ 情况下热导率 λ 分别为 0.2 W·m⁻¹·K⁻¹ 和 16 W·m⁻¹·K⁻¹ 的相变材料包覆的电池组温度随时间的变化图（图 11.39）。从图中可以看出，在标准充放电倍率、对流换热系数为 50 W·m⁻²·K⁻¹ 情况下，两种相变材料包覆的电池组温度在停止充放电之后都有了明显下降，其中热导率λ=0.2 W·m^{-1}·K^{-1}的电池组在经过2100 s的自然冷却之后温度下降了6 K左右；而热导率λ=16 W·m^{-1}·K^{-1}相变材料包覆的电池组温度下降了大约12 K，明显优于普通石蜡相变材料包覆的电池组。可见，在标准充放电倍率下进行2100 s充放电操作，热导率大的相变材料，其温度控制效果好。

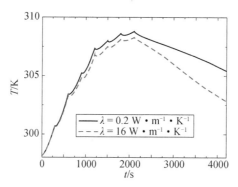

图11.39　不同热导率相变材料包覆的电池组温度随时间变化图

11.4.4　基于相变材料的耦合热管理系统[39]

为了进一步降低电池温度，这里基于11.4.3节电池组模型，采用相变材料与空冷或液冷结合的方式散热，加快相变材料与外界的热交换效率，设计了四种方案。方案Ⅰ，在4 mm电池间隙加入管道，通入冷却气体，如图11.40（a）所示。管道半径为1 mm，管道内流动的是空气，密度为1.2 kg·m^{-3}，热导率为0.025 W·m^{-1}·K^{-1}，热容为1010 J·kg^{-1}·K^{-1}，黏度为定值，1.79×10^{-6} Pa·s。方案Ⅱ，将冷却气体改为冷却液体，如图11.40（b）所示，管道中流动的是液体水，密度为1000 kg·m^{-3}，其热导率为0.6 W·m^{-1}·K^{-1}，热容为4200 J·kg^{-1}·K^{-1}，黏度为定值，0.006 Pa·s。入口初速度为1 m·s^{-1}。空气与液体的初始温度均为293.15 K。方案Ⅲ，如图11.40（c）所示，改变了管道与电池组接触方向，液流方向与电池高度方向垂直；方案Ⅳ，在方案Ⅱ的基础上将中心管道半径增加至2 mm，如图11.40（d）所示。因气流和液流为管道流，且初速度较小，计算中采用层流计算流体动力学。

图11.40中放电截止时，方案Ⅰ最大温度312 K、最大温差3 K；方案Ⅱ最大温度308 K、最大温差5 K。对比方案Ⅰ和方案Ⅱ管道内气体和液体的温度可以看出，由于水具有较大的热容，所以同等体积下，水能吸收更多的热量；同时，水具有更高的热导率和动力黏度，所以同等流速下，液冷与相变材料结合的效果好于空冷和相变材料结合的效果。改变液流管的方向（与电池高度方向垂直），数量和流速均不变，电池组平均温度略大于方案Ⅱ，且此方案电池组的温差也达

到了最大，即 600 s 时电池组温差达到了 8.3 K，这是因为横向分布的液流管内液体的热量积累大于方案 Ⅱ。

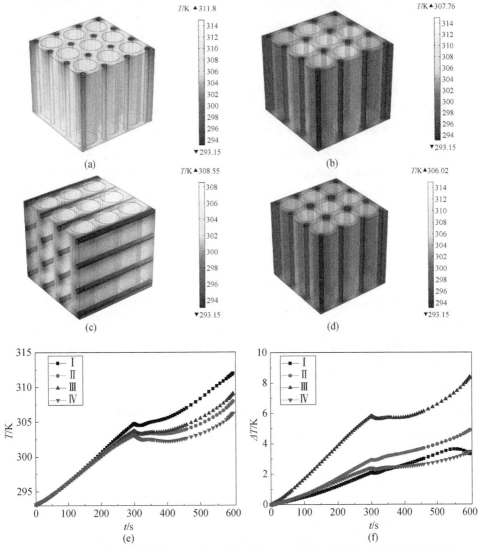

图 11.40　（a）～（d）分别为方案 Ⅰ～Ⅳ示意图；（e）、（f）分别为各方案平均温度和温差对比图（彩图见封底二维码）

　　方案 Ⅱ 电池组四周的温度明显低于中心电池温度，这是因为，液流管与四周电池有效接触面积大于中心电池的接触面积；同时，由于热量的积累，电池组中心的热量更难扩散，导致中心电池的温度最高，增加了电池组的温差。因此考虑增加中心电池管道半径，以增加气体（液体）流量的方式提升与中心电池的热交换效率，中心四个管道的半径增大为2 mm，其他条件不变。如图11.40（d）所示，电池组最大温度下降了2 K，温差由5 K下降至3 K。因此，在电池组结构设计时，应该考虑中心电池与边界电池的差异，给予中心电池更好的散热条件。

参 考 文 献

[1] Esfahanian V，Renani S A，Nehzati H，et al. Design and simulation of air cooled battery thermal management system using thermoelectric for a hybrid electric bus[J]. Lecture Notes in Electrical Engineering，2013，191（1）：463-473.

[2] Khaligh A，Li Z. Battery, ultracapacitor, fuel cell, and hybrid energy storage systems for electric, hybrid electric, fuel cell, and plug-in hybrid electric vehicles：State of the art[J]. IEEE Transactions on Vehicular Technology，2010，59（6）：2806-2814.

[3] de Vita A，Maheshwari A，Destro M，et al. Transient thermal analysis of a lithium-ion battery pack comparing different cooling solutions for automotive applications[J]. Applied Energy，2017，206：101-112.

[4] Tong W，Somasundaram K，Birgersson E，et al. Numerical investigation of water cooling for a lithium-ion bipolar battery pack[J]. International Journal of Thermal Sciences，2015，94：259-269.

[5] Panchal S，Dincer I，Agelin-Chaab M，et al. Experimental and theoretical investigations of heat generation rates for a water cooled $LiFePO_4$ battery[J]. International Journal of Heat and Mass Transfer，2016，101：1093-1102.

[6] Lan C，Xu J，Qiao Y，et al. Thermal management for high power lithium-ion battery by minichannel aluminum tubes[J]. Applied Thermal Engineering，2016，101：284-292.

[7] Jarrett A，Kim I Y. Design optimization of electric vehicle battery cooling plates for thermal performance[J]. Journal of Power Sources，2011，196（23）：10359-10368.

[8] Jarrett A，Kim I Y. Influence of operating conditions on the optimum design of electric vehicle battery cooling plates[J]. Journal of Power sources，2014，245：644-655.

[9] Babapoor A，Azizi M，Karimi G. Thermal management of a Li-ion battery using carbon fiber-PCM composites[J]. Applied Thermal Engineering，2015，82：281-290.

[10] 许超. 混合动力客车电池包散热系统研究[D]. 上海：上海交通大学，2010.

[11] Pesaran A. Battery thermal management in EVs and HEVs：Issues and solutions[J]. Advanced Automotive Battery Conference，2001.

[12] Zalba B，Marín J M，Cabeza L F，et al. Review on thermal energy storage with phase change：materials，heat transfer analysis and applications[J]. Applied Thermal Engineering，

2003, 23（3）: 251-283.

[13] Chaiyat N. Energy and economic analysis of a building air-conditioner with a phase change material（PCM）[J]. Energy Conversion and Management, 2015, 94: 150-158.

[14] Mahfuz M H, Kamyar A, Afshar O, et al. Exergetic analysis of a solar thermal power system with PCM storage[J]. Energy Conversion and Management, 2014, 78: 486-492.

[15] Tyagi V V, Buddhi D. PCM thermal storage in buildings: A state of art[J]. Renewable and Sustainable Energy Reviews, 2007, 11（6）: 1146-1166.

[16] Alshaer W G, Nada S A, Rady M A, et al. Numerical investigations of using carbon foam/PCM/Nano carbon tubes composites in thermal management of electronic equipment[J]. Energy Conversion and Management, 2015, 89: 873-884.

[17] Tarascon J M, Armand M. Issues and challenges facing rechargeable lithium batteries[J]. Nature, 2001, 414: 359-367.

[18] Khateeb S A, Farid M M, Selman J R, et al. Design and simulation of a lithium-ion battery with a phase change material thermal management system for an electric scooter[J]. Journal of Power Sources, 2004, 128（2）: 292-307.

[19] Kizilel R, Sabbah R, Selman J R, et al. An alternative cooling system to enhance the safety of Li-ion battery packs[J]. Journal of Power Sources, 2009, 194（2）: 1105-1112.

[20] Lv Y, Yang X, Li X, et al. Experimental study on a novel battery thermal management technology based on low density polyethylene-enhanced composite phase change materials coupled with low fins[J]. Applied Energy, 2016, 178: 376-382.

[21] Zhang Y, Zhou G, Lin K, et al. Application of latent heat thermal energy storage in buildings: State-of-the-art and outlook[J]. Building and Environment, 2007, 42（6）: 2197-2209.

[22] Rao Z, Wang S, Zhang G. Simulation and experiment of thermal energy management with phase change material for ageing LiFePO$_4$ power battery[J]. Energy Conversion and Management, 2011, 52（12）: 3408-3414.

[23] Huang C, Wang Q, Rao Z. Thermal conductivity prediction of copper hollow nanowire[J]. International Journal of Thermal Sciences, 2015, 94: 90-95.

[24] Yilbas B S, Shuja S Z, Shaukat M M. Thermal characteristics of latent heat thermal storage: comparison of aluminum foam and mesh configurations[J]. Numerical Heat Transfer, Part A: Applications, 2015, 68（1）: 99-116.

[25] Oya T, Nomura T, Tsubota M, et al. Thermal conductivity enhancement of erythritol as PCM by using graphite and nickel particles[J]. Applied Thermal Engineering, 2013, 61（2）: 825-828.

[26] Ji H, Sellan D P, Pettes M T, et al. Enhanced thermal conductivity of phase change materials with ultrathin-graphite foams for thermal energy storage[J]. Energy & Environmental Science, 2014, 7 (3): 1185-1192.

[27] Duan X, Naterer G F. Heat transfer in phase change materials for thermal management of electric vehicle battery modules[J]. International Journal of Heat and Mass Transfer, 2010, 53 (23): 5176-5182.

[28] Mills A, Al-Hallaj S. Simulation of passive thermal management system for lithium-ion battery packs[J]. Journal of Power Sources, 2005, 141 (2): 307-315.

[29] Javani N, Dincer I, Naterer G F, et al. Heat transfer and thermal management with PCMs in a Li-ion battery cell for electric vehicles[J]. International Journal of Heat and Mass Transfer, 2014, 72: 690-703.

[30] Hémery C V, Pra F, Robin J F, et al. Experimental performances of a battery thermal management system using a phase change material[J]. Journal of Power Sources, 2014, 270: 349-358.

[31] Wu W, Zhang G, Ke X, et al. Preparation and thermal conductivity enhancement of composite phase change materials for electronic thermal management[J]. Energy Conversion and Management, 2015, 101: 278-284.

[32] Ling Z, Wang F, Fang X, et al. A hybrid thermal management system for lithium ion batteries combining phase change materials with forced-air cooling[J]. Applied Energy, 2015, 148: 403-409.

[33] Karimi G, Azizi M, Babapoor A. Experimental study of a cylindrical lithium ion battery thermal management using phase change material composites[J]. Journal of Energy Storage, 2016, 8: 168-174.

[34] Somasundaram K, Birgersson E, Mujumdar A S. Thermal-electrochemical model for passive thermal management of a spiral-wound lithium-ion battery[J]. Journal of Power Sources, 2012, 203: 84-96.

[35] Zhao R, Gu J, Liu J. Optimization of a phase change material based internal cooling system for cylindrical Li-ion battery pack and a hybrid cooling design[J]. Energy, 2017, 135: 811-822.

[36] Yan J, Wang Q, Li K, et al. Numerical study on the thermal performance of a composite board in battery thermal management system[J]. Applied Thermal Engineering, 2016, 106: 131-140.

[37] Kaplan F, de Vivero C, Howes S, et al. Modeling and analysis of phase change materials for efficient thermal management[C]//IEEE 32nd International Conference on Computer Design

（ICCD）. 2014，IEEE.

[38] Al-Hallaj S，Selman J R. Thermal modeling of secondary lithium batteries for electric vehicle/hybrid electric vehicle applications[J]. Journal of Power Sources，2002，110（2）：341-348.

[39] 段熙庭. 锂离子电池热-力-化耦合模型及电池组热管理系统研究[D]. 湘潭：湘潭大学，2019.

第 12 章　锂离子电池热管理系统与结构设计

为了满足电动汽车对大功率的需求，其电池组往往是由成百上千个电池组合而成的[1]。不同类型的电动汽车，不仅对锂离子电池类型的需求不一样[2]，对电池数量也有着严格的区分。受汽车空间的限制，电池组的组装方式也不尽一样。服役环境不同的电动汽车对电池组的要求也不一致，例如，在天气寒冷的区域，电动汽车需进行保温措施和预加热[3]；在天气炎热的区域，对电池组散热系统的要求往往较高；在需要长时间续航的领域，混合动力汽车则更加方便，混合动力保证了汽车的动力输出，也可以及时为电池充电，保证电池的使用和安全。电池组的排列方式严格限制了热管理系统的设计[4]。目前，电池组的设计、生产和组装还没有达到标准化工业生产。对电池组的设计，应该具体考虑应用汽车的类型和服役工况，针对不同服役场景设计不同的电池组结构，相对应地设计合理的热管理系统。

一般而言，电池通过串联得到大电压，通过并联增大输出电流。例如，城市公交电池组对动力要求较大，往往采用更多电池并联的方式获得更大的输出电流，增加汽车的输出功率。输出功率增加的同时，电池发热也成倍地增加，过多的热量累积，将导致电池温度的快速上升，因此，构建一个简单而有效的热管理系统将电池热量快速导出，是研究电动汽车过程中非常重要的环节[5]。

电池组热管理系统往往是基于电池组结构和行驶工况设计的，例如，减速和爬坡的工况下，需要更加严苛的散热系统支持[6, 7]。总体而言，电池热管理系统在设计过程中应满足以下条件：

（1）保证电池组整体温度处于安全电池工作温度范围，温度过高时对电池进行散热，温度过低时，对电池进行预热与保温[8]；

（2）保证各单体电池温度差异合理[9, 10]；

（3）保证电池温度的实时监测[11]；

（4）不泄漏、不产生有害气体，不对电池产生安全隐患[12]。

目前主流应用的冷却方式可分为强制空气冷却系统、相变材料冷却系统和液冷冷却系统[13, 14]。

本章在锂离子电池一维电化学模型–三维热模型以及对单体电池温度场的分析的基础上，根据电池的产热规律，通过 COMSOL 数值模拟的方法，对风冷、液冷、相变材料（PCM）冷却的电池组热管理系统开展参数化的数值模拟研究，揭示不同条件下电池热管理系统的热量传递规律。进一步建立风冷、液冷与相变材料耦合的电池热管理模型，分析耦合结构的传热规律。在此基础上对热管理系统进行结构设计的优化。研究结果和方法能为新型传热介质的材料与电池热管理系统结构设计提供理论指导和参考。

12.1 基于风冷散热的电池组热管理

12.1.1 二维方形电池组风冷系统散热模型

由于电池组排列在纵向上的几何对称性，因此本节的计算作二维简化。在满足电化学模型假设的基础上，为了实现对锂离子电池组风冷散热系统的理论建模和计算，这里对模型提出以下假设：

（1）本书中流体流速均远小于声速，故流体作不可压缩流体处理；

（2）电池和电池组均为固定，因此设定所有的固体壁面均为不可滑动；

（3）忽略流体的惯性力，边界的压力值设定为0；

（4）忽略温度引起的电池的热变形。

1. 控制方程

在计算模拟中，气体的计算属于流体动力学计算范畴，而计算流体力学（CFD）控制方程主要包括：连续性方程、动量守恒方程和能量守恒方程[15]。

（1）连续性方程：

$$\frac{\partial \rho}{\partial t} + \nabla(\rho \boldsymbol{u}) = 0 \tag{12.1}$$

式中，ρ 是密度；$\boldsymbol{u}$ 为气体流速。

动量守恒方程（纳维–斯托克斯（N-S）方程）：

$$\begin{cases} \dfrac{\partial(\rho u_x)}{\partial t} + \nabla(\rho u_x \boldsymbol{u}) = F_x - \dfrac{\partial p}{\partial x} + \mu \nabla^2 \boldsymbol{u} + \dfrac{1}{3}\mu \nabla(\nabla \boldsymbol{u}) \\[2mm] \dfrac{\partial(\rho u_y)}{\partial t} + \nabla(\rho u_y \boldsymbol{u}) = F_y - \dfrac{\partial p}{\partial y} + \mu \nabla^2 \boldsymbol{u} + \dfrac{1}{3}\mu \nabla(\nabla \boldsymbol{u}) \\[2mm] \dfrac{\partial(\rho u_z)}{\partial t} + \nabla(\rho u_z \boldsymbol{u}) = F_z - \dfrac{\partial p}{\partial z} + \mu \nabla^2 \boldsymbol{u} + \dfrac{1}{3}\mu \nabla(\nabla \boldsymbol{u}) \end{cases} \tag{12.2}$$

式中，F 为质量力（N）；p 为微元压力（Pa）；μ 为动力黏性系数（Pa·s）。

（2）能量守恒方程：

$$\frac{\partial T}{\partial t} = \frac{\lambda}{c}\nabla^2 u + \frac{S_T}{\rho c} \tag{12.3}$$

式中，S_T 为热源（W）。

（3）湍流基本方程。

湍流流动在自然界中十分常见，工程中最常见的形式也是湍流运动态下的。本书采用经典的湍流模型求解CFD模块[16-18]，包括湍流脉动动能方程（k方程）和湍流耗散率方程（ε方程），气体设定为不可压缩气体。表12.1为模型参数。

k方程：

$$\rho\frac{\partial k}{\partial t}+\rho u_j\frac{\partial k}{\partial x_j}=\frac{\partial}{\partial x_j}\left[\left(\eta+\frac{\eta_t}{\sigma_k}\right)\frac{\partial k}{\partial x_j}\right]+\eta_t\frac{\partial u_i}{\partial x_j}\left(\frac{\partial u_i}{\partial x_j}+\frac{\partial u_j}{\partial x_j}\right)-\rho\varepsilon \qquad (12.4)$$

ε控制方程：

$$\rho\frac{\partial k}{\partial t}+\rho u_j\frac{\partial k}{\partial x_j}=\frac{\partial}{\partial x_j}\left[\left(\eta+\frac{\eta_t}{\sigma_k}\right)\frac{\partial k}{\partial x_j}\right]+\frac{c_1\varepsilon}{k}\eta_t\frac{\partial u_i}{\partial x_j}\left(\frac{\partial u_i}{\partial x_j}+\frac{\partial u_j}{\partial x_j}\right)-c_2\rho\frac{\varepsilon^2}{k} \quad (12.5)$$

式中，湍流黏性系数η_t可表示为

$$\eta_t=c_u\rho\frac{k^2}{\varepsilon} \qquad (12.6)$$

表 12.1　k-ε 模型引入的经验系数和常数[19]

c_u	c_1	c_2	σ_k	σ_e	σ_T
0.09	1.44	1.92	1	1.3	0.9～1

2. 几何模型

图12.1（a）是电池结构示意图、电池组示意图。方形电池因为沿气流速度对称，为减少计算时间，这里将三维电池组简化为二维电池组，如图12.1（c）所示。考虑到风冷散热系统单独使用时由气体流速的不均匀性而引起的较大温差，因此在电池组外层包覆一层相变材料，如图12.1（d）所示。

原始二维模型中，单体电池的长、宽和高分别为 70 mm、28 mm 和 101 mm，$\theta_1=\theta_2=90°$，$w_1=w_2=2$ mm，$w_{out}=w_{in}=20$ mm，$L_{in}=L_{out}=40$ mm。电池容量为17.5 A·h，M为3，N为20，电池组外壳为不锈钢（Steel AISI 4340），电池组与外界的对流换热系数 $h=10$ W·m^{-2}·K^{-1}，电池和空气的初始温度与环境一致，均为293.15 K，入口设定为速度法向流入边界，出口压力设定为 0 Pa，法向流动，抑制回流。电池相关参数列于表12.2。

3. 网格划分

电池组的网格由软件自带网格求解器划分，如图12.2所示。流体与电池接触边界采用边界层网格，边界层数为2，厚度调节为5，一共14258个网格顶点，24663个域单元。

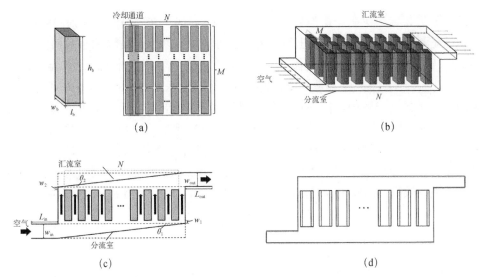

图12.1　几何模型示意图[20]

（a）方型电池结构和电池组排列方式；（b）气流流入流出方向；（c）二维风冷几何结构模型；（d）外层包覆

表12.2　电池的相关性能参数[19, 21]

	电池	空气	不锈钢	相变材料（固态）	相变材料（液态）
密度 ρ/（kg·m^{-3}）	2285	1225	475	814	724
定压热容 C_p/（J·kg^{-1}·K^{-1}）	1605	1006	7580	2150	2180
热导率 λ/（W·m^{-1}·K^{-1}）	20	0.024	44.5	0.358	0.152

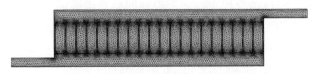

图12.2　二维风冷系统网格示意图

12.1.2　二维风冷模型散热效果

这里以初始二维电池组模型为研究对象，分别探究电池间距 d、气流风速 v 和气流初始温度 J 对电池组散热系统的影响。计算模型设定为以6C倍率充放电一个循环，时间为600 s，先放电300 s，后充电300 s，随后搁置冷却300 s，气体流速不变。

气流为空气，入口气流速度为1 m·s^{-1}，电池间隙为4 mm，空气初始温度为293.15 K。通过计算，在放电结束时，电池组在没有风冷散热的情况下，电池温度为320 K；图12.3（a）是风冷散热后，600 s的电池组温度分布云图，电池平均温度为318.4 K，电池最低温度为315.6 K，电池组最大温差为4.1 K。最高温度出现在接近入风口第一个电池处，其最高温度为319.7 K，最低温度为319.4 K，平均温度为319.7 K；最低温度出现在接近出风口的电池处，其最高温度为317.7 K，最低温度为315.87 K，平均温度为317.2 K。电池组中各单体电池平均温度最大温差为2.5 K。图12.3（b）是风冷系统的风速图，电池间通道的压力差的不同引起了流速的差异，导致电池散热不均匀。靠近入风口处的电池，其通道两端的压力差小，因此空气流速也小，对电池降温效果相对要差，因而电池温度较高。此外，由于入风口表面的空气速度均大于出风口表面的速度，因此，电池上下表面散热不均匀，单电池中靠近入风口一端温度下降更快。考虑到电池正极直接接触电阻，温度较高，因此可以将入风口设定在正极端，保证其得到更有效的降温。

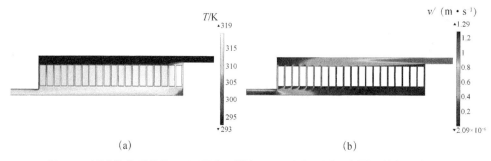

图12.3　风冷散热系统的（a）温度云图和（b）速度云图（彩图见封底二维码）

设定入口气流速度为 1 m·s⁻¹，改变电池间距，选择电池间距 d 为 0 mm、2 mm、4 mm 和 6 mm，计算结果如图12.4所示。从图12.4（a）可以看到，增加电池间距电池最高温度改变很小，表明电池间距对最高温度影响不大；从图12.4（b）看出，电池间距对电池组最大温差的影响很大：2 mm 间距时，电池最大温差小于3.9 K，满足电池组设计要求；电池间距为4 mm和6 mm时，电池最大温差均大于5 K，说明间距过大不利于温度的均匀性。

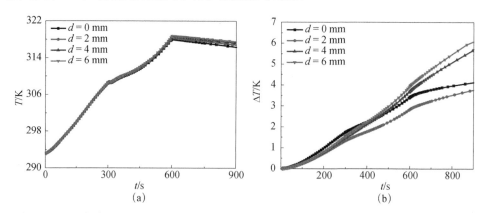

图12.4　不同电池间距电池组的（a）平均温度和（b）最大温差变化（彩图见封底二维码）

　　设置电池间距 2 mm，选择风速为 0 m·s⁻¹、0.1 m·s⁻¹、0.5 m·s⁻¹、1 m·s⁻¹
和 2 m·s⁻¹，计算结果如图 12.5 所示。风速为 0 m·s⁻¹ 时，冷却后电池整体温度为
320 K，温差为 0 K；随着风速的增加，电池组平均温度随之减小，且在放电结束
后冷却也加快，但电池间最大温差在增加：1 m·s⁻¹ 时，放电结束后最大温差为
4 K，随后冷却过程中电池温差进一步增大，900 s 左右达到 6.2 K；2 m·s⁻¹ 时，
放电结束后最大温差为 6.2 K，随后冷却过程中电池温差进一步增大，900 s 左右达
到 10.4 K。可见，风速越大，越有利于降低电池温度，但却会增大电池温差。

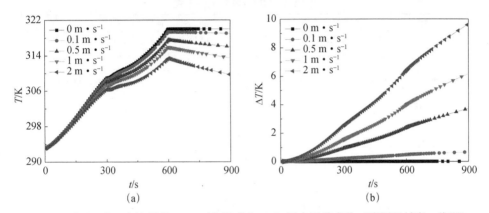

图 12.5　不同风速下电池组的（a）平均温度和（b）最大温差变化（彩图见封底二维码）

　　改变入口空气的初始温度，计算结果如图 12.6 所示。从图可知，气流初始温
度对电池组温度和温差的影响与风速相似。随着气流初始温度的减小，电池组平
均温度持续下降；但是电池间的温差也随之逐渐变大，600 s 放电结束时，最大
温差分别为 8.17 K、7.09 K、6.03 K、4.98 K 和 3.95 K。只有当初始气流温度分别
为 288.15 K 和 293.15 K 时，最大温差在可控范围 5 K 以内。这表明初始气流温度
不宜过低，否则不仅增加外部能量损耗，且对电池温度的均一性不利。

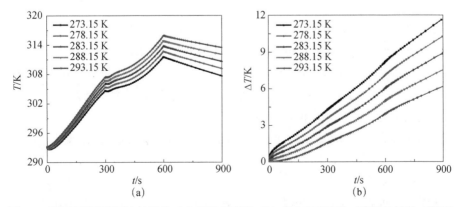

图 12.6　不同环境温度下电池组的（a）平均温度和（b）最大温差变化（彩图见封底二维码）

12.1.3　二维风冷模型结构优化

上述研究发现，增大气体流速和降低气体初始温度可以明显降低电池组温度，但也增加了电池组温差。这里选择初始气流温度为283.15 K，设置电池间距为2 mm、风速为3 m·s⁻¹。通过改变风冷模型的结构，改善电池组温度分布，降低电池组之间的温度差。表12.3是在此条件下放电结束时各电池温度。电池组的温度变化见图12.7。

表12.3　600 s单体电池温度

T/K	1#	2#	3#	4#	5#	6#	7#	8#	9#	10#
T_{max}	311.2	312	312.5	313	313.6	314.1	314.7	315.2	315.7	316.2
T_{mean}	310.1	311	311.6	312.2	312.7	313.3	313.9	314.5	315.1	315.6
T_{min}	307	308	308.6	309.3	309.8	310.5	311.3	312	312.7	313.4
T/K	11#	12#	13#	14#	15#	16#	17#	18#	19#	20#
T_{max}	316.7	317	317.5	318	318.5	319.1	319.4	319.3	319	318.9
T_{mean}	316.1	316.5	317	317.5	318	318.8	319.3	319.2	318.9	318.7
T_{min}	314	314.6	315.3	316	316.8	317.8	318.9	318.7	318.3	318

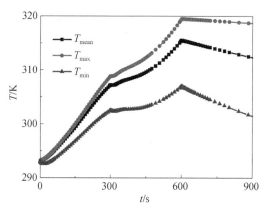

图12.7　风速3 m·s⁻¹和气流温度283.15 K下电池组的温度变化（彩图见封底二维码）

表12.3所示为单体电池的温度，1#～20#电池从左向右依次排列。600 s放电结束时，电池组的最高温度为319.4 K，最低温度为307 K，平均温度为315.5 K，最大温差为12.4 K；单体电池最低平均温度和最高平均温度分别为1#电池和17#电池，分别为310.1 K和319.3 K，单体电池平均温度的最大差值为9.2 K；单体电池的最大温差出现在1#电池，为4.2 K。

从结果来看，电池组的最大温差已超过安全范围，因此需要改变电池组结构以降低温差。

（1）楔形结构。

从图12.8可以看到，改变电池结构为楔形后，增加了进风口端的压力差，使得进风口端电池间通道的流速变大，电池组的最大温度和平均温度均下降了0.4 K。
这说明改变结构对电池组的散热能起到一定作用，但效果并不明显。

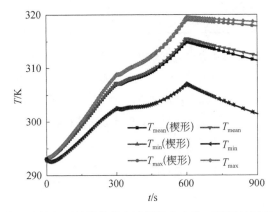

图12.8　楔形结构与原始结构的电池组温度变化（彩图见封底二维码）

（2）增加出风口。

流道流速的不一致导致较大的温差，可在底端增加第二出风口，增加靠近入
风口空气流道的压力差，平均各流道速度，从而降低电池组温差，如图 12.9
（a）所示。表12.4给出了不同出风口处电池组温度的变化。从表12.4可发现，0#
开口处电池组的温差最小，此时电池组的最大温差由原始结构的 12.4 K 下降至
10.1 K；电池组平均温度为315 K，相比于原始结构下降0.5 K；单电池平均温度
的最大值由319.3 K 下降至318.9 K。可见，在0#位置增加出风口可有效改善电池
组温度一致性。

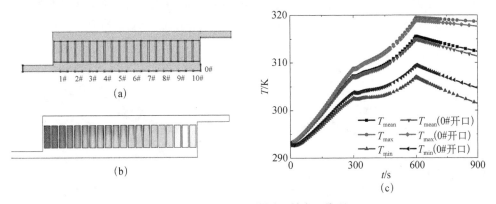

图12.9　增加出风口（彩图见封底二维码）

（a）结构示意图；（b）0#开口处 600 s 温度云图；（c）温度随时间的变化图

表12.4　不同出风口处电池组的最高温度、平均温度、最低温度

T/K	0#	10#	9#	8#	7#	6#	5#	4#	3#	2#	1#
T_{max}	319.4	319.3	319.2	319.2	319.3	319.3	319.3	319.3	319.4	319.5	319.5
T_{mean}	315	315	315	315	315.1	315.2	315.2	315.3	315.4	315.4	315.5
T_{min}	309.3	309.1	309	309	309	309	308	308	308.2	307.8	307.3

表12.5列出了0#开口处增加出风口时各单体电池的温度变化。由表12.5发现，开口后电池组最低温度和单体电池最大温差出现在1#电池，电池最低温度为309.3 K，单体电池最大温差为3.7 K；电池最高温度出现在19#电池的319.4 K。1#电池和19#电池的平均温度温差是电池组单体电池平均温度的最大值，为6.5 K，相比原始结构下降2.7 K。

表12.5　0#开口处各单体电池的最高温度、平均温度、最低温度

T/K	1#	2#	3#	4#	5#	6#	7#	8#	9#	10#
T_{max}	313	313.1	313.4	313.5	313.6	314.1	314.7	315.2	315.7	316.2
T_{mean}	312.2	312.3	312.6	312.7	312.7	313.3	313.9	314.5	315.1	315.6
T_{min}	309.3	309.4	308.6	309.3	309.8	310.5	311.3	312	312.7	313.4

T/K	11#	12#	13#	14#	15#	16#	17#	18#	19#	20#
T_{max}	316.7	317	317.5	318	318.5	319.1	319.3	319.3	319.4	318.9
T_{mean}	316.1	316.5	317	317.5	318	318.2	318.3	318.6	318.7	318.7
T_{min}	314	314.6	315.3	316	316.8	317.8	317.9	318.1	318.1	318

（3）增加低热导率保温层和高热导率铜板。

在电池表面加上一层厚度为0.5 mm的保温层，热导率为0.37 $W \cdot m^{-1} \cdot K^{-1}$，比热容为1450 $J \cdot kg^{-1} \cdot K^{-1}$，密度为780 $kg \cdot m^{-3}$。如图12.10所示，增加保温层对降低电池组温差十分有效，最高温度和平均温度均下降了2.1 K。考虑铜板具有较高的热导率，能够快速地将热量传导至表面，因此将低热导率的保温层替换为高热导率的铜板并进行比较，发现电池组最高温度继续下降了1.7 K左右，平均温度下降了1.2 K。

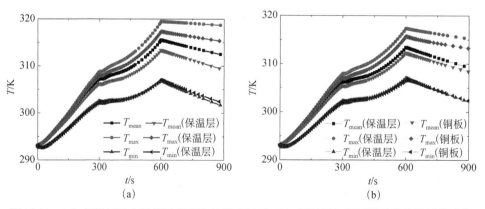

图12.10　（a）保温层对电池组温度变化的影响以及（b）保温层与铜板辅助散热效果的对比
（彩图见封底二维码）

（4）增加出风口和增加铜板相结合，增强温度均匀性。

由上文的讨论可知，采用楔形结构，增加出风口，增加高热导率辅助散热铜板，均有利于电池组散热性能的提升，后两者的性能改善较为明显，因此，这里将增加出风口与铜板辅助散热相结合，对电池组的排列结构进行改进，改善后的电池温度分布见表 12.6，温度变化如图 12.11 所示。

表 12.6　0#开口处，高热导率铜板辅助散热电池组的各单体电池温度

T/K	1#	2#	3#	4#	5#	6#	7#	8#	9#	10#
$T_{\max}$	312	312.8	312.9	312.9	313	313.2	313.2	313.3	313.4	313.4
T_{mean}	310.8	311.8	312	312	312	312.2	312.3	312.4	312.5	312.5
$T_{\min}$	307.9	309.7	309.7	309.8	309.9	310	310.2	310.3	310.4	310.4
T/K	11#	12#	13#	14#	15#	16#	17#	18#	19#	20#
$T_{\max}$	313.5	313.5	313.4	313.4	313.3	313.2	313	312.8	313.2	313.6
T_{mean}	312.6	312.6	312.5	312.5	312.4	312.3	312.1	311.8	312.2	312.7
$T_{\min}$	310.5	310.5	310.4	310.4	310.3	310.1	309.8	309.5	309.8	310.9

从表 12.6 可知，电池组最高温度 313.6 K（20#电池），最低温度 307.9 K（1#电池），最大温差为 5.7 K；单体电池最高平均温度 312.7 K（20#电池），最低平均温度 310.8 K（1#电池），单体电池平均温度温差最大 1.9；单体电池最大温差出现在 1#电池，最大温差为 4.1 K。相较于原始结构电池组，最高温度下降了 5.8 K，最大温差下降了 6.7 K，平均温度下降了 3.3 K。

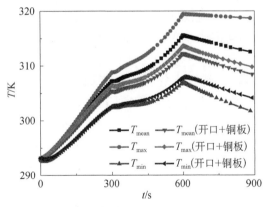

图 12.11　0#开口处和辅助散热铜板电池组与原始结构电池组的温度变化
（彩图见封底二维码）

12.2　基于液冷散热的电池组热管理

由于风冷无法满足日益增长的电池散热需求，所以散热效果优良的液冷热管

理越来越流行。液体冷却系统是利用液体与电池接触，吸收并传递热量的方式，一般要求用于冷却的液体具有高热容量和高热导率。相对于空冷，液冷冷却效率更高，温度分布更加均匀。目前液冷系统中应用广泛的液体是水溶液。

电池组与液体的排列冷却系统可分为串联、并联和串并联。液冷热管理的主要优点有：液体与金属的壁面间的换热系数较高，比空气与金属的高出几倍，保证了传热快、散热速率高；液冷结构可以比较紧凑，设计相对简单，轻量化设计后可以使电池组达到较高的比能量，比较适合现阶段电动汽车对电池散热的要求。

12.2.1 单体液冷电池的建模与分析

在建立电池组模型之前，为了降低计算复杂性，这里先用单体电池模型讨论液体流速、初始温度和动力黏度对散热系统的影响。以水为冷却剂，由于流速较低、特征长度较短，这里假设流动为层流。

1. 单体电池的液冷模型

1）流体动力学

在计算模拟中，对于气体和液体的计算都属于流体动力学计算范畴，因此本节计算流体过程的控制方程与12.1节一致。

2）几何模型

方形电池具有能量密度高、电池组合方便、倍率性能好的优点。本节采用的几何模型为方形电池，单体电池的长、宽、高分别为63 mm、13 mm、118 mm，电池容量为12 A·h，电池壳外有管道，内径为1 mm，距离电池表面距离1 mm。

3）边界条件

在所有的模拟中，电池和水的初始温度均为293.15 K。对流换热系数 $h=10\ \mathrm{W\cdot m^{-2}\cdot K^{-1}}$，环境温度设定为室温293.15 K，入口边界条件以入口流量计算，出口边界条件为压力 $P=0\ \mathrm{Pa}$。电池以5C放电倍率充放电4个循环，循环开始放电300 s，随后无搁置状态，直接开始充电300 s，600 s为一个充放电循环，循环时间2400 s。

4）网格划分

在COMSOL Multiphysics 5.3中，利用有限元法（FEM）进行计算求解。由于控制方程的高度非线性和模型中几何尺度的不同，计算精度和计算时间严重依赖于网格和求解器。边界采用自由三角形网格和扫掠法。测试了几种网格密度，以保证解的网格无关性。为了节省内存和时间，采用分离方法对控制方程进行耦合。图12.12展示了几何示意图和网格示意图。

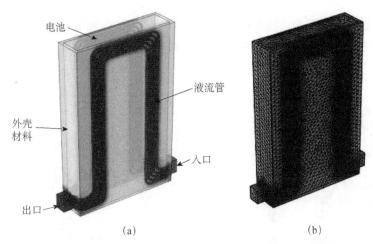

图 12.12　（a）几何示意图和（b）网格示意图（彩图见封底二维码）

2. 液流初始温度对单体电池温度的影响

改变液流初始温度能够很大程度上改善电池的最大温度和平均温度。表 12.7 列出了液流温度（T_{liquid}）从 275.15～293.15 K 电池温度的变化情况。可以看到，当液流温度为 293.15 K 时，电池最高温度（T_{max}）达到约 299 K，平均温度（T_{mean}）约为 297 K，最大温差 ΔT 约为 6 K；采用外加冷却装置可以降低初始液流温度，比如空调泵，初始液流温度下降 3 K 即 290.15 K 时，电池最高温度和平均温度也均下降了 3 K，最小温度为 290 K，如图 12.13 所示。这是因为与液流管直接接触的部分温度仍与液流温度接近，电池表面与液流管接触表面温度最低。但此时电池最大温差仍保持在 6 K 左右，超过稳定安全工作的阈值 5 K，表明电池温度均匀性并不好，需要进一步改进。因此在安全和节能的综合考虑下，选择接近环境温度的液流温度，必须紧急降温时可以适当降低液流温度。

表 12.7　不同液流初始温度下单体电池温度的变化情况

温度	液流温度						
	275.15 K	278.15 K	281.15 K	284.15 K	287.15 K	290.15 K	293.15 K
T_{mean}/K	279.226	282.226	285.209	288.208	290.372	294.178	297.039
T_{max}/K	281.241	284.240	287.221	290.219	293.218	296.187	299.048
ΔT/K	6.088	6.087	6.068	6.066	6.065	6.034	6.045

3. 液流速度对单体电池温度的影响

对比不同流速下的温度和温差，增加液体流速对降低电池的最高温度和温差并不明显。如表 12.8 所示，当液流速度为 0.1 m·s⁻¹ 时，电池的平均温度为 297.2 K，最大温差为 6.2 K；当液流速度的速度增加至 5 m·s⁻¹ 时，电池的最高温度下降 0.2 K 左右。可见，在极大地增加外加功率的基础上，电池散热效率的提升并不明显，这是因为，流速的增加，减少了液流与电池的接触时间。因此在安全和节能的综合考虑下，选择低流速的液流速度。

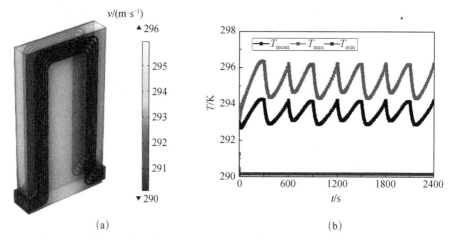

(a)   (b)

图12.13 液流温度为290.15 K时的（a）温度云图和（b）温度随时间变化图
（彩图见封底二维码）

表 12.8 不同液流速度下电池温度的变化情况

电池温度	液流速度			
	$0.1\ \mathrm{m\cdot s^{-1}}$	$0.2\ \mathrm{m\cdot s^{-1}}$	$0.5\ \mathrm{m\cdot s^{-1}}$	$5\ \mathrm{m\cdot s^{-1}}$
T_{mean}/K	297.246	297.124	297.039	296.967
T_{max}/K	299.244	299.129	299.248	298.978
ΔT/K	6.228	6.121	6.045	5.978

4. 单体电池加外壳材料包覆

液流管直接与电池接触，导致与液流管接触的部分，其降温效果优于非接触的部分，不利于温度的均匀性。因此，考虑在电池周围包覆一层2 mm的高热导率铜板，将热量更快地吸收并利用液流带走热量，同时也可使电池更均匀地与液流管接触，加速电池的热量消散。如图12.14所示，相较于无导热板的电池，有导热板的电池其平均温度下降了3.1 K，温差也降低了3.2 K。

5. 不同介质冷却效果对比

水因为其高的比热容等良好的性质，是最常见也是最常用的冷却介质之一。然而水的热导率较低，仅有$0.6\ \mathrm{W\cdot m^{-1}\cdot K^{-1}}$，故往往和其他液体介质混合使用。下面讨论常用的几种液体冷却介质（其物理性能参数见表12.9）的冷却效果，如图12.15所示。水、甘油、乙醚的降温效果相近，温度变化曲线近乎一致；变压器油（transformer oil），R-22（CH_3Cl）介质冷却效果一致，且均优于水介质，相较于水介质，其最高温度和最大温差均下降了3 K左右，使得温差控制在了电池工作安全阈值内。通过比较发现，互溶液体的冷却效果较为接近，但互溶液体之间的属性尚无明显规律，因此需分别研究冷却液的四种属性对电池热管理的影响。

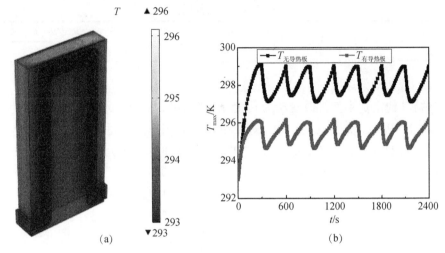

(a)　　　　　　　　　　　　　　　(b)

图12.14　（a）2400s电池温度云图；（b）有无导热板电池温度变化的对比
（彩图见封底二维码）

表 12.9　不同液体介质的物理性能参数（温度为293～300 K）

	$\mu/(\times10^{-3}Pa \cdot s)$	$C_p/(J \cdot kg^{-1} \cdot K^{-1})$	$\rho/(kg \cdot m^{-3})$	$k/(W \cdot m^{-1} \cdot K^{-1})$
水	0.9	4180	998	0.6
变压器油	10～20	1750	875	0.1105
甘油	0.23	2400	705	0.1361
乙醚	1000	2420	1260	0.2858
R-22（CH₃Cl）	0.17	1300	1200	0.085

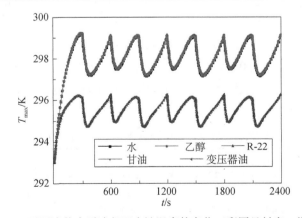

图12.15　不同液体介质冷却下电池温度的变化（彩图见封底二维码）

6. 冷却介质属性对电池热管理效果的影响

综合上述五种液体的四种属性，去掉最大值和最小值，再取平均值定量分析冷却液的各属性对电池温度分布的影响。所采用的参数值如表12.10所示。

表12.10　各定量属性

	$\mu/$（Pa·s）	$C_p/$（J·kg^{-1}·K^{-1}）	$\rho/$（kg·m^{-3}）	$k/$（W·m^{-1}·K^{-1}）
定量	0.01	2000	1000	0.2

（1）改变动力黏度。

保持其他定量不变，改变动力黏度分别为0.001 Pa·s、0.01 Pa·s、0.1 Pa·s、1 Pa·s、1.5 Pa·s、2 Pa·s、2.5 Pa·s 和 3 Pa·s，得出电池表面最高、最低温度及温差，如表12.11所示。总体上看，黏度对电池热管理的作用不大。具体来说，在热容为2000 J·kg^{-1}·K^{-1}、密度为1000 kg·m^{-3}、热导率为0.2 W·m^{-1}·K^{-1}时，随着冷却液体动力黏度的逐渐增大，最高温度逐渐下降，直到黏度增大到2.5 Pa·s，最高温度达到最小值296.217 K，降温效果最好；平均温度则在黏度为2.5 Pa·s时达到最小值294.593 K。温差呈现先变大后减小的趋势。综上，在其他三个属性为此定值时，最优的动力黏度应选为1.5～2.5 Pa·s。

表 12.11　改变冷却液体动力黏度时电池的温度变化

温度	动力黏度							
	0.001 Pa·s	0.01 Pa·s	0.1 Pa·s	1 Pa·s	1.5 Pa·s	2 Pa·s	2.5 Pa·s	3 Pa·s
T_{max}/K	296.199	296.213	296.218	296.220	296.218	296.218	296.217	296.219
T_{mean}/K	294.804	294.793	294.814	294.823	294.822	294.822	294.593	294.821
ΔT/K	3.193	3.208	3.213	3.216	3.213	3.213	3.214	3.214

（2）改变热容。

保持其他定量不变，改变热容分别为1000 J·kg^{-1}·K^{-1}、2000 J·kg^{-1}·K^{-1}、3000 J·kg^{-1}·K^{-1}、4000 J·kg^{-1}·K^{-1} 和 5000 J·kg^{-1}·K^{-1}，得出电池表面最高、最低温度及温差，如表 12.12 所示。可以看到在动力黏度为 0.01 Pa·s，密度为 1000 kg·m^{-3}，热导率为0.2 W·m^{-1}·K^{-1}时，随着冷却液体热容的逐渐增大，最高、最低温度和温差均逐渐变小。可见当其他三个属性为定值时，冷却液体的热容越大越好。

表 12.12　改变冷却液体热容时电池的温度变化

温度	热容				
	1000 J·kg^{-1}·K^{-1}	2000 J·kg^{-1}·K^{-1}	3000 J·kg^{-1}·K^{-1}	4000 J·kg^{-1}·K^{-1}	5000 J·kg^{-1}·K^{-1}
T_{max}/K	296.3058	296.2148	296.1833	296.1633	296.1481
T_{mean}/K	294.9005	294.8075	294.7733	294.7550	294.7401
ΔT/K	3.2933	3.2089	3.1793	3.1601	3.1455

（3）改变密度。

保持其他定量不变，改变密度分别为 $500\,\text{kg}\cdot\text{m}^{-3}$、$750\,\text{kg}\cdot\text{m}^{-3}$、$1000\,\text{kg}\cdot\text{m}^{-3}$、$1250\,\text{kg}\cdot\text{m}^{-3}$、$1500\,\text{kg}\cdot\text{m}^{-3}$、$1750\,\text{kg}\cdot\text{m}^{-3}$、$2000\,\text{kg}\cdot\text{m}^{-3}$、$2250\,\text{kg}\cdot\text{m}^{-3}$ 和 $2500\,\text{kg}\cdot\text{m}^{-3}$，得出电池表面最高、最低温度及温差，如表 12.13 所示。可以看到在动力黏度为 $0.01\,\text{Pa}\cdot\text{s}$，热容为 $2000\,\text{J}\cdot\text{kg}^{-1}\cdot\text{K}^{-1}$，热导率为 $0.2\,\text{W}\cdot\text{m}^{-1}\cdot\text{K}^{-1}$ 时，随着冷却液体密度的逐渐增大，最高、最低温度和温差均逐渐变小。因此，当另外三个属性为定值时，冷却液体的密度越大越好。但考虑到动力汽车上的轻量化要求，冷却液体的密度也不宜过大，在可允许范围内适量增大最佳。

表 12.13　改变冷却液体密度时电池的温度变化

温度	密度								
	500 $\text{kg}\cdot\text{m}^{-3}$	750 $\text{kg}\cdot\text{m}^{-3}$	1000 $\text{kg}\cdot\text{m}^{-3}$	1250 $\text{kg}\cdot\text{m}^{-3}$	1500 $\text{kg}\cdot\text{m}^{-3}$	1750 $\text{kg}\cdot\text{m}^{-3}$	2000 $\text{kg}\cdot\text{m}^{-3}$	2250 $\text{kg}\cdot\text{m}^{-3}$	2500 $\text{kg}\cdot\text{m}^{-3}$
T_{max}/K	296.3076	296.2518	296.2057	296.1955	296.1819	296.1715	296.1640	296.1563	296.1500
T_{mean}/K	294.9035	294.8426	294.7987	294.7872	294.7727	294.7621	294.7543	294.7473	294.7410
ΔT/K	3.2956	3.2440	3.2000	3.1907	3.1778	3.1679	3.1607	3.1533	3.1472

（4）改变热导率。

保持其他定量不变，改变冷却液体热导率分别为 $0.1\,\text{W}\cdot\text{m}^{-1}\cdot\text{K}^{-1}$、$0.2\,\text{W}\cdot\text{m}^{-1}\cdot\text{K}^{-1}$、$0.3\,\text{W}\cdot\text{m}^{-1}\cdot\text{K}^{-1}$、$0.4\,\text{W}\cdot\text{m}^{-1}\cdot\text{K}^{-1}$、$0.5\,\text{W}\cdot\text{m}^{-1}\cdot\text{K}^{-1}$ 和 $0.6\,\text{W}\cdot\text{m}^{-1}\cdot\text{K}^{-1}$。得出电池表面最高、最低温度及温差，见表 12.14。可以看到在动力黏度为 $0.01\,\text{Pa}\cdot\text{s}$，热容为 $2000\,\text{J}\cdot\text{kg}^{-1}\cdot\text{K}^{-1}$，密度为 $1000\,\text{kg}\cdot\text{m}^{-3}$ 时，随着冷却液体热导率的逐渐增大，最高、最低温度和温差均呈现先增大后减小的趋势。在热导率为 $0.3\,\text{W}\cdot\text{m}^{-1}\cdot\text{K}^{-1}$ 时，最高温度达到最小值为 296.2026 K，降温效果最好；温差也达到最小值 3.1969 K，温度均匀性很好；同时平均温度也达到最小值 294.7969 K。综上，在另外三个属性为此定值时，最优的热导率为 $0.3\,\text{W}\cdot\text{m}^{-1}\cdot\text{K}^{-1}$。

表 12.14　改变冷却液体热导率时电池的温度变化

温度	热导率					
	0.1 $\text{W}\cdot\text{m}^{-1}\cdot\text{K}^{-1}$	0.2 $\text{W}\cdot\text{m}^{-1}\cdot\text{K}^{-1}$	0.3 $\text{W}\cdot\text{m}^{-1}\cdot\text{K}^{-1}$	0.4 $\text{W}\cdot\text{m}^{-1}\cdot\text{K}^{-1}$	0.5 $\text{W}\cdot\text{m}^{-1}\cdot\text{K}^{-1}$	0.6 $\text{W}\cdot\text{m}^{-1}\cdot\text{K}^{-1}$
T_{max}/K	296.2148	296.2125	296.2026	296.2107	296.2117	296.2143
T_{mean}/K	294.8075	294.8052	294.7969	294.8040	294.8050	294.8075
ΔT/K	3.2089	3.2067	3.1969	3.2049	3.2058	3.2083

12.2.2　液冷管电池组模型

1. 电池组液冷模型的建立

电池组由于热积累，导致散热性能往往与单体电池存在较大差异。本节在前文单体电池液流散热模型的基础上建立了液冷管电池组模型，模型结构如图

12.16（a）所示。为了方便讨论，在此改变了电池的尺寸，长100 mm、宽2 mm、高100 mm，电池间距为4 mm。

电池组的重复单电池由一个包含流道的冷却翅片和两个方形电池组成，其中冷却翅片的每一侧放置一个方形电池。冷却翅片由铝制成，液流管从冷却翅片中通过。液流管为U形管，共5根，其截面为边长2 mm的正方形，管道出口和进口均有流动室聚集流液。冷却翅片和方形电池的厚度均为2 mm，将厚度求和得到单电池的总厚度为6 mm。

模拟的电池组几何结构由三个堆叠的单电池和两个流动连接器通道组成：一个通道在冷却翅片的入口侧，另一个在出口侧。此几何结构表示朝向电池组出口端的最后三个单电池（几何中未包含的电池组中的单电池从$y=0$开始往y的负方向延伸）。

流动室由两个连接器通道和冷却翅片中的通道组成，使用水的材料属性来模拟冷却流体，使用入口温度作为输入来计算流体属性。

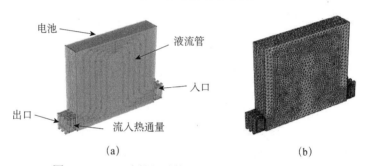

图12.16 （a）电池组结构示意图；（b）网络示意图

（1）流动边界条件。

考虑计算成本，本模型计算了三组电池，并采用物理场对称的方法模拟了50个电池成组的温度变化。在电池组的出口流动室边界设定流入热通量，值为对称显示的47组电池的耗散热量。流液通过所模拟的冷却翅片板流进入口1，而之前已通过电池组中冷却翅片的流液（未包含在模型中）流进入口2。假定电池组中每个翅片的平均流量为$0.6\ \text{cm}^3 \cdot \text{s}^{-1}$，将模拟的冷却翅片数量定义为$N_{\text{fins, model}}=3$，将电池组中冷却翅片的总数定义为$N_{\text{fins, pack}}=50$，则流入条件设为

$$Q_{\text{inlet 1}}=N_{\text{fins, model}}Q_{\text{fin}} \tag{12.7}$$

$$Q_{\text{inlet 1}}=(N_{\text{fins, pack}}-N_{\text{fins, model}})Q_{\text{fin}} \tag{12.8}$$

对于横截面为矩形的通道中的层流，使用近似的速度分布v_{profile}定义流入速度：

$$v_{\text{profile}}(s_1,\ s_2)=36 \cdot s_1(1-s_1)s_2(1-s_2) \tag{12.9}$$

其中，s_1和s_2是表面参数。此例中，这两个参数在入口边界的0到1之间随x和

z 呈线性变化。则法向流入速度设为

$$v_{\text{inlet }1} = v_{\text{profile}} Q_{\text{inlet }1}/A \tag{12.10}$$

$$v_{\text{inlet }2} = v_{\text{profile}} Q_{\text{inlet }2}/A \tag{12.11}$$

其中，A 是连接器通道的横截面积（m^2）。在出口处，施加大气压力。所有其他边界都设为无滑移条件。

（2）热模型。

求解流动室、冷却翅片和电池中的温度场。电池域中的密度、热容和热源设置方法与 12.2.1 节相同，这里不再赘述。流动模型的速度用作流体速度的模型输入。

（3）传热边界条件。

在入口 1 处，指定了冷却流体的入口温度为 310 K。

在入口 2 处应用流入热通量，其中将此模型中未包含的电池组电池中产生的热量计算在内。电池的平均热源表示为 Q_h，每个电池的体积为 V_{batt}，产生以下向内热通量：

$$q_0 = 2Q_h \left(N_{\text{fins, pack}} - N_{\text{fins, model}} \right) V_{\text{batt}} \cdot 0.99 \tag{12.12}$$

其中，因子 2 源于每个冷却翅片的电池数；因子 0.99 源于流入连接器通道前消散到周围而损失的 1% 热量这一假设。

出口压力设定为压力条件，0 Pa。

将对称条件应用到朝向几何中未包含的电池组部分的电池表面（$y=0$）。

使用积分组件耦合将温度设为热模型活性电池材料中的平均温度。

在所有其他边界，应用传热系数为 1 $W \cdot m^{-2} \cdot K^{-1}$ 的热通量条件，从而解释由绝热较差导致的消散到周围的热量损耗。

（4）求解器序列。

在三个研究中按顺序求解模型，每个物理场接口对应一个研究。首先假定温度均匀以及通道中冷却流体属性恒定，使用恒温（入口温度）求解流体流动。为了计算电池的平均热源，包含瞬态研究步骤的第二个研究定义为仅求解一维电池模型。仿真从电池的初始状态运行到所需的时间，本例中为 2400 s。假定电池模型中的温度恒定，等于冷却流体的入口温度。最后，在第三个研究包含的瞬态研究步骤中，使用第一个研究中的流速和第二个研究中瞬态仿真最后一个时间步的平均热源，求解负载循环中所需时间条件下电池组的准稳态温度。

（5）网格划分。

此处采用分步骤研究计算湍流方程、锂离子电池电化学偏微分方程和传热方程，通过温度、热量、流速、压力进行耦合求解，耦合方式为非等温流动。网格由 COMSOL Multiphysics 5.3 软件内置网格划分器根据物理场划分网格，管道流依然采取边界层网格，边界层为2层，厚度因子为5，划分后的几何模型见图12.16（b）。

2. 结果分析

（1）管道截面形状对大电池组温度分布的影响。

考虑到实际工况是以圆液冷管进行冷却，将此模型的管道形状由2 mm正方形管道截面改为1 mm半径圆形截面。

如图12.17所示，将朝向冷却翅片的表面（$y=4$ mm）温度与朝向第三个电池的表面（$y=6$ mm）温度进行比较，能看出第二个电池的表面温升情况。朝向冷却翅片的表面温度较低，并于朝向入口的拐角处达到最低温度，此时电池的温度梯度也达到最大值。此外，方管温度梯度（1.95 K）要小于圆管温度梯度（2.36 K），这应该是由液流接触面积导致的温升差异。

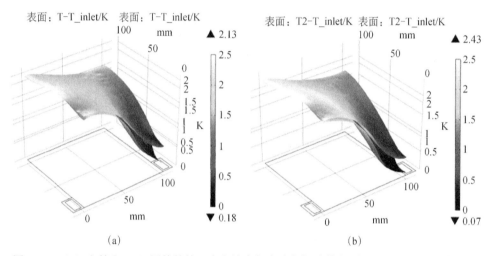

图12.17 （a）方管和（b）圆管的第二个电池中朝向冷却翅片的表面（$y=4$ mm）和朝向第三个电池的表面（$y=6$ mm）的温升（与入口温度相比）（彩图见封底二维码）

图12.18显示了方管和圆管的流体室中的压力和速度分布。流过其中一个冷却翅片中间截面的速度大小如图12.18（c）和（d）所示。通道中间的速度大小分别约为0.24 m·s⁻¹和0.31 m·s⁻¹。这意味着，流体在板中的停留时间仅有几秒，这证实了电池组经负载变化后会迅速达到准稳态温度分布这一假设。并且，圆管的液流速度比方管大，液压也比方管大将近两倍，说明圆管的接触曲面更适合液体流动。

图12.19显示了电池和冷却流体的温度。从图12.19（a）和（b）可以看到，电池沿y轴的温度变化小于xz平面内单个电池的温度变化。这是由于电池y方向的热导率小于xz方向的热导率。方管电池组中温差约为2.39 K，圆管电池温差约

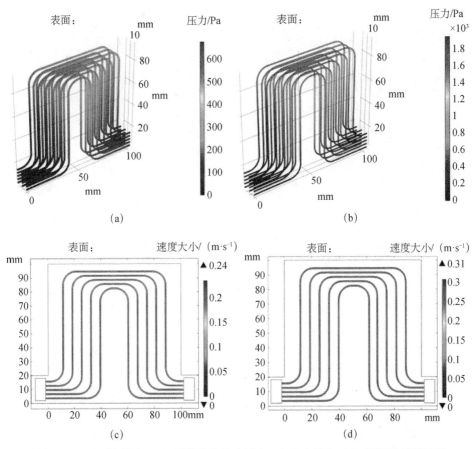

图12.18 （a）方管和（b）圆管的流体室压力；（c）方管和（d）圆管的液流速度
（彩图见封底二维码）

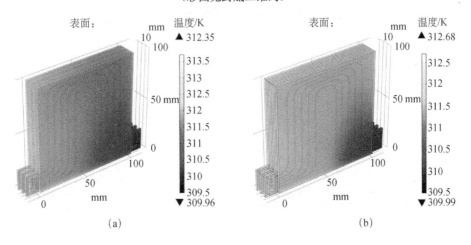

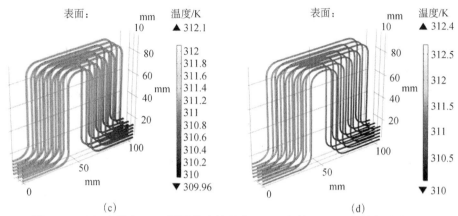

图12.19　（a）方管和（b）圆管的电池温度；（c）方管和（d）圆管的液流温度
（彩图见封底二维码）

为2.69 K。圆管冷却效果略低于方管，这应该是圆管接触面积小于方管导致的。从图12.19（c）和（d）可以看出，液流温度低于电池温度，这主要是液冷入口使用了高功率冷却设备来保持入口温度始终为初始温度导致的。

（2）液流速度对大电池组温度分布的影响。

如图12.20所示，随着流速的增加，电池组的最高温度和温差均下降了。流速为 $0.2\ \text{m}\cdot\text{s}^{-1}$ 时，电池组最高温度和温差分别为317.5 K和6.3 K；当流速增加至 $1\ \text{m}\cdot\text{s}^{-1}$ 时，电池组最高温度和温差下降至311.8 K和1.8 K，散热效果提升显著。这一结果完全不同于单电池中流速对散热效果不明显的结论。这是因为在电池组中热量积累程度远大于单体电池。在电池组中流速越慢，液流吸收的近入口处电池的温度将影响相较后面排列的电池，液流温度的提高降低了后排电池的散热效果，热量逐步积累，电池组散热效果越差；反之，提高液流速度，热量能及时导出电池组系统，与外界进行热量交换，因此大大降低了电池组的最高温度和最大温差，提高了散热效率。

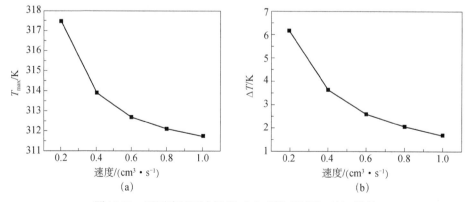

图12.20　不同流速下电池组（a）平均温度和（b）温差

（3）充放电倍率对电池组温度分布的影响。

在相同的环境温度情况下，对模型在不同充放电倍率（0.5C～9C）下进行仿真计算，得到电池的温度场，并对此进行分析，如图12.21所示为300 s时的温度云图。低放电倍率下生热速率较小，对散热系统的要求不高，在这一范围内增大倍率（0.5C～3C）对温差和温度的影响不明显。从4C～9C的温度分布图可以看到，电池组升温迅速，这是因为高倍率下电池组生热速度较快。同时，越靠近出水口温度越高，越靠近入水口温度越低。这是因为冷却水进口流速相对较大，使得冷却水进入冷却板的入口集流器后尚未与流道中的水充分混合就直接流向出口，从而使得入口冷却水在流道中分布不均，未起到均匀控温的作用。同时，高倍率下生热速率的不均匀性较大，两者综合影响下，温度分布差异明显。

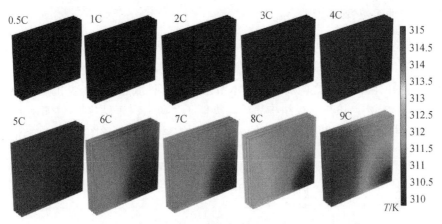

图12.21　不同倍率下的电池温度云图（彩图见封底二维码）

图12.22为不同倍率下的电池最高温度和最大温差随时间的变化图。可以推知倍率越大，电池表面最高温度越高，最大温差越大，控温效果和温度均匀性均下降。

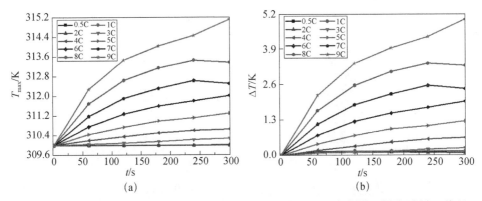

图12.22　不同倍率下电池最高温度（a）和最大温差（b）随时间的变化图（彩图见封底二维码）

12.3　基于相变材料散热的电池组结构设计

在对电池热管理的研究中，大部分研究者只重视热管理系统的散热性能，而忽视对热管理系统的热失控阻隔能力的研究，尤其是在电池热滥用造成热量传播时，这一隔热更有必要去考虑。然而，系统散热与隔热之间似乎存在矛盾，两者难以协同。一方面，增强隔热，会导致系统散热困难，有热失控风险；另一方面，降低隔热，虽增强散热性能，但会降低热失控阻隔能力。本书第9章中验证了相变材料热管理的可行性及优点，但单一相变材料热管理系统难以满足阻止电池组热失控传播的需求。因此，亟须采用一种新型高效的电池热管理系统，解决隔热与散热之间的矛盾，使两者能够发挥各自的优点，协同控温。

12.3.1　电池组热管理模型

本节仍以方形动力电池为研究对象，建立电池组热管理系统的三维模型，研究不同倍率对电池模块最高温度与局部温差的影响。考虑到电池系统散热与防止热失控传播的隔热性能之间的矛盾，本节采用了一种散热性能好并能阻隔热失控传播的复合板[21]。该复合板结构简单，类似于"夹心饼干结构"，主要是由导热壳、相变材料及绝热层三部分组成的，复合板的具体结构示意图如图12.23所示。

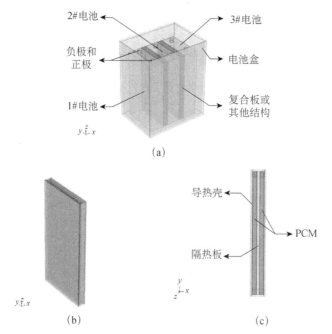

图12.23　（a）复合板电池组热管理系统示意图；复合板（b）主视图和（c）俯视图
（彩图见封底二维码）

复合板的最外层是导热材料，应采用高热导率的金属（铜或铝）及其复合材料，能够及时散热。绝热层安装在导热壳的正中间，采用低热导率的材料（玻璃纤维、石棉或电木），从而可以阻隔电池热失控的传播。相变材料填充在其间，使得复合板形成"1 mm 导热壳–3 mm 相变材料–2 mm 隔离板–3 mm 相变材料–1 mm 导热壳"所构成的五层结构。其中，相变材料的热导率不能太低，以便于吸收导热壳传递的热量，一般可选用石蜡和石墨的复合材料。此外，相变材料的相变温度应在 20~40 ℃（电池安全工作范围内）。本节建模所需的尺寸以及相变材料的参数列于表 12.15，主要包括模型中复合板和电池的尺寸、热容、热导率以及密度。根据这些参数在 COMSOL Multiphysics 5.3 中进行建模，模拟复合板热管理系统分析该系统的性能。

表 12.15　建模所需的几何尺寸及热物性参数[22-24]

名称	符号/单位	值
电池长度	L/mm	70
电池宽度	W/mm	28
电池高度	H/mm	134
熵系数	(dE/dt)/（mV·K^{-1}）	−0.5
复合板的厚度	d_1/mm	10
导热壳厚度	d_2/mm	1
绝缘板厚度	d_3/mm	2
每个相变材料层的厚度	d_{PCM}/mm	3
电池盒的热容	C_{p1}/（J·kg^{-1}·K^{-1}）	900
导热壳的热容	C_{p2}/（J·kg^{-1}·K^{-1}）	385
隔热板的热容	C_{p3}/（J·kg^{-1}·K^{-1}）	800
相变材料的热容（固相）	C_{pPCMS}/（J·kg^{-1}·K^{-1}）	2150
相变材料的热容（液相）	C_{pPCML}/（J·kg^{-1}·K^{-1}）	2180
相变潜热	L_{PCM}/（J·kg^{-1}）	225000
电池的热导率	λ_b/（W·m^{-1}·K^{-1}）	32
电池盒的热导率	λ_1/（W·m^{-1}·K^{-1}）	238
导热壳的热导率	λ_2/（W·m^{-1}·K^{-1}）	400
绝缘板的热导率	λ_3/（W·m^{-1}·K^{-1}）	0.1
相变材料的热导率（固相）	λ_{PCMS}/（W·m^{-1}·K^{-1}）	0.358
相变材料的热导率（液相）	λ_{PCML}/（W·m^{-1}·K^{-1}）	0.152
电池盒密度	ρ_1/（kg·m^{-3}）	2700
导热壳密度	ρ_2/（kg·m^{-3}）	8700
绝缘板密度	ρ_3/（kg·m^{-3}）	880
相变材料密度（固相）	ρ_{PCMS}/（kg·m^{-3}）	814
相变材料密度（液相）	ρ_{PCML}/（kg·m^{-3}）	724
环境温度	T_0/K	293.15
相变材料的相变温度	T_{PCM}/K	303.15
自然对流空气的传热系数	h_0/（W·m^{-2}·K^{-1}）	10

基于第9章单体电池相变储热散热模型，这里建立复合板电池组的热管理模型。外部边界为绝热条件，3C放电倍率充放电循环，一个充放电循环为600 s，先充电后放电，循环时间为1500 s，对循环结束时的温度进行讨论。

实际电池组一般由多个电池串并联组成，为了简化计算，模型电池组研究对象为1×3方形电池单元。其中，电池之间的空隙处放置了两块复合板，电池组外壳是不锈钢材料。电池组内电池与复合板交替放置，并保证电池与复合板之间紧密贴合，使电池的热量能及时传到复合板中。为了验证复合板的性能，设计了四种不同的结构进行对比分析。复合板可以被其他结构所取代。为了方便，对这四种结构进行了标号，其中"结构1"代表相邻电池之间无空隙，"结构2"代表电池之间存在一定的空气间隙，"结构3"代表相邻两块电池之间安置一块简单的散热板，"结构4"代表相邻两块电池之间安装复合板。此外，对电池组中的电池进行了编号，外边的电池标记为"1#"电池（由于系统对称性，只考虑一边的外电池），中间的电池标记为"2#"电池。

12.3.2　不同结构散热性能分析

这里建立三维热模型来描述电池组的产热特性。为对比不同结构的散热能力和热失控阻隔能力，对电池分别在正常工作条件和热滥用条件这两种情况下进行模拟研究，并对不同结构的散热能力进行讨论分析。

为了研究正常工作条件下复合板的散热能力，三节电池都使用相同的电流倍率进行放电，其中放电电流倍率分别为1C、2C、3C、4C和5C，对四种不同结构电池组的热效应和温度分布进行比较。

图12.24是3C倍率放电完成后四种不同结构电池组的温度分布图。当时间为1500 s时，结构1和结构2的温度相差不大，这说明仅增加电池间距对散热能力的提升作用不大。这是因为，在绝热环境下对流系数低，由对流换热散发的电池热量也较少，因此电池温度持续堆积，有发生热失控的可能性。结构3和结构4中电池组的最高温度明显低于结构1和2，最高温度分别下降了1.15 K和1.62 K，表明散热板和复合板能够有效传导电池的产热。同时，所有系统的最高温度都出现在电池底部，而顶部的温度相对较低。这主要是因为电池底部与包裹的不锈钢壳直接接触，它们之间存在着热传导，转移了大部分的电池热量。这也说明散热板和复合板可以带走电池的产热。此外，结构3和结构4中散热板和复合板的温度高于电池温度，四种结构的温差均在安全阈值5 K内。综合比较，降温效果为结构4>结构3>结构2>结构1。

由于电池组结构的对称性，下面主要研究结构2和结构4中的1#电池和2#电池。3C充放电过程中结构2和结构4中电池组的最高和最低温度随时间的变化曲

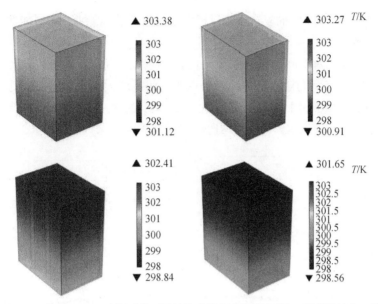

图 12.24　3C 倍率 1500 s 时的四种不同结构电池组的温度云图（彩图见封底二维码）

线如图 12.25 所示。在图 12.25（a）中，电池的最高温度和最低温度随时间快速
增长，且 2#电池的最低温度略高于 1#电池的温度（高约 0.25 K）。这是因为，结
构 2 中 2#电池的两侧都是空气，此区域中的空气接收到两侧电池的热量之后温度
较外围空气来说要高，因此 2#电池和空气之间的热交换较小，故而温度略高。电
池组的最大温差随着时间增长而增大，当时间为 1500 s 时达到最大，为 1.10 K。从
图 12.25（b）中可以发现，结构 4 中的 2#电池的温度反而比 1#电池的温度略低一些
（低约 0.05 K），这是因为，2#电池与两块复合板之间有很好的热传导作用，而 1#
电池只有一侧有复合板的热传导作用。另外，结构 4 中电池组的最大温差下降至

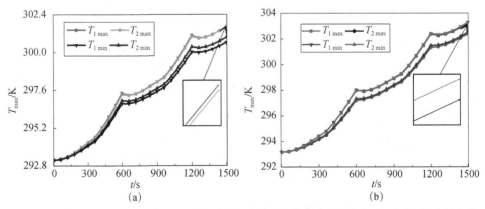

图 12.25　3C 倍率下（a）结构 2 和（b）结构 4 中电池组的最高和最低温度随时间的变化曲线
（彩图见封底二维码）

1.02 K。因此，结构4中的复合板可以提高电池组的散热能力，同时能够提高电池组温度的一致性。

　　图12.26所示为不同放电倍率下结构2中电池组的最高温度和最大温差。在结构2中，随着倍率的增大，电池产热也随之明显增大，所以电池组的最大温度和温差也迅速增大。当倍率由1C增大至5C时，结构2中电池组的最大温度由293.95 K增大至324.24 K，而1200 s时的温差从0.14 K增大至2.69 K。

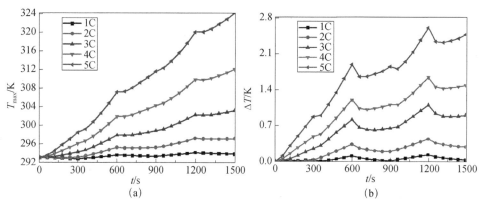

图12.26　不同倍率下结构2中电池组的最高温度和最大温差随时间的变化曲线
（彩图见封底二维码）

　　图12.27所示为不同放电倍率下结构4中电池组的最高温度和最大温差。可以发现其变化趋势与结构2类似，但最高温度有所降低。由于锂离子安全工作温度范围为293.15～313.15 K，安全工作温差阈值为5 K，所以，结构4的散热性能最优，不仅能够有效提高电池的散热能力，并且能够提高电池组温度一致性，尤其是当结构4中的相变材料具有较高潜热时效果更为明显。

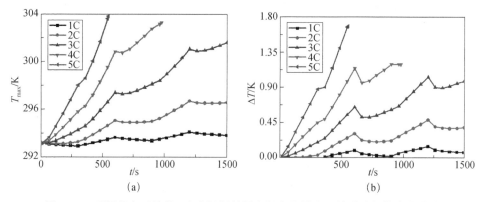

图12.27　不同倍率下结构4中电池组的最高温度和最大温差随时间的变化曲线
（彩图见封底二维码）

　　此外，在设计系统时发现，改变电池组外壳的不锈钢壳厚，对系统散热效果也略有提高，如图 12.28 所示。这是因为，壳厚的增大导致体积的增加，在相同材料相同热容下，体积较大者吸收热量较多，系统散热效果更好。但从新能源汽车电池的轻便性考虑，不宜使电池包裹外壳过厚。

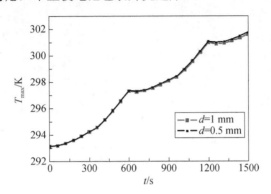

图 12.28　壳厚为 0.5 mm 和 1 mm 时的最大温度图（彩图见封底二维码）

12.4　基于液冷–相变耦合散热的电池组结构设计[25]

　　前文已经讨论了风冷散热系统、相变材料储热系统和液冷管散热系统三种方式的优势与缺陷。例如，风冷散热结构简单，但其散热效果不明显，电池组温差大；相变材料潜热吸热效果明显，但其热导率低，与外界热交换效率低，被动散热不可控；液冷散热效率高，但其结构复杂。因此，将多种散热方式结合，扬长避短，设计出散热效率高、结构简单、可控制调节的耦合散热的电池组热管理模型，是人们所追求的目标。

　　通过第 9 章的分析已经知道，液冷–相变耦合散热比风冷–相变耦合散热效果更好。因此，本节对液冷–相变耦合散热的热管理系统进行进一步设计与分析。

12.4.1　液冷–相变材料耦合散热的电池组结构设计

　　为了降低系统的复杂程度，这里采用在相变材料中直接嵌入冷却管道的热管理模型，如图 12.29 所示。

　　模型模拟了 1×6 电池模型，电池间为高热导率铜片，电池两侧为潜热 900 kJ·kg⁻¹ 的相变材料，电池及相变材料参数如表 12.15 所示。热量通过铜片传导至相变材料，相变材料利用潜热吸收电池产热，在相变材料中嵌入三根液冷管，冷却液由外部制冷系统进入管道，带走相变材料中的热量，从而实现主被动相结合的冷却方式。复合相变材料的尺寸为 118 mm×30 mm×13 mm，冷却管道放置在相变材料中间，中间管道的中心高度为 59 mm，两侧管道中心距离电池

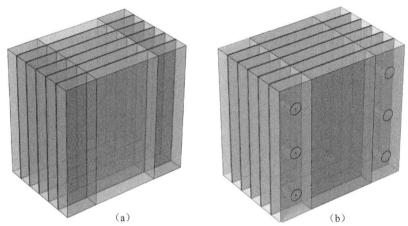

图12.29 （a）未嵌入管道的相变储热管理和（b）嵌入管道的主被动热管理几何模型示意图
（彩图见封底二维码）

上、下面为 20 mm，以便带走更多的热量，液冷管道为直径 10 mm 的圆管。

在5C倍率下放电520 s，得到其温度分布，如图12.30所示。由于结构的对称性，这里从外到内命名电池为1#、2#和3#电池。从图中可以明显看出，增加液冷管后电池的最高温度和最低温度均比未加液冷管时有所降低，表明两种冷却方式耦合能够改善冷却效果。但就整体温度均匀性而言，耦合散热的热管理系统的温差为8.47 K，大于仅采用相变散热的热管理系统温差6.81 K，温度均匀性反而下降。

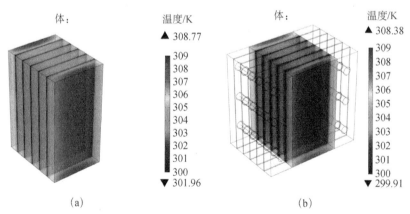

图12.30 520 s时两种电池热管理模型的温度云图（彩图见封底二维码）
（a）仅相变散热；（b）耦合散热

图12.31显示了耦合热管理系统各电池的温差变化。从图中能明显看出，1#电池的温差（约8.5 K）高于另外两块电池（比较相近，均约为5 K），温度均匀性比较差。这是由于，冷却液在入口处的温度为293.15 K，小于电池运行过程中

的最高温度，且高热导率铜片的导热效果极好，造成入口处第一块电池的温度始终低于随后几块电池。同时可以明显发现，在电池侧面存在由冷却管道造成的温度梯度，说明此种主被动耦合热管理在保证电池温度均匀性方面需要改善。

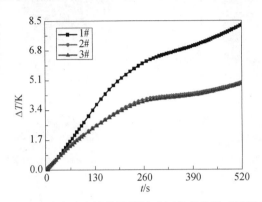

图12.31　耦合热管理方式各个电池的温差随时间的变化图（彩图见封底二维码）

12.4.2　复合板结构的改进

1. 加竖管排

主被动方式结合虽有较好的散热性能，但易导致温度不均。为同时提高复合板结构散热性能和温度均匀性，这里将分布分散的大圆管改为密集型的小圆管排，从而增大与相变材料的接触面积，使其能够更好地维持电池表面的温度均匀性。

基于12.4.1节的几何模型，在相变材料中穿插密集的竖圆管排，如图12.32中结构4所示。外部边界为绝热条件，3C放电倍率下充放电循环，一个充放电循环为600 s，先充电后放电，循环时间共1500 s，选择循环结束时的温度讨论，如图12.32所示。

结构1中电池组孔隙为空气，电池组的最高温度为303.27 K，电池温度最高；结构2在电池之间插入普通散热板，最高温度为302.41 K，温差为3.57 K；结构3在电池组孔隙中插入12.3节中的复合板材料，最高温度下降至301.65 K，温差降为3.09 K。这是因为复合板中的导热板将热量快速地导入相变材料内，而复合板中间的绝热板将电池间的热量隔绝，因此电池组最高温度和温差下降了；结构4在复合板材料中穿插竖管排，电池最高温度为301.54 K，最大温差为2.98 K。可见加入液流管后电池最高温度进一步减小，散热性能更好。

从图12.33明显看出，结构3中1#电池的温差和2#电池的温差均低于结构4，说明将复合板中的大圆管改为小圆管排对电池温差的控制效果不理想，需进一步改进模型结构。

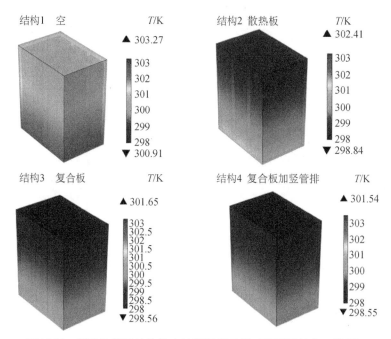

图12.32 四种热管理结构的电池组温度云图（彩图见封底二维码）

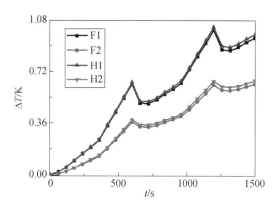

图12.33 复合板（F）和其加竖管排（H）结构中各电池的温差随时间的变化图
（彩图见封底二维码）

2. 改变管道方向——加横管排

控制液体流速一致，接触面积相同，改变管道方向，得到横管、竖管的各温度云图，如图12.34所示。将横管与竖管两种方式的温度分布进行比较，1500 s时，竖管电池最高温度为301.54 K，最低温度为300.54 K，温差仅为1 K；横管电池最高温度为298.35 K，最低温度为295.44 K，温差增至2.91 K。可见，从温降效果来说，横管有绝对优势；从温度均匀性来说，液流方向由上至下的竖管效果最好。造成这种情况的原因是，横管的长度小于竖管长度，液体在横管中停留的时间小于竖管，液体更新快，可以使液流保持在较低的温度，使得系统散热性能大大提升。但由于液流流速不高，使得液流入口温度与出口温度的差值相对增大，液流更新速度越快，该现象越明显。这点从截面温度也可看出。横管液体温度在 1500 s 时仍低于电池温度，而竖管由于流道过长，流速不大，管中液流温度与电池相近，难以起到更好的散热效果。因此，横管方式温度更低。另一方面，在设计竖管时考虑到底部导热壳可降低电池温度，因此从温度均一性出发，应使液流方向由上至下流，如此竖管的温度均匀性可得到提升，这也导致了横管的温度均匀性低于竖管。

从电池的各切面来看，对于竖管，1#电池靠近复合板一侧温度低，这是由复合板和竖管共同冷却导致的；1#电池靠外侧温度较高，这是因为它只受到底部冷板导热的作用；1#电池靠近复合板的 xy 切面温度低，这是由一面的复合板和竖管加上同样的底部冷板冷却的共同作用导致的；2 号电池的 xy 切面温度更低，这是由于它受到两面复合板和竖管的冷却作用。横管的 xy 面受到底部冷板的影响不明显，温度分布受复合板和横管的共同作用，靠近入口的温度低，靠近出口的温度高，同样因为双面复合板冷却，2#电池的 xy 切面温度比 1#电池更低。

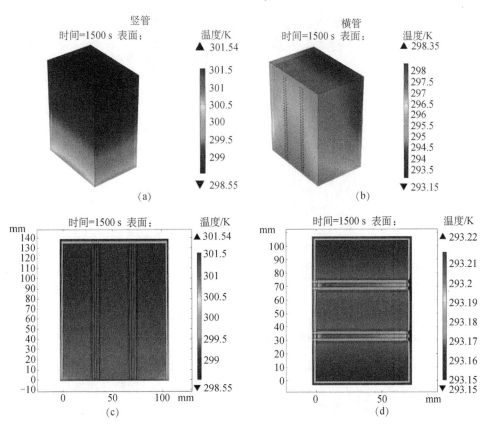

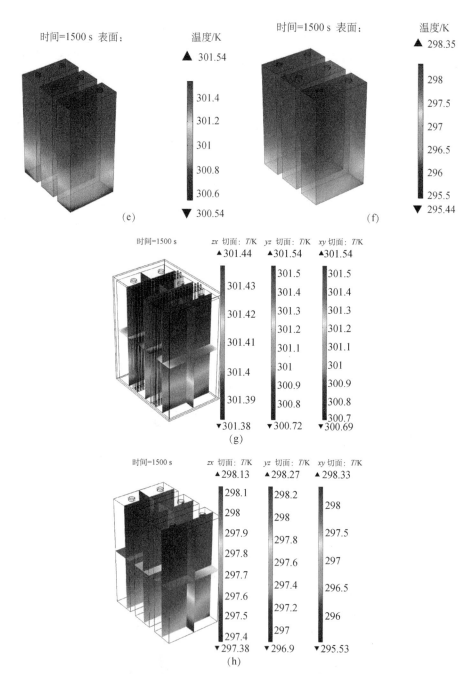

图12.34　各角度竖管和横管热管理的电池温度云图（彩图见封底二维码）

zx 切面上半部分横竖管温度分布较为接近，这是因为，3C 倍率下，电池生热速率的不均匀性不高，越靠近极耳处，生热速率越大。因此，在靠近极耳的电芯部分，生热速率大于散热速率。下半部分横竖管温度分布差别较大，主要是由液冷管的排布导致的，竖管流向是垂直于 x 方向的，对底部温度影响比较均匀，而横管流向平行于 x 方向，且有冷板作用，在底部靠近入口处的温度较低，出口温度高。这种现象越往上越不明显，因为越往上冷板效果越弱，对出入口温度差值的作用就越小。此外，电池厚度方向热导率较小也是原因之一。综合散热系统的冷却效果，最终使得 Z 方向电池温度梯度较大，温度分布差异明显，这种温度分布现象是由电池自身缺陷造成的，无法避免。

由于电池组结构的对称性，这里主要研究 1#电池和 2#电池。3C 充放电过程中竖管和横管中电池的最高和最低温度随时间的变化曲线如图 12.35 所示。竖管中电池的最高温度和最低温度随时间快速增长，2#电池的温度略低于 1#电池（约 0.25 K）。这是因为，2#电池的两侧均为加管复合板，此区域中的空气接收到两侧电池的热量之后，温度较外围空气要低，从而 2#电池和空气之间的热交换较大，所以它的温度略低。电池组的最大温差随时间增长而增大，1500 s 时电池的最大温差约为 1 K。在横管结构中，同样是 2#电池温度较低，这也是因为其与两块加管复合板之间存在较好的热传导作用。从图 12.35 中还可以发现，横管结构的温度远小于竖管，但横管结构中 1#电池和 2#电池的温度相差较大，温度均匀性不如竖管。

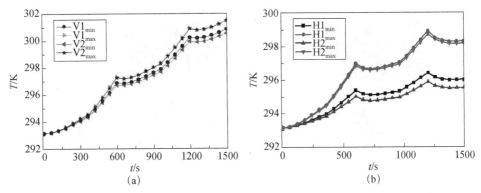

图 12.35　（a）竖管结构和（b）横管结构中 1#电池和 2#电池的最高和最低温度图
（彩图见封底二维码）

3. 横管与竖管排列结合

由前文结果可知，竖管的均匀性更好，横管的散热性更好，故这里考虑结合两种排列，并尝试改变液流方向，设计出散热效果和均匀性均优异的热管理模型。设置一块复合板内一面穿插竖管一面穿插横管，并比较竖管中不同液流方向对电池温度的影响，即一个竖管液流自上而下，另一个竖管液流自下而上进行对比。模拟各个角度的温度云图得到图 12.36。

从图 12.36 可以看到，这种横竖管穿插的复合板结构能有效结合横管和竖管的优点，最高温度为 298.41 K，十分接近于横管的优良散热效果；电池最大温差为2.54 K，介于竖管电池温差1 K和横管电池温差2.91 K之间，改善了横管系统的温度均匀性，说明这种改进是有效的。

　　改变竖管液流方向，发现电池温差增大到3.29 K，证实了上面的猜测，即液流入口和底部冷板相结合，会增加热管理系统的不均匀性，进而导致电池温度分布的不均匀性。但可以发现，改变液流方向（自下而上），能使电池最高温度降至296.85 K，比单纯横管结构的最高温度298.35 K更低。因此可以推测：底板和液流入口结合的冷却效果优于横管冷却散热效果。从横纵截面温度可明显看出，横管液体温度没有像之前那样低于电池温度很多，这是因为，一边液冷竖管接近电池温度，传热给相变材料，相变材料充分利用潜热，再传热给隔热板，继而传递给另一边的横管，不仅充分利用了液冷的散热作用，也很好地利用了相变材料的潜热，故降温效果提升很大。单独横管结构虽然冷却效果好，但因为仅是强制液冷，没有充分利用结构优势，中间的相变材料和隔热板未起到应有的作用，被动热管理没有得到很好的应用。

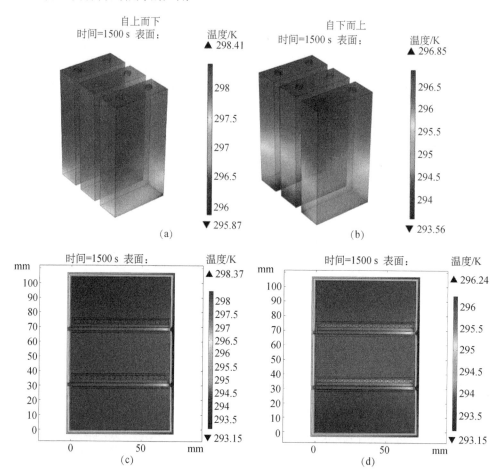

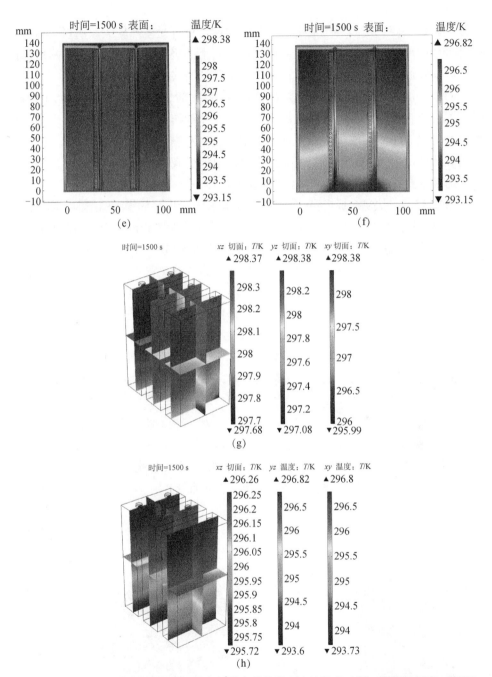

图12.36 各角度不同液流方向横竖管交替结合的热管理电池温度云图（彩图见封底二维码）

下面分析电池的各切面温度。对于自下而上液流的结构，电池靠近液流横管入口附近和底板附近的部分切面温度较低，而竖管入口温度并未因液流温度而有所降低。这主要还是因为电池生热的不均匀性，极耳处生热较大。所以可以推测底部冷板的降温效果比较明显。此外，自下而上的竖管液流结构中电池靠底部区域温度均较低，这是由冷板和竖管入口液流温度的共同影响导致的。

对于自上而下的竖管液流结构，1#电池靠底部边角处温度低，这是因为，①一面的复合板和横管，加上底部冷板的共同冷却作用，②入口温度接近环境温度；2#电池的 xz 切面温度更低，这是由于它受到两侧复合板和横竖管的共同冷却作用。此外，自上而下的竖管液流结构中，电池受底部冷板的影响相对较小，温度均匀性也要好得多，故 2#电池的 XY 切面温度更均匀。

图12.37为一块复合板内穿插竖管，另一块复合板内穿插横管的结构。由于液冷入口方向与底板结合有更好的降温性能，所以这里设置竖管液流方向为自下而上。从图12.37系统温度云图和等温线图可以看到，靠近入口和冷板处温度较低，相对距离越远，温度越高。横管复合板和竖管复合板结合的热管理系统，其最高温度为297.31 K，最低温度为293.15 K，接近环境温度，这是由入口和冷板结合导致的低温。但该结构中电池温差为3.72 K，温度均匀性是所有加管结构中最差的。

从电池温度图和系统纵截面均可明显看到，1#电池<2#电池<3#电池，自下而上的竖管与冷板结合，其冷却效果优于仅有横管的结构，故可以考虑将竖管液流方向改为自下而上，有利于改善散热性能，但是温度均匀性可能会变差。具体比较结果如表12.16所示。

温降效果：横竖交替（液流自下而上）>横管板+竖管板（自下而上）>横管>横竖交替（液流自上而下）>竖管（液流自下而上）

温度均匀性：竖管（液流自下而上）>横竖交替（液流自上而下）>横管>横竖交替（液流自下而上）>横管板+竖管板（自下而上）

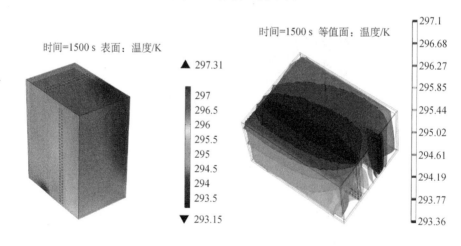

时间=1500 s 表面：温度/K

▲ 297.31

时间=1500 s 等值面：温度/K

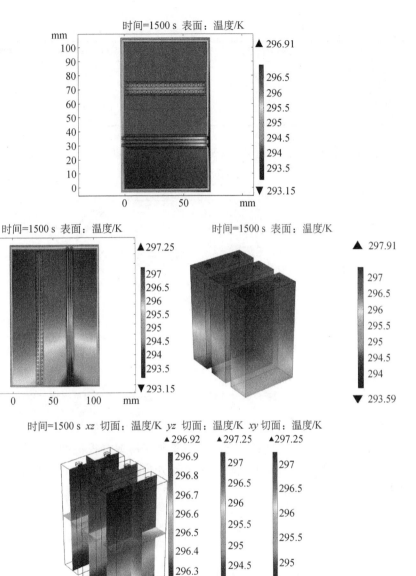

图 12.37　横管复合板和竖管复合板结合的热管理电池温度云图（彩图见封底二维码）

表 12.16　1500 s 时各种排列方式下各电池的温度分布

排列方式	最大温度/K	整体电池组温差/K	1#电池温差/K	2#电池温差/K
竖管 V	301.54	1	0.980 32	0.657 85
横管 H	298.35	2.91	2.717 27	2.586 83
横竖交替 HV$_{sx}$（自上而下）	298.41	2.54	2.358 66	2.260 54

续表

排列方式	最大温度/K	整体电池组温差/K	1#电池温差/K	2#电池温差/K
横竖交替HV$_{xs}$（自下而上）	296.85	3.29	3.073 17	3.109 23
横管板+竖管板 H-V（自下而上）	297.31	3.72	2.658 67	3.468 71

考虑到实际应用中会串并联大量电池，所以这里只讨论1#、2#电池，图12.38为所有加管结构的1#、2#电池的温差图。

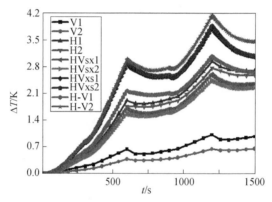

图12.38　各加管结构中1#及2#电池的温差图（彩图见封底二维码）

通过上述分析可知，液冷-相变耦合散热系统具有很好的自主调控性能，当电池组处于温度变化较小的工况时，可单独采用复合板被动散热系统；若电池组处于加速或者爬坡等严苛工况时，可主动开启液冷辅助散热，并可增加风冷辅助散热，快速将热量导出。

参 考 文 献

[1] Lopes J A P，Soares F J，Almeida P M R. Integration of electric vehicles in the electric power system[J]. Proceedings of the IEEE，2011，99（1）：168-183.

[2] Clement-Nyns K，Haesen E，Driesen J. The impact of charging plug-in hybrid electric vehicles on a residential distribution grid[J]. IEEE Transactions on Power Systems，2010，25（1）：371-380.

[3] Rand D A J，R. Woods. Batteries for Electric Vehicles[M]. Cambridge：Cambridge University Press，2015.

[4] Fernandez L P，San Román T G，Cossent R，et al. Assessment of the impact of plug-in electric vehicles on distribution networks[J]. IEEE Transactions on Power Systems，2011，26（1）：

206-213.

[5] Lu L, Han X, Li J, et al. A review on the key issues for lithium-ion battery management in electric vehicles[J]. Journal of Power Sources, 2013, 226: 272-288.

[6] Fang K, Mu D, Chen S, et al. A prediction model based on artificial neural network for surface temperature simulation of nickel-metal hydride battery during charging[J]. Journal of Power Sources, 2012, 208 (2): 378-382.

[7] Zheng Q, Zhang H, Feng X, et al. A three-dimensional model for thermal analysis in a vanadium flow battery[J]. Applied Energy, 2014, 113 (6): 1675-1685.

[8] Song Y Y, Hu Z. Present status and development trend of batteries for electric vehicles[J]. Power System Technology, 2011, 35 (4): 1-7.

[9] Kim G H, Pesaran A. Battery thermal management system design modeling[J]. World Electric Vehicle Journal, 2007, 1 (1): 126-133.

[10] Putra N, Ariantara B, Pamungkas R A. Experimental investigation on performance of lithium-ion battery thermal management system using flat plate loop heat pipe for electric vehicle application[J]. Applied Thermal Engineering, 2016, 99: 784-789.

[11] Yuan H, Wang L, Wang L. Battery thermal management system with liquid cooling and heating in electric vehicles[J]. Journal of Automotive Safety & Energy, 2012, 3 (4): 371-380.

[12] Esfahanian V, Renani S A, Nehzati H, et al. Design and simulation of air cooled battery thermal management system using thermoelectric for a hybrid electric bus[J]. Lecture Notes in Electrical Engineering, 2013, 191: 463-473.

[13] Zhen Q, Li Y, Rao Z. Thermal performance of lithium-ion battery thermal management system by using mini-channel cooling[J]. Energy Conversion & Management, 2016, 126: 622-631.

[14] Rao Z, Wang S. A review of power battery thermal energy management[J]. Renewable & Sustainable Energy Reviews, 2011, 15 (9): 4554-4571.

[15] Lan C, Xu J, Qiao Y, et al. Thermal management for high power lithium-ion battery by minichannel aluminum tubes[J]. Applied Thermal Engineering, 2016, 101: 284-292.

[16] Speziale C G. On nonlinear kl and k-ε models of turbulence[J]. Journal of Fluid Mechanics, 1987, 178: 459-475.

[17] Shih T H, Liou W W, Shabbir A, et al. A new k-ε eddy viscosity model for high reynolds number turbulent flows[J]. Computers & Fluids, 1995, 24 (3): 227-238.

[18] Chen Q. Comparison of different k-ε models for indoor air flow computations[J]. Numerical Heat Transfer, Part B Fundamentals, 1995, 28 (3): 353-369.

[19] Hong S，Zhang X，Chen K，et al. Design of flow configuration for parallel air-cooled battery thermal management system with secondary vent[J]. International Journal of Heat and Mass Transfer，2018，116：1204-1212.

[20] Wang T，Tseng K J，Zhao J，et al. Thermal investigation of lithium-ion battery module with different cell arrangement structures and forced air-cooling strategies[J]. Applied Energy，2014，134：229-238.

[21] Yan J，Wang Q，Li K，et al. Numerical study on the thermal performance of a composite board in battery thermal management system[J]. Applied Thermal Engineering，2016，106：131-140.

[22] Sun Q，Wang Q，Zhao X，et al. Numerical study on lithium titanate battery thermal response under adiabatic condition[J]. Energy Conversion and Management，2015，92：184-193.

[23] Greco A，Jiang X，Cao D. An investigation of lithium-ion battery thermal management using paraffin/porous-graphite-matrix composite[J]. Journal of Power Sources，2015，278：50-68.

[24] Javani N，Dincer I，Naterer G F，et al. Heat transfer and thermal management with PCMs in a Li-ion battery cell for electric vehicles[J]. International Journal of Heat and Mass Transfer，2014，72：690-703.

[25] Jin X，Duan X，Jiang W，et al. Structural design of a composite board/heat pipe based on the coupled electro-chemical-thermal model in battery thermal management system[J]. Energy，2021，216：119234.